CAD/CAM/CAE 工程应用丛书 · AutoCAD 系列

AutoCAD 2012 室内装潢设计与工程应用从入门到精通

李 波 刘升婷 等编著

U0322859

机械工业出版社

本书是一本使用 AutoCAD 2012 进行室内装潢设计实战的应用教程，通过多个室内工程案例系统、全面地讲解了使用 AutoCAD 2012 进行室内装潢设计的方法，包括设计构思和施工图绘制的整个过程。全书共 13 章，分别讲解了 AutoCAD 2012 基础入门，室内装潢设计基础与制图规范，室内设计主要配景及设施的绘制，室内装潢平面图、立面图、构造详图、照明的设计要点及绘制，办公室、火锅餐厅、KTV 娱乐会所、酒楼餐厅、服装专卖店、酒店客房装修设计要点及绘制等。

本书结构清晰，讲解深入详尽，具有较强的针对性和实用性，即使是没有室内设计知识和 AutoCAD 基础的初学者，也能通过本书轻松掌握使用 AutoCAD 2012 进行室内设计的方法和技巧。其实用性和针对性对于有设计经验的室内设计师来说也具有很强的参考价值。

图书在版编目（CIP）数据

AutoCAD 2012 室内装潢设计与工程应用从入门到精通 / 李波等编著. —北京：机械工业出版社，2012.10

（CAD/CAM/CAE 工程应用丛书·AutoCAD 系列）

ISBN 978-7-111-40034-9

Ⅰ. ①A… Ⅱ. ①李… Ⅲ. ①室内装饰设计—计算机—辅助设计—AutoCAD 软件 Ⅳ. ①TU238-39

中国版本图书馆 CIP 数据核字（2012）第 241383 号

机械工业出版社（北京市百万庄大街 22 号 邮政编码 100037）
策划编辑：丁 诚 张淑谦
责任编辑：张淑谦 郑 佩
责任印制：杨 曦

保定市中画美凯印刷有限公司印刷

2013 年 1 月第 1 版·第 1 次印刷
184mm×260mm·29.5 印张·730 千字
0001—4000 册
标准书号：ISBN 978-7-111-40034-9
　　　　　ISBN 978-7-89433-698-9（光盘）
定价：79.80 元（含 1DVD）

凡购本书，如有缺页、倒页、脱页，由本社发行部调换

电话服务　　　　　　　　　　网络服务

社服务中心：（010）88361066　　教材网：http://www.cmpedu.com

销售一部：（010）68326294　　机工官网：http://www.cmpbook.com

销售二部：（010）88379649　　机工官博：http://weibo.com/cmp1952

读者购书热线：（010）88379203　　**封面无防伪标均为盗版**

出 版 说 明

随着信息技术在各领域的迅速渗透，CAD/CAM/CAE 技术已经得到了广泛的应用，从根本上改变了传统的设计、生产、组织模式，对推动现有企业的技术改造、带动整个产业结构的变革、发展新兴技术、促进经济增长都具有十分重要的意义。

CAD 在机械制造行业的应用最早，使用也最为广泛。目前其最主要的应用涉及机械、电子、建筑等工程领域。世界各大航空、航天及汽车等制造业巨头不但广泛采用 CAD/CAM/CAE 技术进行产品设计，而且投入大量的人力、物力及资金进行 CAD/CAM/CAE 软件的开发，以保持自己技术上的领先地位和国际市场上的优势。CAD 在工程中的应用，不但可以提高设计质量，缩短工程周期，还可以节省大量建设投资。

各行各业的工程技术人员也逐步认识到 CAD/CAM/CAE 技术在现代工程中的重要性，掌握其中的一种或几种软件的使用方法和技巧，已成为他们在竞争日益激烈的市场经济形势下生存和发展的必备技能之一。然而，仅仅知道简单的软件操作方法是远远不够的，只有将计算机技术和工程实际结合起来，才能真正达到通过现代的技术手段提高工程效益的目的。

基于这一考虑，机械工业出版社特别推出了这套主要面向相关行业工程技术人员的"CAD/CAM/CAE 工程应用丛书"。本丛书涉及 AutoCAD、Pro/ENGINEER、UG、SolidWorks、Mastercam、ANSYS 等软件在机械设计、性能分析、制造技术方面的应用，以及 AutoCAD 和天正建筑 CAD 软件在建筑和室内配景图、建筑施工图、室内装潢图、水暖、空调布线图、电路布线图以及建筑总图等方面的应用。

本套丛书立足于基本概念和操作，配以大量具有代表性的实例，并融入了作者丰富的实践经验，使得本丛书内容具有专业性强、操作性强、指导性强的特点，是一套真正具有实用价值的书籍。

机械工业出版社

前　言

AutoCAD 是由美国 Autodesk 公司于 20 世纪 80 年代初为在计算机上应用 CAD 技术（Computer Aided Design，计算机辅助设计）而开发的绘图程序软件包，经过不断完善，现已经成为国际上广为流行的绘图工具。

图书内容：

为了使读者能够在快速掌握建筑装饰绘图知识的同时，又能深刻理解 AutoCAD 2012 室内装潢设计的应用技巧，本书在实例的挑选和结构上进行了精心编排。全书分为 3 部分共 13 章，其讲解的内容如下。

第 1 部分（第 1～3 章）：首先讲解了 AutoCAD 2012 软件的基础入门知识，包括软件环境的介绍、图形文件的管理与视图的操作、绘图辅助功能的设置与图形对象的选择等；再讲解了室内装潢设计基础与制图规范，包括室内装潢设计概论、室内设计的尺寸数据与人体工程、装修常用材料及其计算方法、AutoCAD 室内设计制图规范等；最后通过大量的室内配置图块实例逐个演练，让读者更加熟练地掌握 AutoCAD 的绘图技能。

第 2 部分（第 4～7 章）：首先讲解了住宅室内装潢平面图的设计要点及绘制，包括室内各功能空间的设计要点及人体尺度、住宅平面布置图和顶棚布置图的绘制等；再讲解了住宅室内装潢立面图的设计要点及绘制，包括室内立面图的形成、表达方式、识读方法、图示内容、绘制方法以及各功能空间立面图的绘制等；然后讲解了住宅室内装潢构造详图的设计要点及绘制，包括装饰详图的形成、表达方式、识读方法、图示内容、绘制，以及地面、墙面、装饰柜等构造详图的绘制技能等；最后讲解了住宅室内装潢照明的设计要点与绘制，包括人工照明设计流程、室内照明设计原则、常用灯具类型及光源类型、室内不同灯具的悬挂高度、常用电气元件符号，以及住宅室内开关布置图和线路管线布置图的绘制等。

第 3 部分（第 8～13 章）：通过办公室、火锅餐厅、KTV 娱乐会所、酒楼餐厅、服装专卖店、酒店客房 6 个典型实例，详细讲解了其室内装修设计要点及绘制方法，从而让读者更加熟练地掌握使用 AutoCAD 2012 进行室内装潢设计的绘制方法、技能和思路，使其能够真正地应用到实际工作中去。

读者对象：

本书通过典型实例讲解了室内装潢工程图绘制前的运筹规划和绘制操作的次序与技巧，能够开拓读者思路，提高综合运用知识的能力。为了方便读者的学习，书中所有实例和练习的源文件，以及用到的素材都能够直接在 AutoCAD 2012 环境中运行或修改。本书最主要的读者对象有以下几类。

◆ AutoCAD 的初学者。

◆ 具有一定 AutoCAD 基础知识的中级读者。

◆ 在一线从事建筑或室内设计的广大工程管理、设计人员、工程技术人员。

◆ 环艺、美术等专业的在校大中专学生。

◆ 相关单位和培训机构的学员。

本书特点：

在众多的 AutoCAD 图书中，读者要选择一本适合自己的图书很难，本书作者在多年的一线工作、教学和编著中总结了相当丰富的经验，从而使本书有四大特点值得读者期待。

◆ 作者权威：本书作者是注册室内设计师，从事多年室内建筑与装潢设计的教学工作，有着丰富的图书编著经验，成功出版了数十部 AutoCAD 类图书，对读者和知识点把握到位。

◆ 实例专业：所有实例均来自室内设计工程实践，且经过精心挑选和改编，真正做到了工程应用。

◆ 图解简化：本书摒弃了传统枯燥的说教方式，采用图释的方法来讲解各个要点及绘图技能，从而增强了可读性。

◆ 内容全面：本书在有限的篇幅内，将 AutoCAD 软件技能和室内设计的基础知识进行了有效的结合，穿插讲解，各种实例面面俱到，是一本 AutoCAD 室内装潢设计的经典图书。

致　谢：

本书主要由李波、刘升婷编著，参与编写的还有郝德全、王任翔、汪琴、尹兴华、聂兵、王敬艳、朱从英、郎晓娇、刘冰。感谢您选择了本书，希望我们的努力对您的工作和学习有所帮助，也希望您把对本书的意见和建议告诉我们，我们的邮箱是 Helpkj@163.com。另外，书中难免有疏漏与不足之处，敬请专家与读者批评指正。

目　　录

第1章 AutoCAD 2012 基础入门

本章导读

AutoCAD 是由美国 Autodesk 公司开发的通用计算机辅助设计（Computer Aided Design，CAD）软件，具有易于掌握、使用方便、体系结构开放等优点，能够绘制二维图形与三维图形、标注尺寸、渲染图形以及打印输出图样，目前已广泛应用于机械、建筑、电子、航天、造船、石油化工、土木工程、冶金、地质、气象、纺织、轻工和商业等领域。

本章主要介绍 AutoCAD 2012 中的一些基础入门知识，包括 CAD 基础、文件的管理、绘图环境的设置、辅助功能的设置、图形对象的显示与选择方法和图层的控制等，为后面其他章节的学习奠定了基础。

主要内容

◆ 初步认识 AutoCAD 2012　　　　◆ 掌握 CAD 图形文件的管理操作

◆ 掌握 CAD 绘图环境的设计方法　　◆ 掌握命令与系统变量的操作方法

◆ 掌握 CAD 辅助绘图功能的设计　　◆ 掌握 CAD 中图形对象的选择方法

◆ 掌握图形对象的显示与控制　　　◆ 掌握图层的操作与控制

效果预览

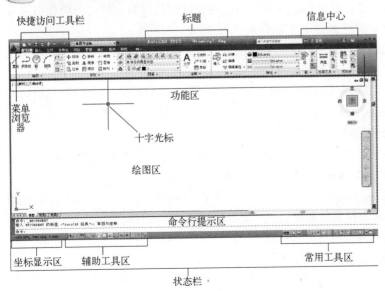

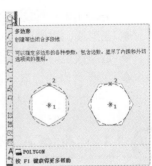

软件技能

1.1　初步认识 AutoCAD 2012

AutoCAD 是由美国 Autodesk 公司开发的通用计算机辅助设计（Computer Aided Design，CAD）软件，具有易于掌握、使用方便、体系结构开放等优点，能够绘制二维图形与三维图形、标注尺寸、渲染图形以及打印输出图样，目前已广泛应用于机械、建筑、电子、航天、造船、石油化工、土木工程、冶金、地质、气象、纺织、轻工、商业等领域。

与 AutoCAD 先前的版本（即 AutoCAD 2011）相比，AutoCAD 2012 在性能和功能方面都有了较大的增强，同时保证了与低版本完全兼容。

1.1.1　AutoCAD 2012 的新增功能

AutoCAD 2012 系列产品提供了多种全新的高效设计工具，以帮助用户显著提升草图绘制、详细设计和设计修订的速度。AutoCAD 的不同版本中，每一个新的版本都新增了相应的功能。AutoCAD 2012 版本主要新增了以下几项功能。

◆ 绘图视窗。AutoCAD 2012 绘图视窗界面有所更新，显示为深灰色背景模型空间，且传统的网格点已替换为横向和纵向网格线。当启用网格对象时，其红色和绿色的网格线已延长至 UCS 图标，代表 X 轴和 Y 轴的原点。

◆ ViewCube。支持 2D 线架构视觉样式，用户可以轻松改变视点方向。

◆ 隔离物件功能。可以对所选择的物件对象进行隔离、隐藏和还原等操作。

◆ 选择功能。将所选物件的性质或物件类型，根据该条件来建立类似的选集。

◆ 视觉样式。提供了 5 个新的预定义的视觉样式，分别为阴影、阴影的边缘、灯罩灰色、草图和 X-射线。

◆ 几何约束。AutoCAD 之前版本都是针对既有的物件进行几何约束的，而现在可以直接开启几何约束功能，并达到自动判断约束的效果。

◆ 透明度。AutoCAD 2012 包括了一个新的透明度属性，使用户可以设置对象的透明度和层，并以同样的方式来应用颜色、线型和线宽。

◆ 剖面线。在建立剖面线时可即时预览其样式和比例等，并且可以动态观看变更后的状态效果。另外，AutoCAD 2012 还增加了 MIRRHATCH 系统变数，可以让用户在镜像时其剖面线不会被翻转。

◆ 云形线。提供了更多的灵活性和控制，用户可以定义一个合适的点样条或控制顶点。

◆ 造型线型。维持线型中在任何方向的文字可读性。

◆ 重叠对象的选取。以前要选择重叠对象时，需要按〈Shift+Space〉组合键，现在用户可以通过对话框来选择重叠对象。

1.1.2　AutoCAD 2012 的启动与退出

用户的计算机上成功安装好 AutoCAD 2012 软件后，就可以启动并运行该软件了。与大多数应用软件一样，要启动 AutoCAD 2012 软件，用户可使用以下任意一种方法。

◆ 双击桌面上的"AutoCAD 2012"快捷图标 。

◆ 选择桌面上的"开始"→"程序"→"Autodesk"→"AutoCAD 2012-Simplifield Chinese"命令。

◆ 右键单击桌面上的"AutoCAD 2012"快捷图标 ，从弹出的快捷菜单中选择"打开"命令。

第一次启动 AutoCAD 2012 后，会弹出"Autodesk Exchange"对话框，单击该对话框右上角的"关闭"按钮 ，将进入 AutoCAD 2012 工作界面。默认情况下，系统会直接进入如图 1-1 所示的界面。

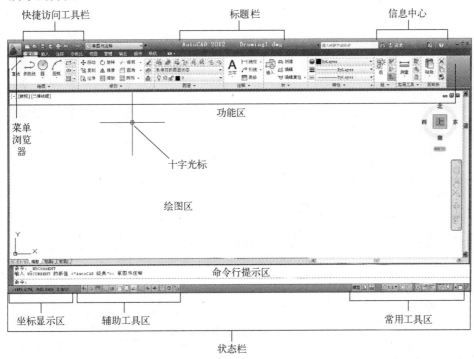

图 1-1　AutoCAD 2012 初始界面

当用户需要退出 AutoCAD 2012 软件系统时，可采用以下 4 种方法。

◆ 选择 AutoCAD 2012 菜单栏中的"文件"→"关闭"命令。

◆ 在命令行输入"QUIT"（或 EXIT）。

◆ 双击标题栏上的控制按钮 。

◆ 单击工作界面右上角的"关闭"应用程序按钮 。

 ### 1.1.3　AutoCAD 2012 的工作界面

AutoCAD 2012 工作界面是一组菜单、工具栏、选项板和功能区面板的集合，可通过对其进行编组和组织来创建基于任务的绘图环境。与 AutoCAD 2011 类似，系统为用户提供了"草图与注释"、"AutoCAD 经典"、"三维建模"和"三维基础"4 个工作空间。除

"AutoCAD 经典"工作空间外，每个工作空间都显示功能区和应用程序菜单，图 1-1 所示显示的是"草图与注释"工作空间的界面。对于新用户来说，可以直接从这个界面学习 AutoCAD；对于老用户来说，如果习惯以往版本的界面，可以单击状态栏中的"切换工作空间"按钮，在弹出的快捷菜单中选择"AutoCAD 经典"命令，切换到如图 1-2 所示的 "AutoCAD 经典"工作界面。

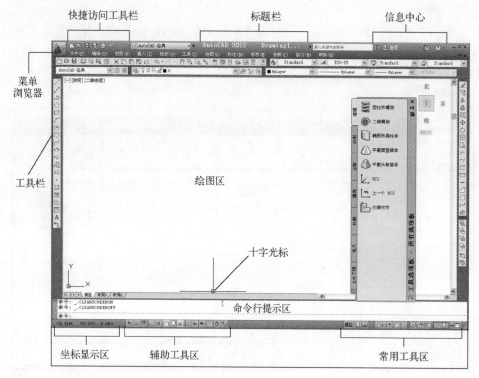

图 1-2 "AutoCAD 经典"工作界面

由图 1-2 可以看出，"AutoCAD 经典"工作界面主要由标题栏、信息中心、菜单栏与快捷菜单、工具栏、绘图窗口、命令行提示区和状态栏组成。与"二维草图与注释"工作空间相比，"二维草图与注释"工作空间的界面增加了功能区、缺少了菜单栏。下面讲解两个工作界面的常见界面元素。

1. 标题栏

标题栏在多数 Windows 的应用程序中都有，它位于应用程序窗口的最上面，用于显示当前正在运行的程序名及文件名等信息，如果是 AutoCAD 默认的图形文件，其名称为 DrawingN.dwg（N 为数字）。和以往 AutoCAD 版本不一样的是，AutoCAD 2012 版本丰富了标题栏的内容，除了在标题栏中可以看到当前图形文件的标题以及"最小化""最大化（还原）"和"关闭"按钮 — □ × 外，还增加了菜单浏览器、快捷访问工具栏以及信息中心。

菜单浏览器所有可用的菜单命令都显示在一个位置，用户可以在其中选择可用的菜单命令，也可以标记常用命令以便日后查找，功能类似于菜单栏。

在快捷访问工具栏上，可以存储经常使用的命令，默认状态下，系统提供了"新建"按钮 ，"打开"按钮 、"保存"按钮 、"另存为…"按钮 、"打印"按钮 、"放弃"按钮 和"重做"按钮 。在快捷访问工具栏上单击鼠标右键，然后单击"自定义快捷访问工具栏"按钮，打开"自定义用户界面"对话框，用户可以自定义访问工具栏上的命令。

信息中心可以帮助用户同时搜索多个源（如帮助、新功能专题研习、网址和指定的文件等），也可以搜索单个文件或位置。

2．菜单栏

菜单栏仅在"AutoCAD 经典"工作界面中存在，位于标题栏下，系统默认有 12 个菜单项，如果安装了 Express Tools，则会出现一个"Express"菜单。用户选择任意一个菜单命令，将弹出一个下拉菜单，可以选择相应的命令进行操作。

	软件提示： 子菜单的使用
	1）单击右侧带有小黑三角的菜单命令，系统将弹出下一级的子菜单。 2）单击右侧带有省略号的菜单命令，系统将弹出一个对话框。 3）当单击没有标记的菜单命令时，系统将执行相应的命令。

3．工具栏

工具栏以浮动或固定方式显示。浮动工具栏可以显示在绘图区域的任意位置，可以将浮动工具栏拖曳至新位置、调整其大小或将其固定。固定工具栏附着在绘图区域的任一边上。固定在绘图区域上边界的工具栏位于功能区下方，可以通过将固定工具栏拖曳到新的固定位置来移动它。

工具栏包含启动命令的按钮。在把光标移动到命令按钮上时，会显示如图 1-3 所示的提示信息。在 AutoCAD 2012 版本中，类似于这样的工具提示得到了增强，光标最初悬停在命令或控件上时，可以得到基本内容提示，其中包含对该命令或控件的概括说明、命令名、快捷键和命令标记。当光标在命令或控件上的悬停时间累积超过一特定数值时，将显示更详细的补充工具提示，这个加强对新用户学习软件有很大的帮助。

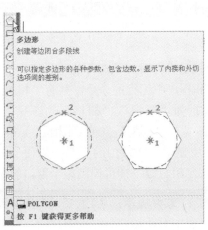

图 1-3　提示信息

4．绘图窗口

在 AutoCAD 中，绘图窗口是用户绘图的工作区域，所有的绘图结果都反映在这个窗口中。用户可以根据需要关闭其周围和里面的各个工具栏，以增大绘图空间。如果图样比较大，需要查看未显示部分时，可以单击窗口右边与下边滚动条上的箭头，或拖动滚动条上的滑块来移动图样。

绘图窗口除了显示当前的绘图结果外，还显示了当前使用的坐标系类型以及坐标原点、X 轴、Y 轴、Z 轴的方向等。默认情况下，坐标系为世界坐标系（WCS）。绘图窗口下方有"模型"和"布局"选项卡，单击其标签可以在模型空间或图样空间之间来回切换。

5．命令行提示区

命令行提示区是供用户通过键盘输入命令、显示 AutoCAD 提示信息的地方，位于绘图窗口的底部。

在 AutoCAD 2012 中，命令行提示区窗口可以拖放为浮动窗口。图 1-4 所示为命令行提示区，其中，"命令："表示 AutoCAD 正在等待用户输入指令。命令窗口显示的信息是 AutoCAD 与用户的对话，记录了用户的历史操作，可以通过其右边的滚动条查看用户的历史操作，也可以选择"视图"→"显示"→"文本窗口"菜单命令，或执行 TEXTSCR 命令或按〈F2〉键打开 AutoCAD 文本窗口，查看所有操作。

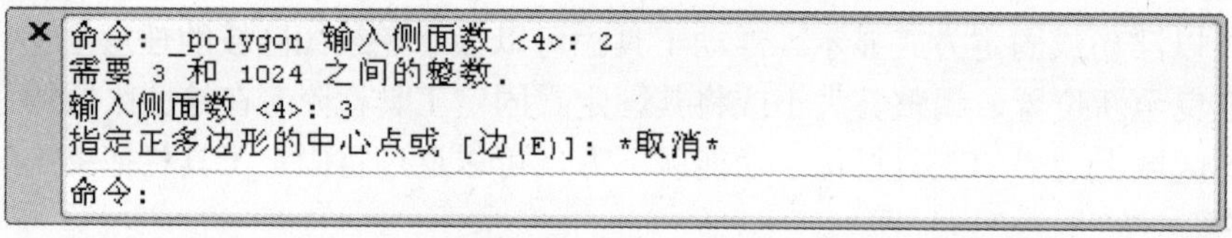

```
命令: _polygon 输入侧面数 <4>: 2
需要 3 和 1024 之间的整数.
输入侧面数 <4>: 3
指定正多边形的中心点或 [边(E)]: *取消*

命令:
```

图 1-4　命令行提示区

6．状态栏

状态栏位于 AutoCAD 2012 工作界面的最底部，用来显示 AutoCAD 当前的状态，如当前光标的坐标、命令和按钮的说明等，如图 1-5 所示。

图 1-5　状态栏

在绘图窗口中移动光标时，状态行的"坐标"区将动态地显示当前坐标值。坐标显示取决于所选择的模式和程序中运行的命令，共有"相对""绝对"和"无"3 种模式。

状态栏中还包括如"捕捉""栅格""正交""极轴""对象捕捉""对象追踪"DUCS、DYN、"线宽""模型"（或"图纸"）等十多个功能按钮，这些按钮的说明将在后面详细讲述。右边显示一些常用的工具，以便于控制状态栏的显示内容及整个窗口的显示，其中与〈Ctrl+0〉组合键一样可控制整个窗口的显示。

	软件提示：	**全屏显示操作**
	应用程序状态栏关闭后，屏幕上将不显示"全屏显示"按钮。	

7．十字光标

十字光标是 AutoCAD 在图形窗口显示的绘图光标，主要用于选择和绘制对象，由定点设备（如鼠标和光笔等）控制。当移动定点设备时，十字光标的位置会相应地移动，就像手工绘图中的笔一样方便。如果要改变光标的大小，可通过在菜单栏中单击"工具"→"选项"→"显示"选项卡中的"十字光标大小"选项来控制十字光标十字线的长度，如图 1-6 所示。通过"选项集"选项卡的"拾取框大小"可控制十字光标选择区域的大小，如图 1-7 所示。

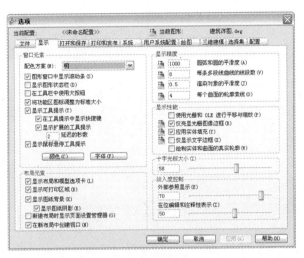

图 1-6 "显示"选项卡

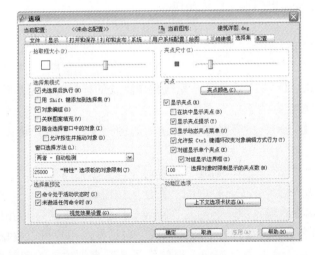

图 1-7 "选择集"选项卡

软件提示： "选项"对话框的打开

也可通过绘图区或单击鼠标右键，在快捷菜单中选择"选项"命令来打开对话框设置。

8. 功能区

打开文件时，默认显示功能区，提供一个包括创建或修改图形所需的所有工具的小型选项板。功能区为与当前工作空间相关的操作提供了一个单一简洁的放置区域。使用功能区时无需显示多个工具栏，这使应用程序窗口变得简洁、有序。可以通俗地将功能区理解为集成的工具栏，或者理解为在 AutoCAD 2011 版本控制台的基础上做的升级。功能区由选项卡组成，不同的选项卡又集成了多个面板，不同的面板上放置了大量的某一类型的工具，效果如图 1-8 所示。

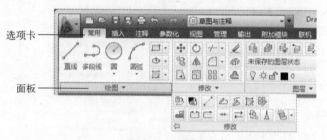

图 1-8　功能区

 ## 1.2　图形文件的管理

AutoCAD 2012 与其他软件一样，也提供了各种文件操作的命令，以帮助用户快速、方便地进行各种操作。图形文件管理包括创建新的图形文件、打开图形文件、保存图形文件、图形文件的加密和输入/输出图形文件等操作。

 ### 1.2.1　创建新的图形文件

当用户启动 AutoCAD 2012 软件后，系统将以默认的样板文件为基础创建 Drawing1.dwg 文件，并进入到之前设定好的工作界面环境。

如果在 AutoCAD 2012 的环境中要创建新的图形文件，用户可以按照以下方式进行操作。

◆ 菜单栏：选择"文件"→"新建"菜单命令。
◆ 工具栏：单击"标准"工具栏中的"新建"按钮 。
◆ 命令行：在命令行输入或动态输入"New"命令（快捷键为〈Ctrl+N〉）。

启动新建文件命名后，即可打开"选择样板"对话框，用户可以根据自己的需要选择相应的样板文件，然后单击"打开"按钮，以此作为基准来创建新的图形文件，如图 1-9 所示。系统会给出默认的文件名 Drawing2.dwg、Drawing3.dwg 等，依此类推。

 软件提示：　　　　　　　　**通过变量设置文件**

若用户在命令行中输入"Startup"命令，并将系统的变量设置为 1（开），且将"Filedia"变量设置为 1（开），则在新建文件时将打开"创建新图形"对话框，从而可以按照"从草图开始""使用样板"和"使用向导"3 种方式来创建图形文件，如图 1-10 所示。

图 1-9 "选择样板"对话框

图 1-10 "创建新图形"对话框

软件提示： AutoCAD 样板文件的位置

　　如果要查找保存样板文件的位置，可选择"工具"→"选项"菜单命令，打开"选项"对话框，在"文件"选项卡下的列表框中找到样板图形文件及图纸集样板文件的位置。打开该文件夹，可看到该文件夹下面的其他样板图形文件及图纸集样板文件，如图 1-11 所示。

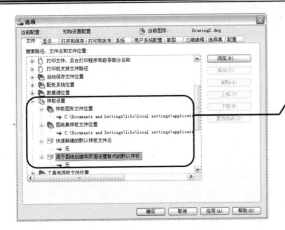

图 1-11 样板文件的保存位置

 ## 1.2.2　打开图形文件

　　如果用户需要对已有的 dwg 图形文件进行绘制并修改，可通过以下 3 种方式打开 dwg 图形文件。

　　◆ 菜单栏：选择"文件"→"打开"菜单命令。
　　◆ 工具栏：单击"标准"工具栏中的"打开"按钮 。
　　◆ 命令行：在命令行输入或动态输入"Open"命令（快捷键为〈Ctrl+O〉）。

　　启动打开文件命令后，即可打开"选择文件"对话框，选择需要打开的图形文件，则在右侧的"预览"框中将显示该图形文件的预览效果，然后单击右下侧的"打开"按钮，打开图形文件，如图 1-12 所示。

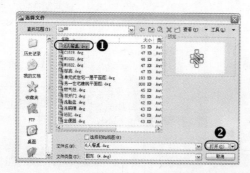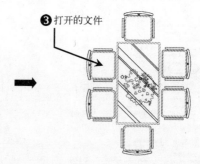

图 1-12　打开图形文件

软件提示：　　　　　　　　　　　　**文件的打开方式**

　　在"选择文件"对话框的"打开"按钮右侧有一个倒三角按钮，单击它将显示出 4 种打开文件的方式，即"打开""以只读方式打开""局部打开"和"以只读方式局部打开"。若用户选择"局部打开"，此时将弹出"局部打开"对话框，并在右侧列表框中勾选需要打开的图层对象，然后单击"打开"按钮，则只显示勾选的图层对象，从而大大加快了打开的速度，如图 1-13 所示。

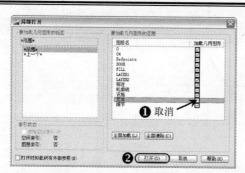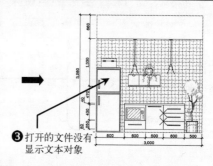

图 1-13　局部打开图形文件

 1.2.3　保存图形文件

　　在计算机上进行任何文件处理时，都要养成一个随时保存文件的习惯，以便当出现电源故障或发生其他意外事件时防止图形及其数据丢失，以及将所操作的最终结果保存完整。在 AutoCAD 2012 环境中，由于用户在新建 dwg 图形文件时，系统以默认的 DrawingN.dwg（N 为数字序号）文件进行命名，为了使绘制的 dwg 图形文件能达到更加易读、易识别的目的，用户可通过以下 3 种方式对图形文件进行保存。

◆ 菜单栏：选择"文件"→"保存"或"另存为"菜单命令。

◆ 工具栏：单击"标准"工具栏中的"保存"按钮 🖫。

◆ 命令行：在命令行输入或动态输入"Save"命令（快捷键为〈Ctrl+S〉）。

启动保存文件命令后，即可打开"图形另存为"对话框，用户指定图形文件的保存位置、文件名称和类型后，再单击右侧的"保存"按钮即可，如图 1-14 所示。

软件提示： **dwg 文件的自动保存**

　　用户在 AutoCAD 环境中绘制图形时，可以设置每间隔 10min 或 20min 等进行保存。选择"工具"→"选项"菜单命令，打开"选项"对话框，在"打开和保存"选项下勾选"自动保存"复选框，并在"保存间隔分钟数"文本框中输入时间（如 10 等），然后单击"确定"按钮，如图 1-15 所示。

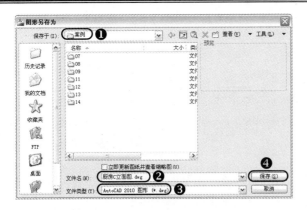

图 1-14　"图形另存为"对话框　　　　　　图 1-15　保存图形文件

1.2.4　图形文件的加密

　　用户可以将在 AutoCAD 中绘制的图形文件进行加密保存，使不知道密码的用户不能打开该图形文件。在"图形另存为"对话框中，单击右上侧的"工具"按钮，弹出一个快捷菜单，从中选择"安全选项"命令，将弹出"安全选项"对话框，输入两次相同的密码，然后单击"确定"按钮，如图 1-16 所示。

图 1-16　对图形文件加密

1.2.5　输入/输出图形文件

　　AutoCAD 2012 提供了图形输入/输出接口，不仅可以将其他应用程序中处理好的数据传送给 AutoCAD，以显示其图形，还可以导出其他格式的图形文件，或者把它们的信息传送给其他应用程序。

	软件提示： **dwg 文件的加密**
	对文件进行加密保存后，下次再打开该图形文件时，系统将弹出"密码"对话框，并提示用户只有输入正确的密码才能打开文件，如图 1-17 所示。

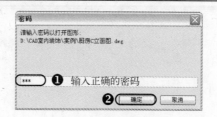

图 1-17　打开加密的文件

1．输入图形文件

在 AutoCAD 2012 环境中，选择"文件"→"输入"菜单命令，弹出"输入文件"对话框，从中选择需要输入到 AutoCAD 2012 环境中的图形类型和文件名称，然后单击"打开"按钮，如图 1-18 所示。

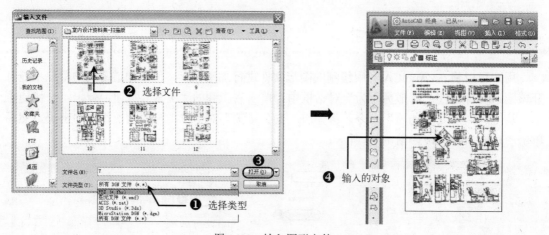

图 1-18　输入图形文件

2．插入 OLE 对象

在 AutoCAD 2012 环境中，用户可以将其他对象插入到当前图形文件中。选择"插入"→"OLE 对象"菜单命令，弹出"插入对象"对话框，在"对象类型"列表框中选择相应的对象类型，此时将启动相应的程序，并根据该程序的操作方法输入相应的数据及内容后关闭并返回，在 AutoCAD 环境中将显示该对象的内容，如图 1-19 所示。

3．输出图形文件

在 AutoCAD 环境中除了可以将打开并绘制的图形保存为 dwg 或 dwt 文件外，还可以将图形对象输出为其他类型的文件，如 dwf、wmf 和 bmp 等。选择"文件"→"输出"菜单命令，弹出"输出数据"对话框，选择输出的路径、类型（如 bmp 等）和文件名，再单击"保存"按钮，然后系统将提示选择要输出的对象，这时用户可以使用"画图"等程序打开所输出的图形对象观看、修改等，如图 1-20 所示。

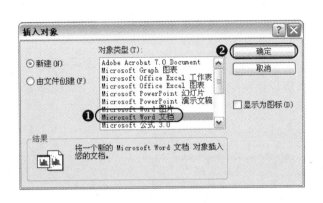

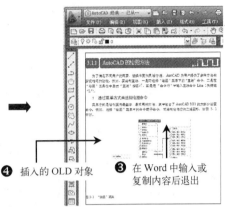

图 1-19　插入的 Word 对象

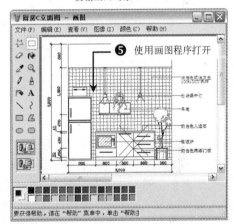

图 1-20　输出图形对象

1.3　设置绘图环境

通常，安装好 AutoCAD 2012 后，就可以在其默认设置下绘制图形了，但有时为了规范绘图，提高绘图效率，应熟悉命令与系统变量以及绘图方法，掌握绘图环境的设置和坐标系统的使用方法等。

 ## 1.3.1　设置选项参数

使用 AutoCAD 绘图前，经常需要对参数选项、绘图单位和绘图界限等进行必要的设置。

AutoCAD 是通过"选项"对话框来设置系统环境的。调用"选项"对话框有以下几种方式。

◆ 在菜单栏中依次选择"工具"→"选项"菜单命令。

◆ 在菜单栏中依次选择"工具"→"草图设置"菜单命令，在弹出的"草图设置"对话框中单击"选项"按钮。

◆ 在绘图区单击鼠标右键，在弹出的快捷菜单中选择"选项"命令。

◆ 在命令行中输入 Options 或 Op。

此时，系统弹出如图 1-21 所示的"选项"对话框，在"选项"对话框中有"文件""显示""打开和保存""打印和发布""系统""用户系统配置""绘图""三维建模"、"选择集"和"配置"10 个选项卡。

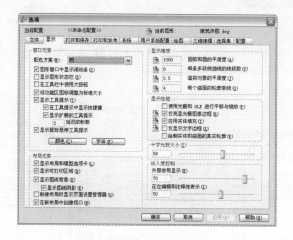

图 1-21 "选项"对话框

 1.3.2 显示性能的配置

"显示"选项卡可以设置窗口元素、显示精度、布局元素、显示性能、十字光标大小和淡入度控制等 AutoCAD 绘图环境特有的显示属性，如图 1-22 所示。

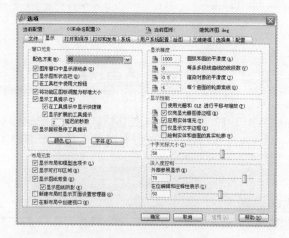

图 1-22 "显示"选项卡

在"显示"选项卡中，各部分的特性如下。

◆ 窗口元素。窗口元素主要控制绘图环境特有的显示设置。用户可以根据需要设置各元素的开启情况。其中，单击"颜色"按钮时会弹出如图 1-23 所示的"图形窗口颜色"对话框，使用此对话框可以指定主应用程序窗口中元素的颜色；单击"字体"按钮时会弹出如图 1-24 所示的"命令行窗口字体"对话框，使用此对话框可指定命令窗口文字的字体。

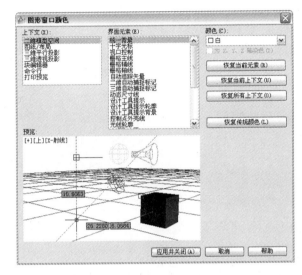

图 1-23 "图形窗口颜色"对话框

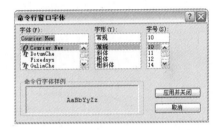

图 1-24 "命令行窗口字体"对话框

◆ 布局元素。布局元素主要控制现有布局和新布局的选项。布局是一个图样空间环境，用户可在其中设置图形进行打印。

◆ 显示精度。显示精度可控制对象的显示质量。如果设置较高的值提高显示质量，则性能将受到显著影响。"圆弧和圆的平滑度"用于设置当前视口中对象的分辨率；"每条多段线曲线的线段数"用于设置要为每条样条曲线条拟合多段线（此多段线通过 PEDIT 命令的"样条曲线"选项生成）生成的线段数目；"渲染对象的平滑度"用于调整着色和渲染对象以及删除了隐藏线的对象的平滑度；每个曲面的轮廓素线"指定对象上每个曲面的轮廓素线数目。

◆ 显示性能。显示性能用于控制影响性能的显示设置。如果打开了拖动显示并选择"使用光栅和 OLE 进行平移与缩放"，将有一个对象的副本随着光标移动，就好像是在重定位原始位置；"仅亮显光栅图像边框"控制是亮显整个光栅图像还是仅亮显光栅图像边框；"应用实体填充"指定是否填充图案、二维实体以及宽多段线；"仅显示文字边框"控制文字的显示方式；"绘制实体和曲面的真实轮廓"控制三维实体对象轮廓边在二维线框或三维线框视觉样式中的显示。

◆ 十字光标大小。按屏幕大小的百分比确定十字光标的大小。

◆ 淡入度控制。淡入度控制用于控制 DWG 外部参照和参照编辑的淡入度的值。"外部参照显示"控制所有 DWG 外部参照对象的淡入度，此选项仅影响屏幕上的显示，它不影响打印或打印预览；"在位编辑和注释性表示"用于在位参照编辑的过程中指定对象的淡入度值，未被编辑的对象将以较低强度显示。通过在位编辑参照，可以编辑当前图形中的块参照或外部参照，有效值范围为 0%～90%。

1.3.3 系统草图的配置

通过系统草图，可进行自动捕捉设置、AutoTrack 设置、对齐点获取、自动捕捉标记大小和靶框大小，如图 1-25 所示，其各部分的特性如下。

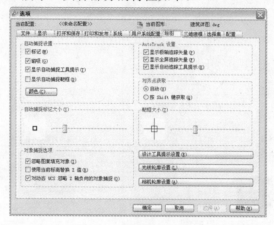

图 1-25 "绘图"选项卡

1．自动捕捉设置

自动捕捉设置用于控制自动捕捉标记、工具提示和磁吸的显示。如果光标或靶框位于对象上，可以按〈Tab〉键遍历该对象可用的所有捕捉点。"标记"：控制自动捕捉标记的显示，该标记是当十字光标移到捕捉点上时显示的几何符号；"磁吸"：用于打开或关闭自动捕捉磁吸，磁吸是指十字光标自动移动并锁定到最近的捕捉点上；"显示自动捕捉工具提示"：控制自动捕捉工具提示的显示。工具提示是一个标签，用于描述捕捉到的对象部分；"显示自动捕捉靶框"：用于打开或关闭自动捕捉靶框的显示，靶框是捕捉对象时出现在十字光标内部的方框。

2．AutoTrack 设置

AutoTrack 设置用于控制与 AutoTrack™ 行为相关的设置，此设置在启用极轴追踪或对象捕捉追踪时可用。"显示极轴追踪矢量"：当极轴追踪打开时，将沿指定角度显示一个矢量。使用极轴追踪，可以沿角度绘制直线。极轴角是 90°的约数，如 45°、30°和 15°。（TRACKPATH 系统变量=2）在三维视图中，也显示平行于 UCS 的 Z 轴的极轴追踪矢量，并且工具提示基于沿 Z 轴的方向显示角度的+Z 或－Z；"显示全屏追踪矢量"：追踪矢量是辅助用户按特定角度或按与其他对象的特定关系绘制对象的线。如果选择此选项，对齐矢量将显示为无限长的线。（TRACKPATH 系统变量 = 1）；"显示自动追踪工具提示"：控制自动捕捉标记、工具提示和吸磁的显示。

3．对齐点获取

对齐点获取有自动获取和按〈Shift〉键获取两种方式。自动获取是当靶框移到对象捕捉上时，自动显示追踪矢量；用〈Shift〉键获取是按〈Shift〉键并将靶框移到对象捕捉上时，将显示追踪矢量。

4．自动捕捉标记大小和靶框大小

自动捕捉标记大小用于设定自动捕捉标记的显示尺寸。靶框大小是以像素为单位设置对象捕捉靶框的显示尺寸。如果选中"显示自动捕捉靶框"（或将 APBOX 设定为 1），则当捕捉到对象时，靶框显示在十字光标的中心。靶框的大小确定磁吸将靶框锁定到捕捉点之前，光标应到达捕捉点的位置，取值范围为 1～50 像素。

5．对象捕捉选项

对象捕捉选项用于设置执行对象捕捉模式。"忽略图案填充对象"：是指定对象捕捉的选项；"使用当前标高替换 Z 值"：是指定对象捕捉忽略对象捕捉位置的 Z 值，并使用为当前 UCS 设置的标高的 Z 值；"对动态 UCS 忽略 Z 轴负向的对象捕捉"：是指定使用动态 UCS 期间对象捕捉忽略具有负 Z 值的几何体。

1.3.4　系统选择集的配置

通过系统选择集，可进行拾取框大小设置、夹点尺寸设置、选择集模式、选择集预览和功能区选项设置等。"选择集"选项卡如图 1-26 所示，其各部分的特性如下。

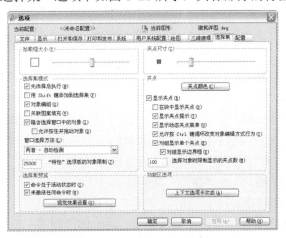

图 1-26　"选择集"选项卡

1．拾取框大小、夹点尺寸的设置

拾取框大小是以像素为单位设置对象选择目标的高度。拾取框是在编辑命令中出现的对象选择工具。通过拖动夹点尺寸下的水平滑块，可以夹点选择对象时所呈现的夹点大小。

2．选择集模式

选择集模式用于控制与对象选择方法相关的设置。

◆ "先选择后执行"：控制在发出命令之前（先选择后执行），还是之后选择对象。许多（但并非所有）编辑和查询命令支持名词/动词选择。

◆ "用 Shift 键添加到选择集"：控制后续选择项是替换当前选择集，还是添加到其中。

要快速清除选择集，请在图形的空白区域绘制一个选择窗口。

◆ "对象编组"：选择了编组中的一个对象就选择了编组中的所有对象。使用 "GROUP"命令可以创建和命名一组选择对象。

◆ "关联图案填充"：确定选择关联图案填充时将选定哪些对象。如果选择该选项，那 么选择关联图案填充时也选定边界对象。

◆ "隐含选择窗口中的对象"：在对象外选择了一点时，初始化选择窗口中的图形。从 左向右绘制选择窗口将选择完全处于窗口边界内的对象。从右向左绘制选择窗口将 选择处于窗口边界内和与边界相交的对象。

◆ "允许按住并拖动对象"：控制窗口选择方法。如果未选择此选项，则可以用定点设 备单击两个单独的点来绘制选择窗口。

◆ "窗口选择方法"：使用下拉列表更改 PICKDRAG 系统变量的设置。

◆ "'特性'选项板的对象限制"：确定可以使用"特性"和"快捷特性"选项板一次更 改的对象数的限制。

3．选择集预览

当拾取框光标滚动过对象时，亮显对象。"命令处于活动状态时"：仅当某个命令处于活 动状态并显示"选择对象"提示时，才会显示选择预览。"未激活任何命令时"：即使未激活 任何命令，也可显示选择预览。

4．夹点

在对象被选中后，其上将显示夹点，即一些小方块。

1.3.5　设置图形单位

在 AutoCAD 中，用户可以采用 1：1 的比例因子绘图，也可以指定单位的显示格式。对绘 图单位的设置，一般包括长度单位和角度单位的设置。

在 AutoCAD 中，可以通过以下两种方法设置图形格式。

◆ 在菜单栏中选择"格式"→"单位"菜单命令。

◆ 在命令行输入：UNITS。

使用上面任何一种方法都可以打开如图 1-27 所示的"图形单位"对话框，在该对话框 中可以对图形单位进行设置。

下面是"图形单位"对话框中各部分的功能介绍。

◆ "长度"和"角度"：可以通过下拉列表框来选择长度和角 度的记数类型以及各自的精度。

◆ "顺时针"复选框：确定角度正方向是顺时针还是逆时 针，默认的正角度方向是逆时针方向。

◆ "插入时的缩放单位"：用于设置从设计中心将图块插入此 图时的长度单位，若建图块时的单位与此处所选单位不 同，系统将自动对图块进行缩放。

图 1-27　"图形单位"对话框

◆ "光源"选项组：用于设置当前图形中光度控制光源强度的测量单位，下拉列表中提供了"国际""美国"和"常规"3种测量单位。

◆ "方向"按钮：单击"方向"按钮，弹出如图 1-28 所示的"方向控制"对话框，在对话框中可以设置起始角度（0B）的方向。在 AutoCAD 的默认设置中，0B 方向是指向右（即正东）的方向，逆时针方向为角度增加的正方向。在"方向控制"对话框中可以选中 5 个单选按钮中的任意一个来改变角度测量的起始位置，也可以通过选中"其他"单选按钮，并单击"拾取"按钮，在图形窗口中拾取两个点来确定在 AutoCAD 中 0B 的方向。

图 1-28 "方向控制"对话框

软件提示：	角度的测量

用于创建对象、测量距离以及显示坐标位置的单位格式，与创建的标注单位设置是分开的；角度的测量可以使正值以顺时针测量或逆时针测量，0°角可以设置为任意位置。

1.3.6 设置图形界限

图形界限就是绘图区域，也称图限。图形界限可标明用户的工作区域和图纸边界。一般来说，如果用户不做任何设置，AutoCAD 系统对作图范围没有限制。用户可以将绘图区看做是一幅无穷大的图纸，但所绘图形的大小是有限的。因此，为了更好的绘图，需要设定作图的有效区域。

在 AutoCAD 中，可以通过以下方法设置图形界限。

◆ 在菜单栏中选择"格式"→"图形界限"菜单命令。

◆ 在命令行输入：LIMITS。

执行该命令后，其提示如下：

```
命令: LIMITS
重新设置模型空间界限:
指定左下角点或 [开(ON)│关(OFF)] <0.0000,0.0000>:
指定右上角点 <420.0000,297.0000>:
```

执行"图形界限"命令过程中，其命令行中的选项如下。

◆ "开（ON）"：打开图形界限检查，以防拾取点超出图形界限。

◆ "关（OFF）"：关闭图形界限检查（默认设置），可以在图形界限外拾取点。

◆ "指定左下角点"：设置图形界限左下角的坐标。

◆ "指定右上角点"：设置图形界限右上角的坐标。

1.3.7 设置工作空间

工作空间是由分组组织的菜单、工具栏、选项板和功能区控制面板组成的集合，使用户可以在专门的、面向任务的绘图环境中工作。使用工作空间时，只会显示与任务相关的菜单、工具栏和选项板。此外，工作空间还可以自动显示功能区，即带有特定于任务的控制面板的特殊选项板。

在 AutoCAD 中可以使用自定义工作空间来创建绘图环境，以便显示用户需要的工具栏、菜单和可固定的窗口。

在 AutoCAD 中，可以通过以下方法设置工作空间。

◆ 在菜单栏中选择"工具"→"工作空间"→"工作空间设置…"菜单命令。

◆ 在命令行输入：WSSETTINGS。

使用上面任何一种方法都可以打开如图 1-29 所示的"工作空间设置"对话框，在该对话框中可以对工作空间进行设置。

图 1-29 "工作空间设置"对话框

 1.4 使用命令与系统变量

在 AutoCAD 2012 中文版中，菜单命令、工具按钮、命令和系统变量大多是相互对应的，用户可以通过选择某一个菜单命令，或单击某一个工具按钮，或在命令行中输入命令和系统变量来执行某一命令。

 1.4.1 使用鼠标操作执行命令

在绘图区中，鼠标指针通常显示为"十"字形状。当鼠标指针移到菜单选项、工具栏或对话框内时，会自动变成箭头形状。无论鼠标指针是"十"字形状，还是箭头形状，当单击鼠标时，都会执行相应的命令或动作。在 AutoCAD 2012 中文版中，鼠标键有以下 4 种规则定义，分别是拾取键、回车键、弹出键和平移键。

1. 拾取键

拾取键指的是鼠标左键，用于指定屏幕上的点，也被用于选择 Windows 对象、AutoCAD 对象、工具栏按钮和菜单命令等。

2. 回车键

回车键指的是鼠标右键，相当于〈Enter〉键，用于结束当前使用的命令，此时系统会根据当前的绘图状态弹出不同的快捷菜单。

3. 弹出键

按〈Shift〉键的同时单击鼠标右键，系统将会弹出一个快捷菜单，用于设置捕捉点的方法。拾取框大小是以像素为单位设置对象选择目标的高度。拾取框是在编辑命令中出现的对象选择工具。

4. 平移键

对于三键鼠标，鼠标的中间键相当于实时平移键，将光标放在起始位置，然后按住鼠标中键，可将光标拖动到新的位置。

 1.4.2 使用"命令行"执行

在 AutoCAD 2010 中文版中，默认情况下命令行是一个可固定的窗口，用户可以在当前命令提示下输入命令和对象参数等内容。对大多数命令而言，命令行可以显示执行完的两条命令提示（也叫历史命令），而对于一些输入命令，如 TIME 和 LIST 命令，则需要放大命令行或用 AutoCAD 2012 文本窗口才可以显示。

　　在"命令行"窗口中单击鼠标右键，将会弹出如图 1-30 所示的快捷菜单，通过该快捷菜单，用户可以选择最近使用过的 6 个命令、复制选择的文字或全部历史命令、粘贴文字，以及弹出"选项"对话框。在命令行中还可以通过按〈BackSpace〉或〈Delete〉键，删除命令行中的文字；也可以选择历史命令，然后执行"粘贴到命令行"命令，将其粘贴到命令行中。

图 1-30　命令行对话框

软件提示：　　　　**动态输入命令**

　　如果启用了"动态输入"并设定为显示动态提示，用户可以在光标附近的工具提示中输入命令。

　　默认情况下，会在用户输入时自动完成命令名或系统变量。此外，还会显示一个有效选择列表，用户可以从中进行选择。使用 AUTOCOMPLETE 命令可控制想要使用哪些自动功能。如果禁用自动完成功能，则可以在命令行中输入一个字母并按〈Tab〉键循环显示以该字母开头的所有命令和系统变量。按〈Enter〉键或空格键来启动命令或系统变量。某些命令还有缩写名称。例如，除了通过输入"LINE"命令来启动"直线"命令外，还可以输入快捷键〈L〉。

软件提示：　　　　**快捷命令的定义**

　　缩写的命令名称为命令别名，并在"acad.pgp"文件中定义。要定义自己的命令别名，请参见《自定义手册》中的创建命令别名。

　　在命令行中输入命令时，将显示一组选项或一个对话框。例如，在命令提示下输入"CIRCLE"时，将显示以下提示：

　　　　指定圆的圆心或 [三点(3P) | 两点(2P) | 切点、切点、半径(T)]:

　　可以通过输入 (*X,Y*) 坐标值或通过使用定点设备在屏幕上单击点来指定圆心。要选择不同的选项，请输入括号内的一个选项中的大写字母。可以输入大写或小写字母。例如，要选择三点选项 (3P)，输入"3P"即可。

　　如果要重复刚刚使用过的命令，可以按〈Enter〉键或空格键，也可以在命令提示下在定点设备上单击鼠标右键，还可以通过输入 MULTIPLE、空格和命令名来重复命令。要取消进行中的命令，请按〈Esc〉键。

 1.4.3　使用透明命令执行

　　在 AutoCAD 2012 中文版中，透明命令指的是在执行其他命令过程中可以执行的命令。常用的透明命令多为修改图形设置的命令和绘制辅助工具的命令。常用的透明命令有视图绽放（ZOOM）命令、视图平移（PAN）命令、帮助（HELP）命令、捕捉（SANP）命令、栅格（GRID）命令、正交（ORTHO）命令、图层（LAYER）命令、对象捕捉（OSNAP）命令、极轴命令、对象捕捉追踪命令和设置图形界限（LIMITS）命令等。

在某个命令运行期间，输入一个撇号（'），接着输入要使用的透明命令。

完成透明命令后，将恢复执行原命令。下例中，在绘制直线时打开点栅格并将其设定为一个单位间隔，然后继续绘制直线。

> 命令:line
> 指定第一个点:'grid
> >>指定栅格间距 (X) 或 [开(ON)｜关(OFF)｜捕捉(S)｜纵横向间距(A)] <0.000>:1
> 恢复 LINE 命令
> 指定第一个点:

不选择对象、创建新对象或结束绘图任务的命令通常可以透明使用。透明打开的对话框中所做的更改，直到被中断的命令已经执行后才能生效。同样，透明重置系统变量时，新值在开始下一命令时才能生效。

 ## 1.4.4 使用系统变量

在 AutoCAD 中，系统变量用于控制某些功能和设计环境、命令的工作方式，它可以打开或关闭捕捉、栅格或正交等绘图模式，设置默认的填充图案，或存储当前图形和 AutoCAD 配置的有关信息。系统变量用于控制 AutoCAD 的某些功能和设计环境，它可以打开或关闭捕捉、栅格或正交等绘图模式，设置默认的填充图案，或存储当前图形和 AutoCAD 配置的有关信息。

系统变量通常为 6～10 个字符长的缩写名称，大多数的系统变量都带有简单的开关设置。例如，GRIDMODE 系统变量用于显示或关闭栅格，在命令行中输入 GRIDMODE 系统变量并按〈Enter〉键，此时，AutoCAD 提示如下。

> 命令: GRIDMODE
> 输入 GRIDMODE 的新值 <1>:

当在命令行的"输入 GRIDMODE 的新值 <1>:"提示下输入 0 时，可以关闭栅格显示；输入 1 时，可以打开栅格显示。

有些系统变量用来存储数值或文字，如 DATE 系统变量用来存储当前日期。可以在对话框中修改系统变量，也可以直接在命令行中修改系统变量。例如，要使用 ISOLINES 系统变量修改曲面的线框密度，可在命令行提示下输入该系统变量名称并按〈Enter〉键，然后输入新的系统变量值并按〈Enter〉键，详细操作如下。

> 命令: ISOLINES (输入系统变量的名称)
> 输入 ISOLINES 的新值 <4>: 32 (输入系统变量的新值)

 ## 1.4.5 命令的终止、撤销与重做

在 AutoCAD 2012 中文版中，用户可方便地重复执行同一命令，或撤销前面执行的一个或多个命令。此外，撤销前面执行的命令后，还可以通过重做来恢复前面撤销

的命令。

1．命令的终止

命令的终止方式有很多种，通常情况下正常完成一条命令后会自动终止命令；在执行命令过程中按〈Esc〉键也可终止命令；在执行命令过程中，从菜单或工具栏中调用另一条命令，绝大部分命令可终止。

2．命令的终止与撤销

在 AutoCAD 中，在命令执行的任何时候都可以输入任意次 U 来取消命令的执行，每输入一次 U，命令就后退一步，无法放弃某个操作时，将显示命令的名称但不执行任何操作。不能放弃对当前图形的外部操作（如打印或写入文件等）。执行命令期间，修改模式或使用透明命令无效，只有主命令有效。

用户可以通过以下几种方法进行命令的撤销。

◆ 在快捷访问工具栏中单击放弃按钮 ↶ ·。
◆ 在菜单栏中依次选择"编辑"→"放弃"菜单命令。
◆ 在命令行输入：U 或 UNDO 。U 命令与输入 UNDO 等效。
◆ 直接按〈Ctrl+Z〉组合键。

3．命令的重做

已被撤销的命令还可以恢复重做，要恢复撤销的是之前最后执行的一个命令。在 AutoCAD 中，可以通过以下方法执行命令的重做。

◆ 在快捷访问工具栏中单击重做按钮 ↷ ·。
◆ 在菜单栏中依次选择"编辑"→"重做"菜单命令。
◆ 在命令行输入：REDO。
◆ 直接按〈Ctrl+Y〉组合键。

软件提示：	命令的恢复

REDO 命令只能恢复刚执行 UNDO 命令的操作。不能使用 REDO 命令重复另一条命令。

1.5 设置绘图辅助功能

在 AutoCAD 中，为了便于用户进行各种图形的绘制，状态栏中提供了多种辅助工具，以帮助用户快速准确地绘图，单击相应的功能按钮，对应的功能便能发挥作用。

软件提示：	工具按钮的提示

从图 1-2 中可以看到，辅助工具都是经图标显示的，没有文字，用户可以将光标置于任意的辅助工具按钮上，执行右键快捷菜单"使用图标"命令，使之处于未选中状态，则按钮均为文字显示，而不是图标显示。

1.5.1 设置捕捉和栅格

为了准确地在屏幕上捕捉点，AutoCAD 提供了捕捉和栅格工具。使用栅格和捕捉功能，有助于创建和对齐图形中的对象。栅格是按照设置的间距显示在图形区域中的点，可以在屏幕上生成一个隐含的栅格（捕捉栅格），这个栅格能够捕捉光标，约束它只能落在栅格的某一个节点上，使用户能够高精确度地捕捉和选择这个栅格上的点。

捕捉则使光标只能停留在图形中指定的点上，这样就可以很方便地将图形放置在特殊点上，便于以后的编辑工作。栅格和捕捉这两个辅助绘图工具之间有很多联系，尤其是两者间距的设置。有时为了便于绘图，可将栅格间距设置为与捕捉相同，或者使栅格间距为捕捉间距的倍数。

在 AutoCAD 中，可以通过以下方法设置栅格。

◆ 在菜单栏中选择"工具"→"草图设置"菜单命令，在打开的"草图设置"对话框中选择"捕捉和栅格"选项卡。

◆ 在状态栏中右键单击"捕捉"按钮▦或"栅格"按钮▦，在弹出的快捷菜单中选择"设置"命令。

◆ 在命令行输入：GRID。

此时，系统打开如图 1-31 所示的"草图设置"对话框，并打开其中的"捕捉和栅格"选项卡，从而可以启用捕捉、设置捕捉间距、设置极轴间距、设置捕捉类型、设置栅格样式和设置栅格间距等。

图 1-31　"草图设置"对话框

1.5.2 设置正交模式

正交辅助工具可以将光标限制在水平或垂直方向上移动，以便于精确地创建和修改对象。创建或移动对象时，使用"正交"模式将光标限制在水平或垂直轴上。移动光标时，不管水平轴或垂直轴哪个离光标最近，拖引线将沿着该轴移动。

当前用户坐标系 (UCS) 的方向确定水平方向和垂直方向。在三维视图中，"正交"模式额外限制光标只能上下移动。在这种情况下，工具提示会为该角度显示+Z 或–Z。打开"正交"模式时，使用直接距离输入方法以创建指定长度的正交线或将对象移动指定的距离。

在绘图和编辑过程中，可以随时打开或关闭"正交"。输入坐标或指定对象捕捉时将忽略"正交"。要临时打开或关闭"正交"，请按住临时替代键〈Shift〉。使用临时替代键时，无法使用直接距离输入方法。

有关在不平行于水平轴或垂直轴的角度上绘图或编辑对象的信息，请参见使用极轴追踪和 PolarSnap。

如果已打开等轴测捕捉设置，则在确定水平方向和垂直方向时该设置较 UCS 具有优先级。

在 AutoCAD 中，可以通过以下方法设置正交模式。

◆ 在状态栏中单击"正交"按钮。
◆ 直接按〈F8〉键。
◆ 在命令行输入：ORTHO。

1.5.3　设置对象的捕捉模式

所谓对象捕捉，就是利用已经绘制的图形上的几何特征点定位新的点。在绘图区中的任意工具栏上单击鼠标右键，在弹出的快捷菜单中选择"对象捕捉"命令，弹出如图 1-32 所示的"对象捕捉"工具栏，用户可以在工具栏中单击相应的按钮，以选择合适的对象捕捉模式。指定对象捕捉时，光标将捕捉到对象上最靠近光标中心的指定点。默认情况下，将光标移到对象上的对象捕捉位置上方时，将显示标记和工具提示。

在状态栏中右键单击"对象捕捉"按钮，在弹出的快捷菜单中选择"设置"命令，弹出如图 1-33 所示的"草图设置"对话框，在"对象捕捉"选项卡中，"启用对象捕捉"复选框用于控

图 1-32　"对象捕捉"工具栏

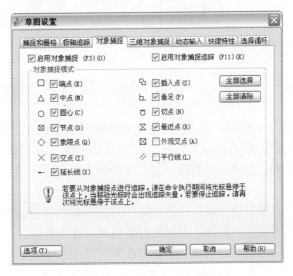

图 1-33　"对象捕捉"选项卡

制对象捕捉功能的开启。当对象捕捉打开时，在"对象捕捉模式"选项组中选定的对象捕捉处于活动状态。"启用对象捕捉追踪"复选框用于控制对象捕捉追踪的开启。

1.5.4 设置自动与极轴追踪

当自动追踪打开时，在绘图区将出现追踪线（追踪线可以是水平或垂直的，也可以有一定角度），帮助用户精确确定位置和角度。AutoCAD 提供了极轴追踪和对象捕捉追踪两种追踪模式。

在状态栏中右键单击"极轴追踪"按钮 ，在弹出的快捷菜单中选择"设置"命令，弹出如图 1-34 所示的"草图设置"对话框，在此可以进行极轴追踪模式参数的设置，包括是否启用极轴追踪、设置增量角和附加角、极轴角测量等。

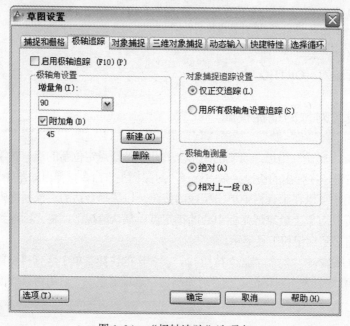

图 1-34 "极轴追踪"选项卡

软件
技能

1.6 图形对象的选择

在 AutoCAD 中，单纯地使用绘图命令或绘图工具只能绘制一些基本的图形对象。为了绘制复杂的图形，很多情况下必须借助于图形编辑命令，如复制、移动、旋转、镜像、偏移、陈列、拉伸及修剪等。使用这些命令，可以修改已有图形或通过已有图形构造新的复杂图形。

在对图形进行编辑操作之前，首先需要选择要编辑的对象。在 AutoCAD 中，选择对象的方法有很多。例如，可以通过单击对象逐个拾取，也可利用矩形窗口或交叉窗口选择；可以选择最近创建的对象、前面的选择集或图形中的所有对象，也可以向选择集中添加对象或从中删除对象。AutoCAD 用虚线亮显所选的对象。

1.6.1 设置选择的模式

在对复杂图形对象进行编辑操作时，经常需要同时对多个图形对象进行编辑，或在执行命令之前先选择目标对象等，只有设置好较恰当的选择模式，才能更加方便、快捷地对指定的图形对象进行选择及操作。

在 AutoCAD 中，选择"工具"→"选项"命令，将弹出"选项"对话框，切换到"选择集"选项卡，即可设置拾取框大小、视觉效果、选择集模式、夹点大小和夹点颜色等，如图 1-35 所示。

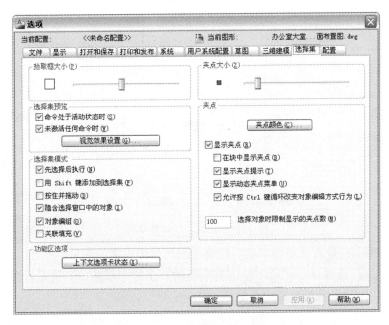

图 1-35　"选择集"选项卡

软件提示： **选择模式的设置**

用户在打开的"草图设置"对话框中单击"选项"按钮，也可以打开"选项"对话框，从而设置选择的模式。

1.6.2 选择对象的方法

用户在执行某些命令时，将提示"选择对象:"，此时鼠标将显示为矩形拾取框光标□，将其光标放在要选择对象的位置时，将亮显对象，单击时将选择该对象（也可以逐个选择多个对象），如图 1-36 所示。

用户在选择图表对象时有多种方法，若要查看选择对象有哪些方法，可以在"选择对象:"提示符下输入"？"，这时将显示如下所有选择对象的方法。

选择对象:**?**　　　　\\ 输入?可以显示有哪些选择方法

无效选择

需要点或窗口(W)｜上一个(L)｜窗交(C)｜框(BOX)｜全部(ALL)｜栏选(F)｜圈围(WP)｜圈交(CP)｜编组(G)｜添加(A)｜删除(R)｜多个(M)｜前一个(P)｜放弃(U)｜自动(AU)｜单个(SI)｜子对象(SU)｜对象(O)

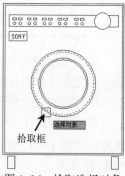

图 1-36　拾取选择对象

根据上面的提示，用户输入其中的大写字母命令，可以指定对象的选择模式。

◆ 需要点：可逐个拾取所需对象，该方法为默认设置。

◆ 窗口（W）：使用鼠标拖动一个矩形窗口将要选择的对象框住，凡是在窗口内的目标均被选中，如图 1-37 所示。

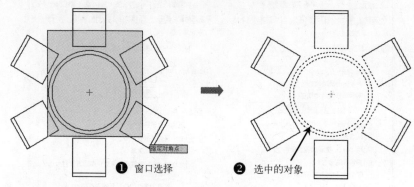

❶ 窗口选择　　　　　❷ 选中的对象

图 1-37　"窗口"选择方式

◆ 上一个（L）：此方式将用户最后绘制的图形作为编辑的对象。

◆ 窗交（C）：选择该方式后，使用鼠标拖动一个矩形框窗口，凡是在窗口内与此窗口四边相交的对象都将被选中，如图 1-38 所示。

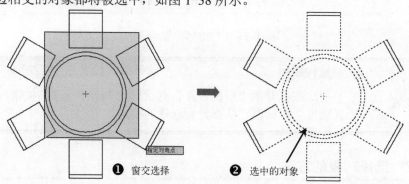

❶ 窗交选择　　　　　❷ 选中的对象

图 1-38　"窗交"选择方式

◆ 框（BOX）：当用户使用鼠标拖动一个矩形窗口时，其第一角点位于第二角点的左侧，此方式与窗口（W）选择方式相同；其第一角点位于第二角点的右侧时，此方式与窗交（C）方式相同。

◆ 全部（ALL）：屏幕中的所有图形对象均被选中。

◆ 栏选（F）：用户可用此方式画任何折线，凡是与折线相交的图形对象均被选中，如

图 1-39 所示。

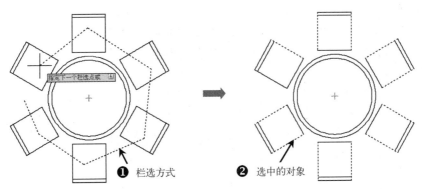

① 栏选方式　② 选中的对象

图 1-39 "栏选"选择方式

◆ 圈围（WP）：该选项与窗口（W）选择方式相似，但它可构造任意形状的多边形区域，包含在多边形窗口内的图形均被选中，如图 1-40 所示。

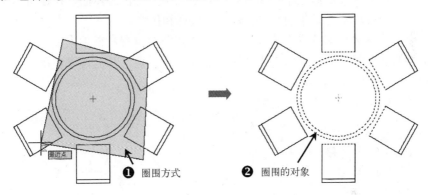

① 圈围方式　② 圈围的对象

图 1-40 "圈围"选择方式

◆ 圈交（CP）：该选项与窗交（C）选择方式类似，但它可以构造任意形状的多边形区域，包含在多边形窗口内的图形或与该多边形窗口相交的任意图形对象均被选中，如图 1-41 所示。

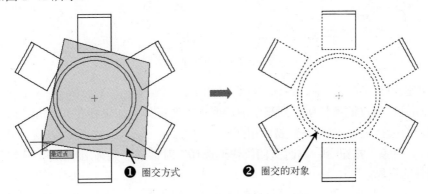

① 圈交方式　② 圈交的对象

图 1-41 "圈交"选择方式

◆ 编组（G）：输入已定义的选择集，系统将提示输入编组名称。

◆ 添加（A）：当用户完成目标选择后，还有少数没有选中时，可以通过此方式把目标添加到选择集中。

◆ 删除（R）：把选择集中的一个或多个目标对象移出选择集。

◆ 前一个（P）：此方式用于选中前一次操作时所选择的对象。

◆ 放弃（U）：取消上一次所选中的目标对象。

◆ 自动（AU）：若拾取框正好有一个图形，则选中该图形；反之，则要求用户指定另一角点以选中对象。

◆ 单个（SI）：当命令行中出现"选择对象："时，鼠标变为矩形拾取框光标□，点取要选中的目标对象即可。

1.6.3 快速选择对象

用户在绘制一些较复杂的对象时，经常需要使用多个图层、图块、颜色、线型、线宽等来绘制不同的图形对象，从而使某些图形对象具有共同的特性。然而，在编辑这些图形对象时，用户可以充分利用图形对象的共同特性进行选择和操作。

选择"工具"→"快速选择"命令，或者在视图空白位置右键单击鼠标，从弹出的快捷菜单中选择"快速选择"命令，将弹出"快速选择"对话框，从而可以根据自己的需要选择相应的图形对象，如图 1-42 所示。

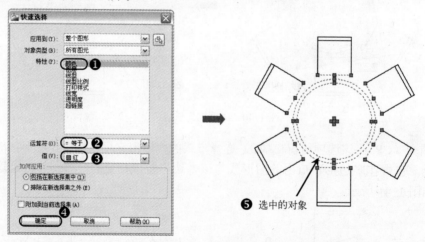

图 1-42　使用快速选择

在"快速选择"对话框中，各选项的含义如下。

◆ 应用到：将过滤条件应用到整个图形或当前选择集（如果存在）。如果选择了"附加到当前选择集"，过滤条件将应用到整个图形。

◆ "选择对象"按钮：临时关闭"快速选择"对话框，允许用户选择要对其应用过滤条件的对象。

◆ 对象类型：指定要包含在过滤条件中的对象类型。如果过滤条件正应用于整个图形，则"对象类型"列表包含全部的对象类型，包括自定义。否则，该列表只包含选定对象的对象类型。如果使用应用程序（如 AutoCAD Map 3D 等）为对象添加了特征分类，则可以选择分类。

◆　特性：指定过滤器的对象特性。此列表包括选定对象类型的所有可搜索特性。选定的特性决定"运算符"和"值"中的可用选项。如果使用应用程序（如 AutoCAD Map 3D 等）为对象添加了特征分类，则可以选择分类特性。

◆　运算符：控制过滤的范围。根据选定的特性，选项可包括"等于""不等于""大于""小于"和"* 通配符匹配"。"* 通配符匹配"只能用于可编辑的文字字段。使用"全部选择"选项将忽略所有的特性过滤器。

◆　值：指定过滤器的特性值。

◆　如何应用：指定是将符合给定过滤条件的对象包括在新选择集内或是排除在新选择集之外。选择"包括在新选择集中"将创建其中只包含符合过滤条件的对象的新选择集。选择"排除在新选择集之外"将创建其中只包含不符合过滤条件的对象的新选择集。

◆　附加到当前选择集：指定是由"QSELECT"命令创建的选择集替换，还是附加到当前选择集。

	软件提示：　　　　　　　　**特性的自定义**
	"QSELECT"命令支持自定义对象（其他应用程序创建的对象）及其特性。如果自定义对象使用了 AutoCAD 特性以外的特性，则必须运行自定义对象的源应用程序才能使用"QSELECT"命令的特性。

 1.6.4　使用编组操作

在 AutoCAD 中可以将图形对象进行编组以创建一种选择集，使对象的编辑变得更灵活。要对图形对象进行编组，在命令行中输入或动态输入 GROUP 或按〈G〉键，并按〈Enter〉键，此时系统将弹出"对象编组"对话框，在"编组名"文本框中输入组名称，再单击"新建"按钮，返回到视图中选择要编组的对象，再按〈Enter〉键返回"对象编组"对话框，然后单击"确定"按钮，如图 1-43 所示。

 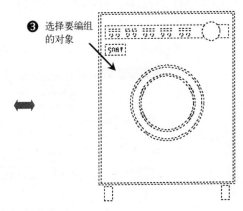

图 1-43　对象编组

在"对象编组"对话框中，各主要选项的含义如下。

◆ "编组名"列表框：显示当前图形文件中已经编组的名称。

◆ "可选择的"列表，指定编组是否可选择，如果某个编组为可选择编组，则选择该组中的一个对象将会选择整个编组。

◆ "编组名"文本框：指定编组名称，其最多可包含 31 个字符，可用字符有字母、数字和特殊符号（美元符号$、连字号-、下画线_），但不包括空格。其名称将自动转换为大写字符。

◆ "说明"文本框：编辑并显示选定编组的说明。

◆ "查找名称"按钮：单击该按钮，切换到绘图窗口，然后拾取要查找的对象后，系统将所属的组合显示在"编组成员列表"对话框中。

◆ "亮显"按钮：单击该按钮，将在视图中显示选定编组的成员。

◆ "包含未命名的"复选框：指定是否列出未命名编组。取消该复选框，则只显示已命名的编组。

◆ "新建"按钮：单击该按钮，切换到视图窗口中，要求选择编组的图形对象。

◆ "删除"按钮：单击该按钮，切换到视图窗口中，选择要从对象编组中删除的对象，然后按〈Enter〉键结束选择。

 软件技能

1.7 图形的显示控制

用户所绘制的图形都是在 AutoCAD 的视图窗口中进行的，只有灵活地对图形进行显示与控制，才能更加精确地绘制所需要的图形。进行二维图形操作时，经常用到主视图、俯视图和侧视图，用户可同时将其三视图显示在一个窗口中，以便更加灵活地掌握控制。当进行三维图形操作时，还需要对其图形进行旋转，以便观察其三维视图效果。本节主要介绍缩放与平移视图、使用命名视图以及使用平铺视口。

 ### 1.7.1 缩放与平移视图

在 AutoCAD 环境中，有许多种方法可以进行缩放和平移视图操作，选择"视图"→"平移"命令，在其下级菜单中将显示平移的许多方法；在"缩放"工具栏中也给出了相应的命令，如图 1-44 所示。

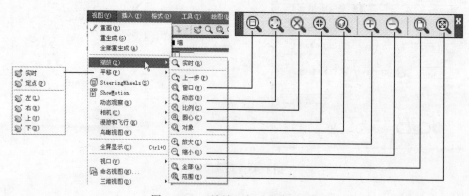

图 1-44 "缩放"与"平移"命令

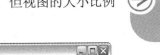

1．平移视图

用户可以平移视图，以重新确定其在绘图区域中的位置。选择"视图"→"平移"→"实时"菜单命令，或者在"标准"工具栏上单击"实时平移"按钮 🖐，此时鼠标形状变为 🖐 状，按住鼠标左键并进行拖动，即可将视图进行左右、上下移动操作，但视图的大小比例并没有改变，如图 1-45 所示。

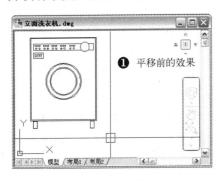
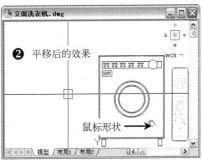

图 1-45　平移的视图

软件提示：	视图的平移操作

　　平移视图的快捷键是〈P〉。进行平移视图时，用户可按住鼠标中键不放，并移动鼠标，同样可以达到平移视图的目的。

2．缩放视图

用户在绘制图形时经常需要将局部视图进行放大，或者缩放视图查看全局效果，这时就可以使用 AutoCAD 提供的视图缩放功能。

若用户选择"视图"→"缩放"→"窗口"菜单命令，系统将提示如下信息。

```
命令:'_zoom
指定窗口的角点，输入比例因子 (nX 或 nXP)，或者
[全部(A)│中心(C)│动态(D)│范围(E)│上一个(P)│比例(S)│窗口(W)│对象(O)] <实时>:
```

该提示信息给出了多个选项，各个选项的含义如下。

◆ 全部（A）：用于在当前视口显示整个图形，其大小取决于图限设置或者有效绘图区域，这是因为用户可能没有设置图限或有些图形超出了绘制区域。

◆ 中心（C）：该选项要求确定一个中心点，然后给出缩放系数（后跟字母 X）或一个高度值。之后，AutoCAD 就缩放中心点区域的图形，并按缩放系数或高度值显示图形，所选的中心点将成为视口的中心点。如果保持中心点不变，而只想改变缩放系数或高度值，则在新的"指定中心点："提示符下按〈Enter〉键即可。

◆ 动态（D）：该选项集成了"平移"命令或"缩放"命令中的"全部"和"窗口"选项的功能。使用时，系统将显示一个平移观察框，拖曳它至适当位置并单击鼠标左键，将显示缩放观察框，并能够调整观察框的尺寸。随后，如果单击鼠标左键，系统将再次显示平移观察框。如果按〈Enter〉键或单击鼠标右键，系统将利用该观察框中的内容填充视口。

◆ 范围（E）：用于将图形在视口内最大限度地显示出来。

◆ 上一个（P）：用于恢复当前视口中上一次显示的图形，最多可以恢复 10 次。

◆ 窗口（W）：用于缩放一个由两个角点确定的矩形区域。

◆ 比例（S）：该选项将当前窗口中心作为中心点，并且依据输入的相关参数值进行缩放。

	软件提示： 比例的输入
	输入值必须是下列 3 种情况：输入不带任何扩展名的数值，表示相对于图限缩放图形；数值后跟字母 X，表示相对于当前视图进行缩放；数值后跟 XP，表示相对于图纸空间单位缩放当前窗口。

例如，在"缩放"或"标准"工具栏单击"窗口缩放"按钮，然后利用鼠标的十字光标在视图的指定区域进行框选，此时视图将框选的图形对象填充整个视图显示，如图 1-46 所示。

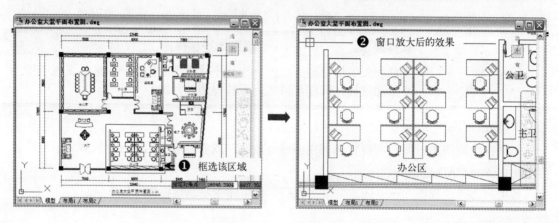

图 1-46 窗口缩放操作

 1.7.2 使用命名视图

命名视图表示将某一视图的状态以某种名称保存起来，然后在需要时将其恢复为当前显示，以提高绘图效率。

1. 命名视图

在 AutoCAD 环境中，可以通过命名视图的方式将视图的区域、缩放比例和透视设置等信息进行保存。

例如，在绘制装饰图的过程中，若每次需要放大显示"办公室"的区域，首先应通过前面窗口缩放的方式，将其"办公室"区域最大化显示在窗口中，再选择"视图"→"命名视图"命令，将弹出"视图管理器"对话框，单击"新建"按钮后弹出"新建视图/快照特性"对话框，输入视图名称为 VW1，并设置边界参数，然后单击"确定"按钮返回到"视图管理器"窗口中，即可看到新建的视图名称，如图 1-47 所示。

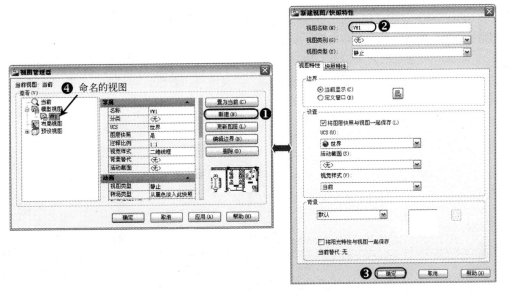

图 1-47　命名视图

2. 恢复命名视图

通过前面的方法已经将指定的区域进行了命名视图操作，如果需要将其命名的视图恢复，首先应选择"视图"→"命名视图"命令，在弹出的"视图管理器"对话框中即可看到事先已经命名的视图，然后选择该视图名称，再单击"置为当前"按钮，如图 1-48 所示。

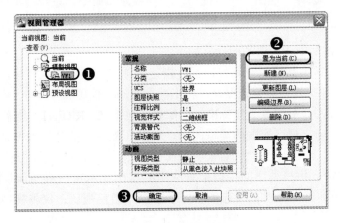

图 1-48　恢复命名视图

 ### 1.7.3　使用平铺视口

在 AutoCAD 中绘制图形时，经常需要将图形的局部进行放大显示，但用户有时还需要显示图形的整体效果，那该怎么办呢？AutoCAD 为用户提供了"平铺视口"功能，从而能够在一个界面环境中显示多个不同环境的视图。

在 AutoCAD 环境中，所创建的平铺视口必须是相邻的，且必须为矩形，所以用户无法调整视口的边界。

例如，打开光盘中的"案例\13\办公室大堂平面布置图.dwg"文件，既要显示会议室、办公室，又要显示次卧室的效果，就应首先选择"视图"→"视口"→"新建视口"命令，在弹出的"视口"对话框中根据需要输入视口名称，并设置视口数量，再设置每个视口的参数，单击"确定"按钮，在视图中显示所设置的多个视口，再在每个视口中双击并激活该视图，然后通过前面讲解的平移和缩放的方法，将指定的区域进行最大化显示，如图 1-49 所示。

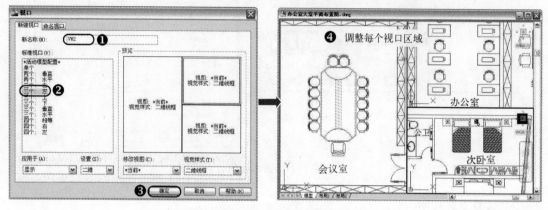

图 1-49　平铺的视口

软件提示：　　　　　　　　　　**视口的合并**

在多个视口中，其四周有粗边框的称为当前视口。如果要合并视口，可选择"视图"→"视口"→"合并"命令，系统提示选择一个视口作为主视口，再选择另一个相邻的视口，即可将这两个视口合并为一个视口。

在"视口"对话框中，各选项的含义如下。

◆ 新名称（N）：为新模型空间视口配置指定名称。如果不输入名称，将应用视口配置但不保存。如果视口配置未保存，将不能在布局中使用。

◆ 标准视口（V）：列出并设定标准视口配置，包括 CURRENT（当前配置）。

◆ 预览：显示选定视口配置的预览图像，以及在配置中被分配到每个单独视口的默认视图。

◆ 应用于（A）：将模型空间视口配置应用到整个显示窗口或当前视口。显示：将视口配置应用到整个"模型"选项卡显示窗口；当前视口：仅将视口配置应用到当前视口。

◆ 设置（S）：指定二维或三维设置。如果选择二维，新的视口配置将最初通过所有视口中的当前视图来创建。如果选择三维，一组标准正交三维视图将被应用到配置中的视口。

◆ 修改视图（C）：用从列表中选择的视图替换选定视口中的视图。可以选择命名视图，如果已选择三维设置，也可以从标准视图列表中选择。使用"预览"区域查看选择。

◆ 视觉样式（T）：将视觉样式应用到视口。将显示所有可用的视觉样式。

例如，在创建多个平铺视口时，需要在"新名称"文本框中输入新建的平铺视口的名称，在"标准视口"列表框中选择可用的、标准的视口配置，此时"预览"区中将显示所选视口配置以及已赋给每个视口的默认视图的预览图像，如图 1-50 所示。

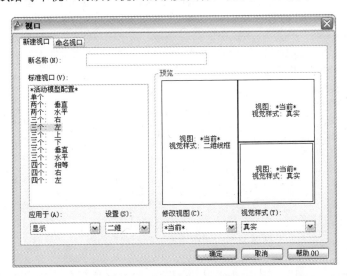

图 1-50 "新建视口"选项卡

软件
技能

1.8 图层与图形特性控制

确定一个图形对象，除了要确定它的几何数据外，还要确定如图层、线型和颜色这样的非几何数据。例如，绘制一个矩形时，一方面需要指定该矩形的对角点位置，另外还应指定矩形所在的图层、矩形的线型和颜色等数据。AutoCAD 存放这些数据时要占用一定的存储空间，如果一幅图上有大量具有相同线型和颜色等设置的对象，AutoCAD 存储每个对象时会重复存放这些数据，显然，这样会浪费大量存储空间，为此 AutoCAD 提出了图层的概念。

图层是用户组织和管理图形的强有力工具。在中文版 AutoCAD 2012 中，所有的图形对象都具有图层、颜色、线型和线宽这 4 个基本属性。用户可以使用不同的图层、不同的颜色、不同的线型和线宽绘制不同的对象和元素，方便控制了对象的显示和编辑，从而提高绘制复杂图形的效率和准确性。

1.8.1 新建图层

在 AutoCAD 中，图层的新建、命名、删除和控制等操作，都是通过"图层特性管理器"面板来操作的。选择"格式"→"图层"菜单命令，或者在"图层"工具栏上单击"图层"按钮，将打开"图层特性管理器"面板，如图 1-51 所示。

用户要新建图层，在"图层特性管理器"面板中单击"新建图层"按钮，此时在列表中将显示名为"图层 1 "的图层。如果用户要更改图层的名称，可以选择该图层，并按〈F2〉键，然后重新输入图层名称即可。

软件提示： **快速创建多个图层**

要快速创建多个图层，可以选择用于编辑的图层名并用逗号隔开输入多个图层名。

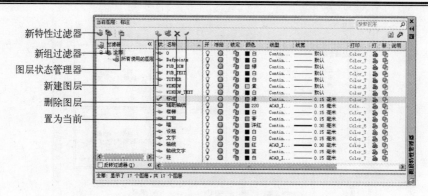

图 1-51　"图层特性管理器"面板

此时新图层将继承图层列表中当前选定图层的特性（如颜色、开/关状态等）。如果要使用默认设置创建图层，请不要选择列表中的任何一个图层，或在创建新图层前先选择一个具有默认设置的图层。

软件提示： **图层的命名**

在绘图层命名时，图层名最长可达 255 个字符，可以是数字、字母或其他字符，但不能允许有>、<、｜、\、""、:、|、=等，否则系统将弹出如图 1-52 所示的警告框。

图 1-52　警告框

 1.8.2　删除图层

在绘图过程中，用户可以随时删除一些没有使用的多余图层。在"图层特性管理器"面板中选择要删除的图层，该图层名称呈高亮度显示，然后单击"删除图层"按钮 ✕，即可将所选的图层删除。如果要同时删除多个图层，可以配合〈Ctrl〉键或〈Shift〉键来选择多个连续或不连续的图层。

删除图层时，只能删除未参照的图层。参照图层包括"图层 0"及 DEFPOINTS、包含对象（包括块定义中的对象）的图层、当前图层和依赖外部参照的图层。不包含对象（包括块定义中的对象）的图层、非当前图层和不依赖外部参照的图层都可以用 PURGE 命令删除。

1.8.3 设置当前图层

在 AutoCAD 绘制的图形对象，都是在当前图层中进行的，且所绘制图形对象的属性也将继承当前图层的属性。在"图层特性管理器"面板中选择一个图层，并单击"置为当前"按钮 ，即可将该图层置为当前图层，并在图层名称前面显示 标记，如图 1-53 所示。

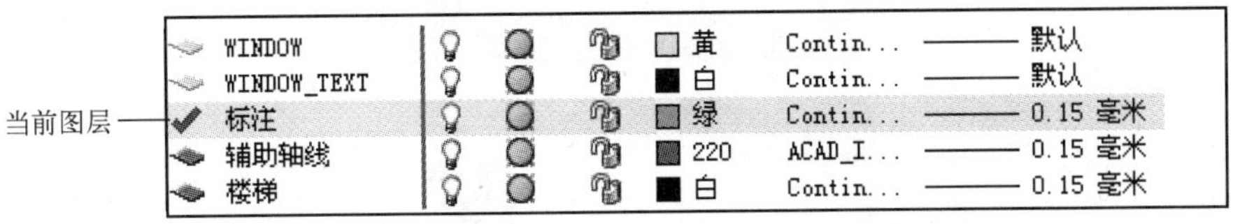

图 1-53 当前图层

软件提示： 当前图层的设置

用户可在"图层"工具栏的"图层控制"下拉列表框中选择某个图层，并单击其后的 按钮，也可将其图层置为当前图层，如图 1-54 所示。

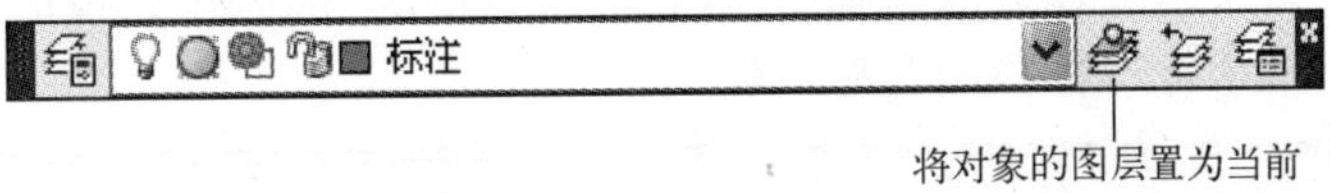

将对象的图层置为当前

图 1-54 "图层"工具栏

软件提示： 在命令行中新建图层

在 AutoCAD 中，置为当前图层的图层名称存储在 CLAYER 系统变量中。在命令行中输入 CLAYER 后，将显示如下提示。

命令: CLAYER \\ 启动置为当前图层命名
输入 CLAYER 的新值 <"标注">: 门窗 \\ 输入另外的图层名称

从提示中可以看出，当前图层是"标注"图层，如果输入另外已经存在的其他图层名称后（如门窗等），就可将该图层重新置为当前图层了，如图 1-55 所示。

图 1-55 当前图层

1.8.4 设置图层颜色

在 AutoCAD 绘制图形的过程中，用户经常将不同的图形对象设置为不同的颜色，以区分不同对象的属性。在"图层特性管理器"面板中，在某个图层名称的"颜色"列中单击，即可弹出"选择颜色"对话框，从而可以根据需要选择不同的颜色，然后单击"确定"按钮，如图 1-56 所示。

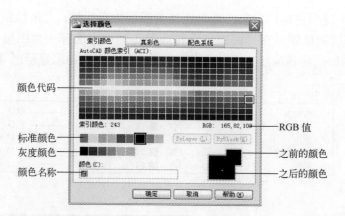

图 1-56 "选择颜色"对话框

软件提示：	颜色的定义

从"选择颜色"对话框中可以看出，用户可以通过多种方式来选择颜色，可以在"颜色代码"区域中选择指定的颜色，也可以在"颜色"文本框中输入颜色的名称或代码。

1.8.5 设置图层线型

在绘制 AutoCAD 图形时，经常需要使用不同线型来表示图形的效果。在"图层特性管理器"面板中，在某个图层名称的"线型"列中单击，可弹出"选择线型"对话框，从中选择相应的线型，然后单击"确定"按钮即可，如图 1-57 所示。

用户可在"选择线型"对话框中单击"加载"按钮，打开"加载或重载线型"对话框，从而可以将更多的线型加载到"选择线型"对话框中，以便用户设置图层的线型，如图 1-58 所示。

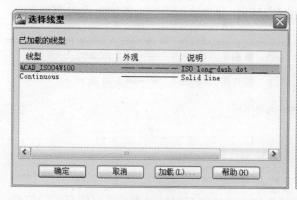 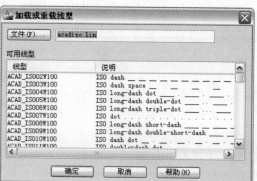

图 1-57 "选择线型"对话框   图 1-58 "加载或重载线型"对话框

软件提示：　　　　　　　　　　**线型的两种文件类型**

　　　　AutoCAD 中提供的线型库文件有 acad.lin 和 acadiso.lin。在英制测量系统下使用 acad.lin 线型库文件中的线型；在公制测量系统下使用 acadiso.lin 线型库文件中的线型。

　　另外，用户可以选择"格式"→"线型"命令，在弹出的"线型管理器"对话框中选择某种线型，并单击"显示细节"按钮，在"详细信息"设置区中设置线型的"全局比例因子"和"当前对象缩放比例"，如图 1-59 所示。

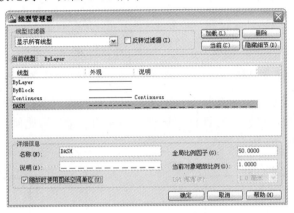

图 1-59　"线型管理器"对话框

　　针对同一种线型，如果设置了不同的比例因子或缩放比例，将显示不同的效果，如图 1-60 所示，表示不同比例因子的比较。

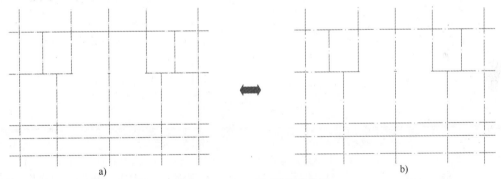

a)　　　　　　　　　　　　　　　　　　　b)

图 1-60　不同比例因子的比较

a) 比例因子为 50　b) 比例因子为 100

 1.8.6　设置图层线宽

　　在 AutoCAD 中，用户可以设置每个图层的线条宽度，以区分不同对象的特性。在"图层特性管理器"面板中，在某个图层名称的"线宽"列中单击，将弹出"线宽"对话框，在其中选择相应的线宽，然后单击"确定"按钮，如图 1-61 所示。

　　用户可选择"格式"→"线宽"菜单命令，弹出"线宽设置"对话框，从而可以通过调整线宽的比例，使图形中的线宽显示得更宽或更窄，如图 1-62 所示。

图1-61 "线宽"对话框

图1-62 "线宽设置"对话框

当设置了线型的线宽后，应在状态栏中激活"线宽"按钮 ，才能在视图中显示出所设置的线宽。如果在"线宽设置"对话框中调整了不同的线宽显示比例，则视图中显示的线宽效果也将不同，如图1-63所示。

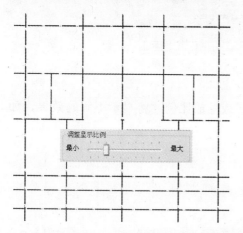
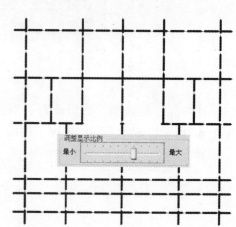

图1-63 显示不同的线宽比例

 软件提示： 线宽的控制

具有线宽的对象将以指定的线宽值打印，这些值的标准设置包括"随层""随块"和"默认"。所有图层的初始设置均由 LWDEFAULT 系统变量来控制，其值为0.25mm。

 ### 1.8.7 控制图层状态

图层状态包括图层的打开/关闭、冻结/解冻、锁定/解锁等。同样，在"图层"工具栏中，用户也能够设置并管理各图层的特性，如图1-64所示。

◆ 打开/关闭图层：在"图层"工具栏的列表框中单击相应图层的小灯泡图标 ，可以使图层打开或关闭。在打开状态下，灯泡的颜色为黄色，该图层的对象将显示在视图中，也可以在输出设置上打印；在关闭状态下，灯泡的颜色转为灰色 ，该图层的对象不能在视图中显示，也不能打印。图 1-65 所示为打开与关闭"墙"图层的效果。

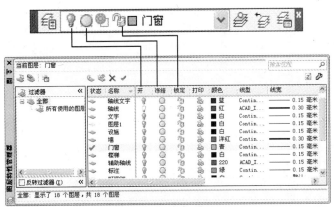

图 1-64　图层状态

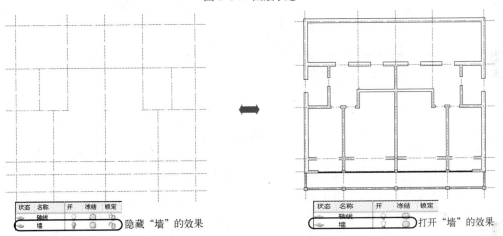

图 1-65　打开与关闭"墙"图层的效果

◆ 冻结/解冻图层：在"图层"工具栏的列表框中单击相应图层的太阳 ◯ 或雪花 ❄ 图标，可以冻结或解冻图层。图层被冻结时，显示为雪花 ❄ 图标，其图层的图形对象不能被显示和打印，也不能编辑或修改图层上的图形对象；图层被解冻时，显示为太阳 ◯ 图标，此时图层上的对象可以被编辑。

◆ 锁定/解锁图层：在"图层"工具栏的列表框中单击相应图层的小锁 🔓 图标，可以锁定或解锁图层。图层被锁定时，显示为 🔒 图标，此时不能编辑锁定图层上的对象，但仍然可以在锁定的图层上绘制新的图形对象。

软件提示：

　　关闭图层与冻结图层的区别在于：冻结图层可以减少系统重生成图形的计算时间。若用户的计算机性能较好，且所绘制的图形较简单，则一般不会感觉到图层冻结的优越性。

◆ 打印图层：图层下拉列表框中的图标 🖶 表示图层的打印/不打印状态，单击该图标可进行打印/不打印间的切换。图标上有红圈时表示该层不能打印，没有红圈则表示该层能被打印。系统默认图层能被打印。图 1-66 所示的图层 0 不可打印，其他图层均可打印。

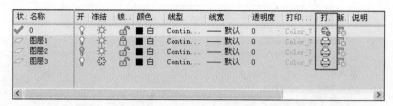

图 1-66　图层状态

1.8.8　通过"对象特性"来改变图形特性

在 AutoCAD 中，用户除了可以通过改变图层特性来改变图层上相互的对应特性外，还可直接在绘图状态下通过"对象特性"工具栏快速改变对象特性，如图 1-67 所示。

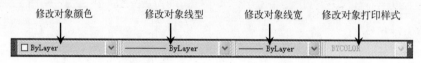

图 1-67　通过"对象特性"工具栏快速改变对象特性

1.8.9　通过"特性匹配"来改变图形特性

使用"特性匹配"功能，可以将一个对象的某些特性或所有特性复制到其他对象。可以复制的特性类型包括（但不仅限于）颜色、图层、线型、线型比例、线宽、打印样式、透明度、视口特性替代和三维厚度。

默认情况下，所有的可用特性均可自动从选定的第一个对象复制到其他对象。如果不希望复制特定特性，请使用"设置"选项禁止复制该特性。可以在执行命令过程中随时选择"设置"选项。

通过以下 3 种方式可以调用"特性匹配"功能。

◆ 在菜单栏中选择"修改"→"特性匹配"菜单命令。

◆ 单击"标准"工具栏的"特性匹配"按钮。

◆ 在命令行中执行 MATCHPROP(MA)命令。

执行该命令后，命令行提示与操作如下。

命令：MATCHPROP	//执行 MATCHPROP 命令
选择源对象：	//选择作为特性匹配的对象
当前活动设置：颜色 图层 线性 线性比例	//可进行特性匹配的对象特性类型
打印样式 线宽 厚度 文字 标注 填充图案	
多段线 视口 表格	
选择目标对象或【设置（S）】：	//选择需特性匹配的目标对象
选择目标对象或【设置（S）】：	//继续选择其他目标对象，完成特性匹配
	//后，按〈Enter〉键结束命令

若在"选择目标对象或[设置（S）]："提示下选择"设置"选项，将弹出如图 1-68 所示的"特性设置"对话框，通过该对话框可以选择在特性匹配过程中哪些特性可以被复制，完成设置后，单击"确定"按钮即可。

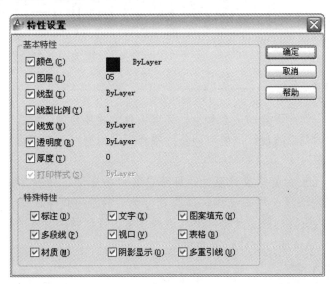

图 1-68 "特性设置"对话框

第2章　室内装潢设计基础与制图规范

本章导读

　　室内设计是人们创建更好的生存和生活环境条件的重要活动，它通过运用现代的设计原理，进行"适用、美观"的设计，使空间更加符合人们的生理和心理需求，同时也促进了社会中审美意识的提高。

　　本章首先讲解了室内装潢设计概论，即室内设计的含义、内容、分类、环境、基本要素、设计程序、家装流程、施工流程，以及室内设计的常用软件、设计师的职责和技能要求，接着讲解了室内设计的尺寸数据，然后讲解了室内设计常用材料的概述和计算方法，最后详细讲解了 AutoCAD 室内设计的制图规范。

主要内容

◆ 了解室内设计的含义、内容和分类。
◆ 掌握室内设计程序、家装流程和施工流程。
◆ 了解室内设计的常用软件、设计师的职责和技能要求。
◆ 掌握室内设计的人体基本数据及常用家具尺寸。
◆ 掌握室内装饰材料的功能、分类和计算方法。
◆ 掌握 AutoCAD 室内设计的制图规范。

效果预览

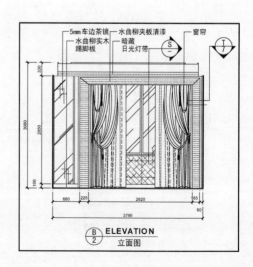

2.1 室内装潢设计的概论

室内装潢设计是建筑物内部的环境设计，是以一定建筑空间为基础，运用技术和艺术因素制造的一种人工环境，它是一种以追求室内环境多种功能的完美结合，充分满足人们生活、工作中的物质需求和精神需求为目标的设计活动。它是强调科学与艺术相结合，强调整体性、系统性特征的设计，是人类社会的居住文化发展到一定文明高度的产物。

 ### 2.1.1 室内设计的含义

所谓室内设计，是指将人们的环境意识与审美意识相互结合，从建筑内部把握空间的一项活动，可以从以下几个方面来理解。

1）室内设计的具体含义：指根据室内的实用性质和所处的环境，运用物质材料、工艺技术及艺术的手段，创造出功能合理、舒适美观、符合人的生理、心理需求的内部空间；赋予使用者愉悦的、便于生活、工作、学习的、理想的居住与工作环境。从这一点来讲，室内设计便是改善人类生存环境的创造性活动。

2）几个相关定义的区别：室内装潢、装修、设计的区别，如图2-1所示。

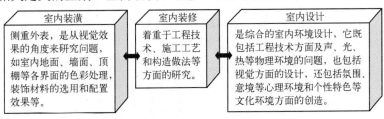

图2-1 室内装潢、装修、设计的区别

3）室内设计的价值：室内设计将实用性、功能性、审美性与符合人们内心情感的特征等有机结合起来，强调艺术设计的语言和艺术风格的体现，从心理、生理角度同时激发人们对美的感受，对自然的关爱与生活质量的追求，使人在精神享受、心境舒畅中得到心理平衡，这正是室内设计的价值所在。

4）与其他设计之间的关系：相辅相成的枝、叶与大树的关系。

其他设计是室内设计的子系统，是室内空间的一个有机组成部分；其他设计虽是子系统，但能表达一个完整的概念。

① 室内设计：物品的挑选、设置、设计；室内物理环境的研究；与建筑风格的紧密融合；综合把握等。

② 其他设计：在室内设计的大体创意下进一步深入，体现出文化层次，增添光彩。其他设计主要指色彩设计、陈设设计、质感设计和造型设计等。

 ### 2.1.2 室内设计的内容

在讲解室内设计时，用户可通过图2-2～图2-5所示来掌握室内设计的内容。

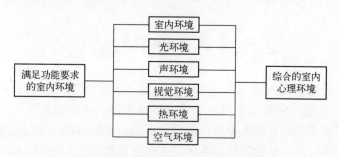

图 2-2　室内设计的功能需求与环境

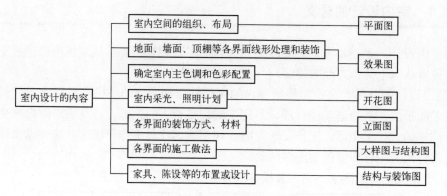

图 2-3　室内设计的相关图样

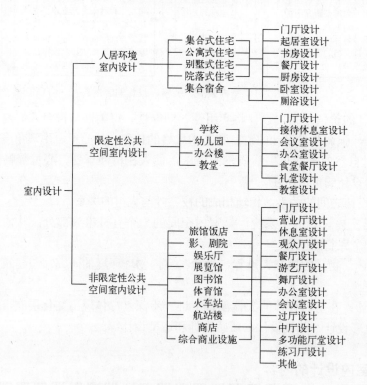

图 2-4　环境与空间的室内设计

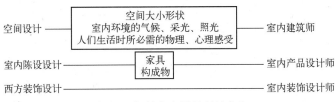

图 2-5　相关室内设计师的定位

2.1.3　室内设计的分类

根据建筑物的使用功能，室内设计有如下分类：

1）居住建筑室内设计。

主要涉及住宅、公寓和宿舍的室内设计，具体包括前室、起居室、餐厅、书房、工作室、卧室、厨房和浴厕设计。

2）公共建筑室内设计。公共建筑室内设计的分类如图 2-6 所示。

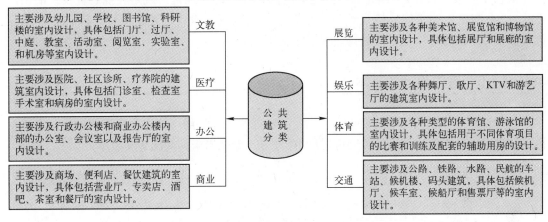

图 2-6　公共建筑室内设计的分类

3）工业建筑室内设计。主要涉及各类厂房的车间和生活间及辅助用房的室内设计。

4）农业建筑室内设计。主要涉及各类农业生产用房，如种植暖房和饲养房的室内设计。

2.1.4　室内设计与室外环境

1）自然环境、室外环境及室内环境的关系。一是相互制约，相互影响，要养成环境的整体意识；二是室内设计应超越建筑的整体性，更加注重对人的生活方面细微要求的考虑。3 种环境关系如图 2-7 所示。

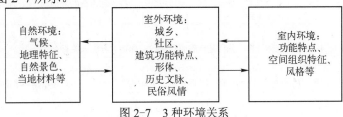

图 2-7　3 种环境关系

2）室内设计的体系要素。构成世界的 3 大要素是自然、人、社会。室内设计各体系之间的关系如图 2-8 所示。

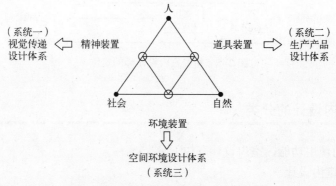

图 2-8 室内设计各体系之间的关系

"系统一"的视觉传达设计是维系社会这个大环境的人与人、人与社会的意志疏通和情报、信息交流装置设计。"系统二"的生产产品设计，确切地说，就是环境装置及生活用品设计。"系统三"的空间环境设计包含了城市及地区规划设计、建筑设计、园林、广场设计、雕塑、壁画等环境艺术作品设计和室内设计。

 ### 2.1.5 室内设计的基本要素

室内设计是在以人为本的前提下，满足其功能实用，运用形式语言来表现题材、主题、情感和意境，形式语言与形式美则可通过 10 种方式表现出来，如图 2-9 所示。

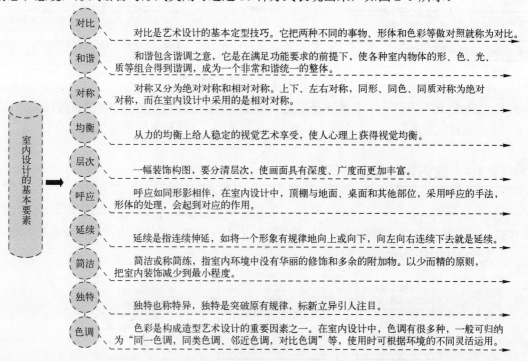

图 2-9 室内设计的基本要素

2.1.6　室内设计的程序

室内设计根据设计的进程，通常可为 4 个阶段，即设计准备阶段、方案设计阶段、初步设计阶段、施工图设计阶段和施工监理阶段。室内设计程序示意图如图 2-10 所示。

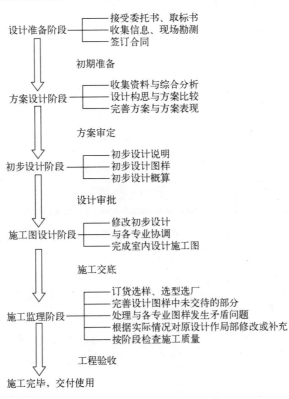

图 2-10　室内设计程序示意图

1．设计准备阶段

◆ 接受委托任务书，或根据标书要求参加投标。

◆ 明确设计期限，制定设计计划进度表，考虑各工种的配合。

◆ 明确设计任务和要求，如室内的使用性质、功能要求和造价等。

◆ 收集分析有关的资料信息，熟悉设计的有关规范和现场勘测等。

◆ 签订合同，设计进度安排，与业主商议确定设计费率。

2．方案设计阶段和初步设计阶段

◆ 进一步收集、分析资料与信息，构思立意，进行初步方案设计。

◆ 确定初步方案，提供设计文件，包括平面图、天花图、立面展开图、色彩效果图、装饰材料实样、设计说明与造价概算。

◆ 初步设计方案的修改与确定。

3．施工图设计阶段

◆ 补充施工所必要的有关平面布置和室内立面等图样。

◆ 构造节点详图、细部大样图和设备管线图。

◆ 编制施工说明和造价预算。

4. 设计实施阶段

◆ 设计人员向施工单位进行设计意图说明和图样的技术交底。

◆ 按图样检验施工现场实况，有时要进行必要的局部修改或补充。

◆ 会同质检部门和委托单位进行工程的验收。

2.1.7 家庭装修的详细流程说明

家庭装修的详细流程图如图 2-11 所示。

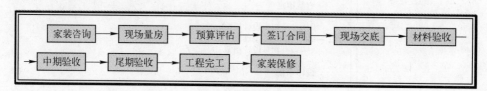

图 2-11 家庭装修的详细流程图

1. 家装咨询

家装咨询指客户向设计师咨询家装设计风格、费用和周期等，具体流程如图 2-12 所示。

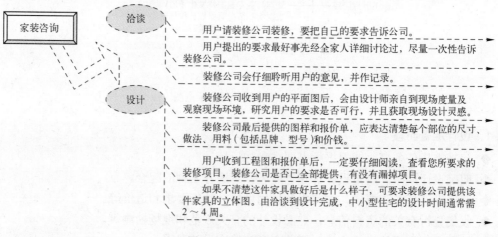

图 2-12 家装咨询流程

2. 现场量房

现场量房是由设计师到客户拟装修的居室进行现场勘测，并进行综合的考察，以便更加科学、合理地进行家装设计。现场量房方法如图 2-13 所示。

3. 预算评估

根据客户选择的设计风格，设计师进行家装设计，并有客户反馈，最终确定设计方案、图样及相关预算。

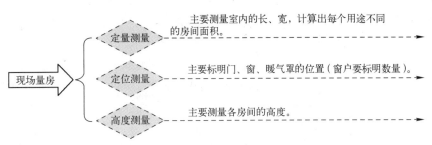

图 2-13 现场量房方法

包工包料是指将购买装饰材料的工作委托给装饰公司，由装饰公司统一报出材料费和工费。而包清工，是指用户自己来买材料，由工人来施工，工费付给装饰公司。许多用户担心采用包工包料这种形式会给装饰公司提供以次充好、虚报冒领的机会，所以想采用"包清工"的形式，自己去购买装饰材料。

包工包料是装饰公司采用的比较普遍的做法，这种做法可以省去客户很多麻烦。正规的装饰公司透明度很高，施工采用的各种材料的质地、规格、等级、价格、收费和工艺都会给用户——列举清楚。

另外，装饰公司常与材料供应商打交道，都有自己固定的供货渠道、相应的检验手段，因此很少买到假冒伪劣的材料。供料商很清楚，在目前买方市场的形势下，能保住一个固定的大客户是相当不容易的，稍有不慎就会失掉一个客户。装饰公司对于常用材料都会大批购买，能拿到很低的价格。

4. 签订合同

在双方对设计方案及预算确认的前提下，签订当地工商行政管理局监制统一印刷的《××市家庭居室装饰装修工程施工合同》，明确双方的权利与义务。

在家庭装修时，变更项目即通常所说的增减项目，只是在原有的合同基础上，就增减的工程项目进行详细说明，合同双方共同协商每一个增减项目，并且详细地说明每一个增减项目的做法和收费标准，直到双方确认共同签字认可方为有效。

专业技能：	签订变更合同时的注意事项
	1）双方在增减项目时，不要以口头达成的协议为准，一定要及时签订书面变更合同。 2）签订变更合同及时通过市场鉴证，以避免日后发生纠纷。

5. 现场交底

现场交底由客户、设计师、工程监理、施工负责人 4 方参与，在现场由设计师向施工负责人详细讲解预算项目、图样、特殊工艺，协调办理相关手续。

6. 材料验收

家居装修装饰应采用对人体无害的装饰材料，按照能体现实用、安全、经济、美观原则的装饰设计要求，以科学的技术工艺方法，对家庭居室内部固定的六面体进行装饰装修，塑造出一个美观实用、具有整体舒适效果的室内环境。材料验收如图 2-14 所示。

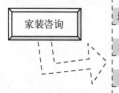

家装咨询		
	地面装修	地面是家居的重要部分，对它进行装修，主要在色彩、质地图案等方面加以装饰改观。
	墙面装修	墙面装修即立面装修，它可以采用抹灰、粉刷、涂饰、镶贴、屏挂等多种方法进行装饰施工。
	顶棚装修	顶棚的装修是采用各种材料进行各种无吊顶顶棚或吊顶顶棚的施工。同时，还要设置必要的水暖、通风、照明和音响等设备。
	家具设备	家具、各种家用电器、卫生设备等的设置也是家居装修的一个重要内容。
	其他物品	主要包括家居摆设、字画和盆花等的设置。有时，这些物品对室内装修能起到很好的装饰效果。

图 2-14　材料验收

7．中期验收

中期验收由客户、设计师、工程监理和施工负责人参与，验收合格后在质量报告书上签字确认。

验收除了鉴定装修整体效果外，主要还是看手工质量是否令人满意。可以从如图 2-15 所示的几个方面进行验收鉴定。

中期验收	1）照明电路铺设要符合规程，插座、灯具开关、总闸、漏电开关等要有一定的高度、厨房、空调要专线铺设，电视天线和电话专线要安装在便于维修的位置。 2）排水要顺畅，无渗漏、回流和积水现象，高档水件无钳痕及擦花现象。 3）新砌墙体要垂直，砖体水平面一致，接缝均匀整齐，砖缝不超过 1mm，瓷片整体误差不超过 8mm。 4）平面天花板整体误差不超过 0.5mm，板与板夹缝不超过 0.3mm，塑料顶棚误差不超过 0.5mm。 5）木封口线、角线、腰线饰面板碰口缝不超出 0.2mm，线与线夹口角缝不超过 0.3mm，饰面板与板碰口不超过 0.2mm，推拉门整面误差不超过 0.3mm。 6）涂装要光滑、手感好，无扫痕裂缝，1m 内无色差和钉眼。 7）墙身面平线直，1m 内无明显的凸感和色差，用手摸抹无甩灰。

图 2-15　中期验收

专业技能：	**明确装修要求和验收事项**
	施工质量与施工队伍素质有关，又与施工项目单价有关。最好的办法就是动工前双方签订合同，明确装修要求和验收标准。

8．尾期验收

尾期验收由客户、设计师、工程监理和施工负责人 4 方参与，对工程材料、设计、工艺质量进行整体验收，合格后签字确认。

尾期验收的标准和方法同中期验收的 7 条鉴定方法。

9．工程完工

家装工程全部完工，清洁、整理施工现场。

10．家装保修

按照合同约定，由家装公司负责一定期限的家装工程的维修工作。

用户在使用过程中如发现质量问题，先同装饰公司取得联系，把发生的质量问题向装饰公司说明，凡是由装饰公司做的装修，都可以进行保修，保修期为两年。如由于季节温差造成的开裂、变形（包括饰面板、墙地砖、木材和成品等），由施工质量造成的问题，如水管漏水和电路短路等，都属于家装保修的范畴。

专业技能：　　　　　　保修期内出现质量问题应如何解决

在保修期内出现质量问题，用户可直接找到原施工队所在公司的负责人，如证实属于施工质量问题后，装饰公司必须无条件地为用户换工换料，不可拖延。如果装饰公司拒绝为用户保修，这时用户可以直接向家装市场的质检部投诉，由市场管理部门出面勒令装饰公司为用户无条件保修或直接由市场为用户保修。

 ### 2.1.8　室内装修施工流程

进行室内装修时，其施工流程如图 2-16 所示。

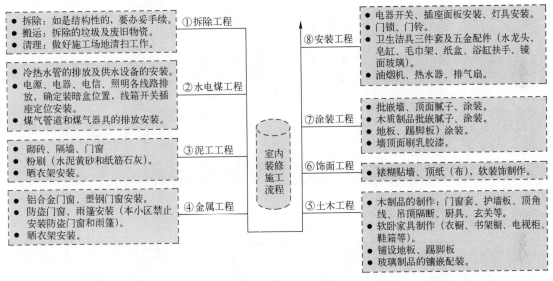

图 2-16　室内装修施工流程

2.1.9　一套完整的设计图样应包括的内容

1．完整的设计包括的内容

一套完整的装潢施工图样应包括如图 2-17 所示的内容。

2．平面设计图

平面设计图包括平面布置图和顶棚设计图两部分，如图 2-18 所示。平面图应有墙、柱定位尺寸，并有确切的比例。不管图样如何缩放，其绝对面积不变。有了室内平面图后，设计师就可以根据不同的房间布局进行室内平面设计。设计师在布置之前一般会征询顾客的想法。

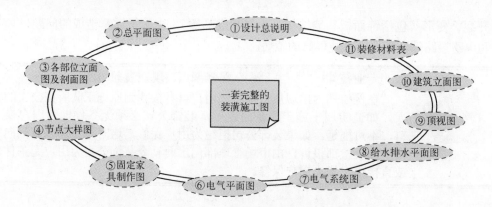

图 2-17　完整施工图样内容

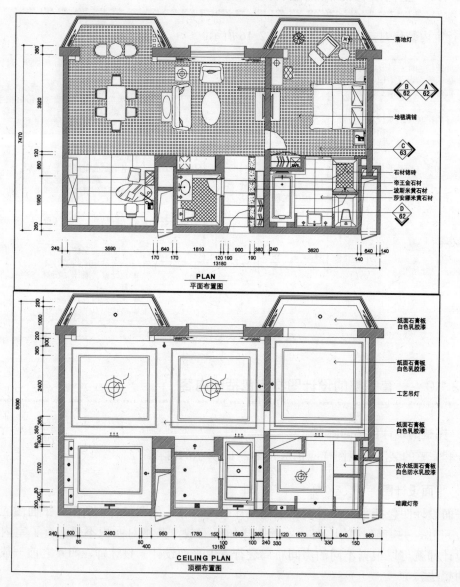

图 2-18　平面设计图

专业技能：　　　　室内平面布置图所摆放的物件

卧室一般有衣柜、床、梳妆台和床头柜等家具；客厅则布置沙发、组合电视柜、矮柜，有可能还有一些盆栽植物；厨房里少不了矮柜、吊柜；还会放置冰箱和洗衣机等家用电器；卫生间里是抽水马桶、浴缸和洗脸盆3大件；书房里写字台与书柜是必不可少的，如果是一个计算机爱好者，还会多一张计算机桌。

平面图表现的主要内容，如图2-19所示。

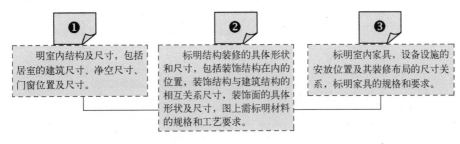

① 明室内结构及尺寸，包括居室的建筑尺寸、净空尺寸、门窗位置及尺寸。

② 标明结构装修的具体形状和尺寸，包括装饰结构在内的位置，装饰结构与建筑结构的相互关系尺寸，装饰面的具体形状及尺寸，图上需标明材料的规格和工艺要求。

③ 标明室内家具，设备设施的安放位置及其装修布局的尺寸关系，标明家具的规格和要求。

图2-19　平面图表现的主要内容

3. 设计效果图

设计效果图是在平面设计的基础上，把装修后的结果用透视的形式表现出来，如图2-20所示。通过效果图的展示，家庭装修房主能够明确装修活动结束后房间的表现形式，它是家庭装修房主最后决定装修的重要依据。装饰效果图有黑色及彩色两种，由于彩色效果图能够真实、直观地表现各装饰面的色彩，所以它对选材和施工也有重要作用。但应指出的是，效果图表现装修效果，在实际工程施工中受材料、工艺的限制，很难完全达到。因此，实际装修效果与效果图有一定差距是正常的。

图2-20　设计效果图

4. 设计施工图

设计施工图是装修得以进行的依据，具体指导每个工种和工序的施工。施工图把结构要求、材料构成及施工的工艺技术要求等用图样的形式告诉施工人员，以便准确、顺利地组织和完成工程。设计施工图包括立面图、剖面图和大样图，如图2-21所示。

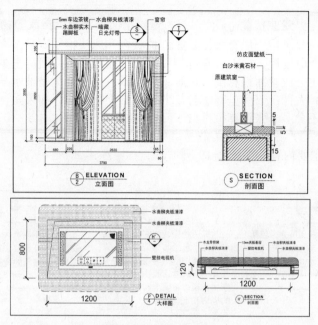

图 2-21　设计施工图

专业提示：

　　设计施工图时，无论是剖面图还是大样图，都应在立面图上标明，以便正确指导施工。

2.1.10　室内设计的常用软件

　　设计师在进行室内设计过程中，常用到的软件包括 AutoCAD、3ds max、Lightscape 和 Photoshop，如图 2-22 所示。

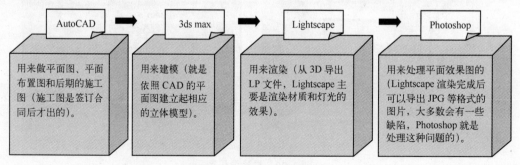

图 2-22　室内设计常用软件

2.1.11　室内装潢设计师的职责

　　室内装潢设计师是指运用物质技术和艺术手段，对建筑物及交通工具等内部空间进行室内环境设计的专业人员。

室内装潢设计师的工作内容如图 2-23 所示。

❶ 根据项目的功能要求和空间条件确定设计的主导方向。

室内装潢设计师职责

❷ 根据业主的使用要求对项目进行准确的功能定位。

❸ 能够完成平面功能区分、交通组织、景观和陈设布置图。

❹ 能够运用多种媒体全面地表达设计的意图。

❺ 能够完成施工图的绘制与审核。

❻ 能够根据审核中出现的问题提出合理的修改方案。

❼ 能够完成施工现场的设计技术指导。

❽ 能够根据设计变更施工项目的竣工验收。

图 2-23　室内装潢设计师的工作内容

专业技能：　　　　　室内设计的职称等级

　　本职业共设 3 个等级，分别为室内装潢设计员（国家职业资格三级）、室内装潢设计师（国家职业资格二级）、高级室内装潢设计师（国家职业资格一级）。

2.1.12　室内装潢设计师的技能要求

室内装潢设计师的技能要求如图 2-24 所示。

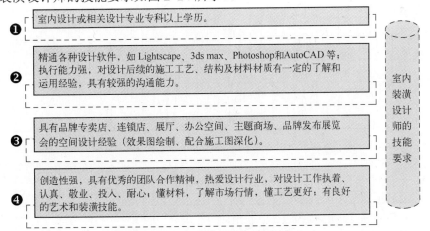

❶ 室内设计或相关设计专业专科以上学历。

❷ 精通各种设计软件，如 Lightscape、3ds max、Photoshop和AutoCAD 等；执行能力强，对设计后续的施工工艺、结构及材料材质有一定的了解和运用经验，具有较强的沟通能力。

❸ 具有品牌专卖店、连锁店、展厅、办公空间、主题商场、品牌发布展览会的空间设计经验（效果图绘制、配合施工图深化）。

❹ 创造性强，具有优秀的团队合作精神，热爱设计行业，对设计工作执着、认真、敬业、投入、耐心；懂材料，了解市场行情，懂工艺更好；有良好的艺术和装潢技能。

室内装潢设计师的技能要求

图 2-24　室内装潢设计师的技能要求

专业讲解

2.2　室内设计的尺寸数据

在进行室内装修设计时，首先要根据人体的构造、人体尺寸和人体动作域的一些基本尺寸数据来进行室内装修设计，包括家具的设计和家具的摆设等。

2.2.1 人体基本数据

人体基本数据主要有下列 3 个方面，即人体构造、人体尺度和人体动作域的有关数据。

1．人体构造

与人体工程学关系最紧密的是运动系统中的骨骼、关节和肌肉，这 3 部分在神经系统支配下，使人体各部分完成一系列的运动。骨骼由颅骨、躯干骨和四肢骨 3 部分组成，脊柱可完成多种运动，是人体的支柱，关节起骨间连接且能活动的作用，肌肉中的骨骼肌受神经系统指挥收缩或舒张，使人体各部分协调动作。

2．人体尺度

人体尺度是人体工程学研究的最基本的数据之一。不同年龄、性别、地区和民族国家的人体，具有不同的尺度差别。例如，中国成年男子平均身高为 1670mm，美国为 1740mm，独联体国家为 1750mm，而日本则为 1600mm，如图 2-25 所示。

图 2-25　人体尺度

3．人体动作域

人们在室内工作和生活活动范围的大小，称为动作域，它是确定室内空间尺度的重要因素之一。以各种计测方法测定的人体动作域，也是人体工程学研究的基础数据。如果说人体尺度是静态的、相对固定的数据，人体动作域的尺度则为动态的，其动态尺度与活动情景状态有关，如图 2-26 所示。

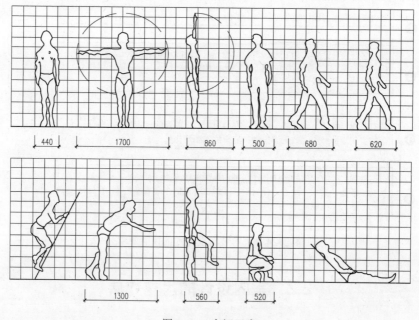

图 2-26　空间尺度

专业提示： **人体尺度的选用**

　　进行室内设计时，人体尺度具体数据尺寸的选用，应考虑在不同空间与围护的状态下，人们动作和活动的安全，以及对大多数人的适宜尺寸，并强调其中以安全为前提。例如，门洞高度、楼梯通行净高、栏杆扶手高度等，应取男性人体高度的上限，并适当加以人体动态时的余量进行设计，如踏步高度、上搁板或挂钩高度等。

 2.2.2　室内空间、家具陈设常用尺寸

　　在装饰工程设计时，要考虑室内空间、家具陈设等与人体尺度的关系问题，为了便于装饰室内设计，这里介绍一些常用的尺寸数据。

　　1. 家具常用尺寸（尺寸单位为 cm）

◆ 衣橱：深度为 60～66，衣橱门宽度为 40～65。

◆ 推拉门：宽度为 75～150，高度为 190～240。

◆ 矮柜：深度为 35～45，柜门宽度为 30～60。

◆ 电视柜：深度为 45～60，高度为 60～70。

◆ 单人床：宽度为 90、105、120，长度为 180、186、200、210。

◆ 双人床：宽度为 135、150、180，长度为 180、186、200、210。

◆ 圆床：直径为 186、212.5、242.4（常用）。

◆ 室内门：宽度为 80～95，医院为 120，高度为 190、200、210、220、240。

◆ 厕所、厨房门：宽度为 80、90，高度为 190、200、210。

◆ 窗帘盒：高度为 12～18，深度（单层布）为 12，双层布为 16～18（实际尺寸）。

◆ 沙发：单人式长度为 60～95，深度为 40～70，坐垫高为 35～42，背高为 70～90。
　　双人式：长度为 126～150，深度为 80～90。
　　三人式：长度为 175～196，深度为 80～90。
　　四人式：长度为 232～252，深度为 80～90。

◆ 茶几：小型长方形长度为 60～75，宽度为 45～60，高度为 38～50（38 最佳）。
　　中型长方形：长度为 120～135，宽度为 38～50 或者为 60～75。
　　正方形：长度为 75～90，高度为 43～50。
　　大型长方形：长度为 150～180，宽度为 60～80，高度为 33～42（33 最佳）。
　　圆形：直径为 75、90、105、120，高度为 33～42。
　　方形：宽度为 90、105、120、135、150，高度为 33～42。

◆ 书桌：固定式深度为 45～70（60 最佳），高度为 75。
　　活动式深度为 65～80，高度为 75～78。
　　书桌下缘离地至少为 58，长度最少为 90（150～180 最佳）。

◆ 餐桌：高度为 75～78（一般），西式高度为 68～72，一般方桌宽度为 120、90、75。
　　长方桌：宽度为 80、90、105、120，长度为 150、165、180、210、240。
　　圆桌：直径为 90、120、135、150、180。

◆ 书架：深度为 25～40（每一格），长度为 60～120。

下大上小型下方深度为 35～45，高度为 80～90。

活动未及顶高柜：深度为 45，高度为 180～200。

◆ 木隔间：墙厚为 6～10，内角材排距长度为（45～60）×90。

2．室内常用尺寸

（1）墙面尺寸

◆ 踢脚板高：80～200mm。

◆ 墙裙高：800～1500mm。

◆ 挂镜线高：1600～1800（镜面中心距地面高度）mm。

（2）餐厅

◆ 餐桌高：750～790mm。

◆ 餐椅高；450～500mm。

◆ 圆桌直径：二人 500mm，三人 800mm，四人 900mm，五人 1100mm，六人 1100～1250mm，八人 1300mm，十人 1500mm，十二人 1800mm。

◆ 方餐桌尺寸：二人 700mm×850mm，四人 1350mm×850mm，八人 2250mm×850mm。

◆ 餐桌转盘直径；700～800mm。

◆ 餐桌间距：（其中座椅占 500mm）应大于 500mm。

◆ 主通道宽：1200～1300mm。

◆ 内部工作道宽：600～900mm。

◆ 酒吧台高：900～1050mm，宽 500mm。

◆ 酒吧凳高；600～750mm。

3．商场营业厅

◆ 单边双人走道宽：1600mm。

◆ 双边双人走道宽：2000mm。

◆ 双边三人走道宽：2300mm。

◆ 双边四人走道宽；3000mm。

◆ 营业员柜台走道宽：800mm。

◆ 营业员货柜台：厚为 600mm，高为 800～1 000mm。

◆ 单靠背立货架：厚为 300～500mm，高为 1800～2300mm。

◆ 双靠背立货架：厚为 600～800mm，高为 1800～2300mm。

◆ 小商品橱窗：厚为 500～800mm，高为 400～1200mm。

◆ 陈列地台高：400～800mm。

◆ 敞开式货架：400～600mm。

◆ 放射式售货架：直径 2000mm。

◆ 收款台：长为 1600mm，宽为 600mm。

4．饭店客房

◆ 标准面积：大的为 25m^2，中等的为 16～18m^2，小的为 16m^2。

◆ 床：高为 400～450mm，床靠高为 850～950mm。

- ◆ 床头柜：高为 500～700mm，宽为 500～800mm。
- ◆ 写字台：长为 1100～1500mm，宽为 450～600mm，高为 700～750mm。
- ◆ 行李台，长为 910～1070mm，宽为 500mm，高为 400mm。
- ◆ 衣柜：宽为 800～1200mm，高为 1600～2000mm，深为 500mm。
- ◆ 沙发：宽为 600～800mm，高为 350～400mm，靠背高为 1000mm。
- ◆ 衣架高：1700～1900mm。

5．卫生间

- ◆ 卫生间面积：3～5m^2；
- ◆ 浴缸长度：一般有 3 种，分别为 1220mm、1520mm、1680mm，宽为 720mm，高为 450mm。
- ◆ 座便：750mm×350mm。
- ◆ 冲洗器：690mm×350mm。
- ◆ 盥洗盆：550mm×410mm。
- ◆ 淋浴器高：2100mm。
- ◆ 化妆台：长为 1350mm，宽 450 mm。

6．会议室

- ◆ 中心会议室客容量：会议桌边长 600mm。
- ◆ 环式高级会议室客容量：环形内线长 700～1000mm。
- ◆ 环式会议室服务通道宽：600～800mm。

7．交通空间

- ◆ 楼梯间休息平台净空：等于或大于 2100mm。
- ◆ 楼梯跑道净空：等于或大于 2300mm。
- ◆ 客房走廊高：等于或大于 2400mm。
- ◆ 两侧设座的综合式走廊宽度：等于或大于 2500mm。
- ◆ 楼梯扶手高：850～1100mm。
- ◆ 门的常用尺寸：宽为 850～1000mm。
- ◆ 窗的常用尺寸：宽为 400～1800mm（不包括组合式窗子）。
- ◆ 窗台：高为 800～1200mm。

8．灯具

- ◆ 大吊灯最小高度：2400mm。
- ◆ 壁灯高：1500～1800mm。
- ◆ 反光灯槽最小直径：等于或大于灯管直径的两倍。
- ◆ 壁式床头灯高：1200～1400mm。
- ◆ 照明开关高：1000mm。

9．办公家具

- ◆ 办公桌：长为 1200～1600mm，宽为 500～650mm ，高为 700～800mm。
- ◆ 办公椅：高为 400～450mm，长×宽为 450mm×450mm。

◆ 沙发：宽为 600～800mm，高为 350～400mm，背面为 1000mm。
◆ 茶几：前置型为 900mm×400mm×400mm，中心型为 900mm×900mm×400mm，左右型为 600mm×400mm×400mm。
◆ 书柜：高为 1800mm，宽为 1200～1500mm，深为 450～500mm。
◆ 书架：高为 1800mm，宽为 1000～1300mm，深为 350～450mm。

2.3 室内设计的常用材料

室内装饰材料是指用于建筑物内部墙面、顶棚、柱面和地面等的罩面材料。严格地说，应当称为室内建筑装饰材料。现代室内装饰材料不仅能改善室内的艺术环境，使人们得到美的享受，同时还兼有绝热、防潮、防火、吸声和隔声等多种功能，起着保护建筑物主体结构，延长其使用寿命以及满足某些特殊要求的作用，是现代建筑装饰不可缺少的一类材料。

2.3.1 室内装饰的要素和装饰功能

室内装饰的艺术效果主要由材料及做法的质感、线型及颜色 3 方面因素构成，即常说的建筑物饰面的三要素，这也是对装饰材料的基本要求，如图 2-27 所示。

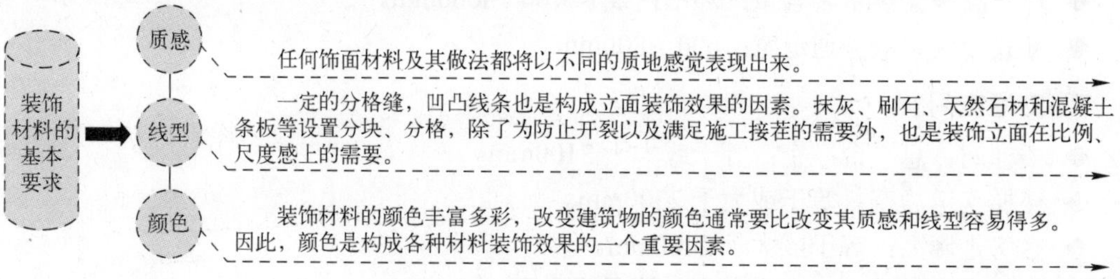

装饰材料的基本要求 → 质感：任何饰面材料及其做法都将以不同的质地感觉表现出来。

线型：一定的分格缝，凹凸线条也是构成立面装饰效果的因素。抹灰、刷石、天然石材和混凝土条板等设置分块、分格，除了为防止开裂以及满足施工接茬的需要外，也是装饰立面在比例、尺度感上的需要。

颜色：装饰材料的颜色丰富多彩，改变建筑物的颜色通常要比改变其质感和线型容易得多。因此，颜色是构成各种材料装饰效果的一个重要因素。

图 2-27 建筑物饰面的三要素

装饰材料对室内的装饰功能，主要包括内墙装饰功能、顶棚装饰功能和地面装饰功能等，如图 2-28 所示。

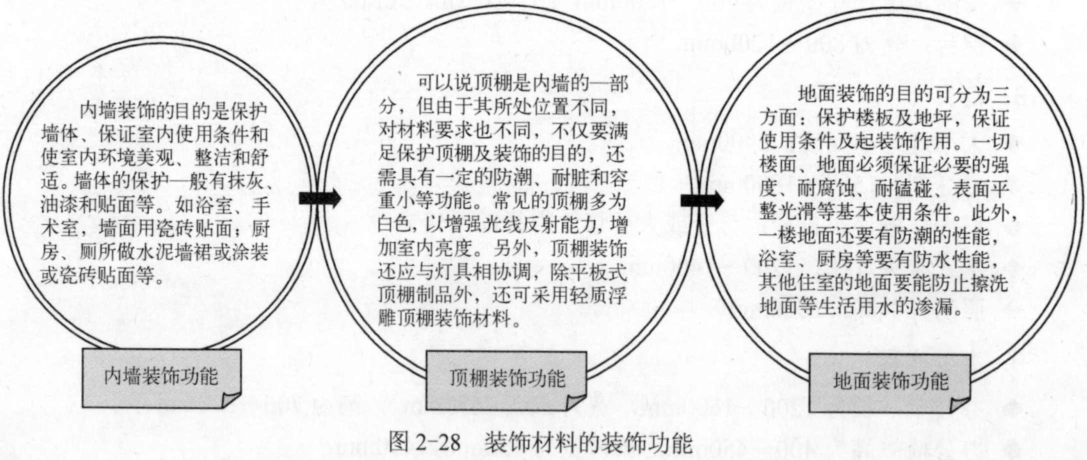

内墙装饰的目的是保护墙体、保证室内使用条件和使室内环境美观、整洁和舒适。墙体的保护一般有抹灰、油漆和贴面等。如浴室、手术室，墙面用瓷砖贴面；厨房、厕所做水泥墙裙或涂装或瓷砖贴面等。

可以说顶棚是内墙的一部分，但由于其所处位置不同，对材料要求也不同，不仅要满足保护顶棚及装饰的目的，还需具有一定的防潮、耐脏和容重小等功能。常见的顶棚多为白色，以增强光线反射能力，增加室内亮度。另外，顶棚装饰还应与灯具相协调，除平板式顶棚制品外，还可采用轻质浮雕顶棚装饰材料。

地面装饰的目的可分为三方面：保护楼板及地坪，保证使用条件及起装饰作用。一切楼面、地面必须保证必要的强度、耐腐蚀、耐磕碰、表面平整光滑等基本使用条件。此外，一楼地面还要有防潮的性能，浴室、厨房等要有防水性能，其他住室的地面要能防止擦洗地面等生活用水的渗漏。

内墙装饰功能　　　　顶棚装饰功能　　　　地面装饰功能

图 2-28 装饰材料的装饰功能

2.3.2　室内装饰材料的分类

室内装饰材料种类繁多，按材质分类有：塑料、金属、陶瓷，玻璃、木材、无机矿物、涂料、纺织品、石材等种类；按功能分类有：吸声、隔热、防水、防潮、防火、防霉、耐酸碱、耐污染等种类；按装饰部位分类有：墙面装饰材料、顶棚装饰材料、地面装饰材料。

1）内墙装饰材料的分类如图 2-29 所示。

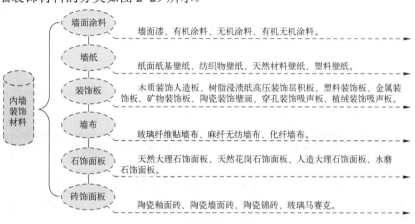

图 2-29　内墙装饰材料的分类

2）地面装饰材料的分类如图 2-30 所示。

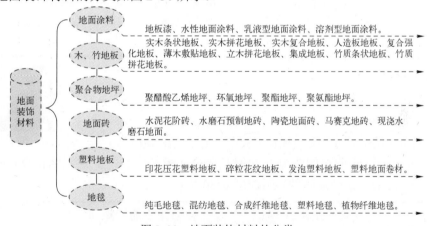

图 2-30　地面装饰材料的分类

3）吊顶装饰材料的分类如图 2-31 所示。

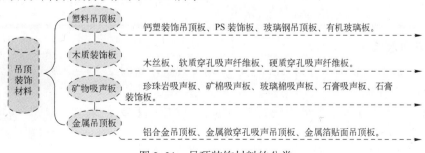

图 2-31　吊顶装饰材料的分类

2.3.3 室内常用装饰材料的规格及计算

1. 实木地板

常见实木地板规格有 900mm×90mm×18mm，750mm×90mm×18mm，600mm×90mm×18mm，实木地板贴图如图 2-32 所示。

粗略的计算方法：房间面积÷地板面积×1.08=使用地板块数。

精确的计算方法：(房间长度÷地板长度)×(房间宽度÷地板宽度)=使用地板块数。

图 2-32 实木地板贴图

以长 5m、宽 3m 的房间为例，选用 900mm×90mm×18mm 规格的地板，房间长(5m)÷板长(0.9m)=6 块；房间宽(3m)÷板宽(0.09m)=34 块；长(6 块)×宽(34 块)=用板总量(204 块)。但实木地板铺装中通常要有 5%～8%的损耗。

专业技能： **木地板的施工方法**

木地板的施工方法主要有架铺、直铺和拼铺 3 种，但表面木地板数量的核算都相同，只需将木地板的总面积加上 8%左右的损耗量即可。但对架铺地板，在核算时还应对架铺用的大木方条和铺基面层的细木工板进行计算。核算这些木材可从施工图上找出其规格和结构，然后计算其总数量。如施工图上没有注明其规格，可按常规方法计算数量。架铺木地板常规使用的基座大木方条规格为 60mm×80mm、基层细木工板规格为 20mm，大木方条的间距为 600mm。每 100m^2 架铺地板需大木方条 0.94m^3、细木工板 1.98m^3。

2. 复合地板

常见复合地板规格有 900mm×90mm×18mm，750mm×90mm×18mm，600mm×90mm×18mm，复合地板贴图如图 2-33 所示。

粗略的计算方法：房间面积÷(板长×板宽)×1.05=地板块数。

图 2-33 复合地板贴图

以长 5m、宽 3m 的房间为例：房间长(5m)÷板长(1.2m)=5 块；房间宽(3m)÷板宽(0.19m)=16 块；长(5 块)×宽(16 块)=用板总量(80 块)。

专业技能： **复合地板的计算**

复合木地板在铺装中常会有 3%～5%的损耗，如果以面积来计算，千万不要忽视这部分用量。它通常采用软性地板垫以增加弹性，减少噪声，其用量与地板面积大致相同。

3. 涂料乳胶漆

涂料乳胶漆的包装基本分为 5L 和 15L 两种规格，如图 2-34 所示。

以家庭中常用的 5L 容量为例，5L 的理论涂刷面积为两遍 35m^2。

粗略的计算方法：地面面积×2.5÷35m^2/桶=使用桶数。

图 2-34 涂料乳胶漆

精确计算方法：(长+宽)×2×房高=墙面面积长×宽=顶面面积。

(墙面面积+顶面面积-门窗面积)÷35=使用桶数。

以长 5m、宽 3m、高 2.6m 的房间为例，室内的墙、顶涂刷面积计算如下：墙面面积：(5m+3m)×2×2.6m=41.6m^2；顶面面积：(5m×3m)=15m^2；涂料量：(41.6+15)m^2÷35m^2/桶=1.4 桶。

4．地砖

常见地砖规格有 600mm×600mm、500mm×500mm、400mm×400mm、300mm×300mm，如图 2-35 所示。

粗略的计算方法：房间面积÷地砖面积×1.1=用砖数量。

精确的计算方法：(房间长度÷砖长)×(房间宽度÷砖宽)=用砖数量。

以长 3.6m、宽 3.3m 的房间，采用 300mm×300mm 规格的地

图 2-35　地砖拼图效果

砖为例：3.6m(房间长)÷0.3m(砖长)=12 块；3.3m(房间宽)÷0.3m(砖宽)=11 块；12 块(长)×11 块(宽)=132 块(用砖总量)。

专业技能：	地面地砖的计算
	地面地砖在核算时，考虑到切截损耗，搬运损耗，可加上 3%左右的损耗量。铺地面地砖时，每平方米所需的水泥和砂要根据原地面的情况来定。通常在地面铺水泥砂浆层，其每平方米需普通水泥 12.5kg，中砂 34kg。

5．地面石材

地面石材耗量与瓷砖大致相同，只是地面砂浆层稍厚。在核算时，考虑到切截损耗，搬运损耗，可加上 1.2%左右的损耗量。铺地面石材时，每平方米所需的水泥和砂要根据原地面的情况来定。通常在地面铺 15mm 厚的水泥砂浆层，其每平方米需普通水泥 15kg，中砂 0.05m^3。

6．墙面砖

对于复杂墙面和造型墙面，应按展开面积计算。计算出每种规格的总面积后，再分别除以规格尺寸，即可得各种规格板材的数量（单位是块）。最后加上 1.2%左右的损耗量。墙面砖贴图效果如图 2-36 所示。

图 2-36　墙面砖贴图效果

瓷砖的品种规格有很多，在核算时，应先从施工图中查出各种品种规格瓷片的饰面位置，再计算各个位置上的瓷片面积，然后将各处相同品种规格的瓷片面积相加，即可得各种瓷片的总面积，最后加上 3%左右的损耗量。

一般墙面用普通工艺镶贴各种瓷片，每平方米需普通水泥 11kg、中砂 33kg、石灰膏 2kg。柱面上用普通工艺镶贴各种瓷片需普通水泥 13kg、中砂 27kg、石灰膏 3kg。

墙面镶贴瓷片时，水泥中常加入 108 胶，用这种方法镶贴墙面，每 m^2 需普通水泥 12kg、中砂 13kg、108 胶水 0.4kg。如用这种方法镶贴柱面，每 m^2 需普通水泥 14kg、

中砂 15kg、108 胶水 0.4kg。

专业技能：	墙面砖镶贴后的处理

镶贴后需要擦缝处理的白水泥，每平方米瓷片约需 0.5kg。擦洗瓷片面，每 100 平方米大约用 1kg 棉维丝。

7. 墙纸

常见墙纸规格为每卷长 10m，宽 0.53m，如图 2-37 所示。

粗略的计算方法：墙面面积×3=墙纸的总面积，墙纸的总面积÷(0.53×10)m²=墙纸的卷数。

精确的计算方法：墙纸总长度÷房间实际高度=使用的分量数÷使用单位的分量数=使用墙纸的卷数。

图 2-37 墙纸效果

因为墙纸规格固定，在计算它的用量时，要注意墙纸的实际使用长度，通常要以房间的实际高度减去踢脚板以及顶角线的高度。

另外，房间的门、窗面积也要在使用的分量数中减去。

这种计算方法适用于素色或细碎花的墙纸。墙纸的拼贴中要考虑对花，图案越大，损耗越大，因此要比实际用量多买 10%左右。

8. 窗帘

普通窗帘多为平开帘，计算窗帘用料前，首先要根据窗户的规格确定成品窗帘的大小。成品帘要盖住窗框左右各 0.15m，并且打两倍褶，安装时窗帘要离地面 1~2cm。如图 2-38 所示。

计算方法：(窗宽+0.15×2)×2=成品帘宽度，成品帘宽度÷布宽×窗帘高=窗帘所需布料。

图 2-38 窗帘效果

窗帘帘头计算方法：帘头宽×3 倍褶÷1.50m（布宽）=幅数，（帘头高度+免边）=所需布数米数。

假如窗帘帘头宽 1.92m×0.48m，用料米数为 1.92m×3÷1.50m=3.84m，即 4 幅布，4×(0.48m+0.2m)=2.72m。

9. 木线条

木线条的主材料为木线条本身（见图 2-39），核算时将各个面上的木线条按品种规格分别计算。所谓按品种规格计算，即把木线条分为压角线、压边线和装饰线 3 类，其中又为分角线、半圆线、指甲线、凹凸线和波纹线等品种，每个品种又可能有不同的尺寸。

图 2-39 木线条效果

计算时将相同品种和规格的木线条相加，再加上损耗量。一般对线条宽 10~25mm 的小规格木线条，其损耗量为 5%~8%；宽度为 25~60mm 的大规格木线条，其损耗量为 3%~5%。对一些较大规格的圆弧木线条，因为需要定做或特别加工，所以一般都需单项列出其半径尺寸和数量。

木线条的辅助材料是钉和胶。如用钉松来固定，每 100m 木线条需 0.5 盒，小规格木线条通常用 20mm 的钉枪钉。如用普通铁钉（俗称 1 寸圆钉），每 100m 需 0.3kg 左右。木线条的粘贴用胶一般为白乳胶、309 胶和立时得等，每 100m 木线条的需用量为 0.4～0.8kg。

2.4　AutoCAD 室内设计制图规范

用户在进行 AutoCAD 室内设计时，应清楚掌握制图标准，从而使所绘制的图形规范化、标准化和网络化。

2.4.1　室内设计的图幅、图标及会签栏

图幅即图面的大小。根据国家规范的规定，按图面的长和宽的大小确定图幅的等级，其常用的图纸幅面有 A0、A1、A2、A3 及 A4。幅面及图框尺寸见表 2-1。

表 2-1　幅面及图框尺寸　　　　　　　　　（单位：mm）

图纸幅面 尺寸代号	A0	A1	A2	A3	A4
$b \times l$	841×1189	594×841	420×594	297×420	210×297
c		10		5	
a			25		

软件技能：　　　　　　　　图纸幅面的大小

A0 图幅的面积为 $1m^2$，A1 图幅由 A0 图幅对裁而得，其他图幅依此类推。长边作为水平边使用的图幅称为横式图幅，短边作为水平边使用的图幅称为立式图幅。A0～A3 图幅宜横式使用，必要时立式使用，A4 只立式使用。

在图纸上，图框线必须用粗实线画出。其格式分为不留装订边和留有装订边两种，如图 2-40 所示。但同一产品的图样只能采用同一种格式，图样必须画在图框之内。

标题栏也称图标，是用来说明图样内容的专栏，应根据工程需要确定其尺寸、格式及分区。在学生制图作业中建议采用如图 2-41 所示的简化标题栏。

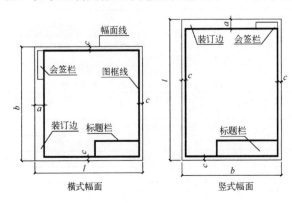

图 2-40　图幅格式

图 2-41　学生作业用标题栏

2.4.2 室内设计的比例

图样中图形与实物相对应的线型尺寸之比，称为比例。比例书写在图名的右侧，字号比图名字体小一号，如图 2-42 所示。一般情况下，一个图样选用一个比例，如果一张图纸中各图样比例相同，也可以把该比例统一写在标题栏中。

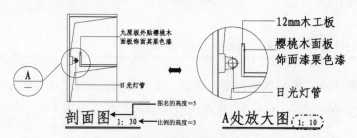

图 2-42　标注的比例

	软件技能：	**图名与比例标注的字高大小**

在进行标注图名及比例时，其文字高度是有规定的。若使用 A0、A1、A2 图纸出图时，其图名的字高为 7mm，比例及英文图名字高为 4mm；若使用 A3、A4 图纸出图时，其图名的字高为 5mm，比例及英文图名字高为 3mm。

在进行室内装饰设计过程中，其 AutoCAD 的制图比例为

◆ 常用比例：1:1, 1:2, 1:5, 1:10, 1:20 ,1:50, 1:100, 1:200, 1:500, 1:1000。

◆ 可用比例：1:3, 1:15, 1:25, 1:30, 1:150, 1:250, 1:300, 1:1500。

2.4.3 室内设计的线型与线宽

工程图上常用的基本线型有实线、虚线、点画线、折断线和波浪线等。不同线型的使用情况也不相同。表 2-2 所示为图线的线型、线宽及用途。

表 2-2　图线的线型、线宽及用途

名　称	线　型	线　宽	用　途
粗实线	——————————	b	剖面图中被剖到部分的轮廓线、建筑物或构筑物的外形轮廓线、结构图中的钢筋线、剖切符号、详图符号圆和给水管线等
中实线	——————————	0.5b	剖面图中未剖到但保留部分形体的轮廓线、尺寸标注中尺寸起止短线和原有的各种给水管线等
细实线	——————————	0.25b	尺寸中的尺寸线、尺寸界线、各种图例线和各种符号图线等
中虚线	– – – – – –	0.5b	不可见的轮廓线和拟扩建的建筑物轮廓线等
细虚线	- - - - - - -	0.25b	图例线、小于 0.5b 的不可见轮廓线
粗单点长画线	—— · —— · ——	b	起重机（吊车）轨道线
细单点长画线	— · — · — · —	0.25b	中心线、对称线、定位轴线
折断线	———/\/————	0.25b	不需要画全的断开界线
波浪线	～～～～～	0.25b	不需要画全的断开界线、构造层次的断开线

软件技能：	线宽（b）的系数

粗线的宽度代号为 b，粗线、中粗线、细线 3 种线宽之比为 b:0.5、b:0.25 和 b。粗线线宽从下列宽度系列中选取：2.0mm、1.4mm、1.0mm、0.7mm、0.5mm、0.35mm。同一幅图中，采用相同比例绘制的各图，应用相同的线宽组。当绘制比较简单或是比较小的图时，可以只用粗线和细线两种线宽。用 AutoCAD 作图时，通常把不同的线型、不同粗细的图线单独放置在一个层上，便于打印时统一设置图线的线宽。

在用 AutoCAD 进行所有的施工图设计中，均应参照表 2-3 所示的线宽来绘制。

表 2-3　各类施工图使用的线宽

种　类	粗　线	中粗线	细　线
建筑图	0.50b	0.25b	0.15b
结构图	0.60b	0.35b	0.18b
电气图	0.55b	0.35b	0.20b
给水排水	0.60b	0.40b	0.20b
暖　通	0.60b	0.40b	0.20b

采用 AutoCAD 技术绘图时，应量采用色彩（COLOR）控制绘图笔画的宽度，尽量少用多段线（PLINE）等有宽度的线，以加快图形的显示，缩小图形文件。打印出图线宽的设计见表 2-4。

表 2-4　打印出图线宽的设计

图笔号	色彩	线宽	图笔号	色彩	线宽
1 号	红色	0.1mm	6 号	紫色	0.1～0.13mm
2 号	黄色	0.1～0.13mm	7 号	白色	0.1～0.13mm
3 号	绿色	0.1～0.13mm	8 号	灰色	0.05～0.1mm
4 号	浅蓝色	0.15～0.18mm	9 号	灰色	0.05～0.1mm
5 号	深蓝色	0.3～0.4mm	10 号	红色	0.6～1mm

注：10 号特粗线主要用于立面地坪线、索引剖切符号、图标上线和索引图标中表现索引图在本图的短线。

软件技能：	线型颜色设定及用途（按打印时从粗到细排列）

◆ 红色（色号为 1）：立、剖面上的水平线，剖切符号上的剖切短线。

◆ 品红色（色号为 6）：仅用于图名上的水平线及圆圈。

◆ 黄色（色号为 2）：平面上的墙线，立面上的柱线，剖面上的墙线及柱线。

◆ 湖蓝色（色号为 4）：物体的轮廓线，剖面上剖切到的线，稍粗一些的线。

◆ 白色（色号为 7）：各种文字，平面上的窗线，以及各种一般粗细的线。

◆ 绿色（色号为 3）：剖断线，尺寸标注上的尺寸线、尺寸界线、起止符号，大样引出的圆圈及弧线，较密集的线，最细的线。

2.4.4 室内设计的符号

在进行各种建筑和室内装饰设计时，为了更清楚明确地表明图中的相关信息，可用不同的符合来表示。

1. 剖切符号

剖面的剖切符号应由剖切位置线及剖视方向线组成，均应以粗实线绘制。剖切位置线的长度宜为 6~10mm；剖视方向线应垂直于剖切位置线，长度应短于剖切位置线，宜为 4~6mm。绘制时，剖切符号不宜与图面上的图线相接触。

剖切符号的编号宜采用阿拉伯数字，按顺序由左至右，由下至上连续编排，并应注写在剖视方向线的端部。需要转折的剖切位置线，在转折处如与其他图线发生混淆，应在转角的外侧加注与该符号相同的编号，如图 2-43 所示。

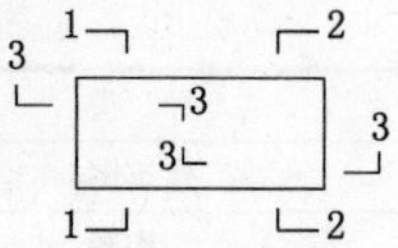

图 2-43　剖切符号

2. 索引符号

索引及详图符号见表 2-5，是用细实线画出来的，圆的直径为 10mm。如详图与被索引的图在同一张图纸内时，在上半圆中用阿拉伯数字注出该详图的编号，在下半圆中间画一段水平细实线；如详图与被索引的图不在同一张图纸内时，下半圆中用阿拉伯数字注出该详图所在的图纸编号；如索引出的详图采用标准图时，在圆的水平直径延长线上加注该标准图册编号；如索引的详图是剖面（或断面）详图时，索引符号在引出线的一侧加画一剖切位置线，引出线的一侧，表示投射方向。

表 2-5　索引及详图符号

名　称	符　　号	说　明
详图的索引符号	⑤— 详图的编号 — 详图在本张图纸上 ⑤— 局部剖面详图的编号 — 剖面详图在本张图纸上	详图在本张图纸上
	②/⑤— 详图的编号 — 详图所在图纸的编号 ④/③— 局部剖面详图的编号 — 剖面详图所在图纸的编号	详图不在本张图纸上
	J106 ③— 标准图册的编号 ④— 标准详图的编号 — 详图所在图纸的编号	标准详图
详图符号	⑤— 详图的编号	被索引的在本张图纸上
	⑤/③— 详图的编号 — 被索引的图纸编号	被索引的不在本张图纸上

3. 详图符号

详图符号见表 2-5，是用粗实线绘制的，圆的直径为 14mm。如圆内只用阿拉伯数字注明详图的编号时，说明该详图与被索引图样在同一张图纸内；如详图与被索引的图样不在同一张图纸内，可用细实线在详图符号内画一水平直径，在上半圆内注明详图编号，在下半圆中注明被索引图样的图纸编号。

软件技能：	索引符号中圆的直径与字高大小

在 AutoCAD 的索引符号中，其圆的直径为 12mm（在 A0、A1、A2 图纸）或 10mm（在 A3、A4 图纸），其字高为 5mm（在 A0、A1、A2 图纸）或为 4mm（在 A3、A4 图纸），如图 2-44 所示。

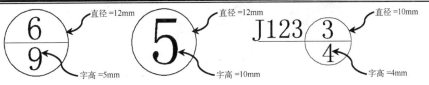

图 2-44 索引符号圆的直径与字高

2.4.5 室内设计的引线号

在室内装潢设计中，由图样引出一条或多条线段指向文字的说明，该线段就是引线。引线与水平方向的夹角一般为 0°、30°、45°、60°、90°。常见的引线形式如图 2-45 所示。图 2-45a、b、c、d 所示为普通引线，图 2-45e、f、g、h 所示为多层构造引线。使用多层构造引线时，构造分层的顺序要与文字说明的顺序一致。文字说明可以放在引线的端头（见图 2-45a～h），也可以放在引线的水平段之上（见图 2-45i）。

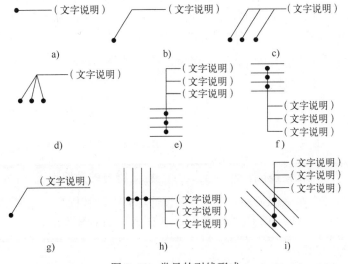

图 2-45 常见的引线形式

软件技能：	引线的结构和字高大小

标注引线时，引线为箭头或点，引线为同一体，由标注命令引线制造。其文字的字高为 7mm（在 A0、A1、A2 图纸）或 5mm（在 A3、A4 图纸）。

2.4.6 室内设计的内视符号

内视符号由一个等边直角三角形和细实线圆圈（直径为 8～12mm）组成。等边直角三角形中，直角所指的垂直界面就是立面图所要表示的界面。圆圈上半部的字母或数字为立面图的编号，下半部的数字为该立面图所在图纸的编号，效果如图2-46所示。

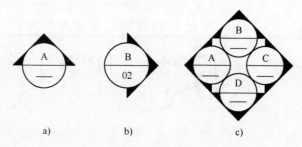

图 2-46 内视符号

 2.4.7 室内设计的标高符号

标高是表示室内设计各部位高度的一种尺寸形式。标高符号用细实线画出，短横线上需注明高度的界线，长横线之上或之下注出标高数字，标高符号应为等腰直角三角形，高为3mm，如图2-47所示。

标高数字以米为单位，注写到小数点后第三位（在总平面图中，可注写到小数点后第二位）。零点标高应注写成"±0.000"，正数标高不注"+"，负数标高应注"-"，如 3.000、-0.600 等。图2-48所示为标高数字注写格式。

图 2-47 标高符号　　　　　　　图 2-48 标高数字注写格式

	软件技能：	**标高符号的数字字高**
	在 AutoCAD 室内装饰设计标高中，其标高的数字字高为 2.5mm（在 A0、A1、A2 图纸）或 2mm（在 A3、A4 图纸）。	

 2.4.8 室内设计的尺寸标注

图样上的尺寸根据规定，由尺寸界线、尺寸线、尺寸起止符号（在 AutoCAD 中被称作"箭头"）和尺寸数字组成，如图2-49所示。

标准规定，尺寸界线用细实线绘制，一般应与被标注的长度垂直，其一端应离开图样轮廓线 2～3mm（起点偏移量），另一端宜超出尺寸线 2～3mm；尺寸线也用细实线绘制，并与被标注长度平行，图样本身的图线不能用作尺寸线；尺寸起止符号一般用中粗斜短线绘制，其倾斜方向与尺寸界线成顺时针 45°，长度宜为 2～3mm。在轴测图中，尺寸起止符号一般用圆点表示；尺寸数字一般应依据其方向注写在靠近尺寸线的上方中部，尺寸数字的书写角度与尺寸线一致。图形对象的真实大小以图面标注的尺寸数据为准，与图形的大小及准确度无关。图样上的尺寸单位，除标高及总平面以米（m）为单位外，其他必须以毫米（mm）为单位。

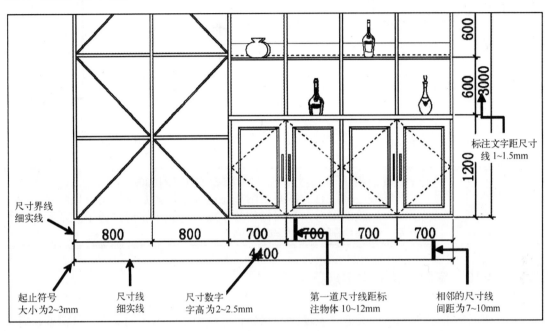

图 2-49　尺寸标注的组成及规格

　　尺寸宜标注在图样轮廓外，不宜与图线、文字及符号等相交。图线不得穿过尺寸数字，不可避免时，应将尺寸数字处的图线断开。图样轮廓线外的尺寸界线距图样最外轮廓之间的距离，不宜小于 10mm。平行排列的尺寸线的间距宜为 7～10mm，并应保持一致。互相平行的尺寸线，较小的尺寸应距轮廓线较近，较大的尺寸距轮廓线较远。尺寸标注的数字应距尺寸线 1～1.5mm，其字高为 2.5mm（在 A0、A1、A2 图纸）或 2mm（在 A3、A4 图纸）。

 ### 2.4.9　室内设计的定位轴线

　　室内装饰设计所用到的定位轴线采用细点画线表示，末端画细实线圆，圆的直径为8mm。圆心应在定位轴线的延长线上或延长线的折线上，并在圆内注明编号。水平方向编号采用阿拉伯数字从左至右顺序编写；竖向编号应用大写拉丁字母从下至上顺序编写。拉丁字母中的 I、O、Z 不得作为轴线编号，以免与数字 0、1、2 混淆。如字母数量不够使用，可增用此字母或单字母加数字注脚，如 AA、BB、…、YY 或 A1、B1、…、Y1，如图 2-50 所示。

　　组合较复杂的平面图中的定位轴线也可采用分区编号。编号的注写形式应为"分区号-该分区编号"。分区号采用阿拉伯数字或大写拉丁字母表示。图 2-51 所示为分区定位轴线及编号，编号原则同上。

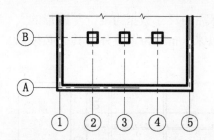

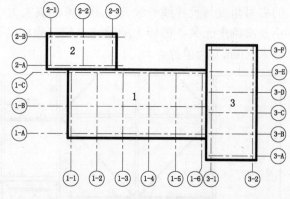

$\frac{1}{2}$ 表示 2 号轴线之后附加的第一根轴线

$\frac{3}{C}$ 表示 C 号轴线之后附加的第三根轴线

图 2-50　定位轴线及编号　　　　　　　　图 2-51　分区定位轴线及编号

软件技能：	附加定位轴线的编号

两轴线之间，有的需要用附加轴线表示，附加轴线用分数编号。分母表示前一轴线的编号，为阿拉伯数字或大写拉丁字母；分子表示附加轴线的编号，一律用阿拉伯数字顺序编写。

2.4.10　室内设计的文字规范

在一幅完整的图样中用图线方式表现得不充分和无法用图线表示的地方，就需要进行文字说明，如材料名称、构配件名称、构造方法、统计表及图名等。文字说明是图样内容的重要组成部分，制图规范对文字标注中的字体、字的大小和字体字号搭配等方面进行了一些具体规定：

◆ 图中的汉字、字符和数字应做到排列整齐、清楚正确，尺寸大小协调一致。汉字、字符和数字并列书写时，汉字字高略高于字符和数字字高。

◆ 汉字采用国家标准规定的矢量汉字，其标准及文件名见表 2-6。

表 2-6　矢量汉字标准

汉　　字	长仿宋体	单线宋体	宋体	仿宋体	楷体	黑体
文　件　名	HZCF.*	HZDX.*	HZST.*	HZFS.*	HZKT.*	HZHT.*

◆ 汉字的高度应不小于 2.5mm，字母与数字的高度应不小于 1.8mm。

◆ 图及说明中的汉字应采用长仿宋体。大标题、图册封面、目录、图名、标题栏中设计的单位名称、工程名称和地形图等的汉字用表 2-3 所示的字体

◆ 汉字的最小行距不小于 2mm，字符与数字的最小行距应不小于 1mm。当汉字与字符、数字混合使用时，最小行距等应根据汉字的规定使用。

◆ 除投标及其特殊情况外，均应采取以下字体文件，尽量不使用 TureType 字体，以加快图形的显示，缩小图形文件，且同一图形文件内的字型数目不超过 4 种。

◆ 以下字体文件为标准字体，将其放置在 CAD 软件的 FONTS 目录中即可。romans.shx（西文花体）、romand.shx（西文花体）、bold.shx（西文黑体）、txt.shx（西文单线体）、simpelx（西文单线体）、st64f.shx（汉字宋体）、ht64f.shx（汉字黑体）、

kt64f.shx（汉字楷体）、fs64f.shx（汉字仿宋）、hztxt.shx（汉字单线）。

◆ 汉字字型优先考虑采用 hztxt.shx 和 hzst.shx；西文优先考虑 romans.shx 和 simplex 或 txt.shx。常见字型表见表 2-7。

表 2-7　常用字型表

用　途	图样名称	说明文字标题	标注文字	说明文字	总说明	标注尺寸
	中文	中文	中文	中文	中文	西文
字　型	st64f.shx	st64f.shx	hztxt.shx	hztxt.shx	st64f.shx	romans.shx
字　高	10mm	5.0mm	3.5mm	3.5mm	5.0mm	3.0mm
宽 高 比	0.8	0.8	0.8	0.8	0.8	0.8

注：中西文比例设置为 1:0.7，说明文字一般应位于图面右侧。字高为打印出图后的高度。

◆ 文字标注均为黑体，图名标注文字高度为：绘图比例×5，所用装饰材料及施工要点均要标示明确，且标示文字高度为：绘图比例×2，图名标注下画线分别为 0.4mm 粗实线与 0.07mm 细实线。说明文字一般应位于图面右侧。

2.4.11　室内设计的常用材料图例

室内设计中经常用材料图例来表示材料，在无法用图例表示的地方，也采用文字说明。常用建筑与室内材料图例见表 2-8。

表 2-8　常用建筑与室内材料图例

图　例	名　称	图　例	名　称
	自然土壤		素土夯实
	砂、灰土及粉刷		空心砖
	砖砌体		多孔材料
	金属材料		石材
	防水材料		塑料
	石砖、瓷砖		夹板
	钢筋混凝土	12mm厚玻璃系数 5.345 10mm厚玻璃系数 4.45 3mm厚玻璃系数 1.33 5mm厚玻璃系数 2.227	镜面、玻璃
	混凝土		软质吸声层
	砖		硬质吸声层

（续）

图　例	名　称	图　例	名　称
	钢、金属		硬隔层
	基层龙骨		陶质类
	细木工板、夹芯板		石膏板
	实木		层积塑材

第 3 章　室内设计主要配景设施的绘制

本章导读

　　随着生活水平的提高，人们对居室的质量要求也提高了。在室内装潢设计中，经常需要绘制一些家具、电器、洁具、厨具、地板砖、盆景和装潢画，以便能更加真实和形象地表达装修的效果。本章主要讲解室内家具的功能与分类、家具的相关尺寸与样式、家具的布置技巧等知识，并通过案例讲解应用 Auto CAD 软件进行室内各种配景图的绘制。

主要内容

- ◆ 了解家具的功能、分类与人体尺寸。
- ◆ 了解家具的样式与摆放技巧。
- ◆ 熟练掌握家具平面布置图的绘制。
- ◆ 熟练掌握电器配景图的绘制。
- ◆ 熟练掌握洁具与厨具配景图的绘制。
- ◆ 熟练掌握其他装潢配景图的绘制。

效果预览

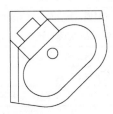
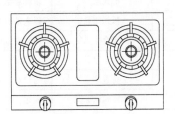

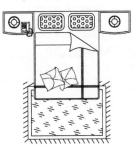
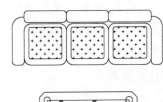

专业
讲解
3.1 室内装潢常用家具概述

家具是人类维持日常生活，从事生产实践和开展社会活动必不可少的物质器具。家具的历史悠久，它随着社会的进步不断发展，反映了不同时代人类的生活和生产力水平，融科学、技术、材料、文化和艺术于一体。家具除了是一种具有实用功能的物品外，更是一种具有丰富文化形态的艺术品。几千年来，家具的设计和建筑、雕塑、绘制等造型艺术的形式与风格的发展同步，成为人类文化艺术的一个重要组成部分。

 ### 3.1.1 家具的功能与分类

由于家具的种类很多，为了在贯彻实施标准过程中，能够在家具分类及家具产品名称方面有一个指导，因此根据我国目前家具的市场情况，结合家具行业特点，参照相关标准，可对家具按照产品的主要使用材料、加工工艺和使用功能等方面进行分类。

按照产品的主要使用材料和加工工艺进行分类，具体见表 3-1。

表 3-1　家具分类

序　号	名　称	设计要点及用途
01	木家具	主要部件由木材或木质人造板材料制成
02	金属家具	主要部件由金属材料制成，如钢家具等
03	软体家具	主要部件一般由弹性材料和软质材料制成
04	钢木家具	主要部件由金属和木质材料制成
05	塑料家具	主要部件由塑料制成
06	竹家具	主要部件由竹材制成
07	藤家具	用藤包或藤制成
08	玻璃家具	主要部件由玻璃制成
09	框式家具	以榫眼结合的框架为主体结构
10	板式家具	以人造板为基材或以部件为主体结构的家具
11	组合家具	由部件或可独立使用的单体组成一个整体的家具
12	曲木家具	主要部件采用木材或木质人造材料弯曲或模压成形工艺制造的家具
13	折叠家具	可以收展改变形状的家具
14	木制宾馆家具	宾馆、酒店等客户使用的家具，也称酒店家具

家具的品种很多，使用范围很广，既有民用家具，又有机关团体、公共场所等家具，这里按照家具的使用功能，可分为柜类家具、桌类家具、坐具类家具、床类家具和箱、架类家具等常见品种。具体家具品种的详细分类，参照相关标准的规定。

1. 柜类家具

柜类家具主要指以木材、人造板或金属等材料制成的各种用途不同的柜子。柜类家具常见品种见表 3-2。

表 3-2　柜类家具常见品种

序　号	名　称	别　称	设计要点及用途
01	大衣柜	大衣橱、立橱、大立柜	柜内挂衣间深度不小于 530mm，挂衣棍上沿至底板内表面距离不小于 1400mm；用于挂大衣及存放衣物
02	小衣柜	小衣橱、五斗橱	柜内挂衣间深度不小于 530mm，挂衣棍上沿至底板内表面距离不小于 900mm；用于挂短衣及存放衣物
03	床边柜	夜物箱	置于床头，用于存放零物
04	书柜	书橱	放置书籍、刊物
05	文件柜	宗卷柜	放置文件、资料
06	行李柜	无	放置行李箱包及存放物品的低柜
07	食品柜	碗橱、碗柜、菜橱、餐具柜	放置食品、餐具
08	电视柜	影视柜、电器柜	旋转影视器材及存放物品
09	陈设柜	玻璃柜、装饰柜	摆设工艺及物品
10	橱柜	无	用于膳食制作，具有存放及储藏功能
11	实验柜	实验台	用于实验室、实验分析的柜子

2. 桌类家具

桌类家具主要指以木材、人造板或金属等材料制成的桌具。桌类家具常见品种见表 3-3。

表 3-3　桌类家具常见品种

序　号	名　称	别　称	设计要点及用途
01	餐桌	方桌、圆桌、折叠桌	用于就餐
02	写字桌	办公桌、写字台	用于书写、办公
03	课桌		用于学生上课
04	梳妆桌	梳妆台	用于梳妆
05	会议桌		用于会议、开会
06	茶几	茶台、小长台	与沙发或扶手椅配套使用的小桌子
07	折桌		可折叠的桌子
08	阅览桌		供阅览报刊杂志、文件资料使用的桌子

3. 坐具类家具

坐具类家具主要指以木材、人造板或金属等材料制成的坐具，也有以弹性和软质材料制成的软包坐具。坐具类家具常见品种见表 3-4。

表 3-4　坐具类家具常见品种

序　号	名　称	别　称	设计要点及用途
01	沙发	无	由软质材料、木质材料或金属材料制成，有弹性，有靠背的坐具
02	木扶手沙发	出木沙发、明木沙发	其扶手由木头制作
03	全包沙发	满包沙发、包木沙发	两侧面为满包的沙发
04	海绵沙发	无	座面主要使用泡沫塑料制成的沙发

（续）

序　号	名　称	别　称	设计要点及用途
05	两用沙发	多用沙发	具有两种功能的沙发
06	沙发椅	实木沙发椅	由木材制成，有靠背和扶手，形似沙发的坐具
07	椅子	靠背椅、餐椅	有靠背的坐具
08	扶手椅	罗圈椅	有扶手，内宽不小于 460mm 的椅子
09	转椅	办公椅	可转动变换方向，座面可调节高度的椅子
10	课椅	无	学生上课用的椅子
11	公共座椅	无	公共场所内使用的坐具，如影剧院座椅和体育场馆座椅等
12	折椅	折叠椅	可折叠的椅子
13	凳	长方凳、圆凳	无靠背的坐具

4．床类家具

床类家具主要指以木材、人造板或金属等材料制成的床具，也有以弹性和软质材料制成的软体床具。床类家具常见品种见表 3-5。

表 3-5　床类家具常见品种

序　号	名　称	设计要点及用途
01	双人床	床面宽度不小于 1200mm
02	单人床	床面宽度不小于 720mm
03	双层床	分上、下两层的床
04	童床	供婴儿、儿童使用的小床
05	折叠床	可以折叠的床，如钢丝折床等
06	床垫	以弹性及软质衬垫物为内芯材料，表面罩有纺织面料或软席等其他材料制成的卧具

5．箱、架类家具

箱、架类家具主要指以木材、人造板或金属等材料制成的箱具和架具。箱、架类家具常见品种见表 3-6。

表 3-6　箱、架类家具常见品种

序　号	名　称	设计要点及用途
01	衣箱	存放衣物的箱子
02	书架	放置书籍、文件资料用的架子，如期刊架等
03	花架	放置花卉盒等用的架子
04	屏风	用于室内分隔、遮挡视线或起装饰用的可移动的一组片状用具
05	隔断	用于室内办公场地分隔、遮挡视线的一组片状用具

3.1.2　家具与人体的尺寸

人和家具、家具和家具（如桌和椅等）之间的关系是相对的，并应以人的基本尺寸（站、坐、卧的不同姿势）为准则来衡量这种关系，确定其科学性和准确性，以此决定相关的家具尺寸。

1）人体尺寸。人体在活动时，人体各个部分是不可分的，它们不是独立工作，而是协调工作。人可以通过运动能力扩大自己的活动范围，所以考虑人体尺寸时只参照人的结构尺寸是不够的，需要把人的运动能力也考虑进去。构造尺寸和功能尺寸对照图例如图 3-1 所示。

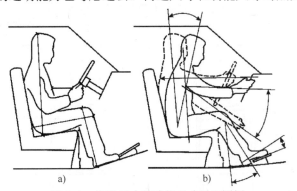

图 3-1　构造尺寸和功能尺寸对照图例

a) 根据结构尺寸来设计　b) 根据功能尺寸来设计

常见功能尺寸表如图 3-2 所示。

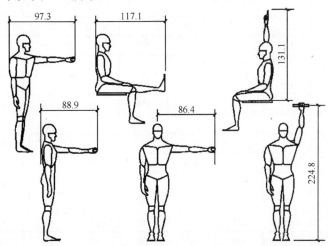

图 3-2　常用功能尺寸表

一般来说，女性在身体比例上，臀宽肩窄，躯干较男性长，四肢较短，在设计中应注意这些差别。青年人比老年人身高高一些，老年人比青年人体重重一些。在进行某项设计时必须经常判断与年龄的关系，看是否适用于不同的年龄。

2）各类凳椅的尺度如图 3-3 所示。

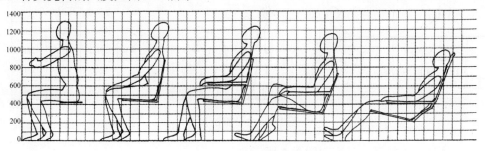

图 3-3　各类凳椅的尺度

3）各类凳椅的常用尺寸表见表3-7。

表3-7　各类凳椅的常用尺寸表

	凳		靠背椅			扶手椅			沙发		
	一般	较小	较大	一般	较小	较大	一般	较小	较大	一般	较小
H	440	420	829	800	790	820	800	790	900	820	780
H_1			450	440	430	450	440	430	400	580	360
H_2			425	415	405	425	415	405	350	530	310
H_3						650	640	630	560	550	530
H_4			400	390	390	400	390	390	600	510	490
H_5											
W	300	340	450	435	420	560	540	530	730	720	700
W_1						480	460	450	560	550	530
W_2			420	405	390	450	450	420	500	510	490
D	280	265	545	525	520	560	555	540	790	770	750
D_1			440	420	415	450	435	425	560	520	500
$\angle A$			5°15′	3°20′	3°25′	3°12′	3°18′	3°22′	6°10′	6°18′	3°20′
$\angle B$			98°	97°	97°	100°	98°	97°	105°	105°	97°
$\angle C$											

4）办公桌的尺度如图3-4所示。

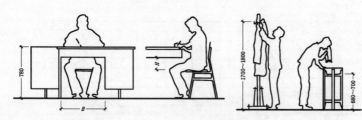

办公桌常用尺寸			
	长/mm	宽/mm	高/mm
大	1500	850	780
中	1200	650	780
小	1000	550	780

图3-4　办公桌的尺度

5）人体与各类家具的尺度如图3-5所示。

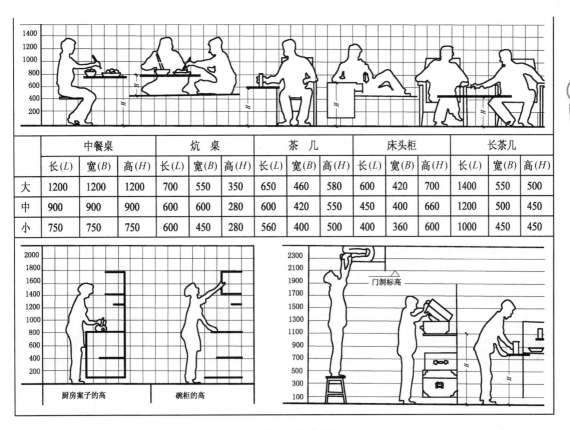

	中餐桌			炕 桌			茶 几			床头柜			长茶几		
	长(*L*)	宽(*B*)	高(*H*)	长(*L*)	宽(*B*)	高(*H*)	长(*L*)	宽(*B*)	高(*H*)	长(*L*)	宽(*B*)	高(*H*)	长(*L*)	宽(*B*)	高(*H*)
大	1200	1200	1200	700	550	350	650	460	580	600	420	700	1400	550	500
中	900	900	900	600	600	280	600	420	550	450	400	660	1200	500	450
小	750	750	750	600	450	280	560	400	500	400	360	600	1000	450	450

图 3-5　人体与各类家具的尺度

6）衣柜各部分的尺度如图 3-6 所示。

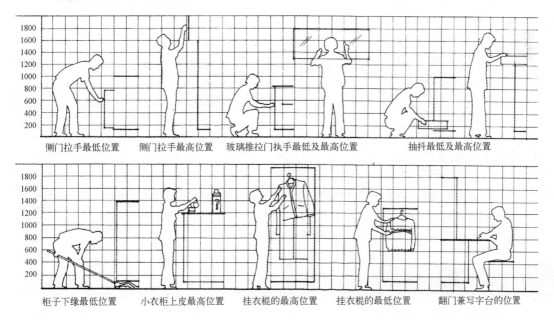

图 3-6　衣柜各部分的尺度

7）搁板的高度如图 3-7 所示。

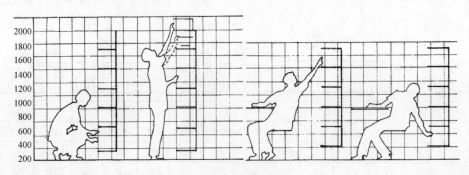

图 3-7　搁板的高度

8）床的尺度如图 3-8 所示。

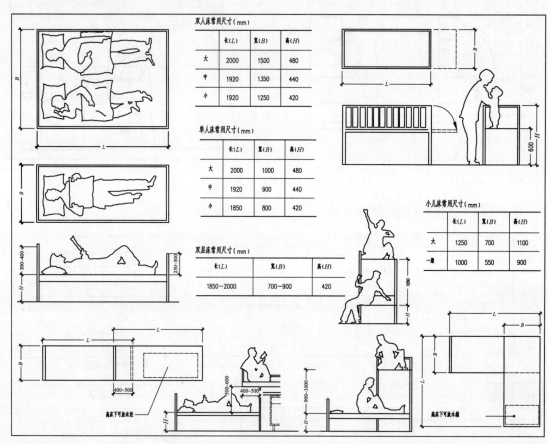

双人床常用尺寸（mm）

	长(L)	宽(B)	高(H)
大	2000	1500	480
中	1920	1350	440
小	1920	1250	420

单人床常用尺寸（mm）

	长(L)	宽(B)	高(H)
大	2000	1000	480
中	1920	900	440
小	1850	800	420

双层床常用尺寸（mm）

长(L)	宽(B)	高(H)
1850～2000	700～900	420

小儿床常用尺寸（mm）

	长(L)	宽(B)	高(H)
大	1250	700	1100
一般	1000	550	900

图 3-8　床的尺度

3.1.3　常用家具样式

在日常生产中，常用到的家具如椅类、沙发类、桌类、柜类与床类等，分别如图 3-9～图 3-12 所示。

图 3-9 椅类样式

图 3-10 沙发类样式

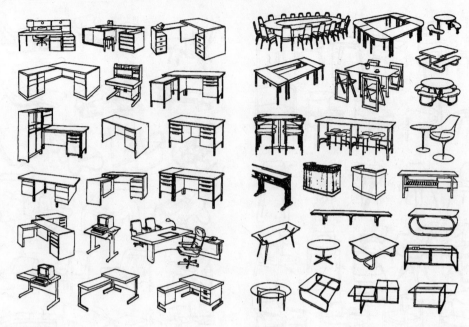

图 3-11　桌类样式

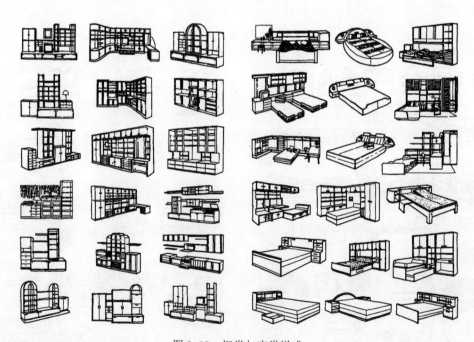

图 3-12　柜类与床类样式

3.1.4　室内家具的摆设技巧

1. 家具的布置格式

围基式：即将家具沿着四壁陈设，常将床沿靠墙摆放。这种格式简洁明快，室内活动区域较大，能体现出亲切宜人的生活气息，较适于 14m^2 以下的小房间。

中隔式：即利用组合柜等高大家具将较大的房间分隔开。例如，一间 18m^2 的房间，就可分隔成会客与卧室两个区域，使两种功能既独立又互相保持联系。

2. 确定家具在室内的具体位置

◆ 要考虑人的活动路线，尽可能简捷、方便，不过分迂回、曲折。

◆ 家具的周围要有足够的面积，以保证人们能够方便地使用家具。

3. 注意家具与门、窗、墙、柱以及其他设备的关系

◆ 或者靠窗、靠墙，或者集中到一个墙角，或者布置在房间的中央，都要搭配得当，使家具与家具、家具与居室内的空间形成一个有机体。

4. 巧布置大面积房间的家具

一般 16m^2 以上的大房间，家具摆放可依以下原则进行：

◆ 以床为轴心对称摆放给人平衡、稳重的舒适感觉。

◆ 按不同的使用要求，把家具划分若干组进行陈设，能给人条理清晰的感觉，使用时也很方便。

◆ 用大体积的家具或屏隔（如组合家具、屏风和板壁等）分隔室内，以形成两个以上的生活区域。

5. 巧布置单间居室的家具

◆ 对称式摆法：以床为中心，床头靠墙，与床并排左右两边分别摆设大橱、五斗橱；床的另一端左右两边分别放置餐桌和写字台，这样就形成以床为中心的左右两边橱与橱对称、台子与台子对称，看起来宽敞、整齐、简洁。

◆ 分组式摆法：根据不同的使用要求，把家具分成几个组进行摆设。床头和床的一边紧靠墙，与床头并排放床边橱作为睡卧家具组；中间放餐桌，桌四边各放一把椅子，作为会客、用餐家具组，这样摆设条理清晰，使用起来也比较方便。

6. 巧布置多间居室的家具

多间居室按照生活需要分设卧室、会客室（餐室）。会客室摆设书橱、写字台、餐室、椅子、沙发和茶几等。卧室按家庭成员分，设主卧室和次卧室。主卧室摆较好的成套家具，次卧室一般作为孩子的卧室，按照孩子的生活、学习需要，陈设一些整洁、简单的家具。

7. 居室中巧放置沙发

沙发供日常起坐及会客用，单人沙发一般都成对使用，中间放置一小茶几供放烟具、茶杯；双人或 3 人沙发前要放一长方形茶几。沙发应放置在近窗或照明灯具的下面，这样从沙发的位置看整个房间，感觉明亮。同时，由于从沙发的位置观看整个房间的机会最多，因此应特别注意布置的美观，尽可能不使家具的侧面或床沿对着沙发。

8. 居室中巧放置睡床

卧室中最重要的家具是床。床的摆设对卧室的气氛起着决定的作用。专家认为一张睡床不管放置在什么地方，枕头的位置以刚巧在两个窗子的中间为好，因为那个地方特别通风。

如果房间有两扇窗子，一扇向东，一扇向南，床头就应选在房间靠近中央之处，刚巧是东南两扇窗子的交叉点。床与窗的距离最好大于30cm。

9. 布置家具的注意事项

◆ 新的住宅设计，居室大都有阳台或壁橱，布置家具时要尽量缩短交通路线，以争取较多的有效利用面积。同时，不要使交通路线过分靠近床位。

◆ 活动面积适宜在靠近窗子的一边，沙发、桌椅等家具布置在活动面积范围内，这样可以使读书、看报有一个光线充足、通风良好的环境。

◆ 室内家具布置要匀称、均衡，不要把大的、高的家具布置在一边，而把小的、矮的家具放在另一边，会给人以不舒服的感觉。带穿衣镜的大衣柜、镜子不要正对窗子，以免影响映像效果。

◆ 要注意家具与电器插座的相互关系。例如，写字台要布置在距离插座最近的地方，否则台灯电线过长，容易影响室内美观，用电也不够安全。

 软件技能　　**3.2　室内家具平面配景图的绘制**

在使用 AutoCAD 软件进行室内装潢设计图绘制的过程中，要使用一些家具、电器和绿化等图形进行配景，从而使整个室内设计更加完善。在本节中进行室内家具平面配景图的绘制，包括组合沙发和茶几、组合餐桌和椅子、组合床与床头柜和组合办公桌等。

3.2.1　绘制组合沙发和茶几

 视频\03\绘制组合沙发和茶几.avi
案例\03\组合沙发和茶几.dwg

用户可以借用所学的知识绘制二维平面图形，以此巩固前面所学的知识。在绘制组合沙发和茶几时，首先使用"矩形"命令绘制单个沙发，并通过"圆角"和"复制"命令来完成另外两个沙发的绘制；然后使用"矩形""复制""偏移""圆角"和"镜像"等命令，完成沙发的靠背和扶手；再使用"矩形""偏移""圆""倒角"等命令完成对茶几的绘制；最后对沙发和茶几进行图案填充操作。

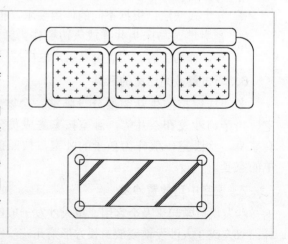

 专业技能：　　　　沙发的结构

沙发的传统结构主要由盘弹簧或拉簧等软性材料，配上综丝、棉花和泡沫等制成。沙发座、背的构造底层为蛇形簧、小拉簧或橡胶带、帆布带、尼龙带；中层为 3～5mm 厚的整体泡沫塑料或其他垫层材料；面层为皮草、人造革或织物等沙发面料，如图 3-13 所示。

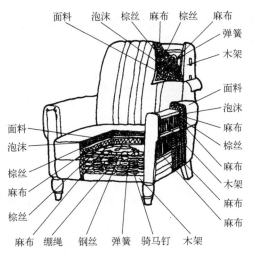

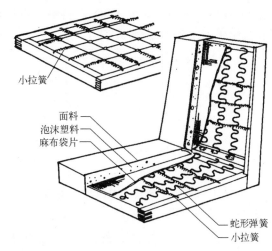

图 3-13 沙发的结构

操作步骤

1）启动 AutoCAD 2012 软件，选择"文件"→"打开"菜单命令，打开"案例\03\室内装潢模板.dwt"文件，再执行"文件"→"另存为"菜单命令，将其另存为"案例\03\组合沙发和茶几.dwg"文件。

2）使用"矩形"命令（REC），在视图中绘制 650mm×600mm 的矩形，如图 3-14 所示。

3）使用"偏移"命令（O），将矩形向内偏移 70mm，如图 3-15 所示。

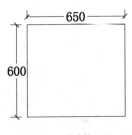

图 3-14 绘制矩形

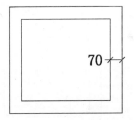

图 3-15 偏移矩形

4）使用"移动"命令（M），将里面的矩形向上侧移动 20mm，如图 3-16 所示。

5）使用"圆角"命令（F），将外侧矩形的 4 个对角进行半径为 30mm 的圆角操作，将内部矩形的 4 个对角进行半径为 100mm 的圆角操作，如图 3-17 所示。

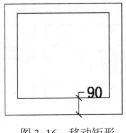

图 3-16 移动矩形

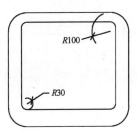

图 3-17 圆角操作

6）使用"复制"命令（CO），将编辑的图形向右进行距离为 650mm 和 1300mm 的复制操作，结果如图 3-18 所示。

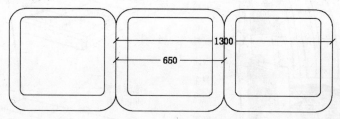

图 3-18　复制矩形

7）使用"矩形"命令（REC），在图形上侧 20mm 处绘制 650mm×170mm 的矩形，如图 3-19 所示。

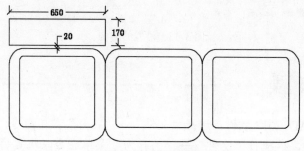

图 3-19　复制矩形

8）使用"圆角"命令（F），对步骤 7）绘制的矩形的 4 个对角进行半径为 50mm 的圆角操作，如图 3-20 所示。

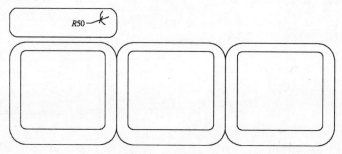

图 3-20　圆角操作

9）使用"复制"命令（CO），将编辑的图形向右进行距离为 650mm 和 1300mm 的复制操作，结果如图 3-21 所示。

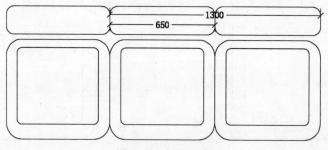

图 3-21　复制矩形

10）使用"矩形"命令（REC），在图形的右侧绘制 180mm×700mm 的矩形，使其与图形水平对齐，如图 3-22 所示。

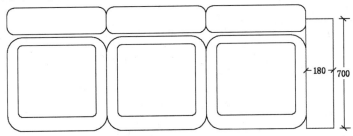

图 3-22 绘制矩形

11）使用"分解"命令（X），将步骤 10）绘制的矩形进行打散操作；再使用"偏移"命令（O），将矩形顶侧的水平线段向下偏移 150mm，如图 3-23 所示。

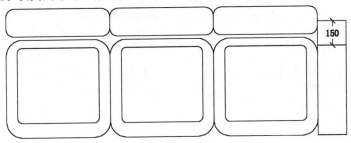

图 3-23 偏移线段

12）使用"圆角"命令（F），将矩形底端的两个拐角点进行半径为 50mm 的圆角操作，将右上角的拐角点进行半径为 150mm 的圆角操作，结果如图 3-24 所示。

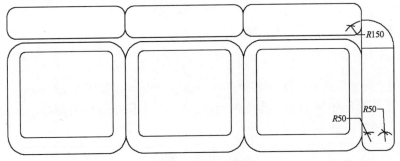

图 3-24 圆角操作

13）使用"修剪"命令（TR），修剪掉多余的线段，结果如图 3-25 所示。

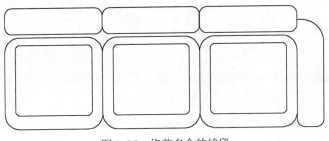

图 3-25 修剪多余的线段

14）使用"镜像"命令（MI），将右边的图形镜像复制到左边，结果如图 3-26 所示。

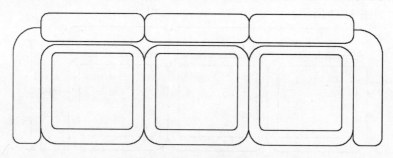

图 3-26　镜像操作

15）使用"矩形"命令（REC），在图形下侧距离 400mm 处绘制 1500mm×700mm 的矩形，使其与上侧图形垂直对齐，如图 3-27 所示。

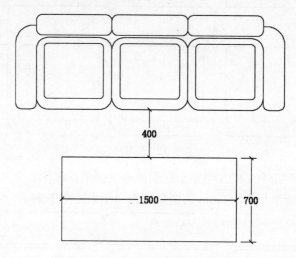

图 3-27　绘制矩形

16）使用"偏移"命令（O），将矩形向内偏移 120mm，如图 3-28 所示。

17）使用"圆"命令（C），捕捉内侧矩形的 4 个拐角点作为圆心，分别绘制直径为 100mm 的圆，如图 3-29 所示。

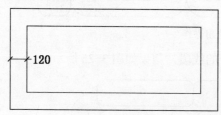

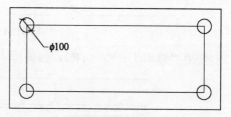

图 3-28　偏移线段　　　　　图 3-29　绘制圆

18）使用"倒角"命令（CHA），将外侧矩形的 4 个拐角进行 80mm×80mm 的倒角操作；并将多段线转换为"粗实线"，结果如图 3-30 所示。

19）使用"图案填充"命令（H），指定相应填充图案的位置，选择相应的样例和比例，最终效果如图 3-31 所示。

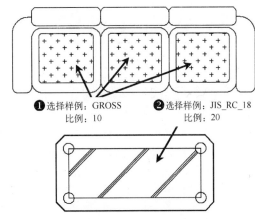

❶选择样例：GROSS
比例：10

❷选择样例：JIS_RC_18
比例：20

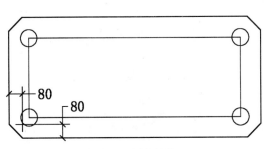

图3-30　倒角操作

图3-31　图案填充

20）至此，该图形对象已经绘制完成，按〈Ctrl+S〉键进行保存。

专业技能：　　　　　沙发的常规尺寸

　　因为沙发有千变万化的样式和风格，所以没有一个绝对的标准尺寸，只有一些常规的尺寸，见表3-8。

　　在"案例\03\多种组合沙发.dwg"文件中有各种不同样式的组合沙发，用户在布置沙发对象时，直接调用其中的组合沙发即可，如图3-32所示。

表3-8　沙发的常规尺寸

沙发扶手	一般高为560～600mm
单人式	长度：800～950mm；深度：850～900mm；座高：350～420mm；背高：700～900mm
双人式	长度：1260～1500mm；深度：800～900mm
三人式	长度：1750～1960mm；深度：800～900mm
四人式	长度：2320～2520mm；深度800～900mm

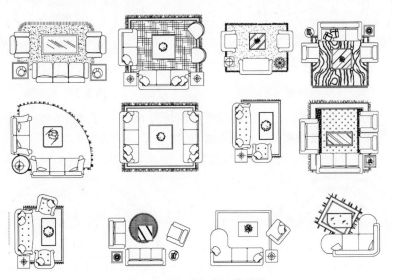

图3-32　各种组合沙发效果

3.2.2 绘制组合餐桌和椅子

> 素材
> 视频\03\绘制组合餐桌和椅子.avi
> 案例\03\组合餐桌和椅子.dwg

用户可以借用所学的知识绘制二维平面图形，以此巩固前面所学的知识。在绘制组合餐桌和椅子时，首先使用"圆"命令绘制圆桌；再使用"圆""直线""修剪""偏移"和"圆角"等命令绘制单个椅子，使用"阵列"命令对圆桌环形阵列多个椅子，然后进行图案填充操作，最后对餐桌和椅子插入盆花图块。

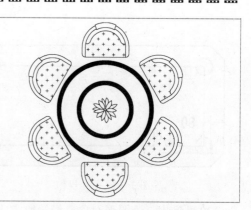

操作步骤

1）启动 AutoCAD 2012 软件，选择"文件"→"打开"菜单命令，打开"案例\03\室内装潢模板.dwt"文件，再执行"文件"→"另存为"菜单命令，将其另存为"案例\03\组合餐桌和椅子.dwg"文件。

2）使用"圆"命令（C），在视图中分别绘制直径为 600mm、700mm、1100mm 和 1200mm 的同心圆，如图 3-33 所示。

3）使用"圆"命令（C），在视图中分别绘制直径为 400mm、480mm、500mm、580mm 和 600mm 的同心圆，如图 3-34 所示。

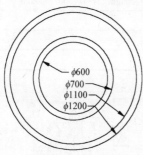

图 3-33 绘制圆

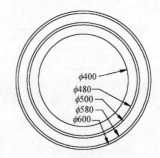

图 3-34 绘制圆

4）使用"直线"命令（L），过圆心位置绘制长为 600mm 的水平线段；再使用"修剪"命令（TR），将多余的线条修剪掉，结果如图 3-35 所示。

5）使用"偏移"命令（O），将水平线段向上偏移 40mm，如图 3-36 所示。

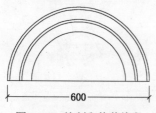

图 3-35 绘制和修剪线段

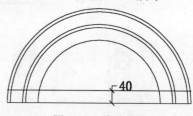

图 3-36 偏移线段

6）使用"圆角"命令（F），将内侧圆弧与水平线段进行半径为 50mm 的圆角操作；再使用"修剪"命令（TR），修剪掉多余的线段，如图 3-37 所示。

7）使用"偏移"命令（O），将水平线段向下偏移 120mm，如图 3-38 所示。

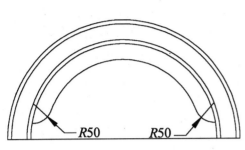

图 3-37 圆角操作

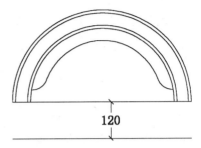

图 3-38 偏移线段

8）使用"直线"命令（L），在水平线段之间绘制连接的垂直线段，如图 3-39 所示。

9）使用"直线"命令（L），在水平线段中点处绘制高为 420mm 的垂直线段；再使用"偏移"命令（O），将垂直线段向左、右各偏移 130mm，如图 3-40 所示。

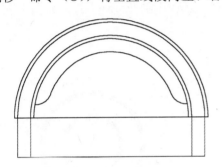

图 3-39 绘制垂直线段

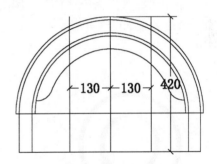

图 3-40 绘制和偏移垂直线段

10）使用"直线"命令（L），捕捉端点，绘制斜线段，如图 3-41 所示。

11）使用"修剪"命令（TR），修剪掉多余的线段，结果如图 3-42 所示。

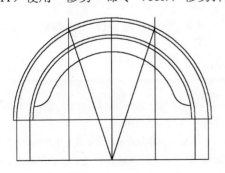

图 3-41 绘制斜线段

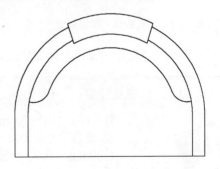

图 3-42 修剪多余的线段

12）使用"圆角"命令（F），将图形底侧的左、右拐角进行半径为 40mm 的圆角操作，如图 3-43 所示。

13）使用"移动"命令（M），将步骤 12）绘制好的图形移动到圆餐桌的上侧 40mm 处，如图 3-44 所示。

14）使用"陈列"命令（AR），将图形进行项目数设为 6，进行环形阵列操作，结果如图 3-45 所示。

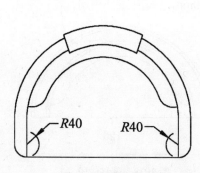

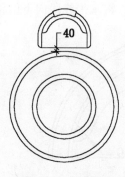

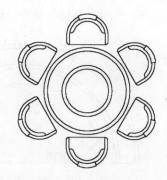

图 3-43　圆角操作　　　　图 3-44　移动操作　　　　图 3-45　阵列操作

15）使用"图案填充"命令（H），指定相应填充图案的位置，选择相应的样例和比例，效果如图 3-46 所示。

16）使用"插入"命令（I），在圆桌的中点将"案例\03\盆花.dwg"插入到图形中相应的位置，最终效果如图 3-47 所示。

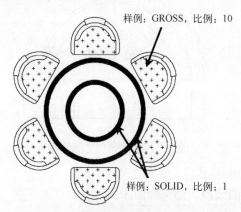

样例：GROSS，比例：10

样例：SOLID，比例：1

图 3-46　图案填充　　　　　　　　　　图 3-47　插入图块

17）至此，该图形对象已经绘制完成，按〈Ctrl+S〉键进行保存。

专业技能：　　　　　餐桌、椅的一般尺寸

⊙ 餐桌高：750～790mm；餐椅高：450～500mm。

⊙ 圆桌直径：二人 500mm、三人 800mm、四人 900mm、五人 1100mm、六人 1100～1250mm，八人 1300mm、十人 1500mm、十二人 1800mm。

⊙ 方餐桌尺寸：二人 700mm×850mm、四人 1350mm×850mm、八人 2250mm×850mm。

⊙ 餐桌转盘直径：700～800mm。

专业技能： 餐桌、椅的代号及规格

1）代号：餐桌（CZ）；餐椅（CY）；餐凳（CD）。

2）产品规格型号由材质代号、分类代号、产品代号及桌（椅）面主要尺寸组成。

⊙ 产品桌面（座面）为矩形、正方形及椭圆形的，用如下方法表示。

例如：宽 1500mm，深 800mm 的木质家具餐桌可表示为 MFCZ1500×800；
宽 460mm，深 440mm 的金属商用餐椅可表示为 GSCY460×440。

⊙ 产品桌面（座面）为圆形的，用如下方法表示。

例如：直径为 1800mm 的木质商用型圆餐桌可表示为 MSCZϕ800；
　　　直径为 300mm 的钢木家用型圆餐凳可表示为 GmJCDϕ300。

 ### 3.2.3 绘制组合床与床头柜

素材
视频\03\绘制组合床与床头柜.avi
案例\03\组合床与床头柜.dwg

　　用户可以借用所学的知识绘制二维平面图形，以此巩固前面所学的知识。在绘制组合床与床头柜时，首先使用"矩形""圆角"命令绘制床；接着使用"偏移""直线"和"样条曲线"等命令绘制床被；使用"矩形""偏移"和"镜像"等命令绘制枕头；再使用"矩形""圆""偏移""直线""修剪"和"镜像"等命令绘制床头柜；使用"插入"命令，将表示电话机、抱枕的图块插入到相应的位置；然后使用"矩形""偏移"和"修剪"等命令完成地毯的绘制；最后进行地毯和枕头图案的填充操作，从而完成对组合床与床头柜的绘制。

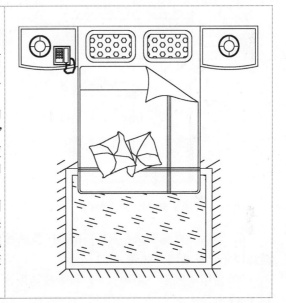

 ## 操作步骤

1）启动 AutoCAD 2012 软件，选择"文件"→"打开"菜单命令，打开"案例\03\室内装潢模板.dwt"文件，再执行"文件"→"另存为"菜单命令，将其另存为"案例\03\组合床与床头柜.dwg"文件。

2）使用"矩形"命令（REC），在视图中绘制 1500mm×2000mm 的矩形，如图 3-48 所示。

3）使用"圆角"命令（F），将矩形底侧的左、右拐角进行半径为 50mm 的圆角操作，如图 3-49 所示。

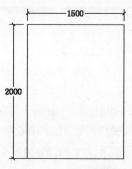

图 3-48　绘制矩形

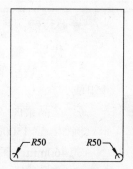

图 3-49　圆角操作

4）使用"矩形"命令（REC），在步骤 3）绘制矩形的内侧底水平线段距离 20mm 处绘制半径为 30mm 的 1450mm×1500mm 的圆角矩形，使其垂直对齐，如图 3-50 所示。

5）使用"分解"命令（X），将圆角矩形进行打散操作；再使用"偏移"命令（O），将上侧的水平线段向下偏移 280mm 和 150mm，将右侧的垂直线段向左偏移 650mm，结果如图 3-51 所示。

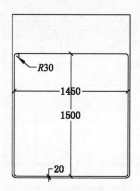

图 3-50　绘制圆角矩形

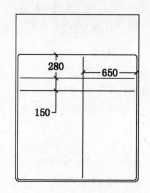

图 3-51　偏移线段

6）使用"直线"命令（L）和"样条曲线"命令（SPL），在步骤 5）偏移线段位置绘制斜线段和样条曲线，如图 3-52 所示。

7）使用"删除"命令（E）和"修剪"命令（TR），删除和修剪掉多余的线段，结果如图 3-53 所示。

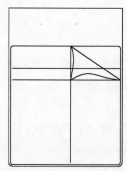

图 3-52　绘制线段

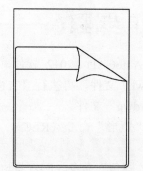

图 3-53　删除和修剪线段

8）使用"矩形"命令（REC），在矩形上部与左垂直线段距离 100mm 处绘制 600mm×

380mm、半径为100mm的圆角矩形，如图3-54所示。

9）使用"偏移"命令（O），将圆角矩形向内偏移50mm，如图3-55所示。

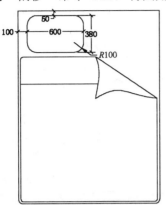

图3-54 绘制圆角矩形

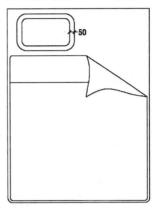

图3-55 偏移圆角矩形

10）使用"镜像"命令（MI），将图形向右镜像复制操作，如图3-56所示。

11）使用"矩形"命令（REC），在图形右侧绘制720mm×480mm的矩形，使其与左侧图形的顶端水平对齐，如图3-57所示。

图3-56 镜像操作

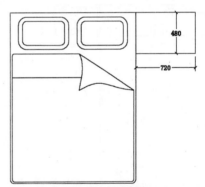

图3-57 绘制矩形

12）使用"圆弧"命令（A），在矩形底侧水平线段距离40mm处绘制一圆弧，如图3-58所示。

13）使用"偏移"命令（O），将图形向内偏移30mm，如图3-59所示。

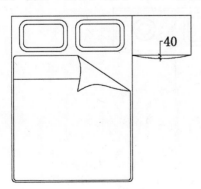

图3-58 绘制圆弧

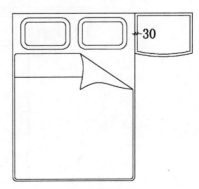

图3-59 偏移操作

14）使用"直线"命令（L），在图形的中点绘制水平和垂直线段，如图 3-60 所示。

15）使用"圆"命令（C），捕捉交点，分别绘制直径为 130mm、240mm 和 260mm 的同心圆，如图 3-61 所示。

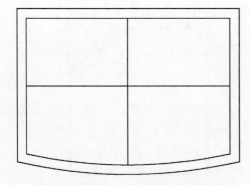

图 3-60　绘制线段

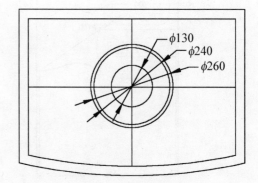

图 3-61　绘制同心圆

16）使用"修剪"命令（TR），修剪掉多余的线段，结果如图 3-62 所示。

17）使用"镜像"命令（MI），将右侧的图形向左侧镜像复制操作，如图 3-63 所示。

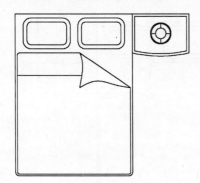

图 3-62　修剪多余的线段

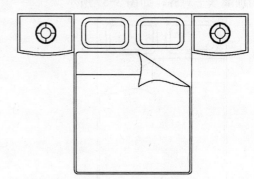

图 3-63　镜像操作

18）使用"移动"命令（M），将左侧表示台灯的图形向左移动 100mm；再使用"插入"命令（I），将"案例\03\电话机.dwg"和"案例\03\抱枕.dwg"的图块插入到图形中相应的位置，结果如图 3-64 所示。

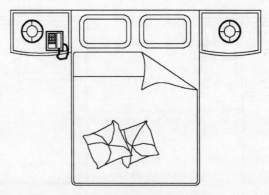

图 3-64　移动对象和插入图块

19）使用"偏移"命令（O），将最大矩形的右垂直线段向左各偏移 370mm、390mm 和 410mm，将底侧水平线段向上各偏移 270mm、290mm 和 310mm，如图 3-65 所示。

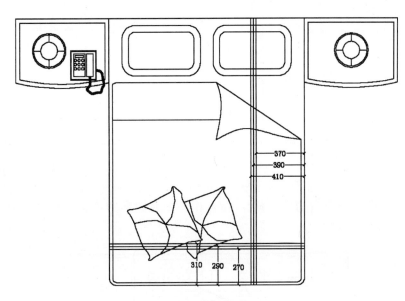

图 3-65　偏移线段

20）使用"修剪"命令（TR），修剪掉多余的线段，结果如图 3-66 所示。

21）使用"矩形"命令（REC），在底侧图形向上 300mm 处绘制一个 1800mm×1200mm 的矩形，如图 3-67 所示。

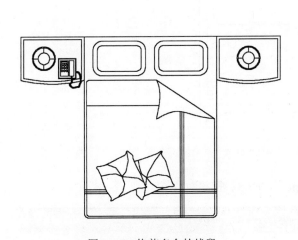

图 3-66　修剪多余的线段

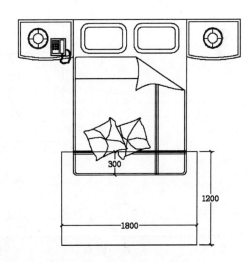

图 3-67　绘制矩形

22）使用"偏移"命令（O），将矩形向内偏移 80mm，向外偏移 100mm，如图 3-68 所示。

23）使用"修剪"命令（TR），修剪掉多余的线段，如图 3-69 所示。

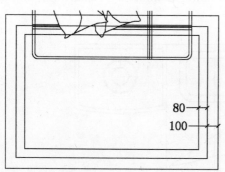

图 3-68　偏移矩形

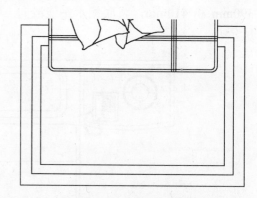

图 3-69　修剪多余的线段

24）使用"图案填充"命令（H），指定相应填充图案的位置，选择相应的样例和比例，最终效果如图 3-70 所示。

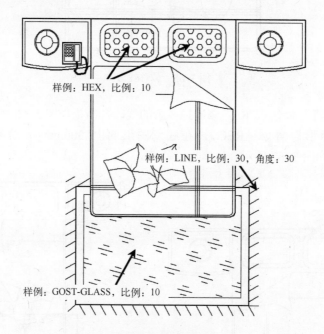

样例：HEX，比例：10

样例：LINE，比例：30，角度：30

样例：GOST-GLASS，比例：10

图 3-70　图案填充

25）至此，该图形对象已经绘制完成，按〈Ctrl+S〉键进行保存。

专业技能：　　　　床、床垫及枕头的型式及尺寸

　　用户在设计各种类型的床时，其床的类型及尺寸可参照图 3-71 所示进行设计。另外，其床垫型式和尺寸见表 3-9；枕头型式和尺寸见表 3-10。

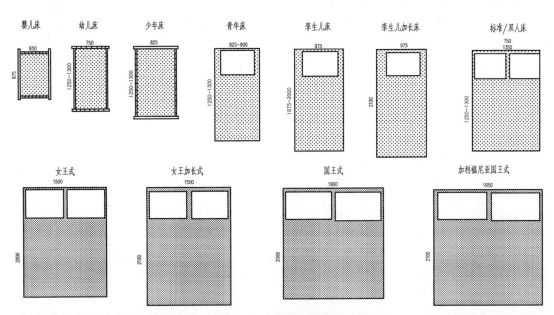

图 3-71 床的类型及尺寸

表 3-9 少年、青年、成年人床垫形式和尺寸

床垫形式	长度/mm		宽度/mm	
	最小	最大	最小	最大
摇篮床	425	575	900	1000
轻便幼儿床	550	650	1125	1300
少年床	600	813	1150	1450
青年床	825	900	1650	1900
双层床	750	825	1875	1900
宿舍床	800	900	1875	2000
病床	900	900	1875	2000
窄孪生儿床	900	900	1850	1875
孪生儿床	975	975	1850	2000, 2100
最大尺寸或双人床	1350	1350	1850	1875
女王式床	1500	1500	2000	2100
国王式床	1900	1950	2000	2100
加长双人床	1350	1350	2000	2000
特殊孪生儿床	1125	1125	1875	2000

表 3-10 枕头形式和尺寸

枕头形式	长度/mm		宽度/mm	
	最小	最大	最小	最大
标准型	450	500	650	675
女王型	475	525	725	750
国王型	500	550	875	900

3.2.4　绘制组合办公桌

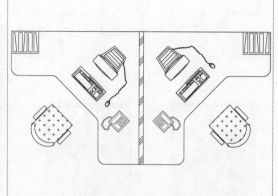

用户可以借用所学的知识绘制二维平面图形，以此巩固前面所学的知识。在绘制组合办公桌时，首先使用"矩形""偏移""直线""修剪"和"圆角"等命令绘制双人办公桌；使用"矩形""圆""偏移"和"修剪"等命令绘制办公椅子；使用"矩形"命令绘制文件夹；然后插入计算机、键盘和电话机等图块，再使用"镜像"和"旋转"命令，最后进行图案的填充操作，从而完成对组合办公桌的绘制。

专业技能：　　　**办公桌、会议桌的材料及常规尺寸**

标准办公桌：材质一般为防火板，常用规格（长×宽）：1200mm×600mm、1400mm×700mm、1000mm×450mm、1500mm×800mm。

标准会议桌：材质一般为防火板，常用规格（长×宽）：1800mm×900mm、2000mm×1000mm、1600mm×800mm、2400mm×1200mm。

操作步骤

1）启动 AutoCAD 2012 软件，选择"文件"→"打开"菜单命令，打开"案例\03\室内装潢模板.dwt"文件，再执行"文件"→"另存为"菜单命令，将其另存为"案例\03\组合办公桌.dwg"文件。

2）使用"矩形"命令（REC），在视图中绘制 3600mm×1800mm 的矩形，如图 3-72 所示。

3）使用"分解"命令（X），将矩形打散；再使用"偏移"命令（O），将右侧的垂直线段向左依次偏移 600mm、600mm、600mm、600mm 和 600mm，如图 3-73 所示。

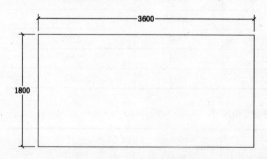

图 3-72　绘制矩形

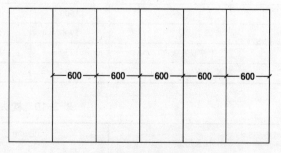

图 3-73　偏移线段

4）使用"偏移"命令（O），将下侧的水平线段向上偏移 600mm 和 600mm，如图 3-74 所示。

5）使用"直线"命令（L），捕捉相应的端点，绘制斜线段，如图 3-75 所示。

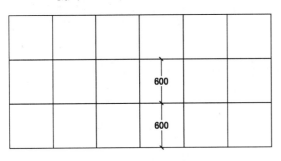

图 3-74　偏移线段　　　　　　　　　　图 3-75　绘制斜线段

6）使用"修剪"命令（TR），修剪掉多余的线段，结果如图 3-76 所示。

7）使用"偏移"命令（O），将中间的垂直线段向左、右侧各偏移 30mm，如图 3-77 所示。

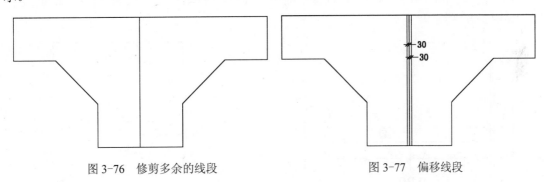

图 3-76　修剪多余的线段　　　　　　　　图 3-77　偏移线段

8）使用"圆角"命令（F），对 1～8 处进行半径为 100mm 的圆角操作，如图 3-78 所示。

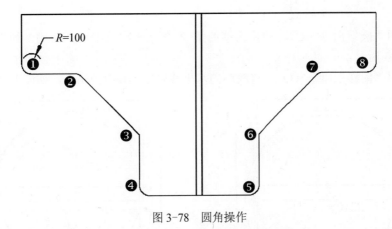

图 3-78　圆角操作

9）使用"矩形"命令（REC），绘制 400mm×400mm 的矩形，如图 3-79 所示。

10）使用"矩形"命令（REC），在矩形左、右侧距离 10mm 处分别绘制 50mm×220mm 的矩形，使其与上一矩形的水平中点对齐，如图 3-80 所示。

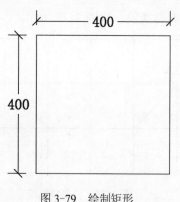

图 3-79　绘制矩形

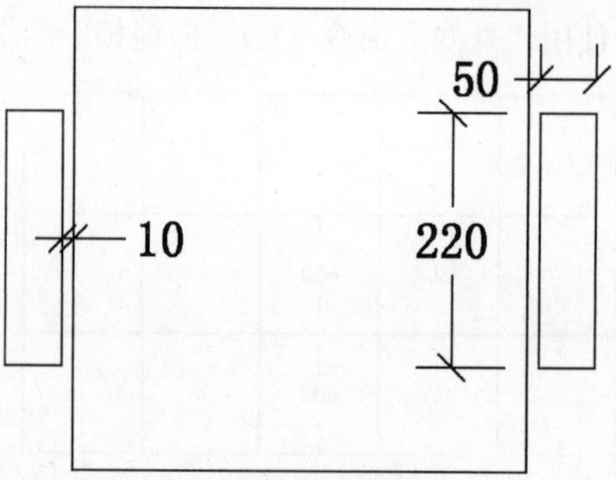

图 3-80　绘制矩形

11）使用"偏移"命令（O），将中间矩形底侧的水平线段向上偏移 120mm 和 40mm，如图 3-81 所示。

12）使用"圆"命令（C），捕捉偏移的第 1 条水平线段中点，绘制半径为 235mm 的圆，如图 3-82 所示。

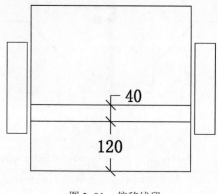

图 3-81　偏移线段

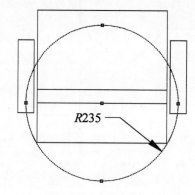

图 3-82　绘制圆

13）使用"圆"命令（C），捕捉偏移的第 2 条水平线段中点，绘制半径为 210mm 的圆，如图 3-83 所示。

14）使用"偏移"命令（O），将底侧的水平线段向上偏移 96mm，如图 3-84 所示。

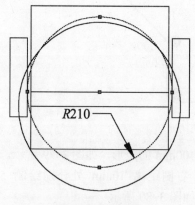

图 3-83　绘制圆

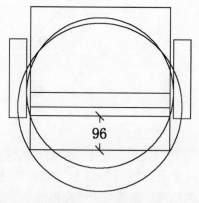

图 3-84　偏移线段

15）使用"修剪"命令（TR），修剪掉多余的线段，结果如图3-85所示。

16）使用"圆弧"命令（A），在图形底侧的左、右端分别绘制半径为26mm的圆弧，如图3-86所示。

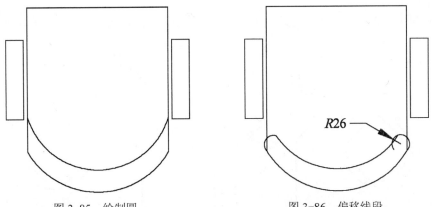

图3-85　绘制圆　　　　　　　　　　图3-86　偏移线段

17）使用"旋转"命令（RO），将步骤16）编辑的图形对象旋转45°；再使用"移动"命令（M），将图形移动到与斜线段距离300mm处，如图3-87所示。

18）使用"矩形"命令（REC），绘制380mm×300mm的矩形，随意绘制表示文件夹的图形，如图3-88所示。

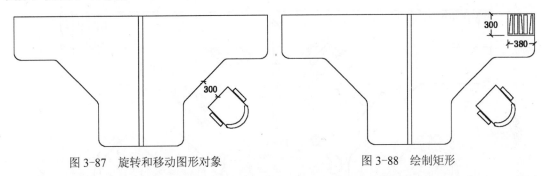

图3-87　旋转和移动图形对象　　　　　图3-88　绘制矩形

19）使用"插入"命令（I），将"案例\03\计算机.dwg""案例\03\键盘.dwg"和"案例\03\电话机.dwg"文件的图块插入到图形中相应的位置，结果如图3-89所示。

20）使用"镜像"命令（MI），将右侧的部分图形镜像复制到左侧，结果如图3-90所示。

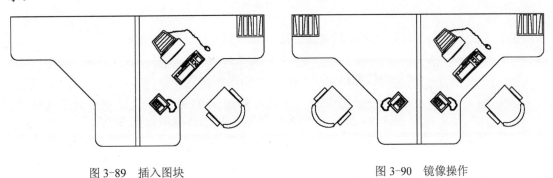

图3-89　插入图块　　　　　　　　　图3-90　镜像操作

21）使用"旋转"命令（RO），将表示计算机和键盘的图块旋转-90°，结果如图 3-91 所示。

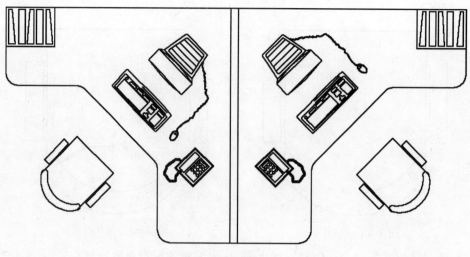

图 3-91　旋转操作

22）使用"图案填充"命令（H），指定相应填充图案的位置，选择相应的样例和比例，最终效果如图 3-92 所示。

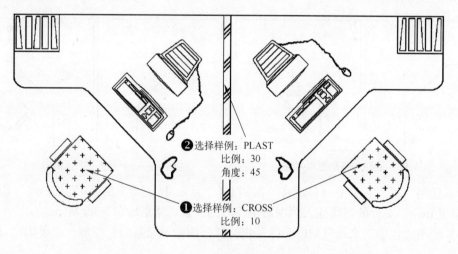

❷选择样例：PLAST
比例：30
角度：45

❶选择样例：CROSS
比例：10

图 3-92　图案填充

23）至此，该图形对象已经绘制完成，按〈Ctrl+S〉组合键进行保存。

专业技能：　　　　办公室常用人体尺度

普通办公室常用人体尺度如图 3-93 所示。会议室办公桌人体尺度如图 3-94 所示。普通办公室平面布局举例如图 3-95 所示。

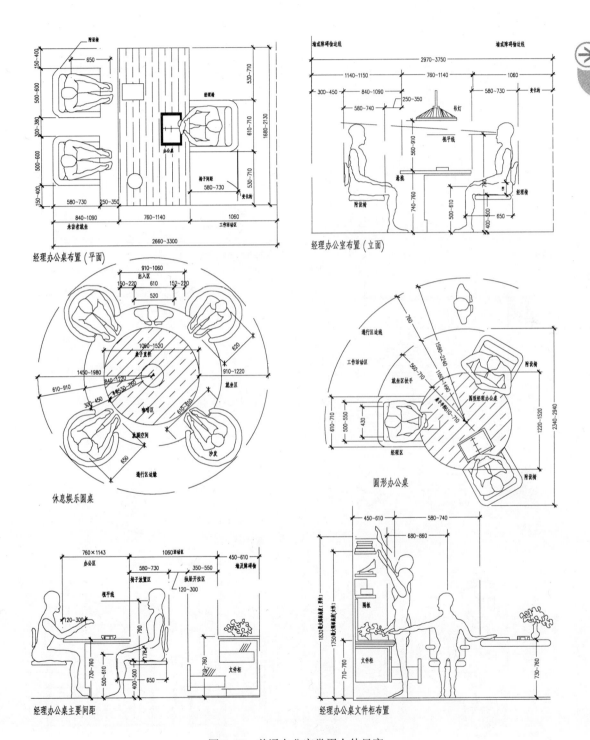

经理办公桌布置 (平面)

经理办公室布置 (立面)

休息娱乐圆桌

圆形办公桌

经理办公桌主要间距

经理办公桌文件柜布置

图 3-93 普通办公室常用人体尺度

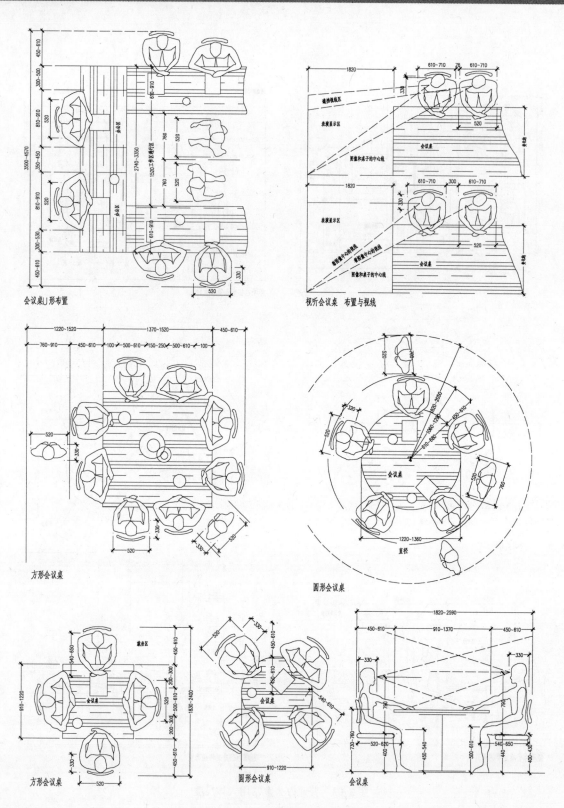

会议桌U形布置

视听会议桌 布置与视线

方形会议桌

圆形会议桌

方形会议桌

圆形会议桌

会议桌

图 3-94　会议室办公桌人体尺度

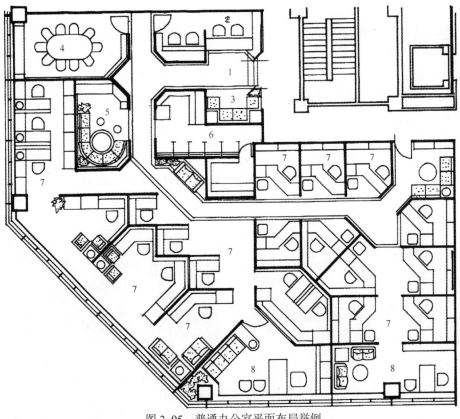

图 3-95　普通办公室平面布局举例

1—入口　2—接待处　3—等候　4—会议室　5—会客室　6—收发室　7—职业办公室　8—主管办公室

 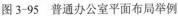

3.3　室内电器配景图的绘制

在室内装潢设计中，需要布置一些日常生活中的电器配景图，如冰箱、电视、洗衣机、饮水机和计算机等。当然，在绘制这些电器配景图时，应遵循其规格尺寸，不然，在装修过程中会造成结构上的麻烦。

 ### 3.3.1　绘制平面洗衣机

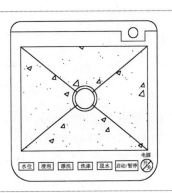

素材　视频\03\绘制平面洗衣机.avi
　　　案例\03\平面洗衣机.dwg

用户可以借用所学的知识绘制二维平面图形，以此巩固前面所学的知识。绘制平面洗衣机时，首先使用"矩形""分解""偏移""修剪"和"圆"命令绘制洗衣机轮廓，接着用"矩形""圆"和"文字"等命令进行洗衣机按钮的绘制，然后使用"矩形""圆""修剪"和"图案填充"命令，完成平面洗衣机的绘制。

操作步骤

1）启动 AutoCAD 2012 软件，选择"文件"→"打开"菜单命令，打开"案例\03\室内装潢模板.dwt"文件，再执行"文件"→"另存为"菜单命令，将其另存为"案例\03\平面洗衣机.dwg"文件。

2）使用"矩形"命令（REC），在视图中绘制 600mm×630mm 的矩形，如图 3-96 所示。

3）使用"分解"命令（X），将矩形打散；再使用"偏移"命令（O），将顶侧的水平线段向下各偏移 40mm、40mm 和 430mm，将右侧的垂直线段向左各偏移 50mm 和 100mm，如图 3-97 所示。

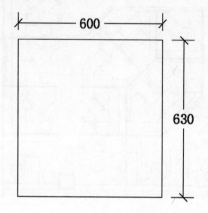

图 3-96　绘制矩形

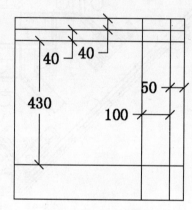

图 3-97　偏移线段

4）使用"修剪"命令（TR），修剪掉多余的线条，结果如图 3-98 所示。

5）使用"圆"命令（C），捕捉交点，绘制直径为 40mm 的圆，如图 3-99 所示。

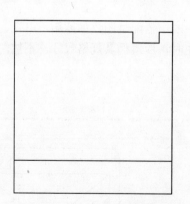

图 3-98　修剪多余的线段

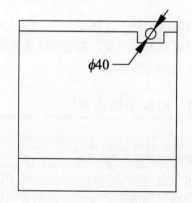

图 3-99　绘制圆

6）使用"圆角"命令（F），对矩形顶侧的左、右端进行半径为 40mm 的圆角操作，对底侧的左、右端进行半径为 80mm 的圆角操作，如图 3-100 所示。

7）使用"矩形"命令（REC），在底侧水平线段向上距离 45mm 处和左侧垂直线段距离 30mm 绘制 60mm×30mm 的小矩形，如图 3-101 所示。

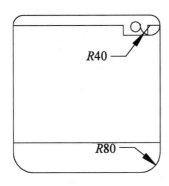

图 3-100　圆角操作

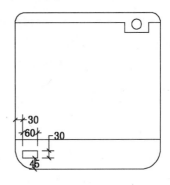

图 3-101　绘制矩形

8）使用"复制"命令（CO），将小矩形按照以下尺寸进行复制操作，如图 3-102 所示。

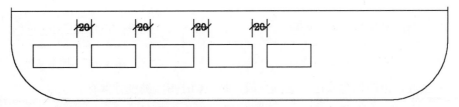

图 3-102　复制操作

9）使用"矩形"命令（REC），绘制 80mm×40mm 的矩形；再使用"圆"命令（C），绘制半径为 25mm 的圆，使其水平对齐于左侧的矩形，如图 3-103 所示。

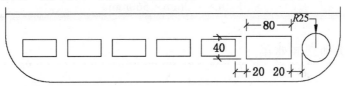

图 3-103　绘制矩形和圆

10）使用"文字"命令（T），在图形中输入相应的文字说明，如图 3-104 所示。

11）使用"矩形"命令（REC），绘制 513mm×410mm 的矩形，如图 3-105 所示。

图 3-104　文字输入

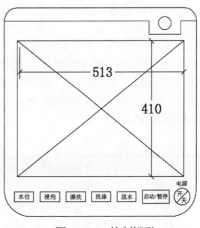

图 3-105　绘制矩形

12）使用"圆"命令（C），捕捉交点，绘制直径为 80mm 和 100mm 的圆；然后将多余的线条修剪掉，结果如图 3-106 所示。

13）使用"图案填充"命令（H），指定相应填充图案的位置，选择相应的样例和比例，最终效果如图 3-107 所示。

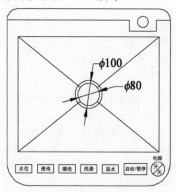

图 3-106　绘制圆

图 3-107　图案填充

14）至此，该图形对象已经绘制完成，按〈Ctrl+S〉键进行保存。

专业技能：　　　　洗衣机的规格尺寸

滚筒洗衣机的外形尺寸比较统一，高度约为 860mm，宽度约为 595mm，厚度根据不同的容量和厂家而定，一般都在 460～600mm 之间。全自动洗衣机的高×宽×深，其 5kg 的尺寸为 902mm×500mm×510mm，6kg 的尺寸为 970mm×550mm×560mm。

 3.3.2　绘制立面冰箱

素材　视频\03\绘制立面冰箱.avi
　　　案例\03\立面冰箱.dwg

用户可以借用所学的知识绘制二维平面图形，以此巩固前面所学的知识。绘制立面冰箱时，首先使用"矩形""分解""偏移"和"修剪"命令绘制冰箱的轮廓，再使用"矩形"和"移动"命令绘制冰箱的拉手，然后使用"矩形"和"文字"命令绘制冰箱温度面板，最后进行图案的填充，从而完成立面冰箱的绘制。

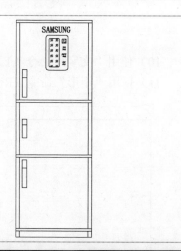

专业技能：　　　　电冰箱的分类

电冰箱按原理可分为压缩式冰箱、吸收式冰箱、半导体冰箱、化学冰箱、电磁振动式冰箱、太阳能冰箱、绝热去磁制冷冰箱、辐射制冷冰箱和固体制冷冰箱 9 种。

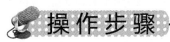 操作步骤

1）启动 AutoCAD 2012 软件，选择"文件"→"打开"菜单命令，打开"案例\03\室内装潢模板.dwt"文件，再执行"文件"→"另存为"菜单命令，将其另存为"案例\03\立面冰箱.dwg"文件。

2）使用"矩形"命令（REC），在视图中绘制 621mm×1739mm 的矩形，如图 3-108 所示。

3）使用"分解"命令（X），将矩形打散；再使用"偏移"命令（O），将顶侧的水平线段向下各偏移 650mm 和 439mm，如图 3-109 所示。

4）使用"偏移"命令（O），将左、右侧的垂直线段向内各偏移 30mm，将顶侧的水平线段向下偏移 20mm，将中间的水平线段向上、下各偏移 10mm，将底侧的水平线段向上偏移 50mm 和 20mm，如图 3-110 所示。

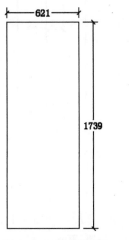

图 3-108　绘制矩形

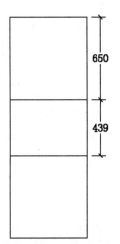

图 3-109　偏移线段

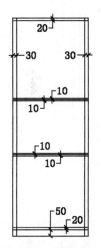

图 3-110　偏移线段

5）使用"修剪"命令（TR），修剪掉多余的线段，结果如图 3-111 所示。

6）使用"矩形"命令（REC），分别绘制 38mm×45mm、38mm×104mm、38mm×64mm 和 38mm×157mm，如图 3-112 所示。

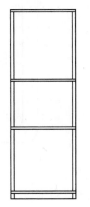

图 3-111　修剪掉多余的线段

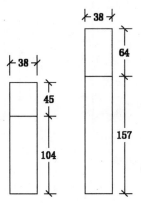

图 3-112　绘制矩形

7）使用"移动"命令（M），将步骤 6）绘制的表示冰箱拉手的矩形移动到相应的位置，如图 3-113 所示。

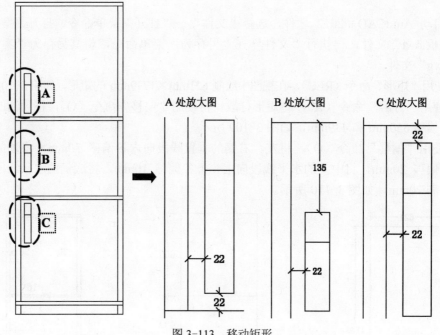

图 3-113　移动矩形

8）使用"矩形"命令（REC），绘制半径为 20mm 的 180mm×280mm 的圆角矩形，如图 3-114 所示。

9）使用"矩形"命令（REC），在步骤 8）绘制的矩形底侧水平线段距离 25mm 处，左侧垂直线段距离 25mm 处，绘制半径为 5mm 的 84mm×230mm 的圆角矩形，如图 3-115 所示。

10）使用"矩形"命令（REC），在最外侧矩形顶侧水平线段距离 30mm 处，右侧垂直线段距离 15mm 处，绘制半径为 5mm 的 35mm×35mm 的圆角矩形，如图 3-116 所示。

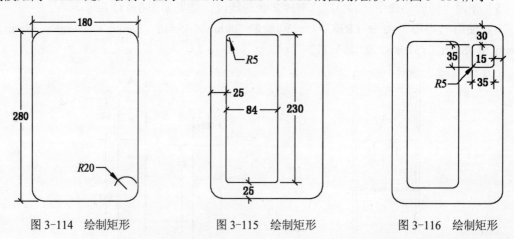

图 3-114　绘制矩形　　　　图 3-115　绘制矩形　　　　图 3-116　绘制矩形

11）使用"移动"命令（M），将步骤 10）绘制的表示冰箱温度显示屏的矩形移动到相应的位置，如图 3-117 所示。

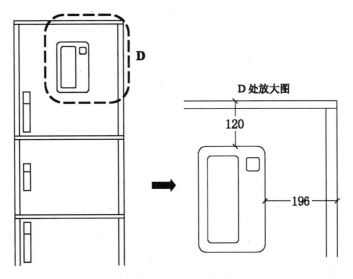

图 3-117　移动矩形

12）使用"文字"命令（T），在相应的位置输入冰箱的说明内容，如图 3-118 所示。

13）使用"图案填充"命令（H），在面板位置选择样例为 GOST-GLASS，比例为 5，进行图案填充操作，最终效果如图 3-119 所示。

图 3-118　文字输入

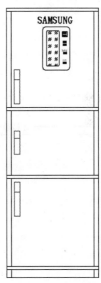

图 3-119　图案填充

13）至此，该图形对象已经绘制完成，按〈Ctrl+S〉组合键进行保存。

专业技能：　　　　　　　冰箱的摆放尺寸
一般地，180～200L 的双开门冰箱的宽和厚在 52～55cm 之间，高在 155～160cm 之间，用户在预留时，留有一个 75cm 宽、80cm 厚、180cm 高的位置就可以了，如果想买再大一点的冰箱，就要看好型号及相应的尺寸，再计算应留位置。

3.3.3 绘制立面电视

素材
视频\03 绘制立面电视.avi
案例\03 立面电视.dwg

用户可以借用所学的知识绘制二维平面图形，以此巩固前面所学的知识。绘制立面电视时，首先使用"矩形""偏移""分解""修剪"和"圆"等命令绘制电视的轮廓；接着插入图形、输入文字说明和进行图案的填充，从而完成立面电视的绘制。

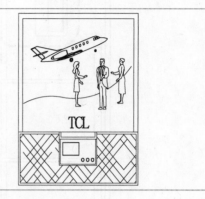

操作步骤

1）启动 AutoCAD 2012 软件，选择"文件"→"打开"菜单命令，打开"案例\03\室内装潢模板.dwt"文件，再执行"文件"→"另存为"菜单命令，将其另存为"案例\03\立面电视.dwg"文件。

2）使用"矩形"命令（REC），在视图中绘制 1120mm×907mm 的矩形，如图 3-120 所示。

3）使用"分解"命令（X），将矩形打散；再使用"偏移"命令（O），将顶侧的水平线段向下偏移 40mm，将左、右侧的垂直线段向内各偏移 40mm；再使用"修剪"命令（TR），修剪掉多余的线段，如图 3-121 所示。

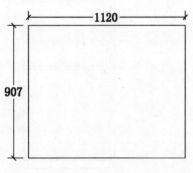

图 3-120 绘制矩形

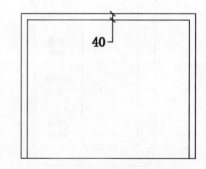

图 3-121 偏移和修剪线段

4）使用"矩形"命令（REC），在步骤 3）绘制的矩形的底侧绘制 1120mm×408mm 的矩形，如图 3-122 所示。

5）使用"分解"命令（X），将矩形打散；再使用"偏移"命令（O），将矩形向内偏移 16mm，如图 3-123 所示。

6）使用"矩形"命令（REC），在步骤 5）绘制的矩形的顶侧绘制 320mm×40mm、352mm×200mm 的矩形，两个矩形的间距为 16mm，使两个矩形垂直中点对齐，如图 3-124 所示。

7）使用"矩形"命令（REC），在步骤 6）绘制的较大矩形距离 32mm 和 24mm 处，绘制一个 154mm×99mm 的矩形, 如图 3-125 所示。

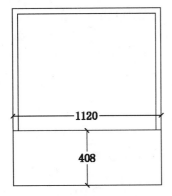

图 3-122　绘制矩形

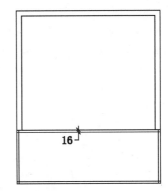

图 3-123　偏移矩形

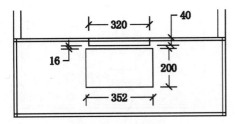

图 3-124　绘制矩形

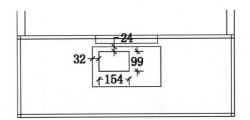

图 3-125　绘制矩形

8) 使用"偏移"命令 (O), 将矩形分别向内偏移 16mm、10mm 和 2mm, 如图 3-126 所示。

9) 使用"修剪"命令 (TR), 修剪掉多余的线段, 结果如图 3-127 所示。

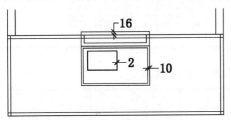

图 3-126　偏移矩形

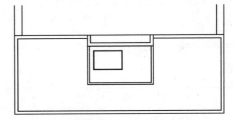

图 3-127　修剪多余的线段

10) 使用"圆"命令 (C), 捕捉交点, 绘制直径为 23mm 和 27mm 的同心圆, 如图 3-128 所示。

11) 使用"复制"命令 (CO), 将圆对象向左进行距离为 46mm 和 92mm 的复制操作, 结果如图 3-129 所示。

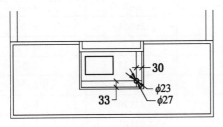

图 3-128　绘制圆

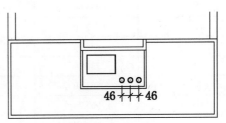

图 3-129　复制圆对象

12）使用"插入"命令（I），将"案例\03\电视屏幕.dwg"文件的图块插入到图形中相应的位置；将电视的外部轮廓线转换为"粗实线"，结果如图 3-130 所示。

13）使用"文字"命令（T），输入相应的文字说明；使用"图案填充"命令（H），选择样例为 HOUND，比例为 30，角度为 45° 进行图案填充操作，最终效果如图 3-131 所示。

图 3-130　插入图块

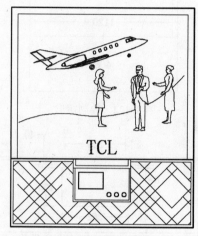

图 3-131　图案填充

14）至此，该图形对象已经绘制完成，按〈Ctrl+S〉键进行保存。

专业技能：	液晶电视机的规格尺寸表

表 3-11 为 16:9 大屏幕显示设备尺寸换算表，供大家参考。

表 3-11　16:9 大屏幕显示设备尺寸换算表

对　角　线		16	9	18.36
英寸/in	毫米/mm	宽/mm	高/mm	面积/m²
14	355.60	309.93	174.34	0.05
15	381.00	332.07	186.79	0.06
17	431.80	376.35	211.69	0.08
18	457.20	398.48	224.15	0.09
19	482.60	420.62	236.60	0.10
20	508.00	442.76	249.05	0.11
21	533.40	464.90	261.51	0.12
25	635.00	553.45	311.32	0.17
29	736.60	642.00	361.13	0.23
34	863.60	752.69	423.39	0.32
38	965.20	841.24	473.20	0.40
42	1066.80	929.80	523.01	0.49

（续）

对　角　线		16	9	18.36
英寸/in	毫米/mm	宽/mm	高/mm	面积/m²
43	1092.20	951.93	535.46	0.51
44	1117.60	974.07	547.92	0.53
50	1270.00	1106.90	622.63	0.69
51	1295.40	1129.04	635.08	0.72
60	1524.00	1328.28	747.16	0.99
61	1549.40	1350.42	759.61	1.03
62	1574.80	1372.56	772.06	1.06
67	1701.80	1483.25	834.33	1.24
72	1828.80	1593.94	896.59	1.43
84	2133.60	1859.59	1046.02	1.95
90	2286.00	1992.42	1120.74	2.23
100	2540.00	2213.80	1245.26	2.76
120	3048.00	2656.56	1494.32	3.97
130	3302.00	2877.94	1618.84	4.66
150	3810.00	3320.70	1867.90	6.20
160	4064.00	3542.08	1992.42	7.06
180	4572.00	3984.84	2241.47	8.93
200	5080.00	4427.60	2490.53	11.03

注意：1"=25.4mm，这里只是计算值；具体尺寸依照显示设备标定。

16:9 屏幕的尺寸计算方法，以37寸为例：

长边为32.24英寸，约81.89cm，短边为18.13英寸，约46.05cm。

其计算公式为：$37^2 = (16X)^2 + (9X)^2$，其中 $X=2.0149$

则 2.0148×16×2.54=81.89（cm），2.0148×9×2.54=46.06（cm）

3.3.4　绘制立面饮水机

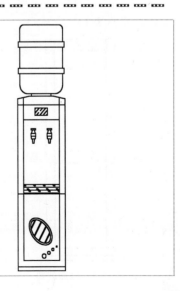

素材DVD　视频\03\绘制立面饮水机.avi
案例\03\立面饮水机.dwg

　　用户可以借用所学的知识绘制二维平面图形，以此巩固前面所学的知识。绘制立面饮水机时，首先使用"矩形""分解""偏移""修剪"和"直线"等命令绘制饮水机外轮廓；使用"矩形""圆角""修剪""移动"和"复制"等命令绘制饮水桶；再使用"矩形""分解""偏移"和"直线"等命令绘制饮水机水龙头；然后使用"椭圆""圆"和"图案填充"命令，从而完成立面饮水机的绘制。

操作步骤 ------------------------------------

1）启动 AutoCAD 2012 软件，选择"文件"→"打开"菜单命令，打开"案例\03\室内装潢模板.dwt"文件，再执行"文件"→"另存为"菜单命令，将其另存为"案例\03\立面饮水机.dwg"文件。

2）使用"矩形"命令（REC），在视图中绘制 310mm×965mm 的矩形，如图 3-132 所示。

3）使用"分解"命令（X），将矩形打散；再使用"偏移"命令（O），将底侧的水平线段向上各偏移 22mm、34mm、369mm、51mm、359mm 和 81mm，如图 3-133 所示。

4）使用"偏移"命令（O），将左、右侧的垂直线段向内各偏移 38mm，如图 3-134 所示。

图 3-132　绘制矩形

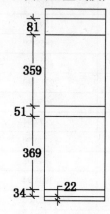
图 3-133　偏移线段

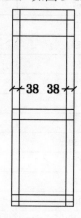
图 3-134　偏移线段

5）使用"修剪"命令（TR），修剪掉多余的线段，结果如图 3-135 所示。

6）使用"偏移"命令（O），将顶侧的水平线段向下偏移 15mm，将右侧的垂直线段向左偏移 80mm 和 150mm，如图 3-136 所示。

7）使用"直线"命令（L），绘制斜线段；再使用"修剪"命令（TR），修剪掉多余的线段，如图 3-137 所示。

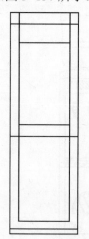
图 3-135　修剪线段

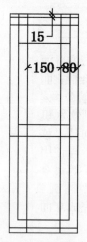
图 3-136　偏移线段

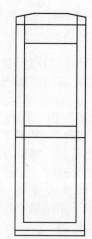
图 3-137　绘制和修剪线段

8）使用"矩形"命令（REC），分别绘制 30mm×6mm、25mm×20mm、30mm×15mm、25mm×15mm 和 15mm×24mm 的矩形，使矩形垂直对齐，如图 3-138 所示。

9）使用"分解"命令（X），将矩形打散；再使用"偏移"命令（O），从上向下数，将第 2 个矩形的左、右侧的垂直线段向内偏移 7mm，将第 5 个矩形的左、右侧垂直线段向内偏移 3mm；再使用"直线"命令（L），绘制斜线段，如图 3-139 所示。

10）使用"修剪"命令（TR）和"删除"命令（E），修剪和删除掉多余的线段，如图 3-140 所示。

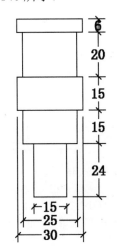

图 3-138　绘制矩形

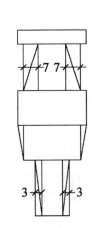

图 3-139　绘制和偏移线段

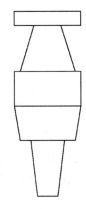

图 3-140　修剪和删除线段

11）使用"移动"命令（M），将表示饮水机龙头的图形对象移动到相应的位置，如图 3-141 所示。

12）使用"镜像"命令（MI），将图形向左进行镜像操作，如图 3-142 所示。

13）使用"矩形"命令（REC），在水平线段向下偏移 17mm 处绘制 80mm×40mm 的矩形，如图 3-143 所示。

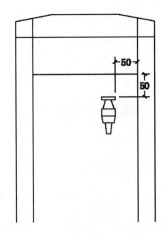

图 3-141　移动操作

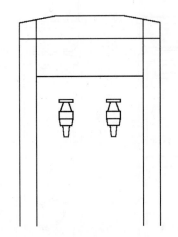

图 3-142　镜像操作

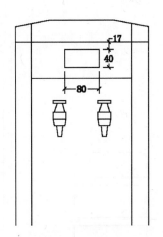

图 3-143　绘制矩形

14）使用"矩形"命令（REC），绘制 279mm×381mm 的矩形，如图 3-144 所示。

15）使用"圆角"命令（F），将矩形上部的左、右端进行半径为 25mm 的圆角操作，将下部的左、右端进行半径为 51mm 的圆角操作，如图 3-145 所示。

16）使用"矩形"命令（REC），在顶侧水平线段向下 93mm 处绘制 299mm×30mm 的矩形；然后使用"复制"命令（CO），在矩形向下距离 148mm 处进行复制操作；再执行"矩形"命令（REC），绘制 127mm×13mm 的矩形，使矩形垂直对齐，如图 3-146 所示。

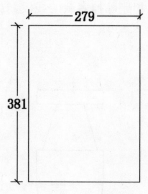
图 3-144　绘制矩形

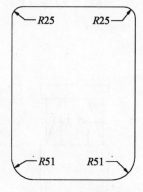
图 3-145　圆角操作

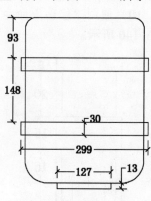
图 3-146　绘制矩形

17）使用"修剪"命令（TR），修剪掉多余的线段，如图 3-147 所示。

18）使用"移动"命令（M），将表示饮水桶的图形移动到饮水机轮廓上，如图 3-148 所示。

19）使用"椭圆"命令（EL）和"圆"命令（C），在图形下侧随意绘制椭圆和圆，如图 3-149 所示。

20）使用"图案填充"命令（H），选择相应的样例和比例，进行图案填充操作，最终效果如图 3-150 所示。

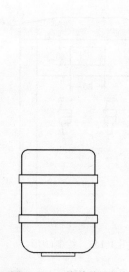
图 3-147　修剪线段

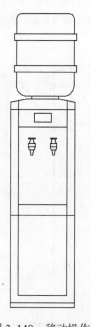
图 3-148　移动操作

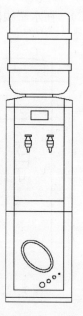
图 3-149　绘制椭圆和圆

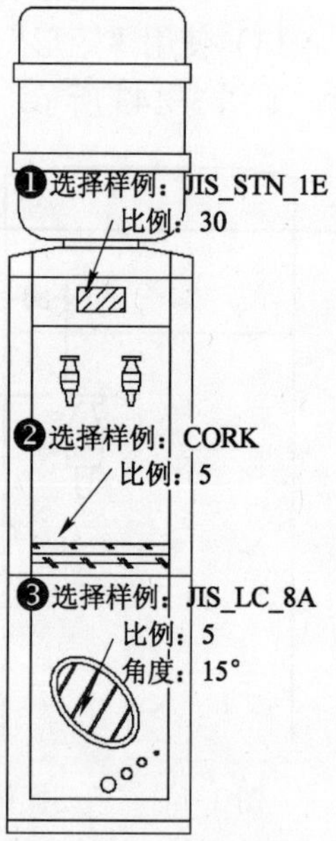

❶选择样例：JIS_STN_1E
比例：30

❷选择样例：CORK
比例：5

❸选择样例：JIS_LC_8A
比例：5
角度：15°

图 3-150　图案填充

21）至此，该图形对象已经绘制完成，按〈Ctrl+S〉键进行保存。

3.4 室内洁具与厨具配景图的绘制

室内洁具与厨具的设计与布置也是室内装潢过程中的一个重要环节。本节主要讲解洗碗槽、燃气灶和洗脸盆平面图的绘制，使用户掌握相应配景图的绘制方法。

3.4.1 绘制平面洗碗槽

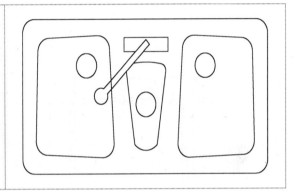

素材：视频\03\绘制平面洗碗槽.avi
案例\03\平面洗碗槽.dwg

用户可以借用所学的知识绘制二维平面图形，以此巩固前面所学的知识。绘制平面洗碗槽时，首先使用"矩形"和"圆角"命令绘制轮廓；接着使用"分解""偏移""直线""修剪""圆角""镜像"和"圆"等命令绘制洗碗槽；再使用"矩形""偏移""圆""旋转"和"修剪"等命令绘制水龙头按钮，从而完成平面洗碗槽的绘制。

操作步骤

1）启动 AutoCAD 2012 软件，选择"文件"→"打开"菜单命令，打开"案例\03\室内装潢模板.dwt"文件，再执行"文件"→"另存为"菜单命令，将其另存为"案例\03\平面洗碗槽.dwg"文件。

2）使用"矩形"命令（REC），在视图中绘制 860mm×440mm 的矩形，如图 3-151 所示。

3）使用"圆角"命令（F），对矩形的 4 个对角进行半径为 40mm 的圆角操作，如图 3-152 所示。

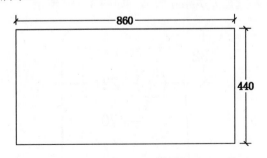

图 3-151 绘制矩形

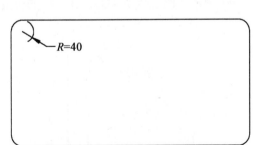

图 3-152 圆角操作

4）使用"分解"命令（X），将矩形打散；再使用"偏移"命令（O），将右侧的垂直线段向左各偏移 44mm、11mm、240mm 和 26mm，如图 3-153 所示。

5）使用"偏移"命令（O），将上、下侧水平线段向内各偏移 44mm 和 11mm，如

图 3-154 所示。

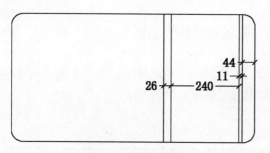

图 3-153 偏移线段

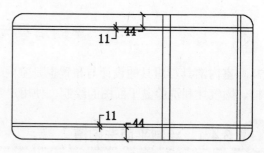

图 3-154 偏移线段

6）使用"直线"命令（L），绘制斜线段，如图 3-155 所示。

7）使用"修剪"命令（TR），修剪掉多余的线段，如图 3-156 所示。

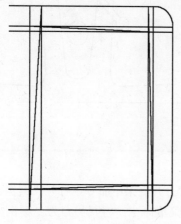

图 3-155 绘制斜线段

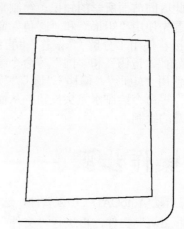

图 3-156 修剪多余的线段

8）使用"圆角"命令（F），对修剪得到的图形的 4 个角进行半径为 40mm 的圆角操作，如图 3-157 所示。

9）使用"圆"命令（C），在相应的位置绘制直径为 70mm 的圆，如图 3-158 所示。

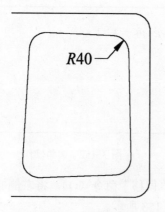

图 3-157 圆角操作

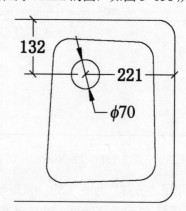

图 3-158 绘制圆

10）使用"镜像"命令（MI），将右侧的图形镜像复制到左侧，结果如图 3-159 所示。

11）使用"直线"命令（L），在水平线段的中点绘制高为 40mm 的垂直辅助线段；使用"矩形"命令（REC），在圆角矩形顶侧水平线段距离 52mm 处绘制 156mm×40mm 的矩形，使其垂直对齐，如图 3-160 所示。

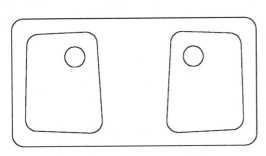

图 3-159　镜像操作

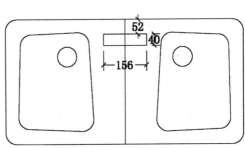

图 3-160　绘制矩形

12）使用"偏移"命令（O），将顶侧的水平线段向下偏移 243mm；再使用"圆"命令（C），捕捉交点，绘制直径为 70mm 的圆，如图 3-161 所示。

13）使用"偏移"命令（O），将绘制的水平线段向上、下各偏移 121mm 和 131mm；将绘制的垂直线段向左、右各偏移 37mm 和 73.5mm，如图 3-162 所示。

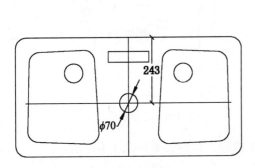

图 3-161　绘制圆

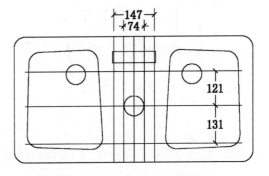

图 3-162　偏移线段

14）使用"修剪"命令（TR），修剪掉多余的线段，如图 3-163 所示。

15）使用"圆弧"命令（A），在步骤 14）修剪的图形内绘制圆弧，如图 3-164 所示。

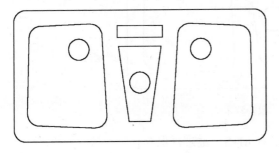

图 3-163　修剪多余的线段

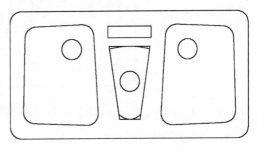

图 3-164　绘制圆弧

16）使用"修剪"命令（TR），修剪掉多余的线段，如图 3-165 所示。

17）使用"圆角"命令（F），对修剪的图形上侧的左、右端进行半径为 20mm 的圆角操作，如图 3-166 所示。

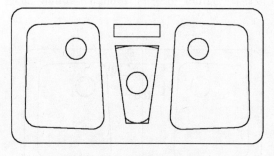

图 3-165　修剪多余的线段

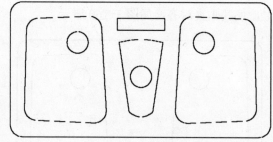

图 3-166　圆角操作

18）使用"圆"命令（C），在相应的位置绘制直径为 46mm 的圆，如图 3-167 所示。

19）使用"矩形 "命令（REC），绘制 205mm×19mm 的矩形；再使用"旋转"命令（RO），将绘制的矩形旋转 43°，如图 3-168 所示。

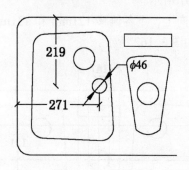

图 3-167　绘制圆

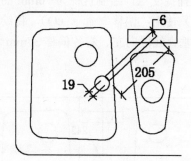

图 3-168　绘制和旋转矩形

20）使用"修剪"命令（TR），修剪掉多余的线段，最终效果如图 3-169 所示。

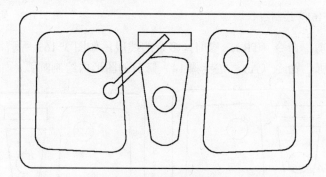

图 3-169　最终效果

21）至此，该图形对象已经绘制完成，按〈Ctrl+S〉键进行保存。

3.4.2　绘制平面燃气灶

素材　视频\03\绘制平面燃气灶.avi
　　　案例\03\平面燃气灶.dwg

用户可以借用所学的知识绘制二维平面图形，以此巩固前面所学的知识。绘制平面燃气灶时，首先使用"矩形""分解"和"偏移"等命令绘制燃气灶轮廓；接着使用"圆""直径""修剪""阵列"和"镜像"等命令绘制燃气单灶；然后使用"圆""复制""矩形""修剪"和"镜像"等命令绘制燃气灶的按钮，从而完成平面燃气灶的绘制。

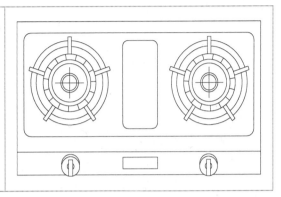

操作步骤

1）启动 AutoCAD 2012 软件，选择"文件"→"打开"菜单命令，打开"案例\03\室内装潢模板.dwt"文件，再执行"文件"→"另存为"菜单命令，将其另存为"案例\03\平面燃气灶.dwg"文件。

2）使用"矩形"命令（REC），在视图中绘制 700mm×400mm 的矩形，如图 3-170 所示。

3）使用"矩形"命令（REC），在矩形内侧 30mm 处绘制半径为 20mm 的 660mm×270mm 的圆角矩形，使其垂直对齐，如图 3-171 所示。

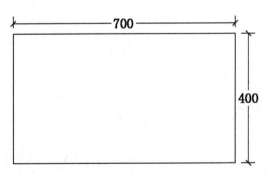

图 3-170　绘制矩形

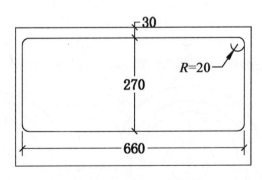

图 3-171　绘制圆角矩形

4）使用"分解"命令（X），将外侧矩形打散；再使用"偏移"命令（O），将底侧的水平线段向上偏移 60mm；然后使用"直线"命令（L），绘制高为 400mm 的垂直线段，如图 3-172 所示。

5）使用"矩形"命令（REC），绘制 100mm×30mm 的矩形和半径为 15mm 的 100mm×230mm 的圆角矩形，使其垂直对齐于步骤 4）绘制的圆角矩形；再使用"删除"命令（E），删除掉多余的垂直辅助线，如图 3-173 所示。

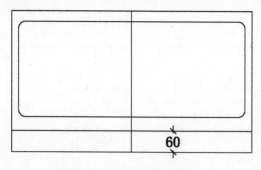

图 3-172　绘制和偏移线段

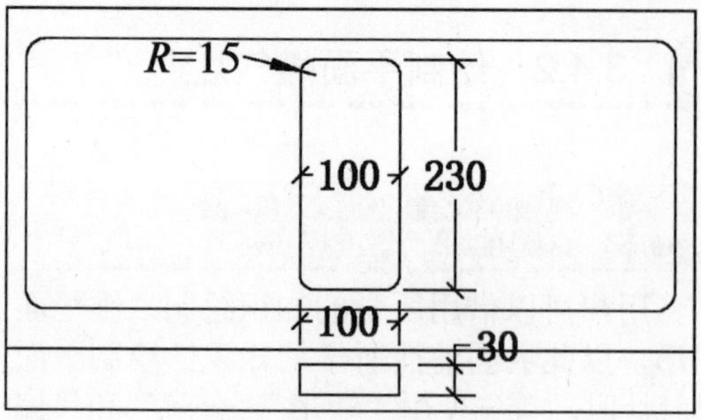

图 3-173　绘制矩形

6）使用"圆"命令（C），在相应的位置绘制半径为 20mm、25mm、40mm、50mm、60mm 和 75mm 的同心圆，如图 3-174 所示。

7）使用"直线"命令（L），为圆绘制水平和垂直线段，如图 3-175 所示。

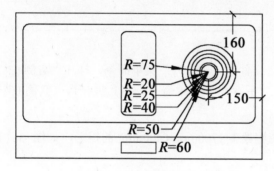

图 3-174　绘制圆

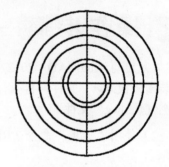

图 3-175　绘制线段

8）使用"修剪"命令（TR），修剪掉多余的线段，如图 3-176 所示。

9）使用"直线"命令（L），在圆心处绘制夹角为 24° 的斜线段，如图 3-177 所示。

10）使用"修剪"命令（TR），修剪掉多余的线段；再使用"阵列"命令（AR），将修剪的斜线段进行项目数为 15 的路径阵列操作，如图 3-178 所示。

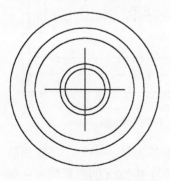

图 3-176　修剪多余的线段

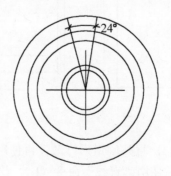

图 3-177　绘制斜线段

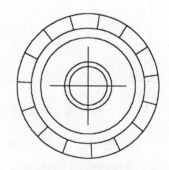

图 3-178　阵列操作

11）使用"圆"命令（C），捕捉交点，绘制半径为 95mm、110mm 和 120mm 的同心圆，如图 3-179 所示。

12）使用"直线"命令（L），在直径为 75mm 的圆上绘制垂直线段，如图 3-180 所示。

13）使用"阵列"命令（AR），将绘制的垂直线段进行项目数为 5 的路径阵列操作，如图 3-181 所示。

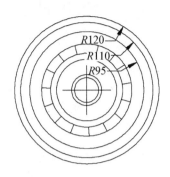

图 3-179　绘制圆

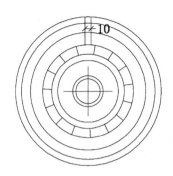

图 3-180　绘制垂直线段

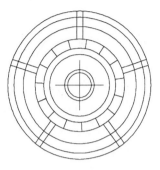

图 3-181　阵列操作

14）使用"修剪"命令（TR），修剪掉多余的线段，如图 3-182 所示。

15）使用"镜像"命令（MI），将右侧的图形对象向左进行镜像复制操作，如图 3-183 所示。

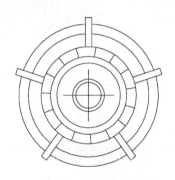

图 3-182　修剪多余的线段

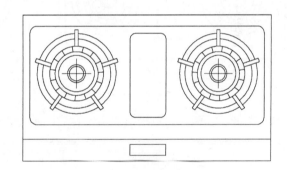

图 3-183　镜像操作

16）使用"圆"命令（C），绘制直径为 51mm 的圆，如图 3-184 所示。

17）使用"复制"命令（CO），将圆对象进行距离 6mm 的复制操作，如图 3-185 所示。

18）使用"圆"命令（C），绘制直径为 19mm 的圆，如图 3-186 所示。

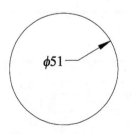

图 3-184　绘制圆

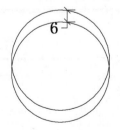

图 3-185　复制圆

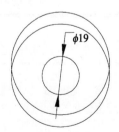

图 3-186　绘制圆

19）使用"矩形"命令（REC），绘制 12mm×42mm 的矩形，如图 3-187 所示。

20）使用"修剪"命令（TR），修剪掉多余的线段，如图 3-188 所示。

21）使用"移动"命令（M），将图形对象移动到图形中的相应位置，如图 3-189 所示。

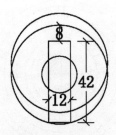

图 3-187　绘制矩形

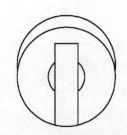

图 3-188　修剪多余的线段

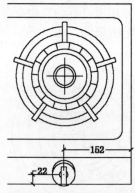

图 3-189　移动操作

22）使用"镜像"命令（MI），将右侧的对象镜像复制到左侧，如图 3-190 所示。

23）使用"修剪"命令（TR），修剪掉多余的线段，最终效果如图 3-191 所示。

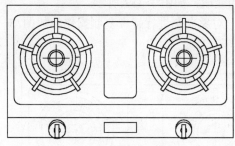

图 3-190　镜像操作

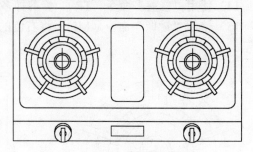

图 3-191　最终效果

24）至此，该图形对象绘制完成，按〈Ctrl+S〉键进行保存。

专业技能：　　　　燃气灶的种类

　　根据燃气灶使用气源的不同，可分为液化石油气灶、天然气灶和人工煤气灶等；按灶面材质，可分为不锈钢灶、搪瓷灶、烤漆灶和钢化玻璃灶等；按燃烧器数目，可分为单眼灶、双眼灶、三眼灶和多眼灶等；按燃烧器引入一次空气位置，可分为上进风灶和下进风灶；按燃烧方式，可分为大气式燃气灶和完全预混式燃气灶；按安装方式，可分为嵌入式灶和台式灶。

3.4.3　绘制平面洗脸盆

素材　视频\03\绘制平面洗脸盆.avi
　　　案例\03\平面洗脸盆.dwg

　　用户可以借用所学的知识绘制二维平面图形，以此巩固前面所学的知识。绘制平面洗脸盆时，首先使用"矩形""分解""偏移"和"修剪"等命令绘制轮廓；再使用"偏移""直线""修剪""圆角"和"圆"等命令，从而完成平面洗脸盆的绘制。

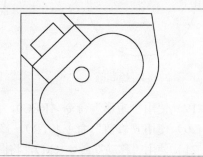

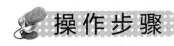

操作步骤

1）启动 AutoCAD 2012 软件，选择"文件"→"打开"菜单命令，打开"案例\03\室内装潢模板.dwt"文件，再执行"文件"→"另存为"菜单命令，将其另存为"案例\03\平面洗脸盆.dwg"文件。

2）使用"矩形"命令（REC），在视图中绘制432mm×432mm的矩形，如图3-192所示。

3）使用"分解"命令（X），将矩形打散；再使用"偏移"命令（O），将顶侧的水平线段向下偏移38mm，将左侧的垂直线段向右偏移38mm，将右侧的垂直线段向右偏移33mm，将底侧的水平线段向下偏移33mm，如图3-193所示。

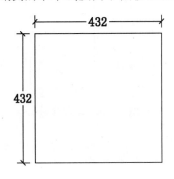
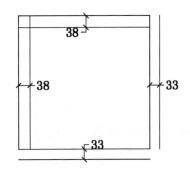

图3-192 绘制矩形   图3-193 偏移线段

4）使用"偏移"命令（O），将上侧的水平线段向下偏移136mm，左侧的垂直线段向右偏移139mm；再使用"直线"命令（L），绘制斜线段，如图3-194所示。

5）使用"偏移"命令（O），将斜线段向右偏移54mm和79mm；再使用"直线"命令（L），绘制连接偏移线段的斜线段，如图3-195所示。

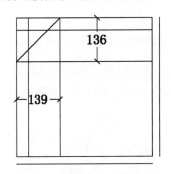
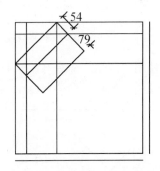

图3-194 偏移和绘制斜线段   图3-195 偏移和绘制斜线段

6）使用"修剪"命令（TR），修剪掉多余的线段，如图3-196所示。

7）使用"偏移"命令（O），将斜线段向上偏移45mm和104mm，如图3-197所示。

8）使用"修剪"命令（TR），修剪掉多余的线段，如图3-198所示。

9）使用"偏移"命令（O），将上侧的水平线段向下偏移221mm，将左侧的垂直线段向右偏移221mm，如图3-199所示。

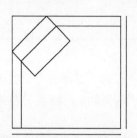

图 3-196　修剪多余的线段

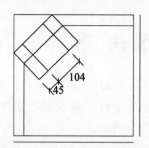

图 3-197　偏移线段

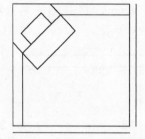

图 3-198　修剪多余的线段

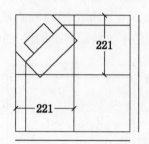

图 3-199　偏移线段

10）使用"直线"命令（L），绘制斜线段，如图 3-200 所示。

11）使用"修剪"命令（TR），修剪掉多余的线段，如图 3-201 所示。

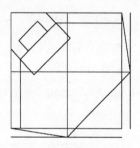

图 3-200　绘制斜线段

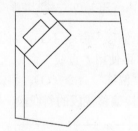

图 3-201　修剪多余的线段

12）使用"圆角"命令（F），进行半径为 152mm 的圆角操作，如图 3-202 所示。

13）使用"偏移"命令（O），将斜线段向下偏移 54mm 和 203mm，如图 3-203 所示。

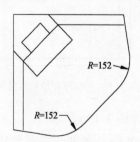

图 3-202　圆角操作

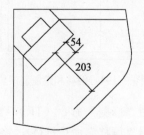

图 3-203　偏移线段

14）使用"圆"命令（C），捕捉交点，分别绘制半径为 25mm 和 102mm 的圆，如图 3-204 所示。

15）使用"修剪"命令（TR），修剪掉多余的线段，最终效果如图 3-205 所示。

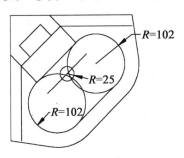

图 3-204 绘制圆

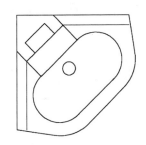

图 3-205 最终效果

15）至此，该图形对象绘制完成，按〈Ctrl+S〉键进行保存。

3.5 室内其他装潢配景图的绘制

在进行室内装潢设计时，可配合使用一些精美的地板砖、盆景、壁画和陈设室，从而使整个室内布置得更加漂亮、精致。

3.5.1 绘制地板砖

> 素材　视频\03\绘制地板砖.avi
> 　　　案例\03\地板砖.dwg

用户可以借用所学的知识绘制二维平面图形，以此巩固前面所学的知识。绘制地板砖时，使用"矩形""偏移""旋转""修剪"和"直线"等命令绘制图案，然后进行相应的图案填充，从而完成地板砖的绘制。

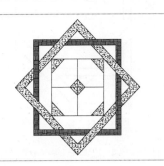

操作步骤

1）启动 AutoCAD 2012 软件，选择"文件"→"打开"菜单命令，打开"案例\03\室内装潢模板.dwt"文件，再执行"文件"→"另存为"菜单命令，将其另存为"案例\03\地板砖.dwg"文件。

2）使用"矩形"命令（REC），在视图中绘制 2500mm×2500mm 的正方形；再使用"偏移"命令（O），将正方形向内偏移 200mm；然后使用"旋转"命令（RO），将矩形进行 45°的旋转操作，如图 3-206 所示。

3）使用"矩形"命令（REC），在视图中绘制 2500mm×2500mm 的正方形；再使用"偏移"命令（O），将正方形向内偏移 150mm，使其与步骤 2）绘制的矩形的中点对齐，如图 3-207 所示。

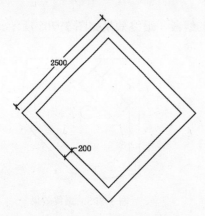

图 3-206　绘制和旋转矩形

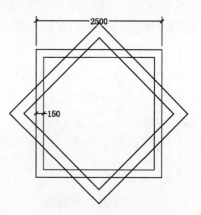

图 3-207　绘制矩形

4）使用"修剪"命令（TR），修剪掉多余的线段，如图 3-208 所示。

5）使用"矩形"命令（REC），绘制 1485mm×1485mm 的正方形；再使用"直线"命令（L），在正方形内绘制水平和垂直线段，如图 3-209 所示。

图 3-208　修剪多余的线段

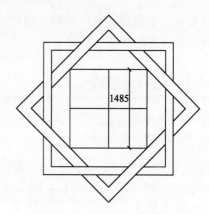

图 3-209　绘制水平和垂直线段

6）使用"矩形"命令（REC），绘制 1575mm×1575mm 和 297mm×297mm 的正方形；再使用"旋转"命令（RO），将矩形进行 45°的旋转操作，如图 3-210 所示。

7）使用"修剪"命令（TR），修剪掉多余的线段，如图 3-211 所示。

图 3-210　绘制和旋转矩形

图 3-211　修剪多余的线段

8）使用"图案填充"命令（H），指定相应填充图案的位置，选择相应的样例和比例，最终效果如图 3-212 所示。

选择样例：AR_PARQ1　　　选择样例：AR_CONC
比例：10　　　　　　　　　比例：15

图 3-212　图案填充

9）至此，该图形对象绘制完成，按〈Ctrl+S〉键进行保存。

专业技能：　　　　选择地砖的注意事项

选择地板砖的规格时，应注意以下几个方面：

依据居室大小挑选：如果房间的面积小，就尽量用小规格的地砖。具体来说，如果客厅面积在 $30m^2$ 以下，应考虑用 600mm×600mm 规格的地砖；如果在 30～40m^2，则 600mm×600mm 或 800mm×800mm 规格的地砖都可以用；如果在 40m^2 以上，就可考虑用 800mm×800mm 规格的地砖。

考虑客厅的长和宽：就效果而言，以地板砖能全部整片铺贴为好，尽量不裁砖或少裁砖，以尽量减少浪费。一般而言，地板砖规格越大，浪费也会越大。

考虑地板砖的造价和费用问题：对于同一品牌、同一系列的产品来说，地板砖的规格越大，相应的价格也会越高，不要盲目追求大规格的产品，在考虑以上因素的同时，还要结合一下自己的预算。

3.5.2　绘制盆景花卉

素材　视频\03\绘制盆景花卉.avi
DVD　案例\03\盆景花卉.dwg

用户可以借用所学的知识绘制二维平面图形，以此巩固前面所学的知识。绘制盆景花卉时，使用"圆""阵列""修剪""偏移"和"旋转"等命令绘制花瓣，从而完成盆景花卉的绘制。

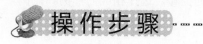 操作步骤

1）启动 AutoCAD 2012 软件，选择"文件"→"打开"菜单命令，打开"案例\03\室内装潢模板.dwt"文件，再执行"文件"→"另存为"菜单命令，将其另存为"案例\03\盆景花卉.dwg"文件。

2）使用"圆"命令（C），在视图中绘制直径为 425mm 和 327mm 的同心圆，如图 3-213 所示。

3）使用"圆"命令（C），在直径 327mm 的圆上捕捉任意点为圆心，绘制直径为 327mm 的圆；再使用"阵列"命令（AR），将绘制的圆对象进行项目数为 5 的路径阵列操作，如图 3-214 所示。

4）使用"修剪"命令（TR），修剪掉多余的线段，如图 3-215 所示。

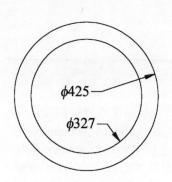
图 3-213　绘制圆

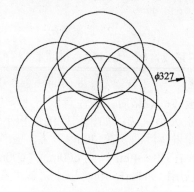
图 3-214　绘制和阵列圆

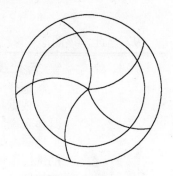
图 3-215　修剪线段

5）使用"圆"命令（C），在视图中绘制直径为 354mm 的同心圆，如图 3-216 所示。

6）使用"圆"命令（C），在直径为 354mm 的圆上捕捉任意点为圆心，绘制直径为 354mm 的圆；再使用"阵列"命令（AR），将绘制的圆对象进行项目数为 5 的路径阵列操作，如图 3-217 所示。

7）使用"修剪"命令（TR），修剪掉多余的线段，如图 3-218 所示。

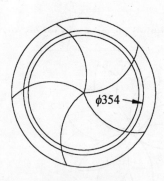
图 3-216　绘制圆

图 3-217　绘制和阵列圆

图 3-218　修剪多余线段

8）使用"偏移"命令（O），将每根圆弧分别向外偏移 6.5mm，如图 3-219 所示。

9）使用"旋转"命令（RO），将偏移得到的圆弧都旋转45°，如图3-220所示。

10）使用"修剪"命令（TR），修剪掉多余的线段，如图3-221所示。

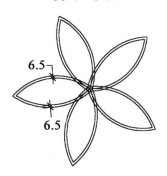
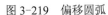

图 3-219　偏移圆弧

图 3-220　旋转圆弧

图 3-221　修剪多余线段

11）使用"偏移"命令（O），将每根圆弧分别向外偏移13mm，如图3-222所示。

12）使用"旋转"命令（RO），将偏移得到的圆弧都旋转-25°，如图3-223所示。

13）使用"修剪"命令（TR），修剪掉多余的线段，最终效果如图3-224所示。

图 3-222　偏移圆弧

图 3-223　旋转圆弧

图 3-224　最终效果

专业技能：　　　　　室内常用植物选用表

室内植物作为装饰性的陈设，是观赏的主体，比其他任何陈设更具有生机和魅力。室内常用植物（观花类）选用表见表3-12。

表 3-12　室内常用植物（观花类）选用表

类　别	名　称	高　度 /m	叶	花	光	最低温度 /℃	湿度	用　途		
								盆栽	悬挂	攀缘
	珊瑚凤梨	0～0.5	浅绿	粉红	高	7～10	中	●		
	大红芒毛苣苔	0.5～3	绿	红	高	18～21	高	●	●	
	大红鲸鱼花	0.5～3	绿	鲜红	中	15	中		●	
观花类	白鹤芋	0～0.5	深绿	白	低—高	8～13	高	●		
	马蹄莲	0～0.5	绿	白、黄、红	中	10	中	●		
	瓜叶菊	0～0.5	绿	多色	中、高	15	中	●		
	鹤望兰	0～1	绿	红、黄	中	10	中	●		
	八仙花	0～0.5	绿	复色	中	13～15	中	●		

3.5.3　绘制室内装饰画

素材 视频\03\绘制室内装饰画.avi
案例\03\室内装饰画.dwg

用户可以借用所学的知识绘制二维平面图形，以此巩固前面所学的知识。绘制室内装饰画时，使用"矩形""偏移""圆""修剪"和"镜像"等命令绘制装饰画的轮廓；再插入相应的图形文件，从而完成室内装饰画的绘制。

操作步骤

1）启动 AutoCAD 2012 软件，选择"文件"→"打开"菜单命令，打开"案例\03\室内装潢模板.dwt"文件，再执行"文件"→"另存为"菜单命令，将其另存为"案例\03\室内装饰画.dwg"文件。

2）使用"矩形"命令（REC），在视图中绘制 614mm×520mm 的矩形，如图 3-225 所示。

3）使用"偏移"命令（O），将矩形向内各偏移 5mm、32mm、40mm 和 43mm，如图 3-226 所示。

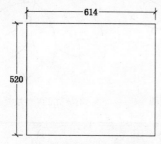

图 3-225　绘制矩形

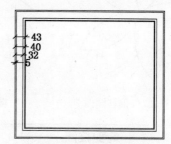

图 3-226　偏移矩形

4）使用"圆"命令（C），捕捉最外侧矩形的右上角点，绘制半径为 57mm 和 60mm 的同心圆，使半径为 60mm 的圆的右象限点与矩形右上角点重合；再使用"直线"命令（L），绘制一条矩形的对角线，如图 3-227 所示。

5）使用"修剪"命令（TR），修剪掉多余的线条，如图 3-228 所示。

6）使用"镜像"命令（MI），将圆弧向上进行镜像复制操作，如图 3-229 所示。

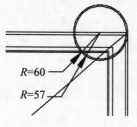

图 3-227　绘制圆

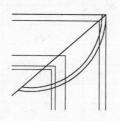

图 3-228　修剪多余的线段

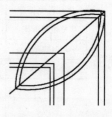

图 3-229　镜像操作

7）使用"镜像"命令（MI），将圆弧对象进行镜像复制操作，如图3-230所示。

8）使用"修剪"命令（TR），修剪掉多余的线段，如图3-231所示。

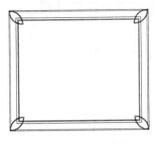

图3-230　镜像操作

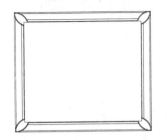

图3-231　修剪多余的线段

9）使用"插入"命令（I），将"案例\03\风景画.dwg"文件的图块插入到图形中相应的位置，最终效果如图3-232所示。

图3-232　最终效果

10）至此，该图形对象绘制完成，按〈Ctrl+S〉键进行保存。

	专业技能：　　装饰画的特点和效果预览

　　装饰画是一种装饰性艺术，是装饰性和创造性相结合的艺术设计形式。装饰造型、装饰色彩和装饰构图三要素是学习装饰画的关键。装饰画的特点是它的装饰性及制作性，如图3-233所示。

图3-233　室内装饰画效果

第4章 室内装潢平面图的
设计要点与绘制

本章导读

　　住宅室内设计是在建筑设计成果的基础上进一步深化、完善室内空间环境，使住宅在满足常规功能的同时更适合特定住户的物质要求和精神要求。

　　在本章中，首先讲解了住宅各功能空间的设计要求和人体尺度，包括客房内的卫生间、厨房、餐厅、卧室、客厅等主要功能空间，其中讲解了各功能空间的设计原则、施工程序、人体尺度等；然后以某住宅室内设计为例，详细讲解了平面与顶棚布置图的绘制方法和技巧，使读者能够按照操作步骤完成相应的绘图任务；最后对该住宅室内平面与顶棚布置图进行另一种方案的设计，让读者自行演练绘制，从而达到举一反三的效果。

主要内容

◆ 掌握卫生间、厨房的设计要点和人体尺度。
◆ 掌握餐厅、卧室和客厅的设计要点和人体尺度。
◆ 熟练掌握住宅室内平面布置图的绘制。
◆ 熟练掌握住宅室内顶棚布置图的绘制。
◆ 对住宅室内平面、顶棚布置图的演练操作。

效果预览

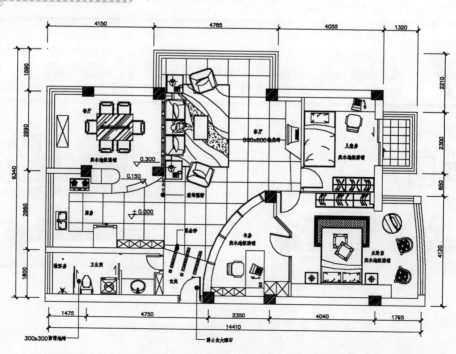

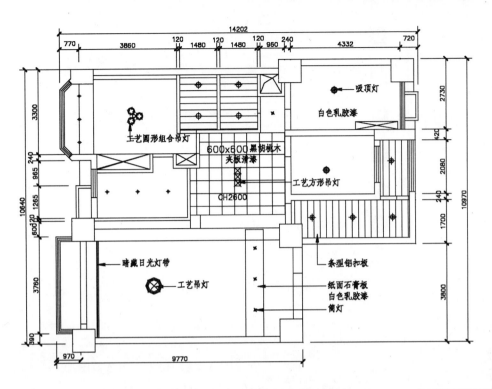

4.1 住宅的设计要点和人体尺度

在进行住宅室内装潢设计时，应根据不同功能空间的需求进行相应的设计，同时也必须符合相关的人体尺度要求。下面针对住宅中卫生间、厨房、餐厅、卧室、客厅等主要功能空间的设计要点进行讲解。

4.1.1 卫生间的设计要点

现代生活中卫生间不仅是进行方便、洗尽尘垢的地方，也是调剂身心、放松神经的场所。因此，无论在空间布置上，还是设备材料、色彩、灯光等设计方面，都不应忽视，应使之发挥最佳效果。卫生间的装饰预览效果如图4-1所示。

1. 卫生间的设计原则

在进行卫生间的设计时，应遵循如图 4-2 所示的几项原则。

2. 卫生间设计的注意要点

卫生间设计的注意要点如图4-3所示。

图 4-1 卫生间的装饰预览效果

图 4-2　卫生间的设计原则

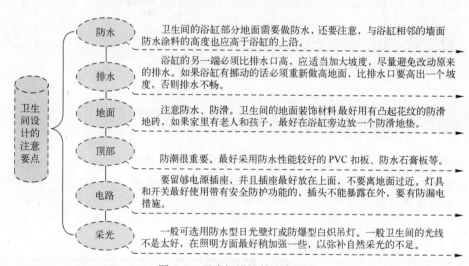

图 4-3　卫生间设计的注意要点

3. 卫生间设计的空间尺度

在进行卫生间设计时，应考虑色彩的搭配、空间的布置和高度的确定，如图 4-4 所示。

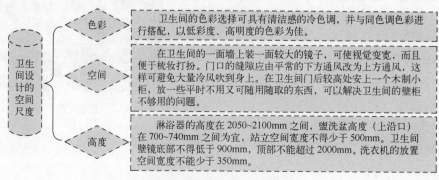

图 4-4　卫生间设计的空间尺度

4. 卫生间设计的人体尺度

卫生间中的洗浴部分应与厕所部分分开。如不能分开，也应在布置上有明显的划分，并尽可能设置隔帘等。浴缸及便池附近应设置尺度适宜的扶手，以方便老弱病人的使用。如空间允许，洗脸梳妆部分应单独设置。其人体尺度及各设备之间的尺度，应参照如图 4-5～图 4-15 所示的数据。

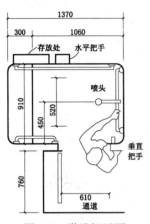

图 4-5　淋浴间平面

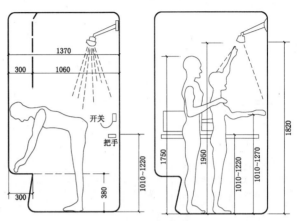

图 4-6　淋浴间立面

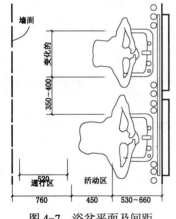

图 4-7　浴盆平面及间距

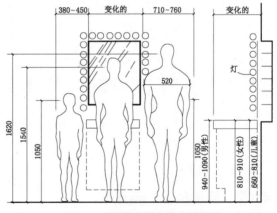

图 4-8　洗脸盆通常考虑的尺寸

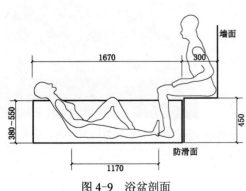

图 4-9　浴盆剖面

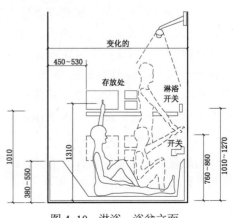

图 4-10　淋浴、浴盆立面

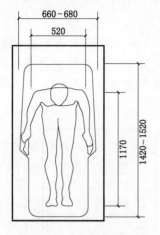

图 4-11　单人浴盆平面

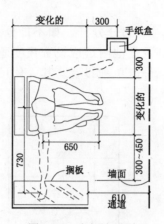

图 4-12　坐便池平面

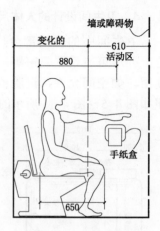

图 4-13　坐便池立面

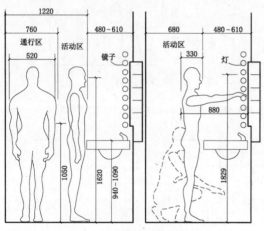

图 4-14　男性的洗脸盆尺寸

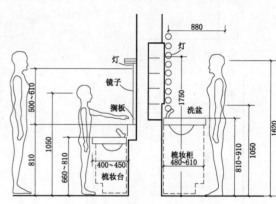

图 4-15　女性和儿童的洗脸盆尺寸

 4.1.2　厨房的设计要点

　　厨房是住宅中生活设施密度和使用频率较高的功能空间，也是家庭活动的重要场所。为满足采光、通风及电气化的需要，厨房应有外窗或开向走廊的窗户，并要为排油烟和使用电炊具创造条件。应在厨房中设置炉灶、洗涤池、案台、固定式碗柜等设备或预留其位置。厨房的装饰预览效果如图 4-16 所示。

1. 厨房的常见设计样式

　　厨房设计的常见样式有一字型、L 型、U 型、走廊型和变化型几种，如图 4-17 所示。

图 4-16　厨房的装饰预览效果

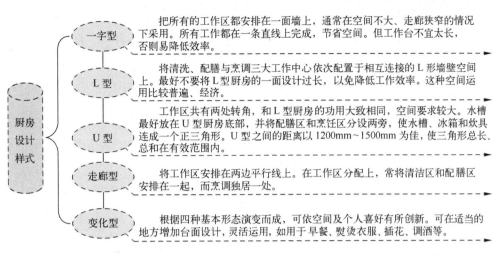

图 4-17　厨房设计样式

2. 厨房装修时需注意的事项

在进行厨房装修时，需注意如图 4-18 所示的几点注意事项。

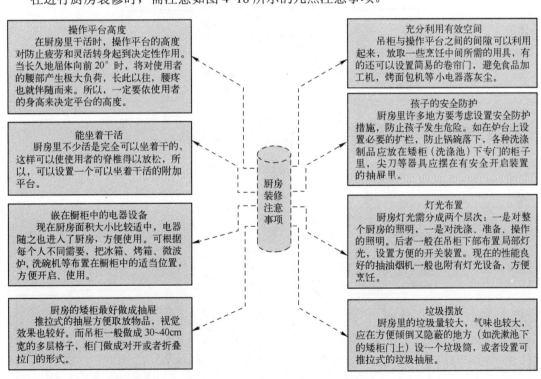

图 4-18　厨房装修注意事项

3. 厨房设计的人体尺度

在进行平面布置时，除考虑人体和家具尺寸外，还应考虑家具的活动范围尺寸大小。厨房设计的常用人体尺度如图 4-19～图 4-22 所示。

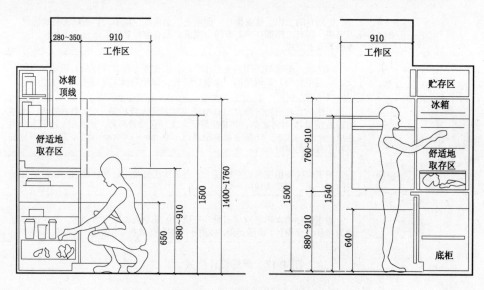

图 4-19　冰箱布置立面图

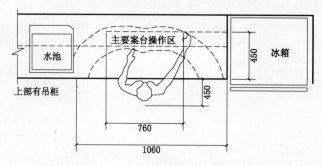

图 4-20　调制备餐布置图

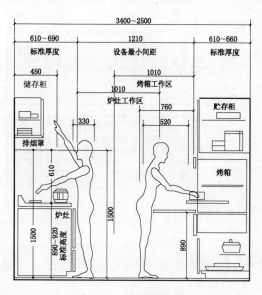

图 4-21　炉灶布置立面

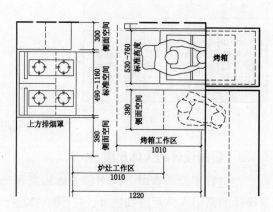

图 4-22　厨房设备之间最小间距

4.1.3　餐厅的设计要点

　　餐厅中，就餐餐桌、餐椅是必不可少的，除此之外，还应配以餐饮柜等用于存放部分餐具、用品（如酒杯、起盖器等）、酒水、餐巾纸等就餐辅助用品的家具。所以，在设计餐厅时，对以上因素都应有所考虑，应充分利用分隔柜、角柜，将上述功能设施容纳进就餐空间，这样的餐厅才能给人以方便、惬意的生活。餐厅的装饰预览效果如图 4-23 所示。

图 4-23　餐厅的装饰预览效果

1. 餐厅空间和人体尺度

　　餐厅的设置方式主要有三种：①厨房兼餐室；②客厅兼餐室；③独立餐室。另外也可结合靠近入口过厅布置餐厅。狭长的餐厅可以靠墙或窗放一长桌，将一条长凳依靠窗边摆放，桌另一侧摆上椅子。独立的就餐空间应安排在厨房与客厅之间，可以最大限度地节省将食品摆到餐桌以及到餐厅就餐耗费的时间。餐厅内部家具主要是餐桌、椅和餐饮柜等，它们的摆放与布置必须为人们在室内的活动留出合理的空间。餐厅的常用人体尺寸如图 4-24～图 4-31 所示。

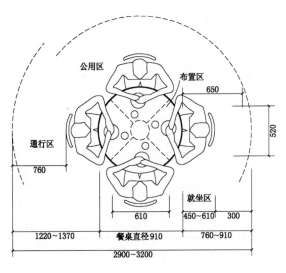

图 4-24　四人用小圆桌尺寸

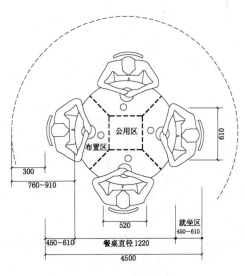

图 4-25　四人用餐桌

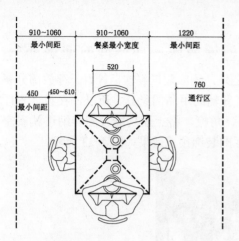

图 4-26 四人用小方桌

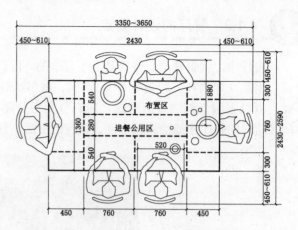

图 4-27 长方形六人进餐桌（西餐）

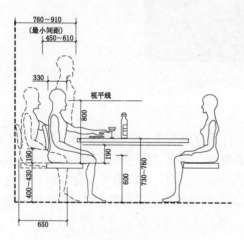

图 4-28 最小就坐区间距（不能通行）

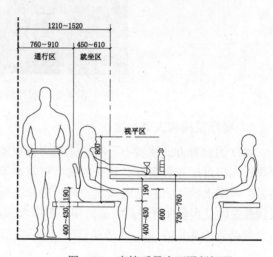

图 4-29 座椅后最小可通行间距

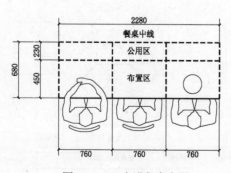

图 4-30 三人进餐桌布置

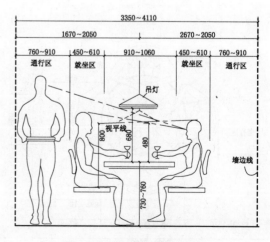

图 4-31 最小用餐单元宽度

2．餐桌尺寸的确定

餐厅是家人用餐的地方，而餐桌是摆放食品的主要家具，在餐厅中餐桌的选择主要有方桌、圆桌和开合桌，如图 4-32 所示。

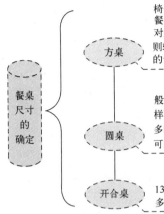

760mm×760mm 的方桌和 1070mm×760mm 的长方形桌是常用的餐桌尺寸。如果椅子可伸入桌底，即便是很小的角落，也可以放一张六座位的餐桌，用餐时，只需把餐桌拉出即可。760mm 的餐桌宽度是标准尺寸，最窄不宜小于 700mm，否则，使用者对坐时会因餐桌太窄而互相碰脚。餐桌脚最好是布置在中间，如果四只脚安排在四角，则较为不便。桌高一般为 710mm，配 415mm 高度的坐椅，桌面低些，就餐时，餐桌上的食品可看得清楚些。

如果客厅、餐厅的家具都是方形或长方形的，圆桌面直径可从 150mm 递增。在一般中小型住宅，如用直径 1200mm 餐桌常嫌过大，可定做一张直径 1140mm 的圆桌，同样可坐 8~9 人，但看起来空间较宽敞。如果使用直径 900mm 以上的餐桌，则不宜摆放过多的固定椅子，如直径 1200mm 的餐桌放 8 张椅子就很拥挤，可放 4~6 张。在人多时，可以使用折椅，折椅平时可在贮物室收藏。

开合桌又称伸展式餐桌，可由一张 900mm 方桌或直径 1050mm 圆桌变成 1350~1700mm 的长桌或椭圆桌（有各种尺寸），很适合中小型家庭平时和客人多时使用。

图 4-32　不同餐桌的尺寸

3．餐椅尺寸的确定

餐椅太高或太低，吃饭时都会感到不舒服，餐椅太高会令人腰酸脚疼（许多进口餐椅是 480mm），餐椅高度一般以 410mm 左右为宜。餐椅坐位及靠背要平直（即使有斜度，也以 2°～3°为妥），坐垫约 20mm 厚，连底板也不宜超过 25mm 厚。有些餐椅做有 50mm 软垫，下面还有蛇形弹弓，坐此餐椅吃饭，比不上前述的椅子来得舒服。餐桌、餐椅效果图如图 4-33 所示。

图 4-33　餐桌、椅效果图

4.1.4　卧室的设计要点

在家庭的众多房间中，在夜间使用最多的是卧室。下班之后，人们在家的大部分时间其实是在卧室中度过的，而且是处在睡眠状态。正是由于使用时间和功能的特殊性，卧室在装修设计中有很多独特的地方。卧室的装饰预览效果如图 4-34 所示。

图 4-34　卧室的装饰预览效果

1．卧室设计的三大步骤

在进行卧室设计时，大致按照三个步骤进行设计，如图 4-35 所示。

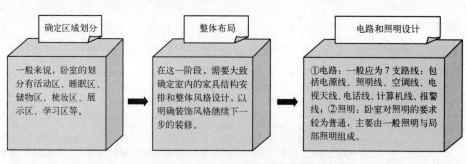

图 4-35　卧室设计的三大步骤

专业技能：　　　卧室的设计要点

在住宅卧室进行设计、装修、布置时，应注意如图 4-36 所示的要点。

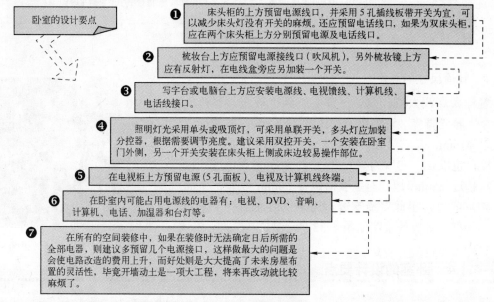

❶ 床头柜的上方预留电源线口，并采用 5 孔插线板带开关为宜，可以减少床头灯没有开关的麻烦。还应预留电话线口，如果为双床头柜，应在两个床头柜上方分别预留电源及电话线口。

❷ 梳妆台上方应预留电源接线口（吹风机），另外梳妆镜上方应有反射灯，在电线盒旁应另加装一个开关。

❸ 写字台或电脑台上方应安装电源线、电视馈线、计算机线、电话线接口。

❹ 照明灯光采用单头或吸顶灯，可采用单联开关，多头灯应加装分控器，根据需要调节亮度。建议采用双控开关，一个安装在卧室门外侧，另一个开关安装在床头柜上侧或床边较易操作部位。

❺ 在电视柜上方预留电源（5 孔面板）、电视及计算机线终端。

❻ 在卧室内可能占用电源线的电器有：电视、DVD、音响、计算机、电话、加湿器和台灯等。

❼ 在所有的空间装修中，如果在装修时无法确定日后所需的全部电器，则建议多预留几个电源接口，这样做最大的问题是会使电路改造的费用上升，而好处则是大大提高了未来房屋布置的灵活性，毕竟开墙动土是一项大工程，将来再改动就比较麻烦了。

图 4-36　卧室的设计要点

专业技能：　　　卧室的局部照明考虑的因素

1）书桌照明。照度值在 300lx 以上，一般采用书写台灯照明。

2）阅读照明。不少人喜欢睡前倚在床边阅读书报，因此要考虑选用台灯或壁灯照明。台灯的特点是可移动、灵活性强，且台灯本身造型就是艺术品，能给人以美的享受。壁灯的优点是通过墙壁的反射，能使光线柔和。

3）梳妆照明。照度要在 300lx 以上，梳妆镜灯通常采用漫射型灯具，光源以白炽灯或三基色荧光灯为宜，灯具安装在镜子上方，在视野 60° 立体角之外，以免产生眩光。

2. 卧室装修的施工程序

普通卧室的施工工序较少，施工基本包括电路改造、墙面装饰、吊顶和铺设地板。这些施工过程与房屋整体施工基本一致，都可在整体施工中一并完成。

卧室装修时管线较少，房间的规格也相对较为规整。在施工中，应遵循先顶面、再墙面、最后地面的总原则，以木工制作为主要内容，其他工种配合作业。

在施工中应特别注意以下问题：

1）细木装修未完工前，不能进行同空间的其他作业，以防污染、破坏木器表面，要等上完第一道底漆后，才能进行墙体和顶面的涂刷和裱糊作业。

2）在墙面工程施工时，一定要预留好空调等电器的安装线路，并做好电路的改造，防止后期安装时损坏墙和地面已装修好的部分。

3. 卧室的布置

卧室布置的原则是最大限度地提高舒适度和私密性，另外，应从颜色的搭配、整体的布置和卧室的装饰三个方面来进行考虑，如图4-37所示。

颜色的搭配

卧室色调为暖调为宜，颜色搭配要看了令人觉得舒服，色彩统一、和谐、淡雅、温馨，如床单、窗帘、枕套使用同一色系，尽量不要用对比色，避免给人太强烈鲜明的感觉不易入眠。

卧室的色调一般是指墙面、地面、顶面三大部分的基础色调。顶棚颜色宜轻不宜重，而地板的颜色则宜稍深，家具色彩要注意与房间的大小及室内光线的明暗相结合，并且要与墙、地面的颜色相协调，但又不能太相近，不然没有相互衬托，也不能产生良好的效果。

整体的布置

卧室的家具要简单实用，不宜过多，一般可采用二元或三元陈设。二元即卧具元和储物元，卧具元包括床和床头柜，或视空间情况放一把安乐椅或一对小沙发等；储物元即大衣柜或组合式壁橱，要求整体感强，装饰效果好。三元即再加上化妆元，主要是梳妆台及梳妆台专用椅。

卧室和床的空间位置、光线、隔声等因素也有要求。如卧室的位置不应太靠近大门，不要让客人一进大门就看到床。床的位置有东西向、南北向、斜角向三种，要以冬暖夏凉为基本原则。而装有空调的卧室则可更多考虑使用上的方便和美观。此外，床不宜放在靠近走道或客厅的一边，以防外面的声音打扰室内的安静。

卧室的装饰

卧室的装饰也是营造舒适卧室的主要因素之一。卧室的装饰品和摆设可以用玫瑰色，可以为卧室增添亮丽的色彩。但是不能使用对比反差过大、搭配不协调的色彩，它们会吸引目光，妨碍注意力集中。适宜卧室的摆设有布偶、书画作品、照片、盆景、海报、壁挂和壁毯等。

图4-37 卧室的布置

4. 卧室设计的人体尺度

在进行卧室的处理时，其功能布置应该有睡眠、储藏、梳妆及阅读等部分，平面布置应以床为中心，睡眠区的位置应相对比较安静。卧室中常用的人体尺度如图4-38～图4-46所示。

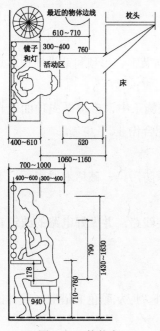

图 4-38　梳妆台

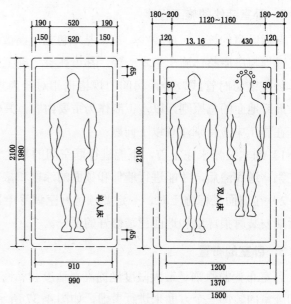

图 4-39　单人床与双人床

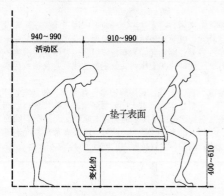

图 4-40　单床卧室中床与墙的间距

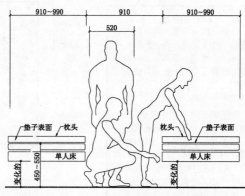

图 4-41　双床卧室床之间的间距

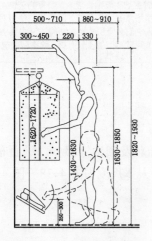

图 4-42　男性使用的壁橱

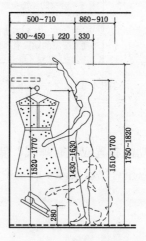

图 4-43　女性使用的壁橱

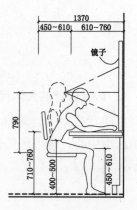

图 4-44　书桌与梳妆台

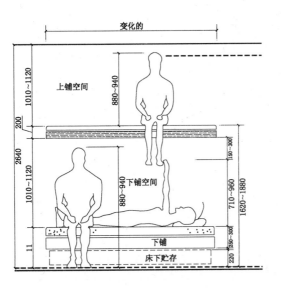

图 4-45　成人用双层床

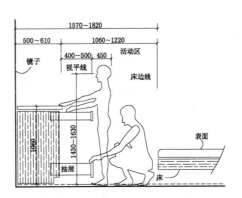

图 4-46　小床柜与床的间距

 ### 4.1.5　客厅的设计要点

　　客厅是家庭居住环境中最大的功能空间，也是家庭的活动中心，它的主要功能是家庭会客、看电视、听音乐、家庭成员聚谈等。客厅室内家具配置主要有沙发、茶几、电视柜、酒吧柜及装饰品陈列柜等。客厅的装饰预览效果如图 4-47 所示。

图 4-47　客厅的装饰预览效果

1．客厅设计的基本要求

　　可以说，客厅是家庭居住环境中活动最频繁的一个区域，因此如何设计这个空间就显得尤为关键。在进行客厅装修设计时，应注意的基本要求如图 4-48 所示。

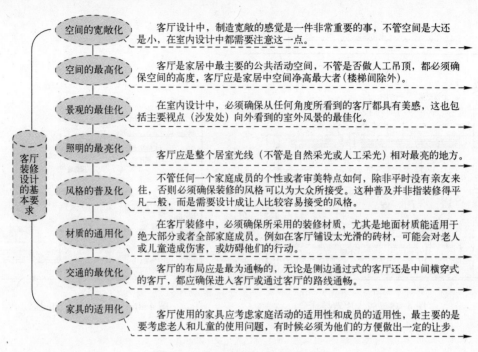

图 4-48　客厅装修设计的基本要求

2. 客厅的照明设计

客厅的灯光有实用性和装饰性两种功能。根据客厅的各种用途，需要安装如图 4-49 所示的几种灯具。

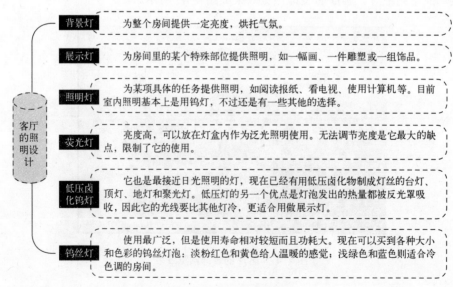

图 4-49　客厅的照明设计

3. 客厅设计的人体尺度

客厅装饰设计和家具布置应符合人体尺度，客厅中常用的人体尺度如图 4-50～图 4-59 所示。

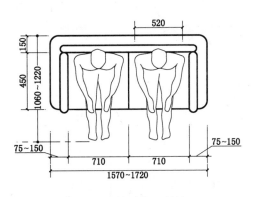

图 4-50　双人沙发（男性）

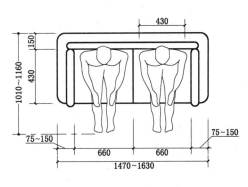

图 4-51　双人沙发（女性）

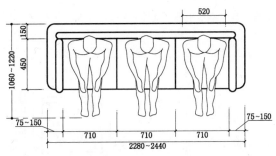

图 4-52　三人沙发（男性）

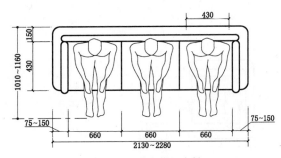

图 4-53　三人沙发（女性）

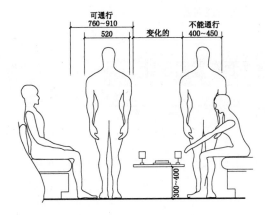

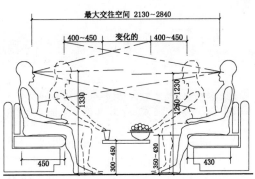

图 4-54　沙发间距

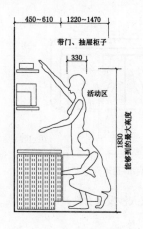
图 4-55 靠墙柜橱（男性）　图 4-56 靠墙柜橱（女性）

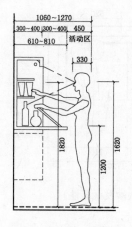
图 4-57 酒柜（男性）

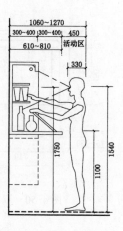
图 4-58 酒柜（女性）

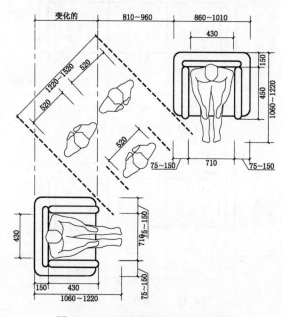
图 4-59 可通行的拐角处沙发布置

 软件技能

4.2 住宅室内装潢平面布置图设计

 DWG

> 素材
> 视频\04\住宅室内装潢平面布置图.avi
> 案例\04\住宅室内装潢平面布置图.dwg

　　本实例中主要针对一套常规的四房二厅二卫的住宅室内装潢平面布置图进行绘制。该室内住宅平面图的总面积约 130m^2，包括客厅、餐厅、厨房、卫生间、主卧室、儿童房、书房、钢琴房、阳台等。用户可以将事先准备好的室内平面布置图置入到当前绘制环境中，然后根据各功能间进行平面布置图的设计，其效果如图 4-60 所示。

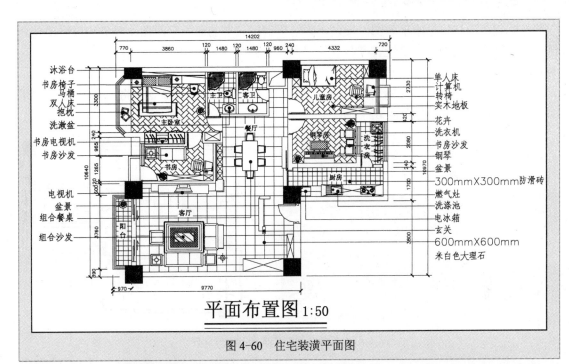

图 4-60 住宅装潢平面图

软件技能：	平面布置图的设计思路

　　本案例的住宅原始平面图空间布置已经比较合理，加之结构形式为砌体结构，不能随意改动，所以应尊重原有空间布局，在此基础上进行进一步的设计。

　　客厅部分以会客、娱乐为主，因为进门后就是客厅，所以会客部分需安排玄关、鞋柜、沙发、茶几、电视设备及柜子。

　　阳台部分在客厅靠左的位置，安排双推式玻璃门和绿色盆景或花卉。

　　厨房是一字型，安排一侧为操作区，放置柜子、电冰箱、洗涤池、燃气灶、碗柜、吊柜等；洗衣房部分设置晾衣设备并放置洗衣机。

　　钢琴房部分放置一架钢琴和相应的桌、椅、凳，在靠窗位置放置绿化盆景或花卉。

　　餐厅部分以就餐为主，安排相应的餐桌和餐椅，另外用博古架放置就餐用的辅助用品，如酒、酒具、电磁炉、餐巾纸等。

　　书房部分放置书桌、书（架）柜、转椅、计算机、台灯，沙发和茶几。

　　儿童房部分安排单人床、床头柜、书架、写字台、衣柜、计算机、椅子、推拉式玻璃窗等。

　　客卫中应布置洗脸盆、马桶、梳妆镜、沐浴设备等。

　　主卧室为主人就寝的空间，需安排双人床、床头柜、衣柜、写字台、电视机、贵妃椅。

　　主卫中应布置洗脸盆、马桶、梳妆镜、沐浴设备等。

4.2.1　打开住宅建筑平面图

　　在使用 AutoCAD 进行室内装潢设计之前，如果没有事先绘制好的建筑原始平面图，则需要绘制相应的建筑原始平面图；反之，则可以调用已有的原始平面图，只需加以修改使之符合需要。在本案例中，已经有准备好的"原始平面图.dwg"文件，这时可将其打开并保存为新的文件。

1）启动 AutoCAD 2012 软件，选择"文件"→"打开"菜单命令，将"案例\04\原始平面图.dwg"文件打开，如图 4-61 所示。

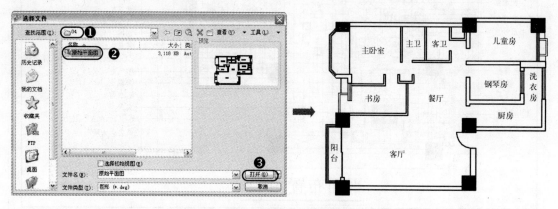

图 4-61　打开"原始平面图.dwg"文件

2）执行"文件"→"另存为"菜单命令，将其另存为"案例\04\住宅装潢平面图.dwg"文件。

 4.2.2　布置客厅和阳台

从打开的原始平面图可以看出，进户门正对的就是客厅部分，可在此设置一处玄关。玄关是大门与客厅之间的缓冲地带，能起到基本的遮掩作用。玄关虽然面积不大，但使用频率较高，是进出住宅的必经之处，需要进行合理设计。

为了使客厅的区域划分更合理，在适当的位置进行相关家具、装饰、地板等的布置，从而使施工人员按照设计要求进行施工布置，方便房主的安排调整。

1）选择"格式"→"图层"菜单命令（或输入"LA"命令），在打开的"图层特性管理器"面板中新建"辅助线"图层，颜色为"红色"，线型为 CONTINUOUS，线宽为0.2mm，置为当前图层，如图 4-62 所示。

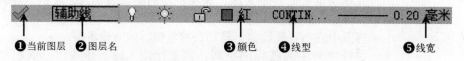

图 4-62　建立"辅助线"图层

软件技能：	新建图层

为了方便、快捷地绘图，可将不同功能的图形对象置于不同的图层中，所以这里先建立一个"辅助线"图层，绘制整张装饰图中的辅助线、隔断及柜子等。

2）使用"矩形"命令（REC）和"直线"命令（L），在进户门的左侧绘制 350mm×1230mm 和 2100 mm×660mm 的矩形表示鞋柜，如图 4-63 所示。

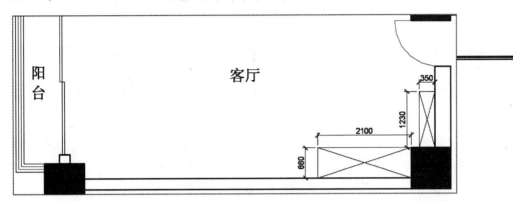

图 4-63 绘制鞋柜

3）使用"矩形"命令（REC），在进户门的正前方相应的位置，绘制 150mm×350mm、250mm×1680mm 和 550mm×150mm 的矩形表示玄关，如图 4-64 所示。

4）使用"矩形"命令（REC），在客厅与书房相邻墙面的位置，与墙距离 90mm 处，绘制 2600mm×450mm 的矩形表示电视柜；再使用"直线"命令（L），绘制组合柜，如图 4-65 所示。

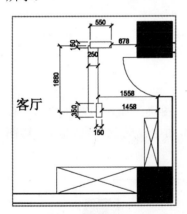

图 4-64 绘制玄关

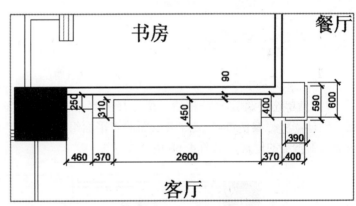

图 4-65 绘制电视组合柜

专业技能：　　客厅的"公共性"

在实际的室内设计中，很多业主有自己对装潢的要求，但是客厅作为公共空间，保持适当的公共性是很有必要的。

客厅的设计应根据家庭成员的不同需要、生活习惯及实际住房面积等因素来进行空间的划分及平面布置。

客厅的地面宜采用耐磨、防滑的材料，如大块的彩色釉面陶瓷地砖、木地板、塑料地板、地毯等。

客厅顶面、墙面的设计宜采用乳胶漆、墙纸壁布、软包及其他人工或天然材料。

客厅应预留足够的电源插座，以满足各种家电的需要。

5）选择"格式"→"图层"菜单命令（或输入"LA"命令），在打开的"图层特性管理器"面板中新建"布置设施"图层，颜色为"蓝色"，线型为 CONTINUOUS，线宽为默认，置为当前图层，如图 4-66 所示。

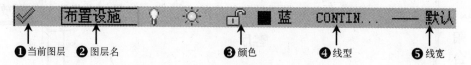

图 4-66 建立"布置设施"图层

6）使用"插入"命令（I），打开"插入"对话框，单击"名称"下拉列表框右边的"浏览"按钮，打开"选择图形文件"对话框，选择"案例\04\平面组合沙发.dwg"文件，并单击"打开"按钮返回到"插入"对话框中，然后单击"确定"按钮，如图 4-67 所示。

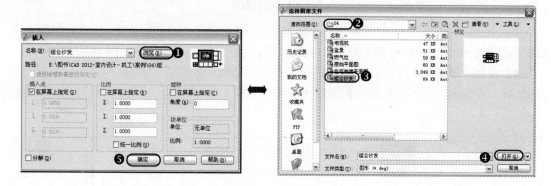

图 4-67 插入图块

7）当单击"确定"按钮后，所选择的"平面组合沙发"图块已插入到客厅的适当位置。同样，将"案例\04"文件夹下面的"平面组合沙发""平面电视机""平面盆景"等图块插入到指定的位置，如图 4-68 所示。

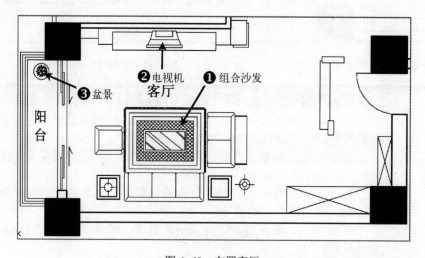

图 4-68 布置客厅

4.2.3 布置厨房、洗衣房和钢琴房

在住宅的厨房中常布置电冰箱、燃气灶、洗涤盆、碗柜、吊柜等设备；洗衣房布置洗衣机、晾衣设备；在钢琴房里布置钢琴和相应的桌、椅、盆景，在靠窗的位置放置一些花卉。

1）首先绘制厨房部分的碗柜和吊柜，切换到"辅助线"图层。使用"矩形"命令（REC）和"直线"命令（L），绘制 3200mm×600mm 的矩形表示灶台，斜线表示灶台上的吊柜，如图 4-69 所示。

2）切换到"布置设施"图层。使用"插入"命令（I），将"案例\04"文件夹下面的"平面电冰箱""平面洗涤池""平面燃气灶""平面晾衣设备"和"平面洗衣机"等图块插入到指定的位置，如图 4-70 所示。

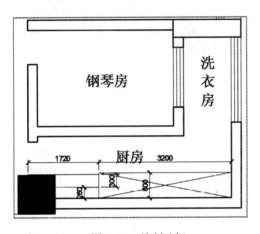

图 4-69　绘制碗柜

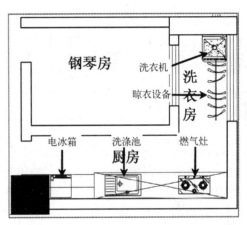

图 4-70　布置厨房和洗衣房

3）继续使用"插入"命令（I），将"案例\04"文件夹下面的"平面钢琴""平面椅子""平面花卉"和"平面盆景"等图块插入到指定的位置，如图 4-71 所示。

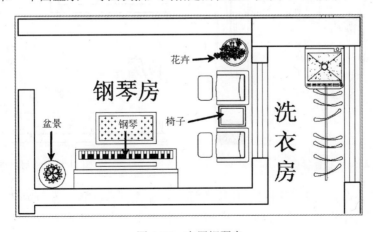

图 4-71　布置钢琴房

4.2.4　布置餐厅和书房

书房是休闲、娱乐、陶冶情操、修身养性的地方，可以简单设置一些书桌、椅子、花卉等。

1）切换到"辅助线"图层。使用"矩形"命令（REC），在餐厅的右墙边绘制 300mm×1600mm、40mm×1000mm 的矩形表示柜子，如图 4-72 所示。

2）使用"矩形"命令（REC）和"直线"命令（L），在餐厅的左边绘制 300mm×1830mm 的矩形和斜线段表示博古架，如图 4-73 所示。

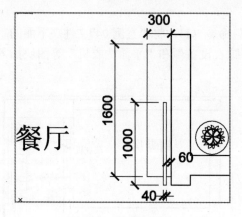

图 4-72　绘制低柜

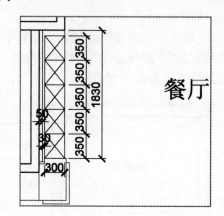

图 4-73　绘制博古架

3）切换到"布置设施"图层。使用"插入"命令（I），将"案例\04"文件夹下面的"平面组合餐桌"图块插入到餐厅的适当位置，如图 4-74 所示。

4）切换到"辅助线"图层。使用"矩形"命令（REC）和"直线"命令（L），绘制相应尺寸的书桌，如图 4-75 所示。

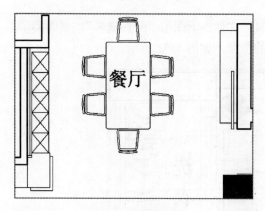

图 4-74　布置餐桌

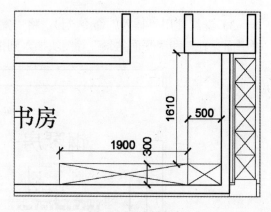

图 4-75　绘制书桌

5）切换到"布置设施"图层。使用"插入"命令（I），将"案例\04"文件夹下面的"平面计算机""平面转椅""平面书房沙发"和"平面盆景"图块插入到书房的相应位置，如图 4-76 所示。

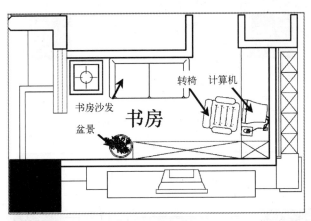

图 4-76　布置书房

专业技能：　　　　计算机书房的设计要点

　　处理好书房与其他空间的关系是十分必要的。书房大致分为 3 种，即封闭型、开敞型和兼顾型。其中家装中计算机书房的设计要点有以下几点。

　　1）通风良好：计算机需要良好的通风环境，因此，计算机书房的门窗应保持空气顺畅流通，这样有利于机器的散热。

　　2）温度适当：计算机书房的温度最好控制在 0～30℃ 之间。计算机摆放的位置有三忌：一忌摆在阳光直接照射的窗口；二忌摆在空调散热口下方；三忌摆在暖气散热片或取暖器附近。

　　3）温度适宜：计算机书房的最佳相对湿度在 40%～70%，湿度过大，会使计算机元件接触性能变差或发生锈蚀；湿度过小，不利于计算机内部随机动态关机后储存电量的释放，也易产生静电。

　　4）色彩柔和：书房的色彩既不要过于耀目，又不宜过于昏暗，应当使用柔和的色调，如淡绿的墙裙、猩红的地板、淡黄色的窗帘等。

4.2.5　布置儿童房和客卫间

　　在本案例中，客卫是为满足来访者和其他家庭成员的使用所设置的卫生间，由于客卫间的面积偏小，只能简单地布置洗漱盆、坐便器以及沐浴台。儿童房的布置很简单，需要一张单人床、床头柜、床灯、书桌、计算机和转椅。

　　1）切换到"辅助线"图层。使用"矩形"命令（REC）和"直线"命令（L），在儿童房的窗边绘制 300mm×1700mm 和 660mm×290mm 的矩形表示柜子，在距墙 650mm 处绘制线段表示书桌；在儿童房进门处绘制 420mm×430mm 的矩形表示床头柜，40mm×1100mm 的矩形表示床头，结果如图 4-77 所示。

　　2）切换到"布置设施"图层。使用"插入"命令（I），将"案例\04"文件夹下面的"平面计算机"、"平面转椅"和"平面儿童床"等图块插入到儿童房的相应位置，如图 4-78 所示。

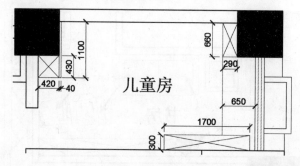

图 4-77　绘制书桌和柜子

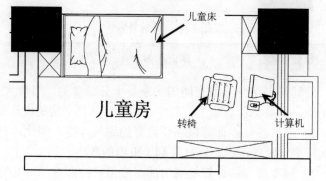

图 4-78　布置儿童房

3）接下来布置客卫生间。切换到"辅助线"图层，使用"直线"命令（L），在 550mm 的位置绘制长 1480mm 的水平线段，表示客卫间洗漱盆的面积，如图 4-79 所示。

4）切换到"布置设施"图层。使用"插入"命令（I），将"案例\04"文件夹下面的"平面洗漱盆"、"平面马桶"和"平面沐浴台"等图块插入到客卫间的相应位置，如图 4-80 所示。

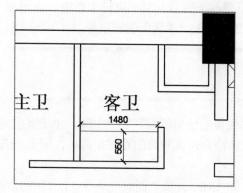

图 4-79　绘制水平线段

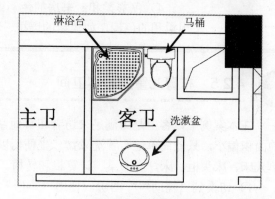

图 4-80　布置客卫间

4.2.6　布置主卧室和主卫间

在案例中，由于主卫间与客卫间进门的位置不一样，所以设计的洗漱盆平台的大小也不一样。在主卧室中布置双人床、书桌、组合衣柜、电视机、盆景、椅子、抱枕等。

1）首先布置主卫间，切换到"辅助线"图层。使用"直线"命令（L）和"圆弧"命令（A），根据相应的尺寸，来绘制表示洗漱盆的平台，如图4-81所示。

2）切换到"布置设施"图层。使用"插入"命令（I），将"案例\04"文件夹下面的"平面洗漱盆"、"平面马桶"和"平面沐浴台"等图块插入到客卫间的相应位置，如图4-82所示。

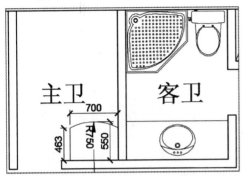

图4-81　绘制洗漱平台

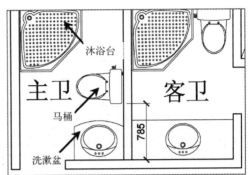

图4-82　布置主卫间

3）接着布置主卧室，切换到"辅助线"图层。使用"矩形"命令（REC）和"直线"命令（L），在主卧室进门的右墙边，绘制1200mm×400mm的矩形表示书桌；在左手门边绘制800mm×400mm的矩形和斜线段表示柜子，如图4-83所示。

4）接下来绘制组合衣柜，使用"矩形"命令（REC）和"偏移"命令（O），在主卧室与书房中间的位置，绘制2090mm×600mm的矩形，将绘制的矩形向内偏移24mm，如图4-84所示。

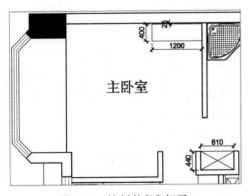

图4-83　绘制书桌和柜子

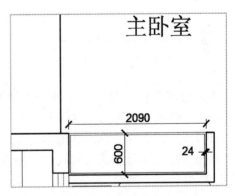

图4-84　绘制和偏移矩形

5）使用"分解"命令（X）和"偏移"命令（O），将分解后内侧矩形右侧的垂直线段向左分别偏移808mm、24mm、607mm、24mm和583mm，如图4-85所示。

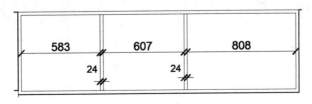

图4-85　偏移线段

6）使用"延伸"命令（EX）和"修剪"命令（TR），对线段进行延伸和修剪操作，组合衣柜轮廓如图 4-86 所示。

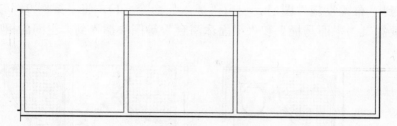

图 4-86　延伸和修剪线段

7）绘制左侧的衣柜门。使用"矩形"命令（REC）和"旋转"命令（RO），绘制 392mm×24mm 的矩形，然后将矩形旋转 15°，结果如图 4-87 所示。

8）使用"矩形"命令（REC）、"圆弧"命令（A）和"镜像"命令（MI），绘制 24mm×24mm 的矩形和半径为 392mm 的圆弧；将上一步旋转的矩形向左进行镜像操作，结果如图 4-88 所示。

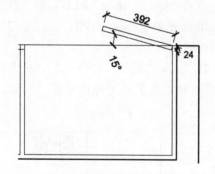

图 4-87　绘制和旋转矩形

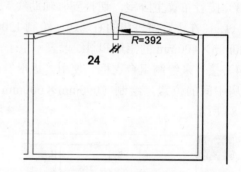

图 4-88　镜像操作

9）绘制右侧的衣柜门。使用"矩形"命令（REC）和"旋转"命令（RO），绘制 294mm×24mm 的矩形，然后将矩形旋转 20°，结果如图 4-89 所示。

10）使用"矩形"命令（REC）、"圆弧"命令（A）和"镜像"命令（MI），绘制 24mm×24mm 的矩形和半径为 392mm 的圆弧；将上一步旋转的矩形向右进行镜像操作，结果如图 4-90 所示。

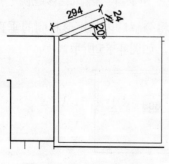

图 4-89　绘制和旋转矩形

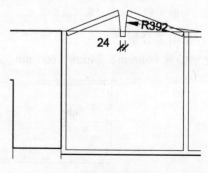

图 4-90　镜像操作

11）使用"直线"命令（L），分别绘制长 583mm 和 808mm 的水平线段，表示衣柜内挂衣杆，如图 4-91 所示。

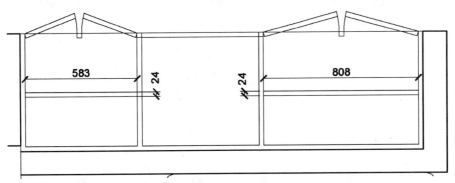

图 4-91　绘制挂衣杆

12）切换到"布置设施"图层。使用"插入"命令（I），将"案例\04"文件夹下面的"平面组合双人床"、"平面抱枕"、"平面盆景"、"平面衣架"、"平面主卧椅子"和"平面主卧电视机"等图块插入到客卫间的相应位置，如图 4-92 所示。

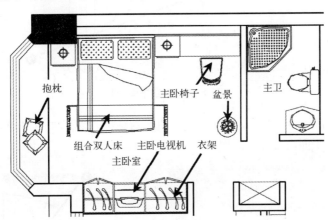

图 4-92　布置主卧室

 4.2.7　布置各房间的门窗

在装潢平面布置图中，各房间的门应布置在相应的位置。在本案例中，绘制"平面门"，然后使用"写块"命令（W）将其保存为"平面门"图块，再使用"插入"命令（I）将"平面门"图块插入到指定的门口位置，更使用旋转使用对其进行旋转操作，使之符合门的开口方向，再对"平面门"图块进行等比例缩放，使之与门的开口尺寸一致即可。

1）选择"格式"→"图层"菜单命令（或输入"LA"命令），在打开的"图层特性管理器"面板中新建"门窗"图层，颜色为"洋红色"，线型为 CONTINUOUS，线宽为默认，设置为当前图层，如图 4-93 所示。

❶当前图层　❷图层名　　　　　❸颜色　❹线型　　　　　❺线宽

图 4-93　建立"门窗"图层

2）首先使用"多段线"命令（PL）、"直线"命令（L）、"镜像"命令（MI）、"矩形"命令（REC）和"圆弧"命令（A），绘制门垛后，就可绘制好平面门，如图 4-94 所示。

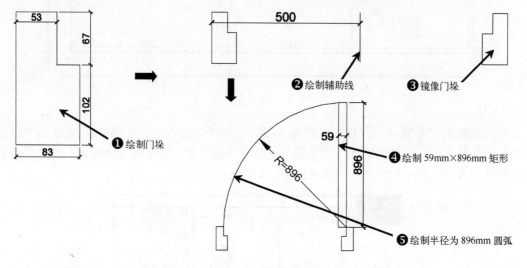

图 4-94　绘制平面门

3）使用"写块"命令（W），将打开"写块"对话框，然后如图 4-95 所示将绘制的图形保存为"案例\04\平面门.dwg"图块。

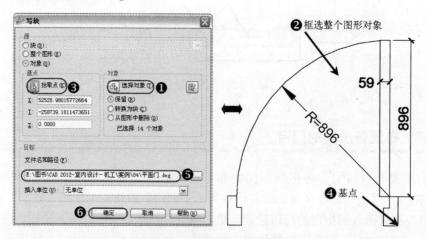

图 4-95　保存"平面门"图块

4）使用"插入"命令（I），将"案例\04"文件夹下面的"平面门"图块插入指定的门口位置，并对其进行旋转和缩放，最终效果如图 4-96 所示。

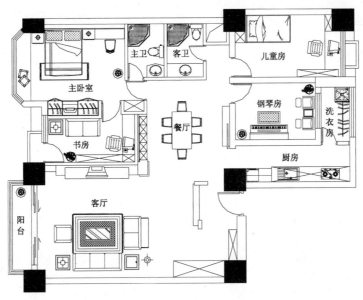

图 4-96 插入 "平面门" 图块

 4.2.8 布置各功能区的地板砖

布置好各房间的基本设施后,应对各房间布置相应的地板砖,如餐厅区、客厅区布置 600mm×600mm 米白色大理石;厨房区、洗衣房、卫生间、阳台区等布置 300mm×300mm 白色的防滑砖,而钢琴房、儿童房、主卧室和书房布置实木地板。

1)在对各功能区进行地板砖填充时,应绘制相应的辅助线以将各区 "封闭" 起来。将 "辅助线" 图层置为当前图层,使用 "直线" 命令(L)绘制相应的辅助线,使各功能间 "封闭" 起来,如图 4-97 所示。

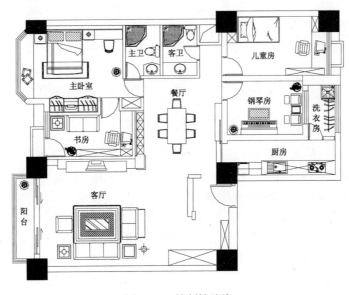

图 4-97 绘制辅助线

2）选择"格式"→"图层"菜单命令（或输入"LA"命令），在打开的"图层特性管理器"面板中新建"地板"图层，颜色为"233"，线型为 CONTINUOUS，线宽为默认，置为当前图层，如图 4-98 所示。

图 4-98　建立"地板"图层

3）选择"绘图"→"图案填充"菜单命令（或输入"H"命令），打开"图案填充和渐变色"对话框，选择"NET"图案，设置填充比例为 2000，并勾选"创建独立的图案填充"复选按钮，如图 4-99 所示。

图 4-99　设置填充参数

4）单击"添加：拾取点"按钮返回到绘图窗口，使用鼠标分别在厨房、洗衣房、客卫、主卫、阳台功能区选择并按〈Enter〉键返回，然后单击"确定"按钮；则填充 300mm×300mm 的防滑地板砖，如图 4-100 所示。

5）使用"图案填充"命令（H），在打开的"图案填充和渐变色"对话框中，设置比例为 4000，然后单击"添加：拾取点"按钮返回到绘图窗口，使用鼠标分别在客厅、餐厅功能区选择并按〈Enter〉键返回，然后单击"确定"按钮，则填充 600mm×600mm 的防滑地板砖，如图 4-101 所示。

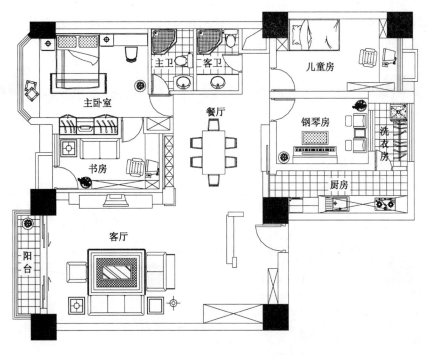

图 4-100 填充 300mm×300mm 防滑地砖

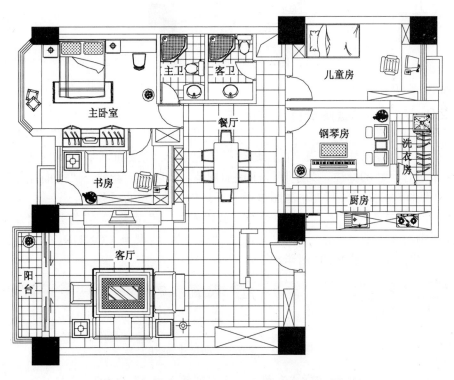

图 4-101 填充 600mm×600mm 米白色大理石地砖

6）再使用"图案填充"命令（H），在打开的"图案填充和渐变色"对话框中，选择"AR-HBONE"图案，设置填充比例为 50，然后单击"添加：拾取点"按钮返回到绘图窗口，使用鼠标分别在钢琴房、儿童房、主卧室、书房功能区选择并按〈Enter〉键返回，然后单击"确定"按钮填充实木地板，如图 4-102 所示。

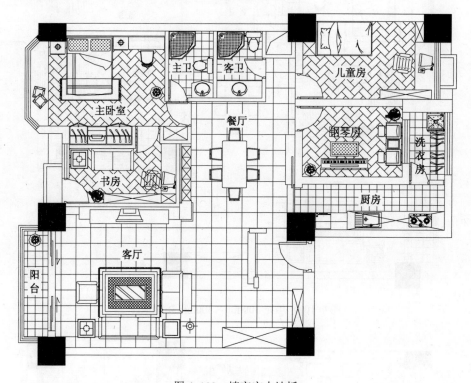

图 4-102　填充实木地板

4.2.9　对平面布置图进行尺寸标注

前面的章节已经对住宅装潢平面图进行了结构划分、设施布置、门窗安装、地板铺设等，接下来进行尺寸的标注。为了使标注更加规范、清晰，应新建一"平面尺寸"图层及"平面尺寸"标注样式，然后对平面图进行上下、左右的尺寸标注操作。

1）选择"格式"→"图层"菜单命令（或输入"LA"命令），在打开的"图层特性管理器"面板中新建"平面尺寸"图层，颜色为"蓝色"，线型为 CONTINUOUS，线宽为默认，置为当前图层，如图 4-103 所示。

❶当前图层　❷图层名　　　　　　　❸颜色　❹线型　　　　❺线宽

图 4-103　建立"平面尺寸"图层

2）选择"格式"→"标注样式"菜单命令（或输入"D"命令），在打开的"标注样式管理器"对话框中，单击"新建"按钮，在弹出的"创建新标注样式"对话框，然后输入"平面尺寸"样式名称，单击"继续"按钮，如图 4-104 所示。

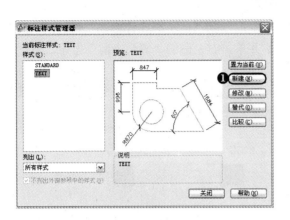

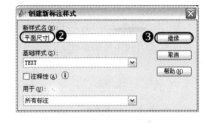

图 4-104 新建标注样式

3）在弹出的"新建标注样式：平面尺寸"对话框中，用户可以分别在"线""符号和箭头""文字"及"调整"选项卡中进行相应的标注样式设置和相关参数设置，如图 4-105 所示。

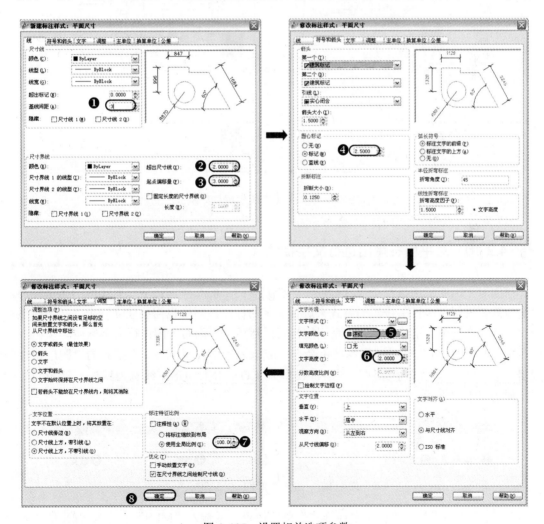

图 4-105 设置相关选项参数

4）"平面尺寸"标注样式的参数设置完成后，返回到"标注样式管理器"对话框中，在"样式"列表框中选择"平面尺寸"标注样式，并单击右上侧的"置为当前"按钮，然后单击"关闭"按钮。

5）在"标注"工具栏中分别单击"线性"按钮和"连续"按钮，分别对平面图形进行上下、左右的相关结构尺寸的标注操作，最终效果如图4-106所示。

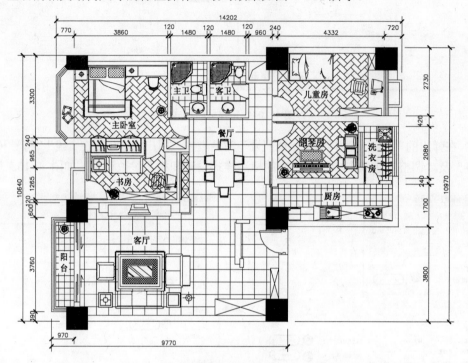

图 4-106　平面图形相关结构尺寸标注

4.2.10　对平面布置图进行文字标注

前面对平面布置图进行了尺寸标注，一个完整的平面布置图还应该有相应的文字标注。此处为读者讲解"多重引线"的方式来进行文字的标注，同样也需要建立一个"文字标注"图层，再建立一个"引线标注"多重引线样式，然后对平面布置图进行文字标注。

1）选择"格式"→"图层"菜单命令（或输入"LA"命令），在打开的"图层特性管理器"面板中新建"文字标注"图层，线型为 CONTINUOUS，线宽为默认，置为当前图层，如图4-107所示。

图 4-107　建立"文字标注"图层

2）选择"格式"→"多重引线样式"菜单命令（或输入"MLS"命令），弹出的"多重引线样式管理器"对话框，按照如图 4-108 所示建立"引线标注"多重引线样式。

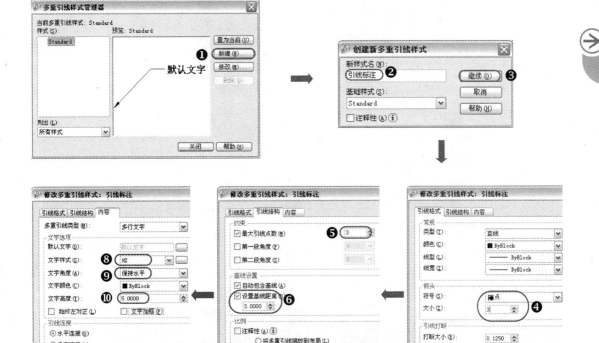

图 4-108 新建"引线标注"多重引线样式

3）将鼠标置于绘图区以外的空白地方，单击鼠标右键，从弹出的快捷菜单中勾选"多重引线"项，从而将"多重引线"工具栏显示出来，如图 4-109 所示。

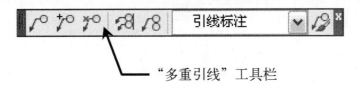

"多重引线"工具栏

图 4-109 显示"多重引线"工具栏

4）在"多重引线"工具栏上单击"多重引线"按钮（或输入"MLE"命令），分别按照如图 4-110 所示进行多重引线的标注，然后单击"引线对齐"按钮将其对齐。

5）在"绘图"工具栏单击"多行文字"按钮（或输入"T"命令），使用鼠标在图的正下方拖曳一个框，然后输入图名标注内容及比例；再使用"直线"命令（L）在其下方绘制两条等长的水平线段，且设置上侧线段为多段线，宽度为 30，如图 4-111 所示。

6）至此，住宅平面布置图已经绘制完毕，按〈Ctrl+S〉组合键进行保存。

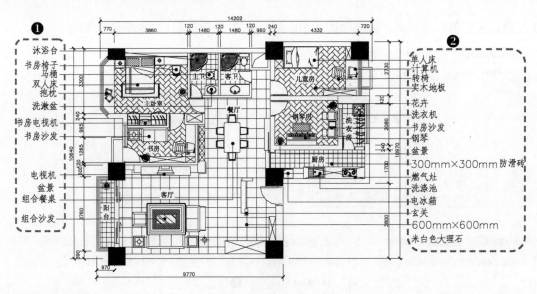

图 4-110　标注文字

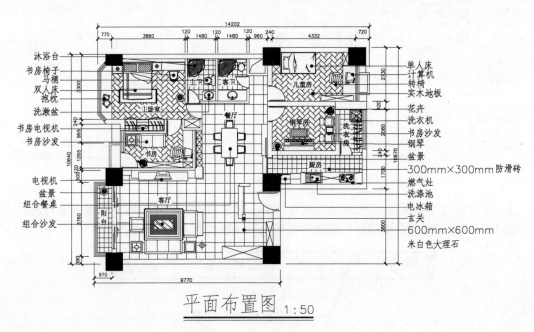

平面布置图 1:50

图 4-111　标注图名及比例

软件
技能

4.3　住宅室内装潢顶棚布置图设计

素材　视频\04\住宅装潢顶棚布置图.avi
案例\04\住宅装潢顶棚布置图.dwg

　　在前面的操作中已经将住宅室内装潢平面图布置完毕，但完整的平面布置图还缺少一张顶棚布置图。其中，顶棚布置图包括吊顶、灯饰等，效果如图 4-112 所示。

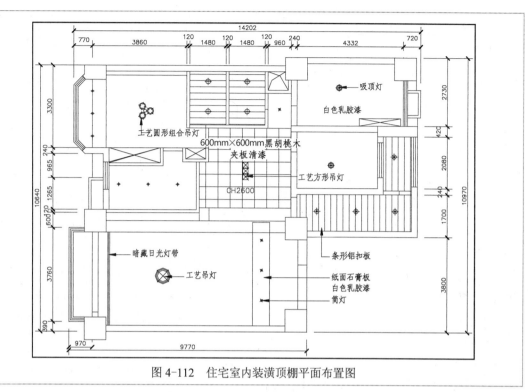

图 4-112　住宅室内装潢顶棚平面布置图

4.3.1　另存为新的文件

在绘制顶棚布置图时，可以直接将前面绘制的住宅平面布置图另存为新的文件，进行顶棚布置图的绘制。

1）启动 AutoCAD　2012 软件，选择"文件"→"打开"菜单命令，将"案例\04\住宅室内装潢平面布置图.dwg"文件打开。

2）再执行"文件"→"另存为"菜单命令，将其另存为"案例\04\住宅室内装潢顶棚布置图.dwg"文件，以继续进行顶棚布置图的绘制。

3）在"图层"工具栏的"图层控制"组合框中，将暂时不需要的图层隐藏起来，如图 4-113 所示。

图 4-113　隐藏图层对象

 4.3.2　绘制吊顶对象

在绘制吊顶对象时，因为前面已经绘制了连接各门窗的线段，所以这里首先应建立"吊顶"图层，再对顶棚进行分隔，绘制相应的吊顶对象并进行图案填充。

1）选择"格式"→"图层"菜单命令（或输入"LA"命令），在打开的"图层特性管理器"面板中新建"吊顶"图层，线型为 CONTINUOUS，线宽为 0.25mm，置为当前图层，如图 4-114 所示。

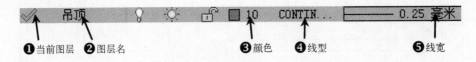

❶当前图层　❷图层名　❸颜色　❹线型　❺线宽

图 4-114　建立"吊顶"图层

2）使用"直线"命令（L），在客厅与餐厅之间绘制相应的线段，如图 4-115 所示。

3）使用"图案填充"命令（H），选择相应的样例、比例和角度，分别进行图案填充操作，最终效果如图 4-116 所示。

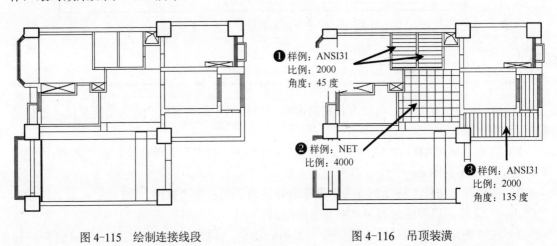

❶样例：ANSI31
比例：2000
角度：45 度

❷样例：NET
比例：4000

❸样例：ANSI31
比例：2000
角度：135 度

图 4-115　绘制连接线段　　　　　　　　　　图 4-116　吊顶装潢

 4.3.3　布置顶棚灯饰对象

顶棚吊顶绘制完毕后，接下来新建"灯饰"图层，将将准备好的灯饰图块插入到相应的位置。

1）选择"格式"→"图层"菜单命令（或输入"LA"命令），在打开的"图层特性管理器"面板中新建"灯饰"图层，线型为 CONTINUOUS，线宽为默认，置为当前图层，如图 4-117 所示。

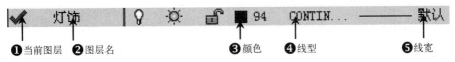

❶当前图层 ❷图层名 ❸颜色 ❹线型 ❺线宽

图 4-117 建立"灯饰"图层

2）使用"插入"命令（I），将工艺吊灯、筒灯、吸顶灯等图块插入到相应的位置，如图 4-118 所示。

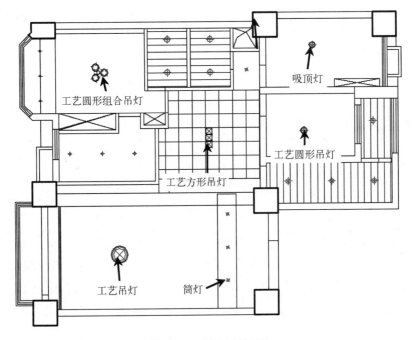

图 4-118 插入灯饰图块

 4.3.4 对顶棚进行文字标注

对顶棚布置灯饰对象后，将之前隐藏的"平面尺寸"图层打开，然后进行多重引线标注，即完成对整个顶棚布置图的绘制。

1）"格式"→"图层"菜单命令（或输入"LA"命令），在打开的"图层特性管理器"面板中新建"灯饰标注"图层，线型为 CONTINUOUS，线宽为默认，置为当前图层，如图 4-119 所示。

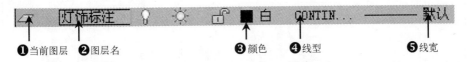

❶当前图层 ❷图层名 ❸颜色 ❹线型 ❺线宽

图 4-119 建立"灯饰标注"图层

2）在命令行输入"多重引线"命令（MLE），分别按照如图 4-120 所示进行多重引线的标注。

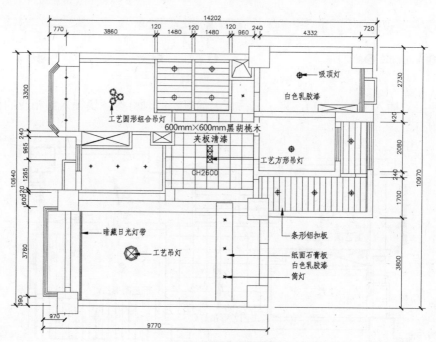

图 4-120　插入灯饰图块

软件技能：　　　　装潢练习平面图的绘制

用户可打开"案例\04\装潢练习平面图.dwg"文件进行参照练习，按照前面案例操作步骤的讲解来进行绘制，从而达到举一反三、事半功倍的效果，如图 4-121、4-122 所示。

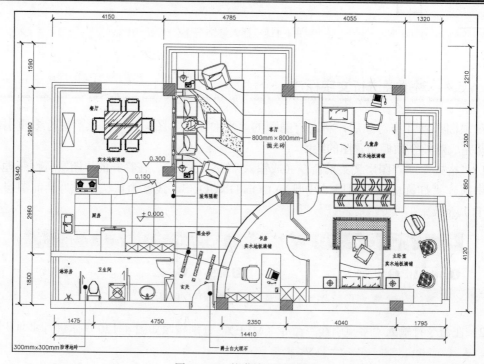

图 4-121　装潢练习平面图

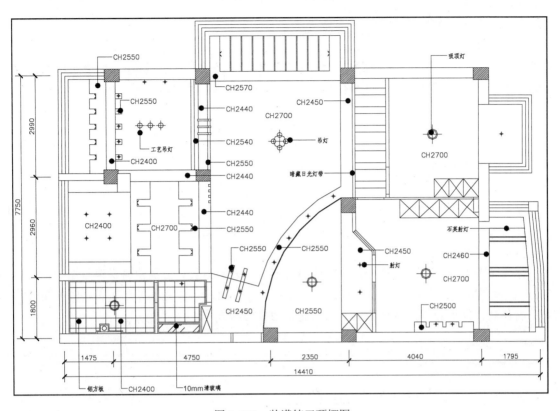

图 4-122 装潢练习顶棚图

第5章 室内装潢立面图的设计要点与绘制

本章导读

通过室内装潢立面图的展示，能够反映室内空间垂直方向的装潢设计形式、尺寸与做法，材料与色彩的选用等内容。装潢立面图是装潢工程施工图中的主要图样之一，是确定墙面做法的主要依据。

本章节首先讲解室内装潢设计中立面图的形成与表达方式、立面图的识读与画法、立面图的图示内容等基本知识，然后通过典型的室内客厅、厨房、主卧室等立面图案例来指导读者进行绘制，从而让读者掌握绘制不同立面图的技巧和方法。

主要内容

◆ 室内装潢立面图的形成与表达方式。
◆ 了解室内立面图的识读、图示内容与画法。
◆ 熟练掌握客厅立面图的绘制。
◆ 熟练掌握主卧室立面图的绘制。
◆ 熟练掌握厨房立面图的绘制。
◆ 熟练掌握客卫立面图的绘制。

效果预览

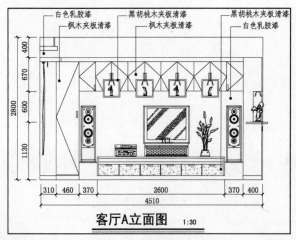

客厅A立面图 1:30

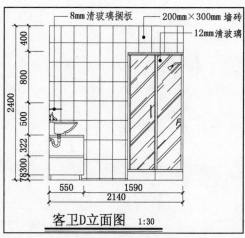

客卫D立面图 1:30

5.1 室内装潢设计立面图的概述

装潢设计立面图包括室外立面图和室内立面图，室内立面图主要表明建筑内部某一装饰空间的立面形式、尺寸及室内配套布置等内容。

5.1.1 室内立面图的形成与表达方式

室内立面图是将房屋的室内墙面按内视投影符号的指向，向直立投影面所做的正投影图，如图 5-1 所示为某住宅的室内平面布置图效果，其各个内视符号标注了各个空间的立面方向。

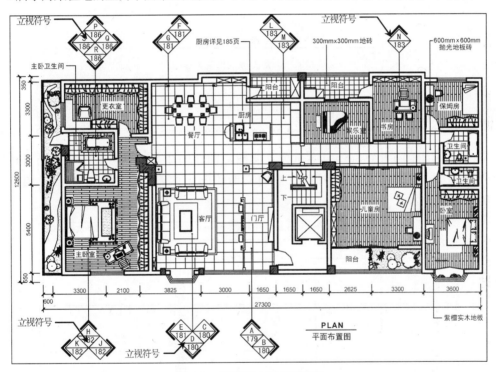

图 5-1 平面图中的立视符号

室内立面图用于反映室内空间垂直方向的装饰设计形式、尺寸与做法、材料与色彩的选用等内容，是装饰工程施工图中的主要图样之一，是确定墙面做法的主要依据。房屋室内立面图的名称应根据平面布置图中内视投影符号的编号或字母确定（如⑰⑧立面图），如图 5-2 所示。

室内立面图应包括投影方向可见的室内轮廓线和装饰构造、门窗、构配件、墙面做法、固定家具、灯具等内容及必要的尺寸和标高，并需表达非固定家具、装饰物件等情况。室内立面图的顶棚轮廓线，可根据情况只表达吊顶或同时表达吊顶及结构顶棚。

室内立面图的外轮廓用粗实线表示，墙面上的门窗及凸凹于墙面的造型用中实线表示，其他图示内容、尺寸标注、引出线等用细实线表示（室内立面图一般不画虚线）。

室内立面图的常用比例为 1∶50，可用比例为 1∶30、1∶40 等。

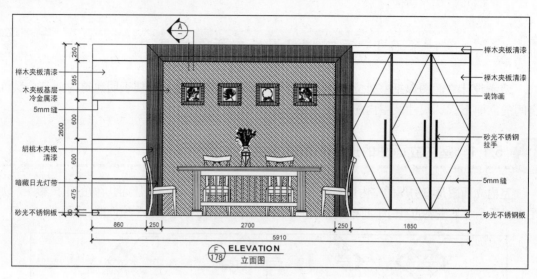

图 5-2 室内立面图（一）

 ## 5.1.2 室内立面图的识读

　　室内墙面除相同者外，一般均需画立面图，图样的命名、编号应与平面布置图上的内视符号的编号一致，内视符号决定室内立面图的识读方向，同时也给出了图样的数量，如图 5-3 所示。

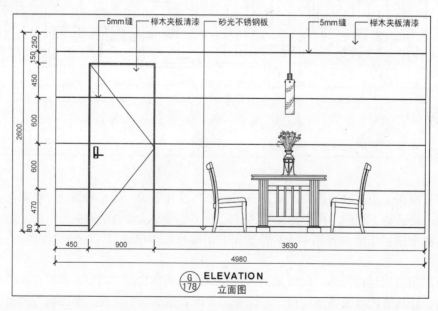

图 5-3 室内立面图（二）

室内立面图识读方法和步骤如下所示：

1）确定要读的室内立面图所在房间位置，按房间顺序识读室内立面图。

2）在平面布置图中按照内视符号的指向，从中选择要读的室内立面图。

3）在平面布置图中明确该墙面位置有哪些固定家具和室内陈设等，并注意其定形、定位尺寸，做到对所读墙（柱）面布置的家具、陈设等有基本的了解。

4）预览选定的室内立面图，了解所读立面的装饰形式及其变化。

5）详细识读室内立面图，注意剖面装饰造型及装饰面的尺寸、范围、选材、颜色及相应做法。

6）查看立面标高、其他细部尺寸、索引符号等。

5.1.3　室内立面图的图示内容

在进行室内立面图的设计及绘制时，应包括以下内容，如图5-4所示。

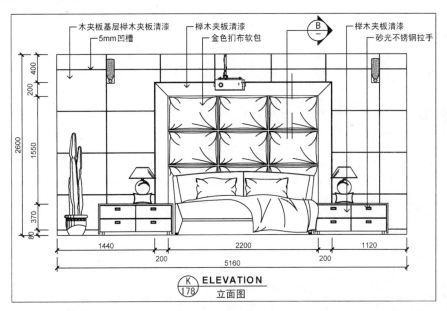

图5-4　室内立面图（三）

1）室内立面轮廓线，顶棚有吊顶时可画出吊顶、叠级、灯槽等的剖切轮廓线（粗实线表示），墙面与吊顶的收口形式及可见的灯具投影图形等。

2）墙面装饰造型及陈设（如壁挂、工艺品等），门窗造型及分格，墙面灯具、暖气罩等装饰内容。

3）装饰选材、立面的尺寸标高及做法说明。图外一般标注一至两道竖向及水平向尺寸，以及楼地面、顶棚等的标高；图内一般应标注主要装饰造型的定型、定位尺寸。做法标注采用细实线引出。

4）附墙的固定家具及造型（如电视墙、壁柜）。

5）索引符号、说明文字、图名及比例等。

5.1.4　室内立面图的画法

室内立面图应按照图5-5所示的方法来进行绘制。

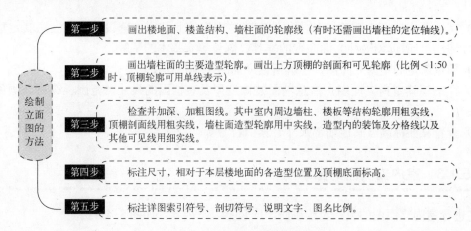

第一步　画出楼地面、楼盖结构、墙柱面的轮廓线（有时还需画出墙柱的定位轴线）。

第二步　画出墙柱面的主要造型轮廓。画出上方顶棚的剖面和可见轮廓（比例＜1:50时，顶棚轮廓可用单线表示）。

绘制立面图的方法

第三步　检查并加深、加粗图线。其中室内周边墙柱、楼板等结构轮廓用粗实线，顶棚剖面线用粗实线，墙柱面造型轮廓用中实线，造型内的装饰及分格线以及其他可见线用细实线。

第四步　标注尺寸，相对于本层楼地面的各造型位置及顶棚底面标高。

第五步　标注详图索引符号、剖切符号、说明文字、图名比例。

图 5-5　绘制立面图的方法

软件技能

5.2　客厅 A 立面图的绘制

素材　视频\05\客厅 A 立面图的绘制.avi
　　　案例\05\客厅 A 立面图的绘制.dwg

在第 4 章中已经就室内装潢设计中平面布置图、顶棚布置图进行了讲解和绘制，而一套完整的室内装潢施工图还需要有相应各房间的不同立面图，以及构造详图，才能使施工人员根据不同的图样来进行施工。下面分别讲解各功能空间立面图的绘制。

在进行各室内立面图的绘制过程中，均以其相应的平面布置图（案例\04\住宅室内装潢平面布置图.dwg，如图 5-6 所示）的结构尺寸为依据进行绘制。

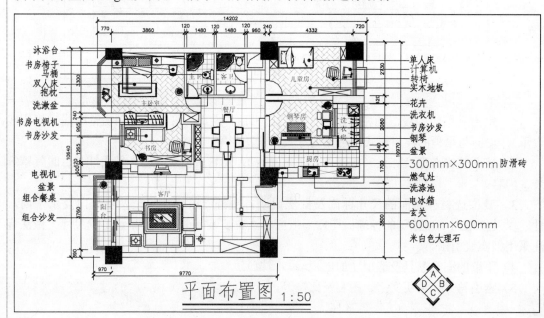

图 5-6　住宅室内装潢平面布置图

在绘制客厅 A 立面图时，首先应设置绘图环境，包括绘图区域、图层的规划、文字与尺寸标注的样式等，根据相应的平面布置图的布局结构来确定客厅 A 立面图的轮廓线，对其进行偏移形成踢脚板、吊顶线和分隔线等，再绘制装潢图框，插入事先准备好的图块，并对其进行图案填充，然后创建多重引线样式对其进行文字标注，最后进行尺寸标注和图名标注等，其效果如图 5-7 所示。

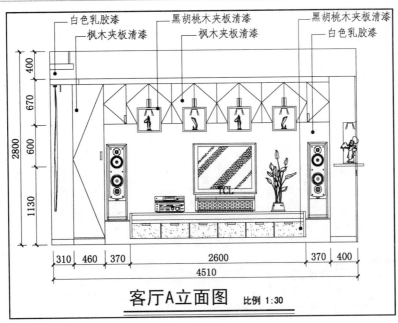

图 5-7　客厅 A 立面图效果

 ## 5.2.1　设置绘图区域

在绘制任何一个 Auto CAD 图形之前，首先应设置图形单位、图形界限等。

1）打开 AutoCAD 2012 软件，选择"文件"→"保存"菜单命令，将"案例\05\客厅 A 立面图.dwg"文件。

2）选择"格式"→"单位"菜单命令（UN），打开"图形单位"对话框，将长度单位类型设定为"小数"，精度为"0.000"，角度单位类型设定为"十进制"，精度精确到"0.00"。

3）选择"格式"→"图形界限"菜单命令，依据提示设定图形界限的左下角为（0，0），右上角为（42000，297000）。

4）再在命令行输入"Z"→〈Space〉→"A"，使输入的图形界限区域全部显示在图形窗口内。

 ## 5.2.2　规划图层

由图 5-6 可知，该客厅 A 立面图主要由轮廓线、文本标注、尺寸标注、设施对象、细节线等元素组成，因此，在绘制其立面图时，需要建立如表 5-1 所示的图层。

表 5-1 图层设置

序　号	图 层 名	线宽/mm	线　型	颜　色	打印属性
1	轮廓线	0.3	实线	黑色	打印
2	文本标注	0.15	实线	黑色	打印
3	尺寸标注	0.15	实线	蓝色	打印
4	设施对象	0.15	实线	黑色	打印
5	细节	0.15	实线	洋红色	打印

选择"格式"→"图层"菜单命令（或输入"LA"命令），根据要求建立相应的图层，如图 5-8 所示。

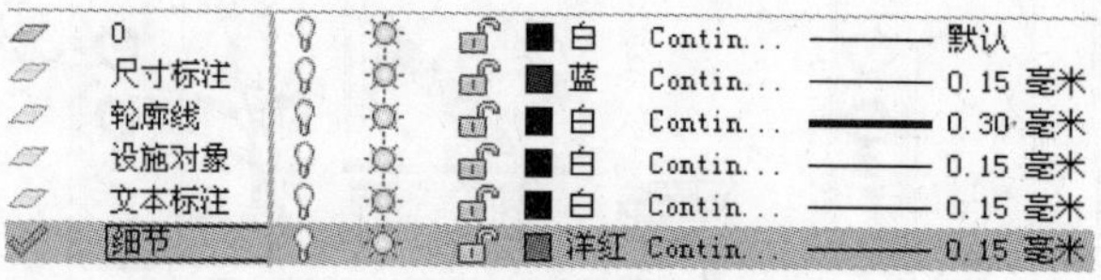

图 5-8 规划图层

软件技能：	图层颜色的定义

图层的设置有很多属性，除了名称，还有颜色、线型、线宽等，定义图层的颜色要注意以下两点。

不同的图层一般来说要用不同的颜色（在本案例中由于打印出来的图样效果为黑白色，所以使用黑色打印出来的颜色较深，如果选择青色、绿色、黄色，则印刷出来颜色较浅）。这样的作用是在绘图时，从颜色上就可以很明显地对图形对象进行区分。

颜色的选择应该根据打印时线宽的粗细来选择。打印时，线型设置越宽，其图层就应该选用越浅的颜色；反之，线型设置越窄，就应该选用越深的颜色。如果打印时，该线的宽度仅为 0.09mm，那么该图层的颜色就应该选用 8 号或类似的颜色。这样在屏幕上就能直观地反映出线型的粗细。

5.2.3 设置文字样式

由图 5-6 可知，该客厅A立面图上的文字有尺寸文字、标注文字、图名文字等，打印比例为 1：30，文字样式中的高度为打印到图纸上的文字高度与打印比例倒数的乘积。根据建筑制图标准，该立面图文字样式的规划如表 5-2 所示的图层。

表 5-2 文字样式   （单位：mm）

文字样式名	打印到图纸上的文字高度	图形文字高度（文字样式高度）	字体文件
图内说明	3.5	105	宋体
尺寸文字	3.5	105	宋体
图名	7	210	宋体

1）选择"格式"→"文字样式"菜单命令（或输入"ST"命令），打开"文字样式"对话框，单击"新建"按钮，在打开的"新建文字样式"对话框，样式名定义为"图内说明"，再单击"确定"按钮，然后按照表 5-2 所示设置"字体名"为"宋体"，"高度"为105，然后单击"应用"按钮，如图5-9所示。

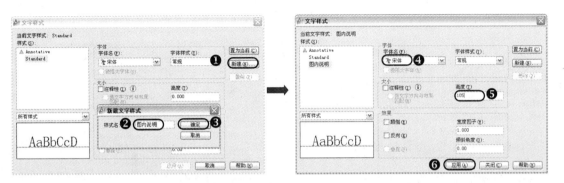

图 5-9　设置文字样式

2）重复上一步的操作，建立如表 5-2 中所示的其他文字样式。

 ### 5.2.4　设置尺寸标注样式

通过设置图形的尺寸标注样式，用户可以对标注的对象进行灵活的控制和修改。

1）选择"格式"→"标注样式"菜单命令（或输入"D"命令），打开"标注样式管理器"对话框，单击"新建"按钮，打开"创建新标注样式"对话框，新建样式名定义为"立面图标注-30"，再单击"继续"按钮，则进入"新建标注样式"对话框，如图 5-10所示。

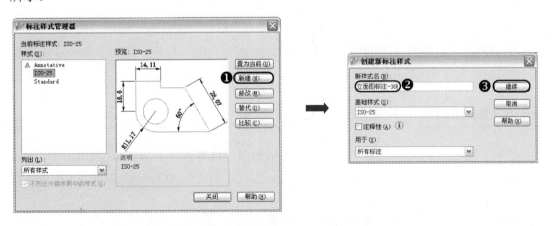

图 5-10　创建标注样式

2）在"新建标注样式"对话框中，根据要求分别设置"立面图标注-30"样式中的"线""符号和箭头""文字"及"调整"各选项卡中的相关参数，如图 5-11 所示。

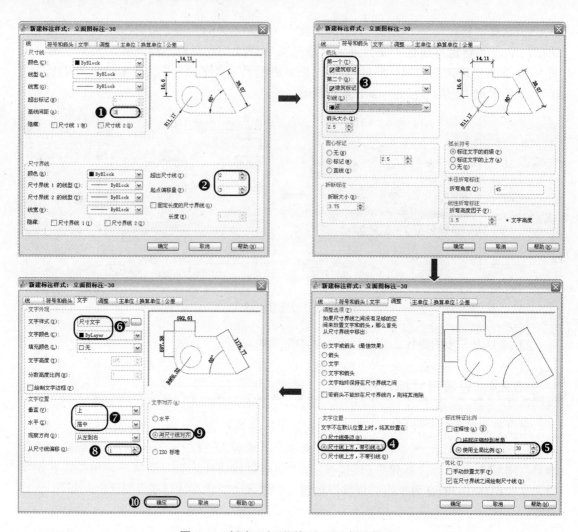

图 5-11 新建"立面图标注-30"标注样式

3）返回到"标注样式管理器"对话框中，单击"关闭"按钮，退出"标注样式管理器"对话框，从而完成尺寸标注样式的设置。

 5.2.5 绘制客厅 A 立面图

由图 5-6 所示的室内装潢平面布置图的结构中可以看出，其客厅 A 立面图的宽度为 4530mm，而该客厅的立面高度为 2800mm，所以应先绘制一个 4530mm×2800mm 的矩形作为 A 立面图的轮廓。

1）将"轮廓线"图层置为当前图层。使用"矩形"命令（REC），在视图中绘制一个 4530mm×2800mm 的矩形；使用"分解"命令（X），将矩形进行打散操作；使用"偏移"命令（O），将右侧的轮廓线向左分别偏移 380mm、334mm、334mm、334mm、334mm、334mm、334mm、334mm、334mm、334mm、360mm 和 100mm，将上侧的轮廓线向下分别偏移 400mm、80mm、580mm 和 1660mm，如图 5-12 所示。

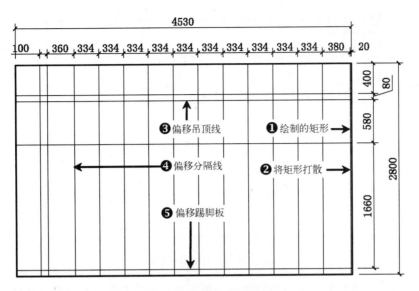

图 5-12　绘制轮廓线并偏移

软件技能：　　　　　**转换图层**

用户应将偏移得到的线段转换为"细节"图层。

2）将"细节"图层置为当前图层。使用"修剪"命令（TR），将多余的线段修剪掉；再使用"矩形"命令（REC），在相应的位置绘制 350mm×350mm、25mm×120mm 的矩形；使用"直线"命令（L），绘制斜线段；然后使用"修剪"命令（TR），将多余的线段修剪掉，如图 5-13 所示。

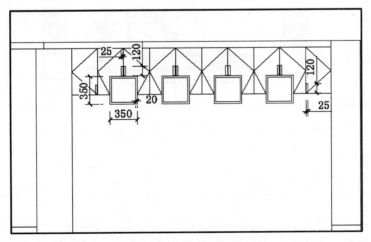

图 5-13　绘制筒灯架

3）使用"矩形"命令（REC）和"直线"命令（L），在相应的位置绘制 440mm×30mm、12mm×80mm、180mm×600mm、12mm×103mm、353mm×80mm 的矩形和线段，如图 5-14 所示。

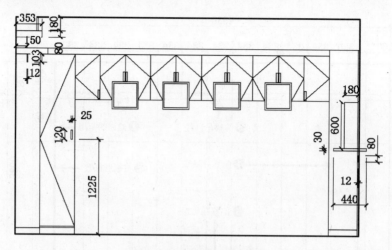

图 5-14　绘制矩形和线段

4）将"布置设施"图层置为当前图层。使用"插入"命令（I），将"案例\05"文件夹下面的"工艺品""立面花瓶""立面电视机""立面音响""DVD""筒灯"和"立面窗帘"等图块，插入到当前图形的相应位置；最后使用"修剪"命令（TR），将图块挡住的线段修剪掉，结果如图 5-15 所示。

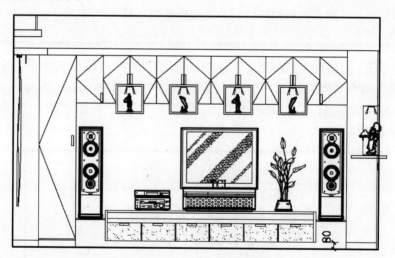

图 5-15　插入的图块

 5.2.6　进行文字和尺寸标注

完成了客厅 A 立面图的绘制之后，应对其进行多重引线文字标注、尺寸标注和图名标注。

1）选择"格式"→"多重引线样式"菜单命令（或输入"MLS"命令），打开"多重引线样式管理器"对话框，单击"新建"按钮，在"新样式名"文本框中输入"立面图引线标注-30"，再单击"继续"按钮，然后在弹出的"修改多重引线标注样式"对话框中对"引线格式""引线结构"及"内容"等选项卡进行参数设置，如图 5-16 所示。

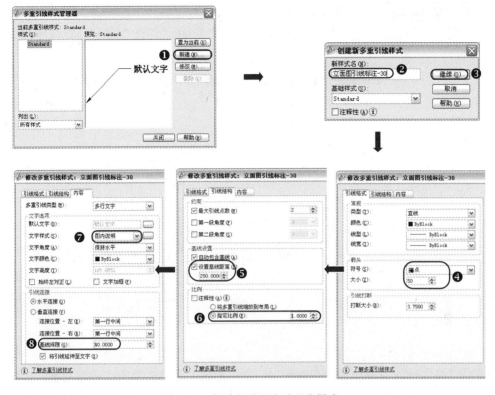

图 5-16　新建并设置多重引线样式

2）将鼠标置于绘图区以外的空白地方，右击鼠标，从弹出的快捷菜单中勾选"多重引线"项，从而将"多重引线"工具栏显示出来。

3）将"文本标注"图层置为当前图层。在"多重引线"工具栏上单击"多重引线"按钮（或输入"MLE"命令），分别按照如图 5-17 所示进行多重引线的标注，然后单击"引线对齐"按钮将其对齐。

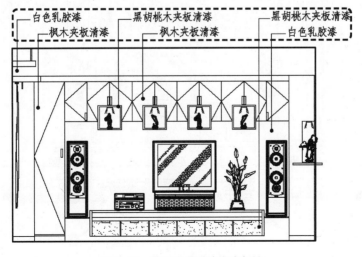

图 5-17　进行多重引线文字标注

4) 将"尺寸标注"图层置为当前图层。在"标注"工具栏中选择"立面图标注-30"标注样式，然后在"标注"工具栏中分别单击"线性" 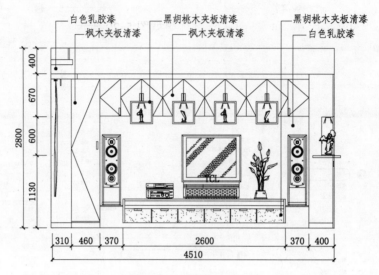 和"连续" 按钮对客厅 A 立面图进行尺寸标注，如图 5-18 所示。

图 5-18　进行尺寸标注

5) 将"文本标注"图层置为当前图层。在"绘图"工具栏单击"多行文字"按钮（或输入"T"命令），使用鼠标在图的正下方拖曳一个框，然后输入图名、标注内容及比例；再使用"直线"命令（L）在其下方绘制两条等长的水平线段，且设置上侧线段为多段线，宽度为 30，如图 5-19 所示。

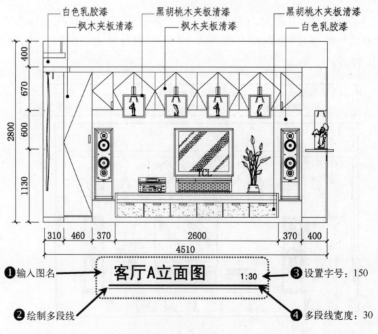

图 5-19　进行图名标注

6）至此，该客厅 A 立面图已经绘制完毕，按〈Ctrl+S〉组合键进行保存。

软件技能： 练习客厅 C 立面图

　　用户可以根据前面所绘制的方法来绘制其"客厅 C 立面图"（案例\05\客厅 C 立面图.dwg），其效果如图 5-20 所示。

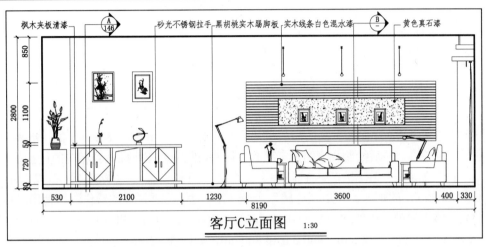

图 5-20　客厅 C 立面图效果

5.3　主卧室 A 立面图的绘制

素材　视频\05\主卧室 A 立面图的绘制.avi
　　　案例\05\主卧室 A 立面图的绘制.dwg

　　在绘制主卧室 A 立面图时，可以以前面所绘制的客厅 A 立面图.dwg 文件作为样板文件来进行图形的绘制，从而不必再次设置其图层、文字样式及标注样式等，可以直接绘制其主卧室的轮廓和相应的装潢壁画，并插入相应的图块，再对其进行图案的填充，最后进行文字、尺寸及图名的标注，其效果如图 5-21 所示。

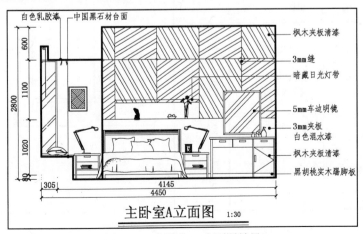

图 5-21　主卧室 A 立面图效果

5.3.1 新建图形文件

由于前面已经建立好了立面图的绘制环境，在此只需要将前面的图形文件打开，将其原有的图形对象全部删除，再将其另存为新的文件即可，从而不必再进行绘图环境的设置。

1）启动 AutoCAD 2012 软件，选择"文件"→"打开"菜单命令，将"案例\05\客厅 A 立面图.dwg"文件打开。

2）使用鼠标将视图中的所有图形对象选中并进行删除；再选择"文件"→"另存为"菜单命令，将其另存为"案例\05\主卧室 A 立面图.dwg"文件。

5.3.2 绘制主卧室 A 立面图轮廓

根据住宅室内装潢平面布置图的相关尺寸，首先绘制 3290mm×2800mm 的矩形表示主卧室 A 立面图的轮廓，然后绘制相应的风景壁画，以及将相应的图块插入到相应的位置即可。

1）将"轮廓线"图层置为当前图层。使用"矩形"命令（REC），在视图中绘制 3290mm×2800mm 的矩形，使用"分解"命令（X）对矩形进行打散操作；再使用"偏移"命令（O），将上侧的轮廓线向下各偏移 600mm、750mm、50mm 和 300mm，将右侧的轮廓线向左各偏移 640mm、800mm、800mm 和 800mm，如图 5-22 所示。

	软件技能：	更换图层
	用户应将偏移得到的线段转换为"细节"图层。	

2）将"细节"图层置为当前图层。使用"矩形"命令（REC），在相应的位置绘制 700mm×800mm 的矩形；使用"直线"命令（L），绘制两矩形对角之间的连接斜线段；再使用"修剪"命令（TR），将多余的线段修剪掉，结果如图 5-23 所示。

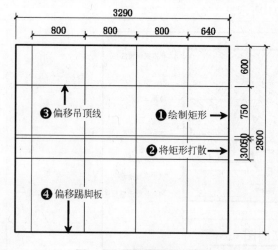

图 5-22 绘制轮廓线并偏移

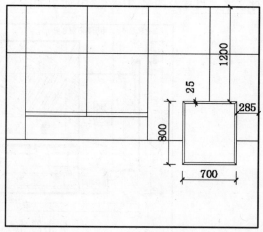

图 5-23 绘制梳妆镜

3）使用"偏移"命令（O），将左侧的轮廓线向左各偏移 855mm、30mm 和 275mm，将下侧的轮廓线向上偏移 420mm、30mm、30mm、1720mm 和 250mm；再使用"圆弧"命令（A）和"修剪"命令（TR），修剪掉多余的线段，且将部分线段转换为"轮廓线"，如图 5-24 所示。

4）使用"圆"命令（C）和"矩形"命令（REC），在相应的位置绘制立式窗帘；再使用"矩形"命令（REC）和"偏移"命令（O），将 350mm × 450mm 的矩形向内偏移 9mm 和 38mm，从而绘制壁画外框，如图 5-25 所示。

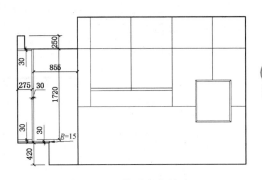

图 5-24　偏移窗台轮廓

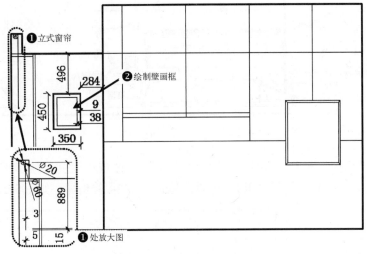

图 5-25　绘制窗帘和壁画

5）使用"图案填充"命令（H），选择相应的样例、比例和角度，对壁画和镜框进行图案的填充，如图 5-26 所示。

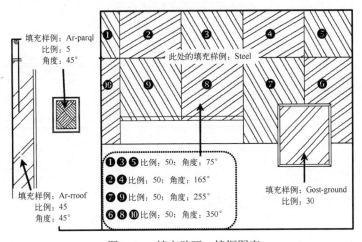

图 5-26　填充壁画、镜框图案

6）将"布置设施"图层置为当前图层。使用"插入"命令（I），将"案例\05"文件夹下的"立面组合双人床""立面写字桌""工艺品""抱枕"和"闹钟"等图块插入到相应的位置，效果如图 5-27 所示。

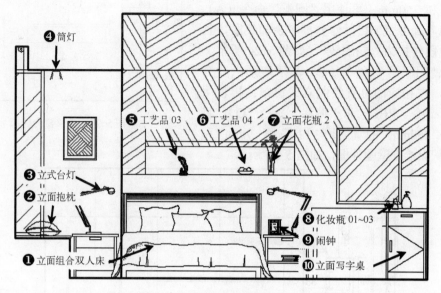

图 5-27　插入图块

7）将"细节"图层置为当前图层。使用"直线"命令（L），在图形底侧绘制长 3850mm 的踢脚板；再使用"修剪"命令（TR），将图块遮挡住的线段修剪掉，如图 5-28 所示。

图 5-28　绘制和修剪线段

5.3.3　进行文字、尺寸及图名标注

完成了主卧室 A 立面图的绘制之后，按照前面介绍的方法对其进行多重引线文字标注、

尺寸标注和图名标注，其效果如图 5-29、图 5-30 所示。

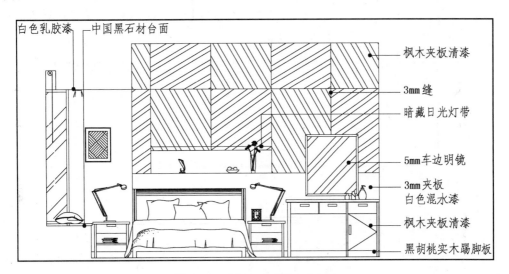

图 5-29 进行多重引线文字标注

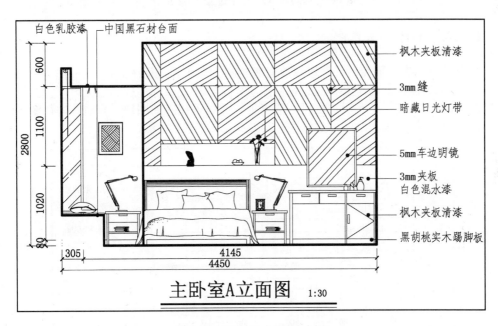

图 5-30 进行尺寸和图名标注

至此，该主卧室 A 立面图已经绘制完毕，按〈Ctrl+S〉组合键进行保存。

软件技能：	主卧室 C 立面图效果

用户可以根据前面绘制主卧室 A 立面图的方法来绘制其"主卧室 C 立面图"（案例\05\主卧室 C 立面图.dwg），其效果如图 5-31 所示。

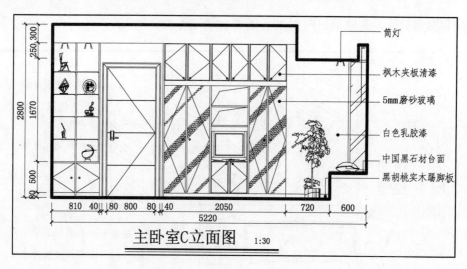

图 5-31　主卧室 C 立面图效果

软件
技能

5.4　厨房 C 立面图的绘制

素材
视频\05\厨房 C 立面图的绘制.avi
案例\05\厨房 C 立面图的绘制.dwg

　　在绘制厨房 C 立面图时，可以以前面所绘制的客厅 A 立面图.dwg 文件作为样板文件来进行图形的绘制，从而不必再次设置其图层、文字样式、标注样式等，可以直接绘制其厨房的轮廓和相应的柜子、吸油烟机、消毒柜，并插入相应的图块，再对其进行图案的填充，最后进行文字、尺寸及图名的标注，其效果如图 5-32 所示。

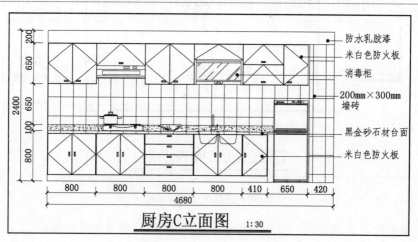

图 5-32　厨房 C 立面图效果

 ### 5.4.1　新建图形文件

　　由于前面已经建立好了立面图的绘制环境，在此只需要将前面的图形文件打开，将其原有的图形对象全部删除，再将其另存为新的文件即可，从而不必再进行绘图环境的设置。

1）启动 AutoCAD 2012 软件，选择"文件"→"打开"菜单命令，将"案例\05\客厅 A 立面图.dwg"文件打开。

2）使用鼠标将视图中的所有图形对象选中并进行删除；再选择"文件"→"另存为"菜单命令，将其另存为"案例\05\厨房 C 立面图.dwg"文件。

 ### 5.4.2 绘制厨房 C 立面图轮廓

根据住宅室内装潢平面布置图的相关尺寸，首先绘制 4680mm×2400mm 的矩形表示厨房 C 立面图的轮廓。

将"轮廓线"图层置为当前图层。使用"矩形"命令（REC），在视图中绘制 4680mm×2400mm 的矩形，使用"分解"命令（X）将矩形进行打散操作；再使用"偏移"命令（O），将上侧的轮廓线向下各偏移 200mm、1300mm、100mm 和 700mm，如图 5-33 所示。

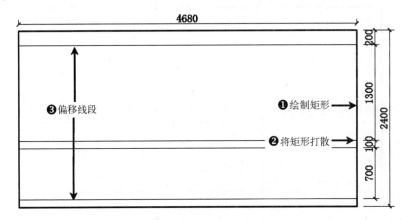

图 5-33　绘制轮廓线并偏移

 ### 5.4.3 绘制厨房装潢设施

在住宅的厨房装潢中，应配置一些装餐具用的矮柜、吊柜及消毒柜，并配备吸油烟机及炊具等。在此使用"矩形""直线"和"修剪"等命令绘制即可。

1）将"细节"图层置为当前图层。使用"直线"命令（L），在距离底侧轮廓线 760mm 处绘制长 3610mm 的水平线段，在距离左侧轮廓线 5mm 处绘制高 660mm 的垂直线段；再使用"偏移"命令（O），将绘制的垂直线段，向右分别偏移 793mm、5mm、795mm、5mm、795mm、5mm、795mm、5mm、403mm、5mm，将右侧的轮廓线向左偏移 420mm，并将其转换至"细节"图层，以此绘制厨房矮柜的大致轮廓，如图 5-34 所示。

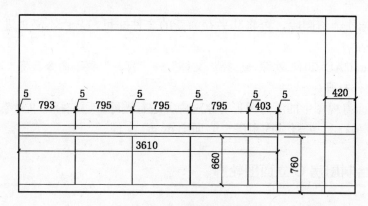

图 5-34　绘制并偏移线段

2）使用"矩形"命令（REC），分别绘制 389mm×650mm、390mm×650mm、393mm×650mm 和 785mm×159mm 的矩形，使绘制的矩形中点对齐来表示柜子；使用"直线"命令（L），在矩形左侧中点位置绘制斜线段表示柜门；再使用"矩形"命令（REC），绘制 68mm×22mm 的矩形，再将矩形向内偏移 5mm 来表示柜锁，如图 5-35 所示。

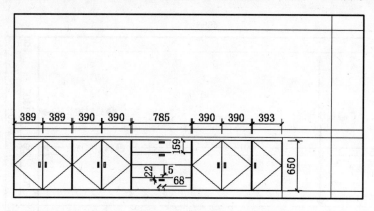

图 5-35　绘制矮柜

3）按照矮柜的绘制方法并参照以下的尺寸数据，使用"矩形"命令（REC）和"直线"命令（L）绘制吊柜，如图 5-36 所示。

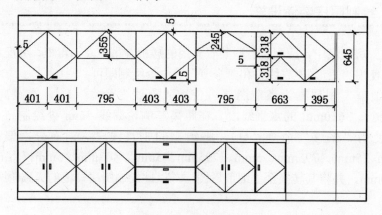

图 5-36　绘制吊柜

4）使用"矩形"命令（REC）、"直线"命令（L）和"偏移"命令（O）绘制吸油烟机，如图 5-37 所示。

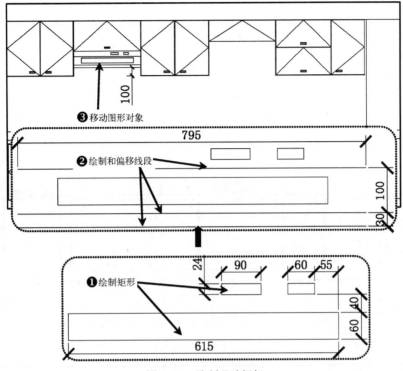

图 5-37　绘制吸油烟机

5）使用"矩形"命令（REC）、"分解"命令（X）、"偏移"命令（O）、"直线"命令（L）和"图案填充"命令（H）绘制消毒柜，如图 5-38 所示。

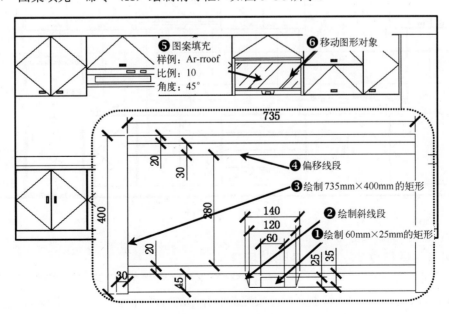

图 5-38　绘制消毒柜

6）将"布置设施"图层置为当前图层。使用"插入"命令（I），将"案例\05"文件夹下的"立面电冰箱""立面洗涤池"和"立面燃气灶"等图块插入到相应的位置，如图 5-39 所示。

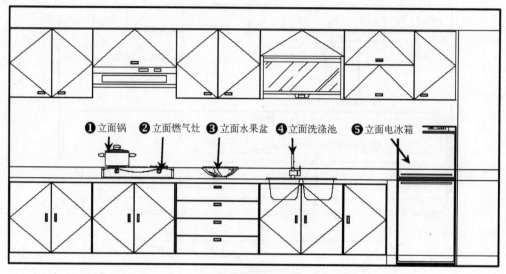

图 5-39　布置设施

7）使用"修剪"命令（TR），将被图块挡住的多余线段修剪掉；再使用"图案填充"命令（H），选择相应的样例、比例和角度进行图案填充，如图 5-40 所示。

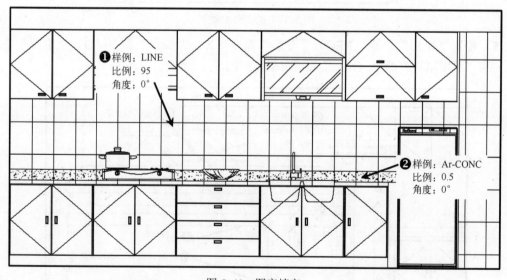

图 5-40　图案填充

5.4.4　进行文字、尺寸及图名标注

完成了厨房 C 立面图的绘制之后，按照前面介绍的方法对其进行多重引线文字标注、尺寸标注和图名标注，其效果如图 5-41 所示。

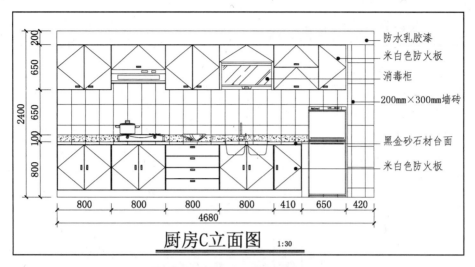

图 5-41　绘制完成的厨房 C 立面图

至此，该厨房 C 立面图已经绘制完毕，按〈Ctrl+S〉组合键进行保存。

5.5　客卫 D 立面图的绘制

素材　视频\05\客卫 D 立面图的绘制.avi
　　　案例\05\客卫 D 立面图的绘制.dwg

　　在绘制主卧室 A 立面图时，可以以前面所绘制的客厅 A 立面图.dwg 文件作为样板文件来进行图形的绘制，从而不必再次设置其图层、文字样式、标注样式等，可以直接绘制其主卧室的轮廓和相应的装潢壁画，并插入相应的图块，再对其进行图案的填充，最后进行文字、尺寸及图名的标注，其效果如图 5-42 所示。

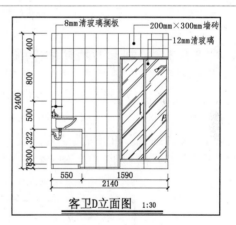

图 5-42　客卫 D 立面图效果

5.5.1　新建图形文件

　　由于前面已经建立好了立面图的绘制环境，在此只需要将前面的图形文件打开，将其原有的图形对象全部删除，再将其另存为新的文件即可，从而不必再进行绘图环境的设置。

　　1）启动 AutoCAD 2012 软件，选择"文件"→"打开"菜单命令，将"案例\05\客厅 A 立面图.dwg"文件打开。

　　2）使用鼠标将视图中的所有图形对象选中并进行删除；再选择"文件"→"另存为"菜单命令，将其另存为"案例\05\客卫 D 立面图.dwg"文件。

5.5.2　绘制客卫 D 立面图轮廓

根据住宅室内装潢平面布置图的相关尺寸，首先绘制 2140mm×2400mm 的矩形表示客卫 D 立面图的轮廓。

1）将"轮廓线"图层置为当前图层。使用"矩形"命令（REC），在视图中绘制 2140mm×2400mm 的矩形，使用"分解"命令（X）将矩形进行打散操作；再使用"偏移"命令（O），将上侧的轮廓线向下偏移415mm；将偏移产生的线段转换为"细节"线，如图 5-43 所示。

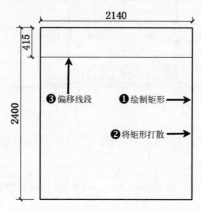

图 5-43　绘制轮廓线并偏移

5.5.3　绘制客卫的其他设施

在绘制客卫 D 立面图时，应布置相应的浴室门、洗漱储物柜等；再使用"图案填充"方法绘制立面墙贴防水瓷砖，并插入一些洗漱用品的图块。

1）将"细节"图层置为当前图层。使用"矩形"命令（REC）、"直线"命令（L）、"偏移"命令（O）和"圆弧"命令（A），分别绘制 A 和 B 处的图形对象，结果如图 5-44 所示。

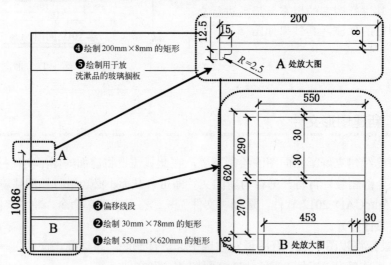

图 5-44　绘制储物柜

2）使用"矩形"命令（REC），绘制 891mm×1985mm 的矩形；再使用"分解"命令（X），对矩形进行打散操作；再使用"偏移"命令（O），将左侧的垂直线段向右各偏移30mm、14mm、389mm、13mm、30mm 和 386mm，将上侧的水平线段向下各偏移 20mm、4mm 和 16mm，将底侧的水平线段向上偏移 135mm、30mm 和 3mm；再使用"修剪"命令（TR），修剪掉多余的线段，如图 5-45 所示。

3）使用"矩形"命令（REC），绘制浴室的门锁；将"布置设施"图层置为当前图层。使用"插入"命令（I），将"案例\05"文件夹下的"立面喷头"和"立面洗漱盆"等图块插入到相应的位置，如图 5-46 所示。

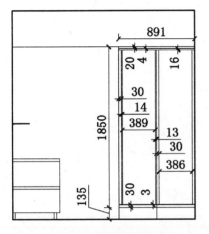

图 5-45　绘制浴室玻璃门

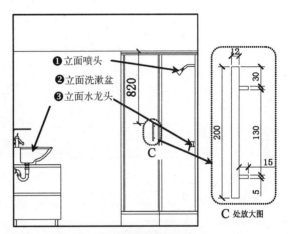

❶立面喷头
❷立面洗漱盆
❸立面水龙头

C 处放大图

图 5-46　绘制门锁和插入图块

4）使用"图案填充"命令（H），选择相应的样例、比例和角度进行图案填充，如图 5-47 所示。

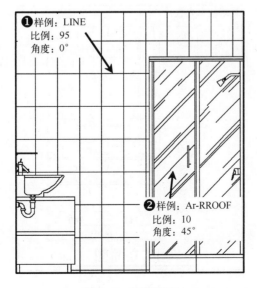

❶样例：LINE
　比例：95
　角度：0°

❷样例：Ar-RROOF
　比例：10
　角度：45°

图 5-47　图案填充

5.5.4 进行文字、尺寸及图名标注

完成了客卫 D 立面图的绘制之后，按照前面介绍的方法对其进行多重引线文字标注、尺寸标注和图名标注，其效果如图 5-48 所示。

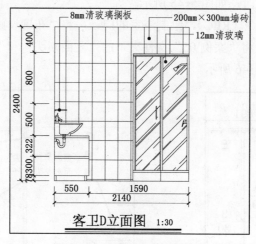

图 5-48 尺寸、文字标注效果

至此，该客卫 D 立面图已经绘制完毕，按〈Ctrl+S〉组合键进行保存。

软件技能：	客卫 C 立面图效果

用户可以根据前面所绘制的方法来绘制"客卫 C 立面图"（案例\05\客卫 C 立面图.dwg），其效果如图 5-49 所示。

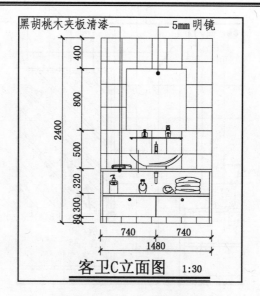

图 5-49 客卫 C 立面图效果

第6章 室内装潢构造详图的设计要点及绘制

本章导读

在进行室内装饰设计过程中，平面图、设施配景图、立面图等是装饰施工人员的主要依据，而为了使施工人员能够做到更加准备无误、细节更加到位，构造详图也是装饰施工人员所必须掌握的资料。

在本章中，首先讲解了室内装饰构造详图的基础知识，包括构造详图的形成、表达与分类，掌握构造详图的识读与图示内容，掌握构造详图的绘制步骤与方法；然后以地面构造详图、墙面构造详图、装饰柜详图为例，详细讲解了在 CAD 中构造详图的绘制方法和步骤，从而达到让读者牢固掌握、灵活应用的目的。

主要内容

◆ 讲解构造详图的形成、表达与分类。
◆ 讲解构造详图的识读、图示内容和绘制步骤。
◆ 熟练掌握地面构造详图的绘制方法。
◆ 熟练掌握墙面构造详图的绘制方法。
◆ 熟练掌握装饰柜构造详图的绘制方法。

效果预览

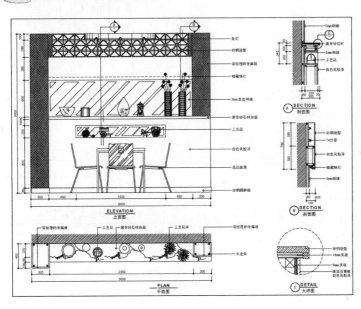

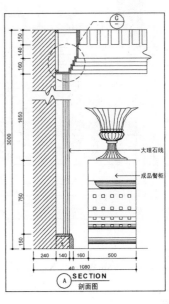

专业讲解　　　6.1　室内装饰构造详图的概述　

　　构造详图也称为构造大样图，它是用于表达室内装修做法中材料的规格及各材料之间搭接组合关系的详细图案，是施工图中不可缺少的部分。构造详图的难度不在于如何绘制，而在于如何设计构造做法，它需要设计人员深入了解材料特性、制作工艺和装修施工做法，是与实际操作结合得非常紧密的环节。

6.1.1　装饰详图的形成、表达与分类

　　在前面所绘制的立面图中，由于受到图幅和比例的限制，无法在其立面图中无法完全表达精确的细部，需要根据设计意图另行画出比例较大的图样，来详细表明它们的式样、用料、尺寸和做法，这些图样即为装饰详图，如图 6-1 所示。

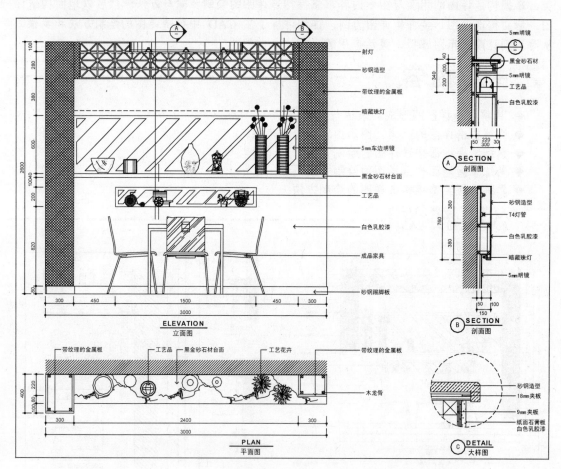

图 6-1　装饰详图

室内立面图应包括投影方向可见的室内轮廓线和装饰构造、门窗、构配件、墙面做法、

固定家具、灯具等内容及必要的尺寸和标高，并需表达出非固定家具、装饰物件等的情况。室内立面图的顶棚轮廓线，可根据情况只表达吊顶或同时表达吊顶及结构顶棚。

装饰详图按照其部位，可分为如图6-2所示的几种。

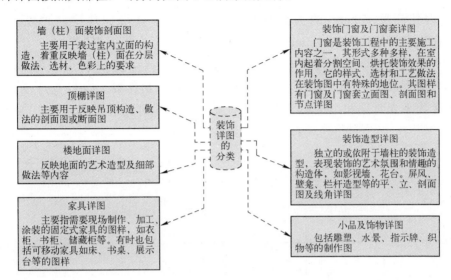

图6-2　装饰详图的分类

6.1.2　装饰详图的识读

室内装饰空间通常由三个基面构成：顶棚、墙面、地面。这三个基面经过装饰设计师的精心设计，再配置风格协调的家具、绿化与陈设等，可以营造出特定的气氛和效果。这些气氛和效果的营造必须通过细部做法及相应的施工工艺才能实现，实现这些内容的重要技术文件就是装饰详图。

1. 墙（柱）面装饰剖面图的识读

墙（柱）面装饰剖面图是用于表示装饰墙（柱）面从本层楼（地）面到本层顶棚的竖向构造、尺寸与做法的施工图样。它是假想用竖向剖切平面，沿着需要表达的墙（柱）面进行剖切，移去介于剖切平面和观察者之间的墙（柱）体，对剩下部分所作的竖向剖面图。它反映墙（柱）面造型沿竖向的变化、材料选用、工艺要求、色彩设计、尺寸标高等，通常选用1∶10、1∶15、1∶20等比例绘制，如图6-3所示。

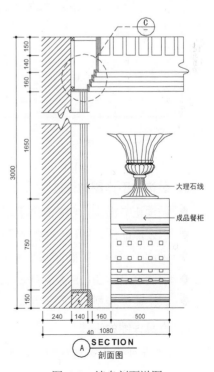

图6-3　墙身剖面详图

2．顶棚详图的识读

如图 6-4 所示是某别墅一层餐厅吊顶详图，它反映的是轻钢龙骨纸面石膏板吊顶做法的断面图。其中吊杆为钢筋，其下端有螺纹，用螺母固定大龙骨垂直吊挂件，垂直用挂件钩住高度 50mm 的大龙骨，再用中龙骨垂直吊挂件钩住中龙骨（高度 19mm），在中龙骨底面固定 9.5mm 厚纸面石膏板，然后在板面批腻刮白、罩白色乳胶漆。图中有日光灯槽做法，灯的右侧为石膏顶角线和白色乳胶漆饰面，用木螺钉固定在三角形木龙骨上，三角形木龙骨又固定在左侧的木龙骨架上，日光灯左侧有灯槽板，灯槽板为木龙骨架和纸面石膏板。吊顶用木质材料时应进行防火处理，如涂刷防火涂料等。

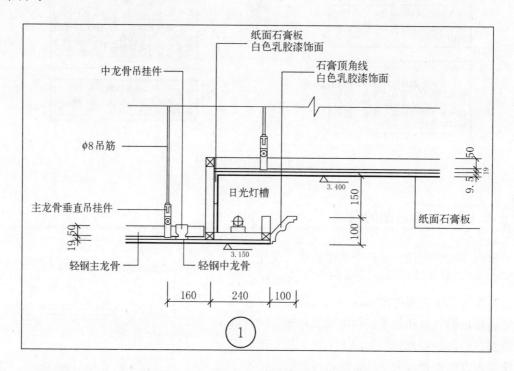

图 6-4　顶棚详图

3．装饰造型详图的识读

◆ 识读正立面图，明确装饰形式、用料、尺寸等内容。

◆ 识读侧面图，明确竖直方向的装饰构造、做法、尺寸等内容。

◆ 识读平面图，明确在水平方向的凹凸变化、尺寸及材料用法。

◆ 识读节点详图，注意各节点做法、线角形式及尺寸，掌握细部构造内容。

◆ 识读装饰造型的定位尺寸。

4．家具详图的识读

家具详图通常由家具立面图、平面图、剖面图和节点详图等组成，在识读家具详图时应从以图 6-5 所示的几个步骤来识读。

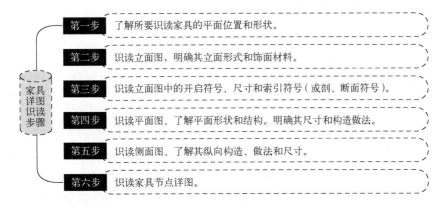

图 6-5 家具详图识读步骤

专业技能： 家具的功能

家具是室内环境设计中不可缺少的组成部分，它具有使用、观赏和分割空间关系的功能，有着特定的空间含义。它们与其他装饰形体一起，构成了室内装饰的风格，表达出特有的艺术效果和提供相应的使用功能，而这些都需要通过设计加以反映。家具的设计制作图也是装饰工程施工图的组成部分。

---

5. 装饰门窗及门窗套详图的识读

门窗是装饰工程的重要内容之一。门窗既要符合使用要求又要符合美观要求，同时还需符合防火、疏散等特殊要求，这些内容在装饰施工图中均应有所反映。门窗详图的识读方法如下：

◆ 识读门窗的立面图，明确立面造型、饰面材料及尺寸等。

◆ 识读门窗的平面图。

◆ 识读大样详图。

6. 楼地面详图的识读

楼地面在装饰空间中是一个重要的基面，要求其表面平整、美观，并且强度和耐磨性要好，同时应兼顾室内保温、隔声等要求，做法、选材、样式非常多。

楼地面详图一般由局部平面图和断面图组成。

1）局部平面图。如图 6-6 所示，①详图是一层客厅地面中间的拼花设计图，属局部平面图。该图标注了图案的尺寸、角度，用图例表示了各种石材，标注了石材的名称。图案大圆直径为 3.00m，图案由四个同心圆和钻石图形组成。

2）断面图。右图中的详图表示该拼花设计图所在地面的分层构造，图中采用分层构造引出线的形式标注了地面每一层的材料、厚度及做法等，是地面施工的主要依据。图中楼板结构边线采用粗实线表示，其他各层采用中实线表示。

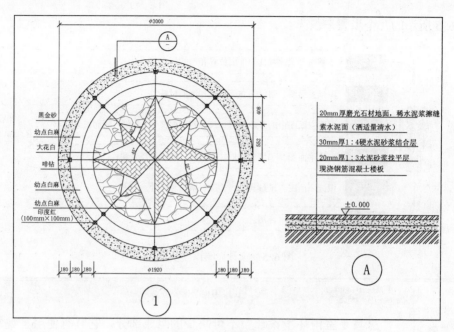

图 6-6 楼地面详图

6.1.3 装饰详图的图示内容

当装饰详图所反映的形体和面积较大以及造型变化较多时，通常需先画出平、立、剖面图来反映装饰造型的基本内容。如准确的外部形状、凸凹变化、与结构体的连接方式，标高、尺寸等。选用比例一般为 1:10～1:50，有条件时，平、立、剖面图应画在一张图纸上。当该形体按上述比例画出的图样不够清晰时，需要选择 1:1～1:10 的大比例绘制。当装饰详图较简单时，可只画其平面图及断面图（如地面装饰详图）即可。其装饰详图图示一般包括如图 6-7 所示的内容。

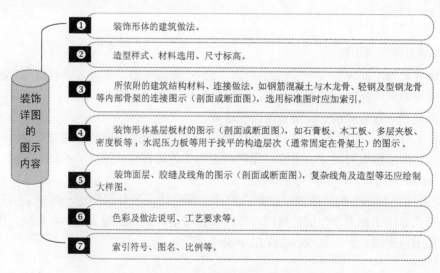

① 装饰形体的建筑做法。

② 造型样式、材料选用、尺寸标高。

③ 所依附的建筑结构材料、连接做法，如钢筋混凝土与木龙骨、轻钢及型钢龙骨等内部骨架的连接图示（剖面或断面图），选用标准图时应加索引。

④ 装饰形体基层板材的图示（剖面或断面图），如石膏板、木工板、多层夹板、密度板等；水泥压力板等用于找平的构造层次（通常固定在骨架上）的图示。

⑤ 装饰面层、胶缝及线角的图示（剖面或断面图），复杂线角及造型等还应绘制大样图。

⑥ 色彩及做法说明、工艺要求等。

⑦ 索引符号、图名、比例等。

装饰详图的图示内容

图 6-7 装饰详图的图示内容

6.1.4 装饰详图的画法

1.墙（柱）面装饰剖面图的画法

墙（柱）面装饰剖面图是反映墙柱面装饰造型、做法的竖向剖面图，是表达墙面做法的重要图样。墙（柱）面装饰剖面图除了绘制构造做法外，有时还需分层引出标注，以明确工艺做法、层次以及与建筑结构的连接等。

1）选比例、定图幅。

2）画出墙、梁、柱和吊顶等的结构轮廓，如图 6-8a 所示。

3）画出墙柱的装饰构造层次，如防潮层、龙骨架、基层板、饰面板、装饰线角等，如图 6-8b 所示。

4）检查图样稿线并加深、加粗图线。剖切到的建筑结构体轮廓用粗实线，装饰构造层次用中实线，材料图例线及分层引出线等用细实线。

5）标注尺寸，相对于本层楼地面的墙柱面造型位置及顶棚底面标高。

6）标注详图索引符号、说明文字、图名比例。

7）完成详图，如图 6-8c 所示。

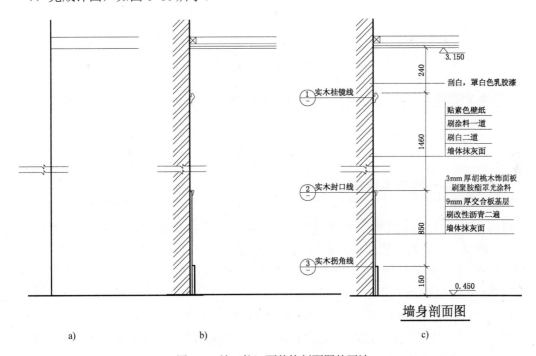

图 6-8 墙（柱）面装饰剖面图的画法

2.装饰详图（以门为例）的画法

1）选比例、定图幅。

2）画墙（柱）的结构轮廓。

3）画出门套、门扇等装饰形体轮廓。

4）详细画出各部位的构造层次及材料图例。

5）检查并加深、加粗图线。剖切到的结构体画粗实线，各装饰构造层用中实线，其他内容如图例、符号和可见线均为细实线。

6）标注尺寸、做法及工艺说明。

7）完成详图。

 软件技能

6.2 地面构造详图的绘制

素材 视频\06\地面构造详图的绘制.dwg
案例\06\地面构造详图.dwg

对地面构造的命名和分类多种多样。目前，常见的地面构造形式有粉刷类地面、铺贴类地面、木地面及地毯。粉刷类有水泥地面、水磨石地面和涂料地面等；铺贴类内容繁多，常见的有天然石材地面、人工石材地面及各种面砖及塑料地面板材等。本实例所涉及的地面主要是铺贴地面和木地面，其绘制的效果如图 6-9 所示。

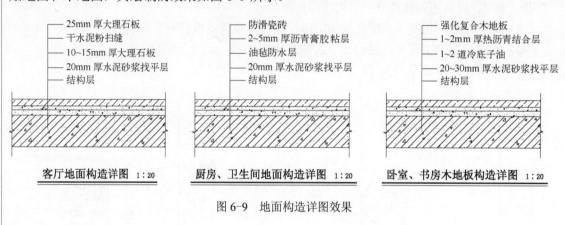

图 6-9 地面构造详图效果

6.2.1 客厅地面构造详图

在客厅地面构造详图中，结构层是指 120mm 厚的钢筋混凝土楼板，找平层为 20mm 厚的 1：3 水泥砂浆或细石混凝土，胶粘层为 10～15mm 厚的水泥砂浆；面层为 25mm 厚的 600mm×600mm 大理石板，颜色可以任选，用干水泥粉扫缝，其具体操作步骤如下：

1）启动 AutoCAD 2012 软件，并新建"案例\06\地面构造详图.dwg"图形文件。

2）使用"图层"命令（LA）新建"详图"和"填充图案"图层，并将"详图"图层置为当前图层，如图 6-10 所示。

状	名称 △	开	冻结	锁..	颜色	线型	线宽	透明度
▱	0	☼	☼	🔓	■白	Contin...	—— 默认	0
▱	填充图案	☼	☼	🔓	■蓝	Contin...	—— 默认	0
☑	详图	☼	☼	🔓	■白	Contin...	—— 默认	0

图 6-10 新建图层

3）使用"直线"命令（L），绘制一条长度为 500mm 的水平直线，再使用"偏移"（O）命令，将其水平线段向上偏移 120mm、20mm、15mm、25mm，完成各层的轮廓线，如图 6-11 所示。

4）使用"直线"命令（L）或"多段线"命令（PL）绘制两端的剖切线，如图 6-12 所示。

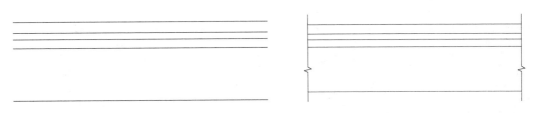

图 6-11　绘制各层轮廓线　　　　　　　图 6-12　绘制剖切线

5）将"图案填充"图层置为当前图层，使用"图案填充"命令（H），将各层的材料样例填充入相应的结构层内，如图 6-13 所示。

6）由于该详图的比例为 1∶20，用户应使用"缩放"命令（SC），将绘制的图样整体放大为原来的 20 倍。

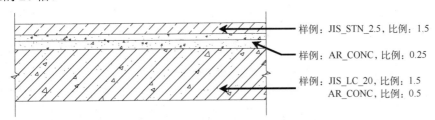

图 6-13　填充图案效果

7）新建"文字"图层，并将其置为当前图层，使用"文字"命令（T）和"直线"命令（L）标注出文字说明，如图 6-14 所示。

8）同样，使用"文字"命令（T）和"多段线"命令（PL）对详图进行图名和比例标注，如图 6-15 所示。

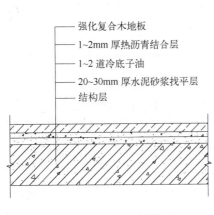

图 6-14　对各结构层进行标注

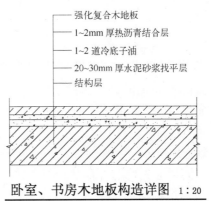

图 6-15　进行图名标注

专业技能：	大理石和防滑砖的铺设

由于本实例具体涉及的铺贴材料是大理石（客厅、过道）和防滑地砖（厨房、卫生间、阳台和储藏室），它们的基本构造层次是相同的，即由下至上依次为：结构层、找平层、胶粘层和面层。但是由于厨房、卫生间长期与水接触，所以应在找平层和胶粘层之间增加一个防水层，避免地面出现渗漏现象。

6.2.2　厨房、卫生间地面构造详图

在厨房和卫生间的地面构造详图中，结构层是指 120mm 厚的钢筋混凝土楼板，找平层为 20mm 厚的 1：3 水泥砂浆或细石混凝土，防水层为卷材防水层，胶粘层为 2～5mm 厚的沥青膏胶粘层，面层为 25mm 厚的 250mm×250mm 的防滑瓷砖。

用户应先使用"复制"命令（CO），将前面绘制好的客厅地面构造详图水平向右进行复制一份，然后对所标注的文字内容进行修改，使其符合厨房、卫生间地面构造详图的需要，如图 6-16 所示。

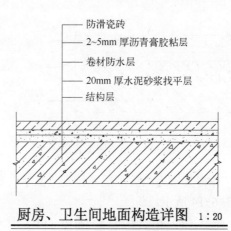

厨房、卫生间地面构造详图　1：20

图 6-16　厨房、卫生间地面构造详图

6.2.3　木地板构造详图

木地板的做法由基层、结合层、面层组成。地面材料一般有实木、强化复合地板以及软木等。如在主卧室和书房地面采用的是强化复合地板，采用粘贴式的做法。其基层为 20～30mm 厚的水泥砂浆找平层，外加冷底子油 1～2 道，结合层为 1～2mm 厚的热沥青，面层为强化复合地板。

用户同样应先使用"复制"命令（CO），将前面绘制好地面构造详图水平向右复制一份，然后对所标注的文字内容进行修改，使其符合主卧室和书房地面构造详图的需要，如图 6-17 所示。

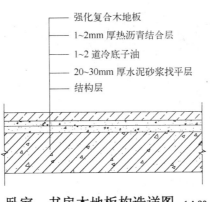

强化复合木地板
1~2mm 厚热沥青结合层
1~2 道冷底子油
20~30mm 厚水泥砂浆找平层
结构层

卧室、书房木地板构造详图 1：20

图 6-17 卧室、书房木地板构造详图

6.3 墙面构造详图的绘制

软件
技能

素
材

视频\06\墙面构造详图的绘制.dwg
案例\06\墙面构造详图.dwg

在本实例中将介绍厨房、卫生间墙面的做法。厨房、卫生间墙面贴 250mm×250mm 的防水瓷砖，它表面光滑、易擦洗、吸水率低，属于铺贴式墙面。具体做法是：首先用 1：3 水泥砂浆打底并刮毛，其次用 1：2.5 水泥砂浆掺 108 胶将面砖表面刮满，贴于墙上，轻轻敲实平整。

墙面构造详图的绘制方法与地面构造详图的绘制方法大致相同，其操作步骤如下：

1）将前面绘制的地面构造详图调出，并另存为新的图形文件"案例\06\墙面构造详图.dwg"。

2）使用"删除"命令（E）将多余的构造详图删除，只保留其中的一个构造详图即可。

3）使用"旋转"命令（RO）将其保留下来的地面详图顺时针旋转 90°（文字及图名标注对象不作旋转）。

4）使用"修剪"和"移动"等编辑命令对其图形进行相应的修改即可，如图 6-18 所示。

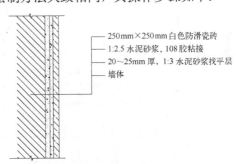

250mm×250mm 白色防滑瓷砖
1：2.5 水泥砂浆，108 胶粘接
20~25mm 厚，1：3 水泥砂浆找平层
墙体

厨房、卫生间墙面构造详图 1：20

图 6-18 厨房、卫生间墙面构造详图

专业技能： 墙面构造详图

墙面是建筑的围护部分，有承重结构墙和非承重填充墙两种类型。隔墙与隔断属于墙面的组成部分。墙面是建筑设计用来限定和划分空间的主要手段和设施，也是装修设计与施工中所占面积比例较大的部分。目前，墙面表面装修的种类多种多样，包括粉刷类墙面、石材墙面、木质墙面、陶瓷墙面、玻璃墙面、皮革与织锦墙面及壁纸墙面等。

软件
技能

6.4 装饰柜详图的绘制

素 视频\06\装饰柜详图的绘制.dwg
材 案例\06\装饰柜详图.dwg

在对装饰柜详图进行绘制时，首先将已有的装饰柜 D 立面图打开，在此基础上标出
索引符号 A 和 B，再依次绘制详图 A、B 的效果，然后再在详图 A 的节点位置标注出大
样图号 C，从而完成装饰柜详图的整体效果，如图 6-19 所示。

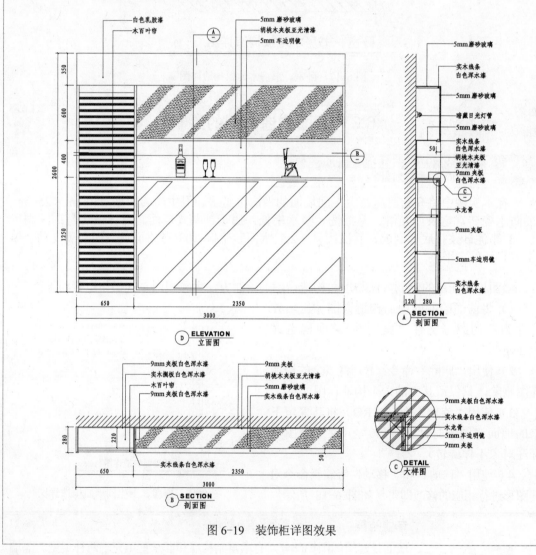

图 6-19 装饰柜详图效果

6.4.1 绘制详图符号

在绘制装饰柜详图的时候，首先打开已有的装饰柜 D 立面图，再标注好该装饰柜的纵
向和横向的详图符号 A、B，为后面详图的绘制做好标记。

1）启动 AutoCAD 2012 软件，选择"文件"→"打开"菜单命令，将"案例\06\装饰柜 D 立面图.dwg"文件打开，如图 6-20 所示。

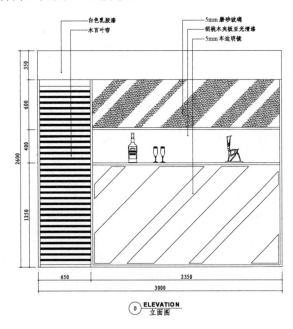

图 6-20　打开的文件

2）执行"文件"→"另存为"菜单命令，将其打开的文件另存为"案例\06\装饰柜详图.dwg"文件，从而可以在新的图形文件中进行绘制。

3）使用"多段线"命令（PL），过 D 立面图的中间位置绘制长度为 2850mm 的纵向多段线，且在纵线的两端绘制长度为 180mm 的纵线段和 150mm 的水平线段，如图 6-21 所示。

4）使用"圆"命令（C），绘制直径为 150mm 的圆对象，再使用"直线"命令（L），绘制过左、右象限点的水平线段，再使用"单行文字"命令（DT），在水平线段的上侧和下侧分别输入文字"A"和"-"，然后将其移至上一步所绘制多段线的端点位置，从而绘制出详图索引符号 A，如图 6-22 所示。

图 6-21　绘制多段线

图 6-22　绘制索引符号

5）再按照前面两步相同的方法，在图形的横向位置绘制详图索引符号 B，如图 6-23 所示。

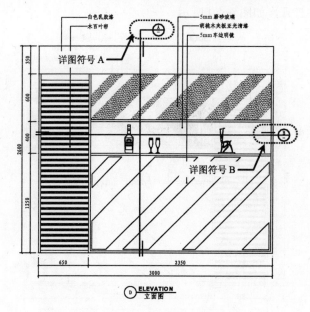

图 6-23　做好的详图符号标记

 ### 6.4.2　绘制装饰柜详图 A

在前面已经在装饰柜 D 立面图中做好了详图 A 和 B 的标记，从而确定好了详图的剖切位置。

1）使用"构造线"命令（XL），选择"水平（H）"选项，过装饰柜的轮廓绘制多线水平构造线，再使用"复制"命令（CO）和"偏移"命令（O），将装饰柜右最右侧的纵向线段向右侧进行复制和偏移操作，如图 6-24 所示。

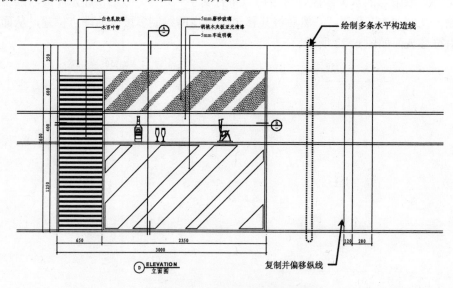

图 6-24　绘制构造线并偏移纵线

2）使用"修剪"命令（TR），对多余的构造线进行修剪，再使用"图案填充"命令（H），对左侧厚度为 120mm 的剖面墙体填充"ANSI 31"图案，填充比例为 300，如图 6-25 所示。

3）使用"偏移"命令（O），按照图 6-26 的要求进行偏移操作。

4）使用"复制""直线"和"修剪"等命令，绘制如图 6-27 所示的结构。

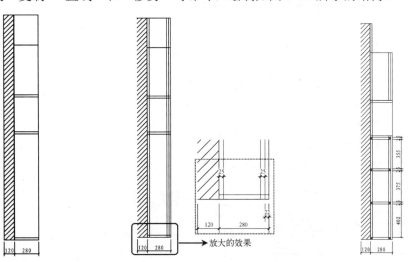

图 6-25　填充剖面墙体　　　图 6-26　偏移操作　　　图 6-27　复制与修剪

5）同样，再使用"直线""偏移"和"修剪"等命令，对其图形的上侧进行绘制，如图 6-28 所示。

6）将"TEXT"图层置为当前图层，并选择"HZ"文字样式作为当前文字样式，在"标注"工具栏中单击"引线标注"按钮，对其详图进行文字标注，如图 6-29 所示。

7）使用"圆"命令（C），在详图的指定位置绘制一个直径为 140mm 的圆，然后将前面所绘制的索引标记 A 复制到相应的位置，并修改标记为 C。

8）使用"文字"和"直线"等命令，在图形的下侧进行图名标注，如图 6-30 所示。

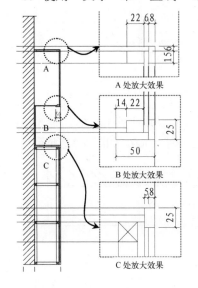

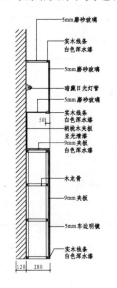

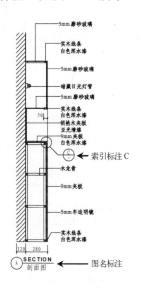

图 6-28　绘制轮廓　　　　　图 6-29　文字标注　　　　　图 6-30　索引及图名标注

软件技能：	引线标注

在进行引线标注时，其箭头样式设置为"点"，点大小为 0.5，文字的大小为 50，并设置为"左对齐"。

6.4.3 绘制装饰柜详图 B

装饰柜详图 B 的绘制方法与详图 A 类似，在 D 立面图的详图 B 位置绘制多条纵向横行线，然后根据墙体及柜体的厚度来进行偏移即可。

1）使用"构造线"命令（XL），选择"垂直（V）"选项，过装饰柜 D 立面图的详图符号 B 交点绘制多线垂直构造线，再使用"复制"命令（CO）和"偏移"命令（O），将装饰柜下侧最下侧的水平线段向下侧进行复制和偏移操作，如图 6-31 所示。

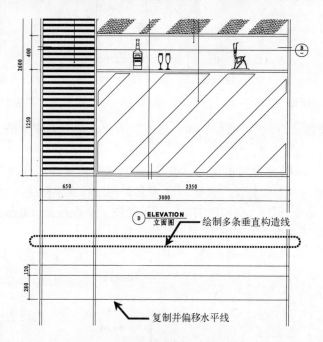

图 6-31 绘制构造线并偏移纵线

2）使用"修剪"命令（TR），将多余的构造线进行修剪，再使用"图案填充"命令（H），对上侧厚度为 120mm 的剖面墙体填充"ANSI 31"图案，填充比例为 300，如图 6-32 所示。

图 6-32 填充的图案

3）使用"偏移""直线"和"修剪"等命令，按照图 6-33 所示的要求来进行绘制。

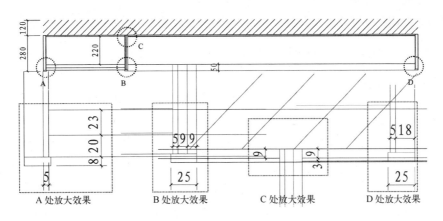

图 6-33　绘制轮廓

4）使用"图案填充"命令（H），选择"ANSI 32"图案，比例为 800，对右侧区域填充图案。

5）使用"分解"命令（X），将填充的 ANSI 32 图案进行打散操作，再使用"图案填充"命令（H），选择"AR-SAND"图案，比例为 10，对指定的区域进行填充，如图 6-34 所示。

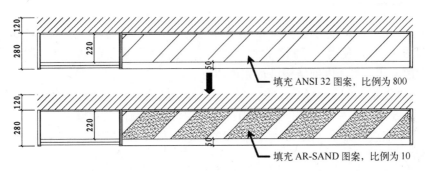

图 6-34　填充图案

7）将"TEXT"图层置为当前图层，并选择"HZ"文字样式作为当前文字样式，在"标注"工具栏中单击"引线标注"按钮，对其详图进行文字标注，如图 6-35 所示。

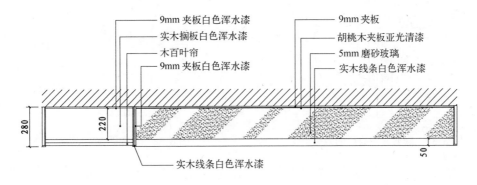

图 6-35　进行文字标注

8）使用"文字"和"直线"等命令，在图形的下侧进行图名标注，如图 6-36 所示。

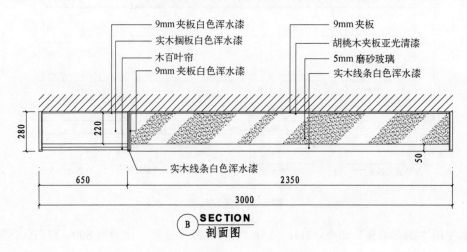

图 6-36　进行尺寸及图名标注

6.4.4　绘制装饰柜大样图 C

装饰柜大样图 C 是在构造详图 A 的节点上，使用圆形符号标注出来的，那么在绘制其节点的大样图 C 时，使用"复制"命令（CO）将圆内的区域复制到其他位置，并根据需要进行适当缩放，然后将其内部结构进行完善即可。

1）使用"复制"命令（CO），将详图 A 处标记圆的地方复制到一个新的位置，然后使用"修剪"命令（TR）将多余的对象修剪掉，只保留圆及圆内的对象。

2）使用"缩放"命令（SC），将所保留的对象缩放 5 倍，从而放大该图形，如图 6-37 所示。

3）使用"图案填充"命令（H），分别对指定的区域进行图案填充，并设置不同的填充比例，如图 6-38 所示。

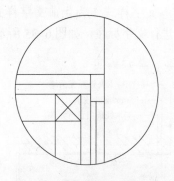

图 6-37　修剪并缩放后的效果

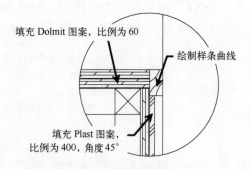

图 6-38　填充图案

4）按照前面相同的方法，对装饰柜大样图 C 进行文字标注、图名标注等，如图 6-39 所示。

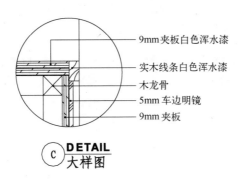

图 6-39　大样图的标注

5）至此，该装饰柜详图已经绘制完成，按〈Ctrl+S〉组合键进行保存。

第7章 室内装潢照明的
设计要点与绘制

本章导读

在进行室内装潢设计过程中，照明设计是重点之一，通过人工照明的设计，可以根据各个功能区光线环境的不同要以达到来完善照明设计的目的。

本章讲解了室内照明系统的组成、人工照明设计程序表、室内照明设计的原则和要求、照明的方式和种类、照明的常用灯具、电器元件符号等，并通过对实际案例工程的绘制，使读者掌握室内开关插座布置图和灯具布置图的绘制方法。在本章节的最后列举了一套室内照明图样让读者自行绘制，从而达到巩固学习和举一反三的目的。

主要内容

- ◆ 了解人工照明的设计程序及原则。
- ◆ 了解室内照明的方式和种类。
- ◆ 了解室内照明的常用光源、特征和作用。
- ◆ 掌握灯具的悬挂高度和常用灯具类型。
- ◆ 了解常用室内电器元件的图形符号。
- ◆ 熟练掌握室内开关插座布置图的绘制。
- ◆ 熟练掌握室内电气管线布置图的绘制。

效果预览

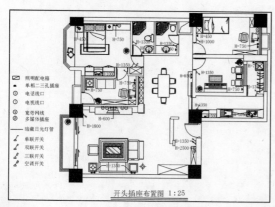

开头插座布置图 1:25

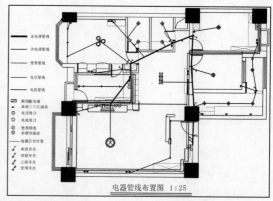

电器管线布置图 1:25

7.1 室内装潢照明设计的概述

室内照明是室内环境设计的重要组成部分，室内照明设计要有利于人的活动安全和舒适的生活。在人们的生活中，光不仅仅是室内照明的条件，而且是表达空间形态、营造环境气氛的基本元素之一。在装潢过程中，可以通过人工照明设计来达到不同的照明需求。

7.1.1 人工照明设计程序表

在进行室内照明设计时，其人工照明的设计应按照如表7-1所示进行操作。

表7-1　人工照明设计程序表

序号	设计程序	设计步骤和内容
1	明确照明设施的用途和目的	明确环境的性质，如确定为建筑室内的用途和使用目的，如确定为办公室、商场、体育馆等；确定需要通过照明设施所达到的目的，如各种功能要求及气氛要求等
2	确定适当的照度	根据活动性质、活动环境及视觉条件，选定照度标准；根据照明的目的选定适当的照度
3	照明质量	考虑视野内的亮度分布：室内最亮面的照度、工作面亮度与最暗面的亮度对比，同时要考虑主体物与背景之间的亮度比与色度比
		注意光的方向性和扩散性：一般需要有明显的阴影和光泽面的光亮场合，应选择有指示性的光源；需要得到无阴影的照明的场合，应选择有扩散性的光源
		光源的亮度不要过高；增大视线与光源之间的角度；提高光源周围的亮度；避免反射眩光
4	选择光源	考虑色光效果及其心理效果：需要识别色彩工作的地点及天然光不足的房间可采用荧光灯，还应考虑目的物的变色和变形，室内装饰等的色彩效果及气氛等
		比较：一般功率大的光源发光效率高，一般荧光灯是白炽灯的3～4倍
		考虑光源的使用时间：如白炽灯约为1000小时，荧光灯约为3000小时
		白炽灯各种放置方向的表面温度不同，应考虑灯泡的表面温度的影响
5	确定照明方式	照明类型分类：直接照明、半直接照明、漫射照明（完全漫射及直接间接照明）、半间接照明、间接照明 照度分布分类：一般照明、局部照明、混合照明 根据具体要求选择照明类型
		光檐（或光槽）、光梁（或光带）、发光顶棚等（设置格片或漫射材料）发光顶棚设计
6	照明器具的选择	外露型灯具，随房间进深的增大，眩光变大 下面开敞型的也有上述同样的倾向 下面半开敞型半截光灯具眩光少 镜面型截光灯具（带遮挡）的眩光最少 镜面型截光灯具（不带遮挡），带棱镜板型灯具均具有限制眩光的效果 带塑料格片、金属格片的灯具均具有限制眩光的效果，但灯具效率低 灯具的形式和色彩 考虑与室内整体设计的调和
7	照明器布置位置的确定	逐点计算法：各种光源（点、线、带、面）的直接照度 直接照度的计算
		利用系数法：同时确定灯具的数量、容量及布置 平均照度的计算
8	电气设计	电压、光源与照明装置的馈电等系统图的选择；配电盘的分布、网路布线、异线种类及敷设方法的选择
9	经济及维修保护	核算固定费用和使用费用 采用高效率的光源及灯具 天然光的利用 选用易于清扫维护、更换光源的灯具
10	设计时应考虑的事项	与建筑、室内及设备设计师协调，与室内其他设备统一，如空调、烟感、音响等

7.1.2 室内照明设计的原则

在进行室内照明设计时，应按照使用性、安全性、美观性和经济性 4 个原则进行考虑，如图 7-1 所示。

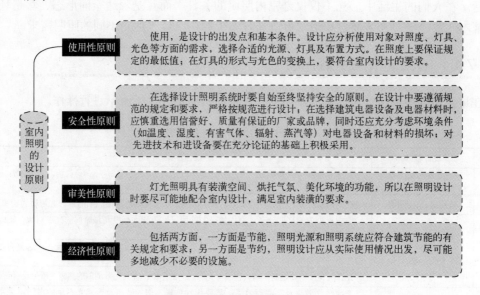

图 7-1　室内照明的设计原则

7.1.3 室内照明方式和种类

在室内照明设计中，不同的方式有不同的分类方法，也就会产生不同的种类，如图 7-2 所示。

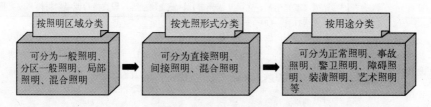

图 7-2　室内照明的分类

7.1.4 室内照明的常用光源类型

不同的光源类型运用在不同的场合和不同的位置，室内常用的光源类型如图 7-3 所示。

不同的光源类型应该用在不同的场合和位置，如图 7-4 所示。

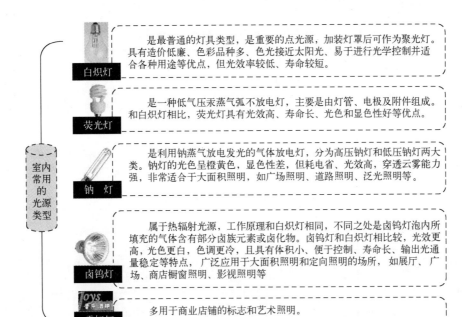

图 7-3 室内常用的光源类型

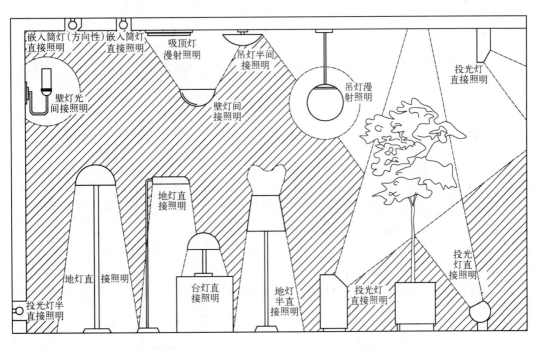

图 7-4 常用的光源类型布置的场合和位置

 7.1.5 主要光源的特征和用途

在进行室内灯光设计时，应考虑光源的特征和用途，如表 7-2 所示。

表 7-2   主要光源的特征和用途

灯名	种类	效率/(lm/W)	亮度	寿命/h	特征	主要用途
白炽灯	普通型（扩散型）	10~15	低	高	通常 1000（短）	一般用途，易于使用，适用于表现光泽和阴影。暖光色适用于气氛照明	住宅、商店的一般照明
	透明型	10~15	低	非常高	同上	闪耀效果，光泽和阴影的表现效果好。暖光色，常做气氛照明用	花吊灯，有光泽陈列品的照明
	球型（扩散型）	10~15	低	高	同上	明亮的效果，看上去具有辉煌温暖的气氛照明	住宅、商店的吸引效果
	反射型	10~15	低	非常高	同上	控制配光非常好，点光、光泽、阴影和材质感的表现力非常大	显示灯、商店、气氛照明
卤钨灯	一般照明用（直管）	约 20	低稍良	非常高	2000（短，稍良）	形状小，瓦数大，易于控制配光	适用于投光灯。作为体育馆的体育照明等
	微型卤钨灯	15~20	低稍良	非常高	1500~2000（短，稍良）	形状小，易于控制配光，适用于 150~500W，光通量也适当	适用于下射光和点光等的店铺照明
荧光灯		30~90	高	稍低	10000（非常长）	效率高，显色性好，眩光较小。因可得到扩散光，故难于产生物体的阴影。可制成各种光色和显色性的灯具。灯的尺寸大，因此灯具大。不能做大瓦数的灯	最适用于一般房间、办公室、商店等的一般照明
汞灯	透明型	35~55	稍高	非常高	12000（非常长）	显色性不好，易控制配光，形状小，可得大光通量	用投光器的重点照明（最好同其他暖色系的光源混光）
	荧光型	40~60	高	高	同上	涂红色的荧光粉，可使颜色稍微变好	工厂、体育馆、室外照明、道路照明等
	荧光型（蓝色改进型）	40~60	高	同上	同上	涂以掺加红色荧光粉的蓝绿色荧光粉能得到一般室内照明足够用的显色性，瓦数种类多	银行、大厅、商店、商业街等，大瓦数用于高顶棚，小瓦数用于低顶棚
金属卤化物灯	透明型	70~90	比汞灯高	非常高	6000~9000（长）	控制配光非常容易，大体同荧光型的光色相同	体育馆、广场、投光照明
	扩散型	70~90	比汞灯高	高	同上	在显色性好的灯中效率最高	体育设施、高顶棚的办公室、商店、工厂
高压钠灯	透明型	90~130	非常高	非常高	12000（非常长）	在普通照明所使用的光源中，有最大的效率，适用于省能	体育、投光照明、道路照明
	扩散型	90~125	非常高	高		在普通照明所使用的光源中，有最大的效率，适用于省能	高顶棚的工厂照明、道路照明

 ## 7.1.6   灯具的悬挂高度

在进行室内灯具的布置时，应按照灯具的种类不同选择不同的高度悬挂，如表 7-3 所示。

表 7-3 灯具的悬挂高度

照明器的形式	漫射罩	灯泡	保护角	最低悬持高度/m 灯泡功率/W			
				≤100	150～200	300～500	>500
带搪瓷反射罩的灯具或带镜面反射罩的集照型灯具	无	透明	0°～30°	2.5	3.0	3.5	4.0
			>90°	2.0	2.5	3.0	3.5
		磨砂	10°～90°	2.0	2.5	3.0	3.5
	在 0°～90°区域内为磨砂玻璃	任意	<20°	2.5	3.0	3.5	4.0
			≤20°	2.0	2.5	3.0	3.5
	在 0°～90°区域内为乳白玻璃	任意	≤20°	2.0	2.5	3.0	3.5
			>20°	2.0	2.0	2.5	3.0
带镜面反射罩的泛照型灯具	无	透明	任意	4.0	4.5	5.0	6.0
漫射灯	在 0°～90°区域内为乳白玻璃	任意	任意	2.0	2.5	3.0	3.5
	在 40°～90°区域内为乳白玻璃	透明	任意	2.5	3.0	3.5	4.0
	在 60°～90°区域内为乳白玻璃	透明	任意	3.0	3.0	3.5	4.0
	在 0°～90°区域内为磨砂玻璃	任意	任意	3.0	3.5	4.0	4.5
裸灯泡	无	磨砂	任意	3.5	4.0	4.5	6.0

7.1.7 室内照明的常用灯具类型

室内照明的常用灯具类型如图 7-5 所示。

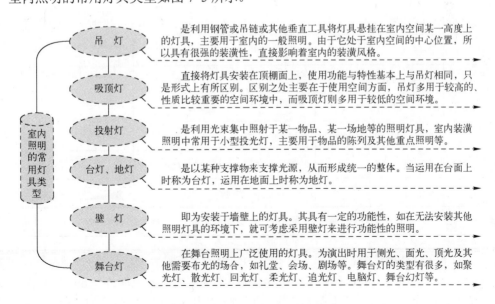

图 7-5 室内照明的常用灯具类型

 ### 7.1.8　常用室内电器元件图形符号

在进行室内装潢的电器设计过程中，需要布置一些电器符号来表示相应的元件。Auto CAD 2012 中的常用电器元件图形符号如表 7-4 所示。

表 7-4　常用室内电器元件图形符号

符号	说明	符号	说明		符号	说明
⊙＋ ▶	墙面单座插座（距地300mm）	FW	服务呼叫开关		⊙＋TL	台灯插座（距地300mm）
⊡＋	地面单座插座	JJ	紧急呼叫开关		⊙＋RF	冰箱插座（距地300mm）
WS	壁灯	YY	背景音乐开关		⊙＋SL	落地灯插座（距地300mm）
○	台灯	⊕	筒灯/根据选型确定直径尺寸		⊙＋SF	保险箱插座（距地300mm）
⊙ 喷淋　下喷　上喷　侧喷		草坪灯				客房插卡开关
Ⓢ	烟感探头	直照射灯				三联开关
Ⓓ	顶棚扬声器	可调角度射灯				二联开关
▷＋D	数据端口	洗墙灯				一联开关
▷＋T	电话端口	防雾筒灯	温控开关			600mm×600mm 格栅灯
▷＋TV	电视端口	吊灯/选型	五孔插座			
▷＋F	传真端口	低压射灯	电视插座			600mm×1200mm 格栅灯
⊗	风扇	地灯	网络插座			
LCP	灯光控制板	灯槽	火警铃			300mm×1200mm 格栅灯
□T	温控开关	吸顶灯	□DB 门铃			
□CC	插卡取电开关	下送风口/侧送风 A/C				
□DND	请勿打扰指示牌开关	下回风口/侧回风 A/R				排风扇
SAT	人造卫星信号接收器插座	下送风口/侧送风 A/C				
MS	微型开关	下回风口/侧回风 A/R			XHS	消火栓
SD	调光器开关	开关　单联　双联　三联				照明配电箱

●＋MR　剃须插座（距地1250mm）　　●＋HR　吹风机插座（距地1250mm）　　●＋HD　烘手器插座（距地1400mm）

软件技能：　　　常用室内电器元件符号

该表中的电器符号见"案例\07\常用室内电器元件符号.dwg"文件，当用户需要使用这些电器元件符号时，可打开文件并直接进行复制，或者将指定的图形符号保存为单独的图块对象，然后插入该图块对象即可。

7.2　室内开关插座布置图的绘制

素材　视频\07\室内开关插座布置图.avi
案例\07\室内开关插座布置图.dwg

在进行室内装潢照明线路图的绘制时，应在原有平面布置图的基础上进行绘制，将准备好的灯具、开关、插座图标复制到原图上，然后将不同的符号复制到相应的位置，最后将不同的路线管线依次连接不同的元件符号上即可。

在本案例（室内开关插座布置图）绘制时，首先打开事先准备好的平面布置图，然后将其复制到一个新的 dwg 文件中，再将准备好的电器元件图例复制到新的文件中，然后将指定的电器元件图例复制到指定的位置，并标注出开关插座的高度，其布置效果如图 7-6 所示。

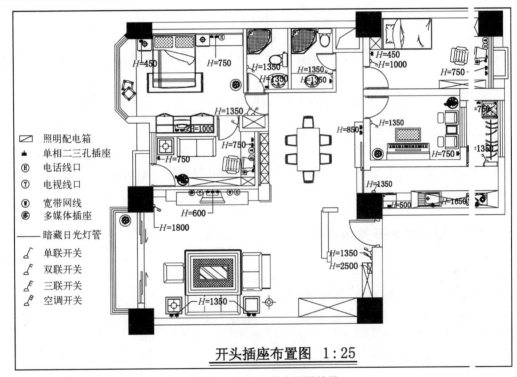

图 7-6　开关插座布置图效果

7.2.1　新建文件

由于本案例以前面章节绘制的"住宅室内装潢平面图"为基准进行绘制，所以将准备好的文件打开，然后另存为新的文件来进行开关插座的布置。

操作步骤

1）启动 AutoCAD 2012 软件，选择"文件"→"打开"菜单命令，将"案例\04\住宅室内装潢平面图.dwg"文件打开；再执行"文件"→"另存为"菜单命令，将其另存为"案例\07\室内开关插座布置图.dwg"文件。

2）使用"图层"命令（LA），在"图层特性管理器"面板中，将地板、平面尺寸、文字标注图层关闭，如图 7-7 所示。

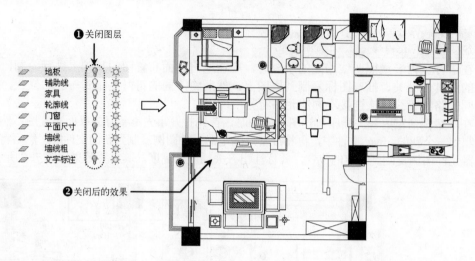

图 7-7　关闭指定图层

3）使用鼠标框选视图中的所有对象，按〈Ctrl+C〉组合键将选中的图形对象进行复制，再选择"文件"→"新建"菜单命令，新建一个.dwg 文件，然后按〈Ctrl+V〉组合键进行粘贴，最后选择"文件"→"保存"菜单命令，将其保存为"案例\07\住宅室内开关插座布置图.dwg"文件。

 7.2.2　插入电器开关插座符号

用户可以通过前面的方法绘制相应的电器元件符号，且标注不同电器元件符号的名称，然后将其复制到当前文件中，以备复制到相应的位置。

1）使用"图层"命令（LA），新建"开关插座"图层，并设置为当前图层，如图 7-8 所示。

图 7-8　新建"开关插座"图层

2）使用"插入"命令（I），将"案例\07\电器开关插座符号.dwg"文件插入到当前图形文件的左下角；再使用"分解"命令（X）将插入的文件进行打散操作，如图 7-9 所示。

3）将插入的电器开关插座符号置为"开关插座"图层，则这些符号将显示为红色。

	软件技能：　　　　对开关插座进行编组
	用户可使用"对象编组"命令（G），在命令行提示下选择不同的开关插座符号进行单独的编组操作，方便后面对这些符号进行复制。

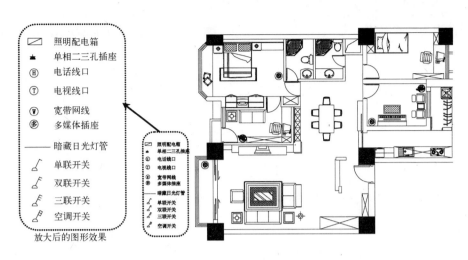

图 7-9 插入电器开关插座符号

7.2.3 布置开关插座

在布置开关插座时，用户可依次布置每个房间的不同开关。

1）使用"复制"命令（CO），将"三联开关" 符号复制到入户口的右侧；再使用"旋转"命令（RO），将复制的 2 个"三联开关" 符号进行旋转，如图 7-10 所示。

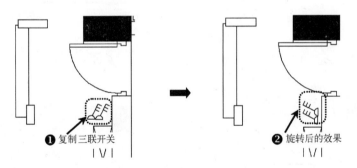

图 7-10 复制"三联开关"符号

2）使用同样的方法将"单相二三孔插座"▟、"电视线口"Ⓣ、"宽带网线"Ⓦ和"电话线口"Ⓗ符号插入到客厅的电视机后面，如图 7-11 所示。

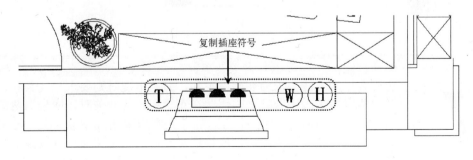

图 7-11 布置电视机后面的插座

3）使用同样的方法，将"单相二三孔插座" ▲ 符号插入到客厅的沙发后面，如图 7-12 所示。

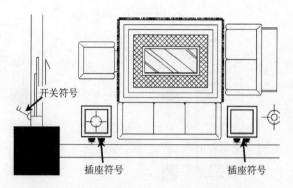

开关符号

插座符号   插座符号

图 7-12   布置沙发后面的插座

4）按照前面客厅布置开关和插座符号的方法，再为其他的房间布置开关及插座符号，其布置效果如图 7-13 所示。

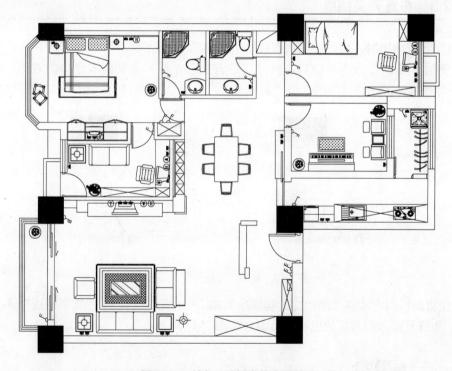

图 7-13   所有开关插座的布置效果

专业技能：   客厅开关的布置

由于客厅的光线要求为明亮、柔和，而看电视时则要求光线柔和、亮度较低等，所以应采用混合灯光。因此在布置客厅的开关时，应采用两组"三联开关" 进行控制；而各个房间的灯光则应采用"双联开关" 进行控制；厨房的照明主要是实用，故应该选择合适的照度和显色性较高的光源，一般可选择白炽灯或荧光灯，即采用"单联开关" 进行控制。

7.2.4 标注开关插座的高度

在布置开关和插座时，根据不同功能需要应安装在不同的高度，如进门的开关应安装在距离 1350mm 高的位置（其中儿童房开关安装距离 1000mm 高的位置），其插座安装在距地面 350mm 高的位置，床头开关及插座应安装在距地面 750mm 高的位置，空调插座应安装在距地面 1800mm 高的位置。

将"文字标注"图层置为当前图层，在"多重引线"工具栏中单击"多重引线"按钮，分别针对不同的灯开关与插座进行安装位置高度的标注，如图 7-14 所示。

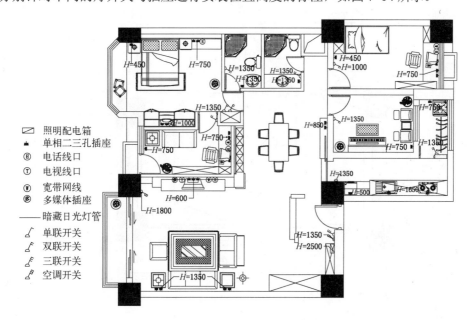

图 7-14 标注开关与插座的高度

专业技能： 电源开关的高度

电源开关离地面一般在 1200～1300mm（一般开关高度与成人的肩膀等高）；视听设备、台灯、接线板等一般距地面 300mm（客厅插座根据电视柜和沙发的高度而定）；洗衣机的插座距地面 1200～1500mm；电冰箱的插座为 1500～1800mm；空调、排气扇的插座距地面 1800～2000mm；厨房功能插座离地 1100mm。

一般开关都是用方向相反的一只手进行开启/关闭，而且一般使用右手，空余左手。所以，一般家里的开关都装在进门的左侧，这样方便进门后用右手开启。

软件技能

7.3 室内电器管线布置图的绘制

素材 视频\07\室内电器管线布置图.avi
案例\07\室内电器管线布置图.dwg

在本案例（室内电器管线布置图）绘制时，首先借助前面绘制的"开关插座布置图"和第 4 章绘制的"住宅室内装潢顶棚布置图来进行配置操作，绘制不同的电器管线，如电源管线、宽带管线、电话管线、电视管线等，其布置效果如图 7-15 所示。

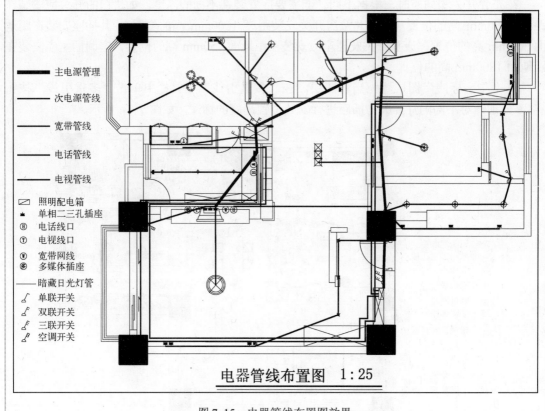

图 7-15   电器管线布置图效果

 ### 7.3.1   新建文件

由于本实例是借助"案例\04\住宅室内装潢顶棚布置图.dwg"和"案例\07\住宅室内开关插座布置图.dwg"文件为基准进行绘制的，所以应事先将其准备好的文件打开，将指定的灯具对象复制到开关布置图上，然后另存为新的文件即可。

1）启动 AutoCAD 2012 软件，选择"文件"→"打开"菜单命令，将"案例\04\住宅室内装潢天花布置图.dwg"和"案例\07\住宅室内开关插座布置图.dwg"文件同时打开。

2）在"窗口"菜单下选择"住宅室内装潢天花布置图.dwg"文件，使之成为当前文件。

3）选择"工具"→"快捷选择"菜单命令，打开"快速选择"对话框，按照如图 7-16 所示将图形中的所有"灯饰"图层中的对象全部选中。

4）在键盘上按〈Ctrl+C〉组合键，将选中的灯饰对象复制到内存中，再在"窗口"菜单下选择"住宅室内开关插座布置图.dwg"文件，使之成为当前文件，然后按〈Ctrl+V〉组合键将其复制的内容粘贴在当前视图的空白位置，如图 7-17 所示。

5）选择"格式"→"图层"菜单命令，将指定的图层进行关闭，如图 7-18 所示。

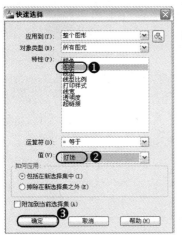

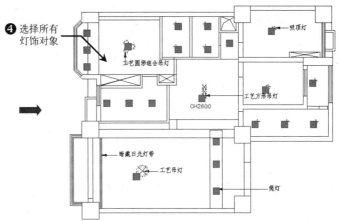

图 7-16 选择所有灯饰对象

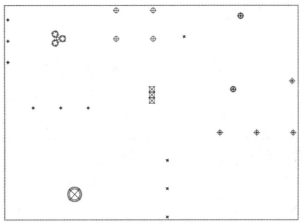

图 7-17 粘贴灯饰对象

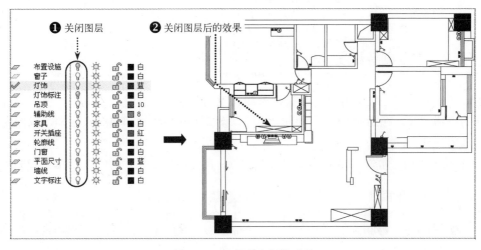

图 7-18 选择所有灯饰对象

6）使用"移动"命令（M），将粘贴过来的灯饰对象移至相应的位置，使之"套叠"在相应的位置，如图 7-19 所示。

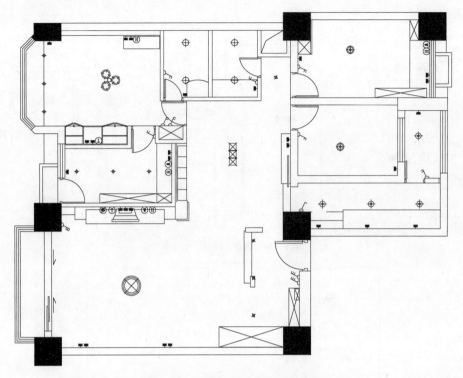

图 7-19　移动灯饰对象至相应位置

| 软件技能： | 灯具对象的移动 |

　　在此移动灯饰对象时，用户可参看"视频\07\住宅室内电器管线布置图的绘制.avi"视频文件进行操作。

　　7）选择"文件"→"另存为"菜单命令，将该文件另存为"案例\07\住宅室内电器管线布置图.dwg"文件。

 ### 7.3.2　布置电器管线

　　由于该电器管线是由电源管线、宽带管线、电话管线、电视管线组成的，所以应分别绘制不同的电器管线。在绘制时，不同的管线可以设置不同的颜色和粗细来区别，以便用户或施工人员更好地阅读。

　　1）使用"图层"命令（LA），新建"电器管线"图层，且置为当前图层，如图 7-20 所示。

图 7-20　新建"电器管线"图层

　　2）绘制电源管线。使用"多段线"命令（PL），从入户门左侧的"照明配电箱"图标处开始，分别绘制至各个房间的灯具开关处来作为主电源管线，且设置多段线的宽度为 70，颜色设置为"蓝色"，如图 7-21 所示。

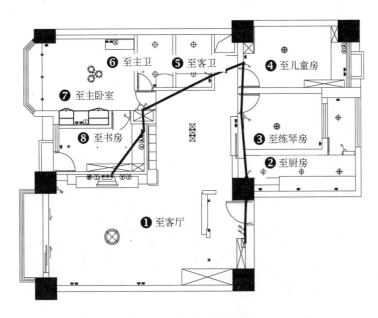

图 7-21　绘制主电源管线

3）同样，绘制各房间的次电源管线，即从主电源管线绘制至相应的插座及灯具处，设置多段线的宽度为 30，颜色为"红色"，它主要有至各个插座的次电源管线及至各个灯具的次电源管线，如图 7-22 所示。

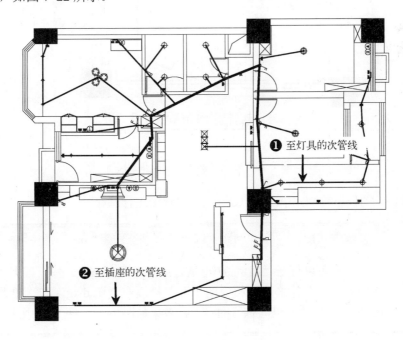

图 7-22　绘制次电源管线

软件技能： 　　次电源管线的绘制

　　在绘制次电源管线时，应从主管线至各个插座连通，从开关处至各个灯具处连通，且以每个开关控制不同灯具为目的。

　　4）同样，在绘制宽带管线、电话管线、电视管线时，应设置不同的颜色代表不同的管线，如宽带管线为"绿色"、电话管线为"洋红色"、电视管线为"青色"，其多段线的宽度均为30，如图7-23所示。

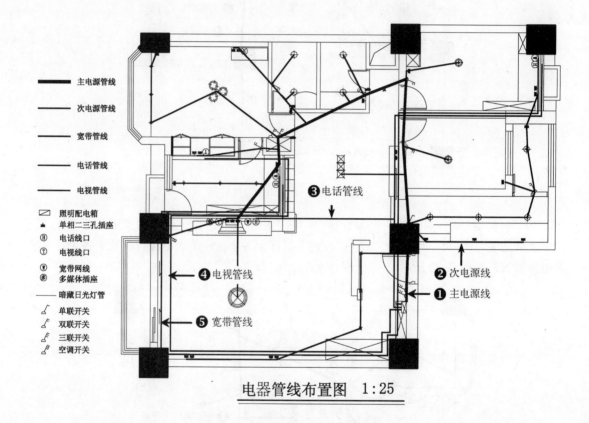

图 7-23　绘制好的电器管线布置图

　　5）至此，该图样已绘制完毕，按〈Ctrl+S〉组合键进行保存。

软件技能： 　　电器管线练习图预览效果

　　用户可以打开"案例\07\电器管线练习图.dwg"文件，根据"原建筑平面图.dwg"文件来绘制相应的"开关插座布置图.dwg"和"电器管线布置图.dwg"，以达到巩固练习的目的，效果如图7-24～图7-26所示。

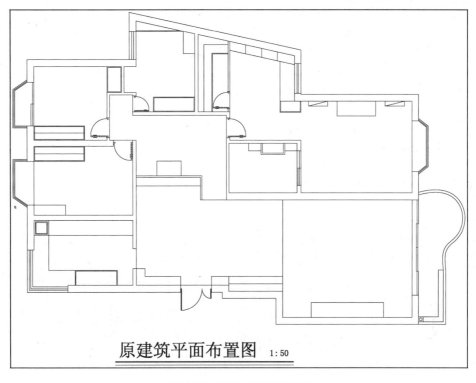

图 7-24 原建筑平面布置图

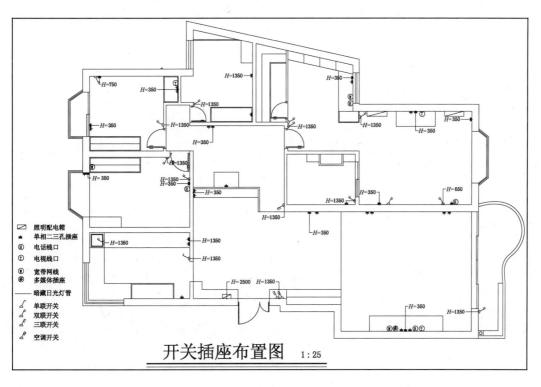

图 7-25 开关插座布置图

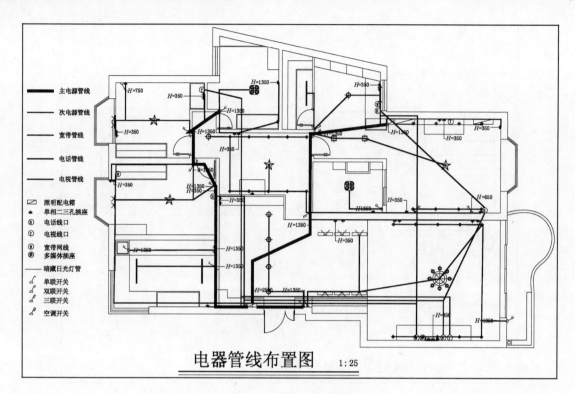

图 7-26　电器管线布置图

第8章 办公室装修设计要点及绘制

本章导读

办公空间具有不同于普通住宅的特点，它是由办公、会议、走廊三个区域来构成内部使用功能空间的，其最大特点是公共化，这个空间要照顾到多个员工的审美需要和功能要求。

在本章中，首先讲解了办公室空间的设计概述，包括办公室设计的基本要素、注意事项、灯光设计、墙面装修等注意要点，以及人体尺寸要求；然后以某办公室为例，通过AutoCAD 软件来逐步绘制该办公室的建筑平面图、平面布置图、开关插座布置图、某空间A 立面图等；最后给出另一办公室装修效果图，包括建筑平面图、平面布置图、电器插座布置图和A 立面图，让读者自行演练。

主要内容

◆ 了解办公室设计的基本要求和注意要点。
◆ 了解办公室的灯光设计和墙面装修要点。
◆ 了解办公室的人体尺度要求。
◆ 掌握掌握办公室原始建筑平面图的绘制。
◆ 掌握办公室平面布置图的绘制。
◆ 掌握办公室电器插座布置图的绘制。
◆ 掌握办公室 A 立面图的绘制。

效果预览

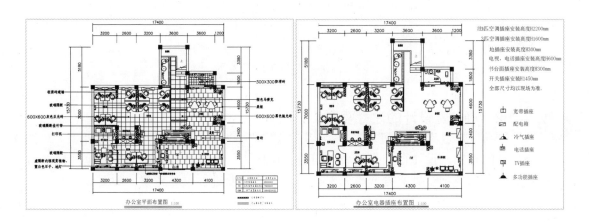

专业
讲解

8.1 办公室空间的设计概述

办公室的布局、通风、采光、人流线路、色调等的设计适当与否，对工作人员的精神状态及工作效率影响很大。过去陈旧的办公设备已不再适应新的需求，要使高科技办公设备更好地发挥作用，就要求有好的空间设计与规划。

 ### 8.1.1 办公室设计的基本要求

办公室设计主要包括办公用房的规划、装修、室内色彩及灯光音响的设计、办公用品及装饰品的配备和摆设等内容。办公室设计有三个层次的目标，如图 8-1 所示。

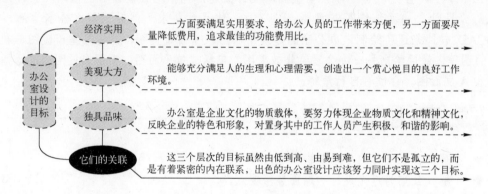

图 8-1   办公室设计的目标

根据目标组合，无论是哪类人员的办公室，在办公室设计上都应符合如图 8-2 所示的基本要求。

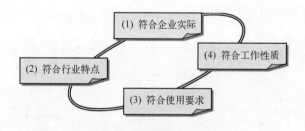

图 8-2   办公室设计的基本要求

 ### 8.1.2 办公室设计的注意要点

办公室的布置、设计直接影响着人们的工作情绪，所以办公区域的装修也同样非常重要，装修时的各项基础工程应事先根据办公室的需要进行单独考察，如图 8-3 所示。

图 8-3 办公室设计的注意要点

 8.1.3 办公室的灯光设计

好的设计可以给办公室带来不一样的感觉，在办公室灯光设计的注意事项，如图 8-4 所示。

注意事项

1）办公时间几乎都是白天，因此人工照明应与天然采光结合设计而形成舒适的照明环境。
2）办公室照明灯具宜采用荧光灯。
3）视觉作业的邻近表面以及房间内的装饰表现宜采用无光泽的装饰材料。
4）办公室的一般照明宜设计在工作区的两侧，采用荧光灯时宜使灯具纵轴与水平视线平行，不宜将灯具布置在工作位置的正前方。
5）在难于确定工作位置时，可选用发光面积大，亮度低的双向蝙蝠翼式配光灯具。
6）在有计算机终端设备的办公用房，应避免在屏幕上出现人和事物(如灯具、家具、窗等)的影像。
7）理想的办公环境及避免光反射的方法。
8）经理办公室照明要考虑写字台的照度、会客空间的照度及必要的电气设备。
9）会议室照明要考虑会议桌上方的照明为主要照明，使人产生中心和集中感觉。照度要合适，周围加设辅助照明。
10）以集会为主的礼堂舞台区照明，可采用顶灯配以台前安装的辅助照明，并使平均垂直照度不小于300lx。

图 8-4 办公室灯光设计的注意事项

8.1.4 办公室墙面装修注意事项

办公室墙面装修的形式非常多样化，且与设计风格紧紧相扣，下面就此重点讨论施工的注意事项。

1. 乳胶漆

这是一种最普遍和省钱的处理方法，其装修施工方法如图 8-5 所示。

装修方法

① 先对墙面进行处理。如果不平整，往往需要对其先进行处理。先用双飞粉加熟胶粉填补和批烫。如果是状态良好的漆面，应用粗砂纸打磨。如果原漆面已有破坏，就应用水洒湿然后除去。一般装修专业人员会用专用的去漆电刨进行处理，也用其他大刃口的刀片。

② 刷漆时建议用大号平刷，而不是用滚刷来刷乳胶漆。滚刷虽然方便，但是用量浪费，而且效果比不上前者。

③ 乳胶漆有光面和哑面两种。如果有光洁的地板，建议用哑光的墙漆；如果地板较暗，则用光面乳胶漆。

④ 为防止不小心污染别的物品，请使用掩盖胶纸贴住不需涂装的部分。

⑤ 刷涂料时应开启窗户，使室内空气流通。由于涂料具有挥发性，故应务必小心，以免中毒。

图 8-5 乳胶漆的装修施工方法

2. 墙纸

在办公室装修中选用墙纸的比较多，但是墙纸与原木地板一样，易出现施工质量问题，很多施工队都处理不好墙纸的防霉和伸缩性。

1）贴墙纸一定要先处理墙面，使其平洁。处理方法是使用衬纸。如果不使用衬纸，则应使用双飞粉。关键就在这里，无论是用何种办法处理，一定要在干透之后张贴墙纸，否则会出现发霉的问题。另外，一定要先确定墙壁是干净的，防止外墙渗水。

2）如果墙面已经处理（例如双飞粉批烫），可以先刷一遍光油。因为油水不相容，这样就避免了墙面的潮气直接进入墙纸里面。

3）墙纸的张贴应从较宽面的亮处开始张贴。

4）张贴的方法有横向和竖向两种，不宜斜贴。

在进行墙纸施工过程中，如遇施工缺陷，可按照如图 8-6 所示的方法补救。

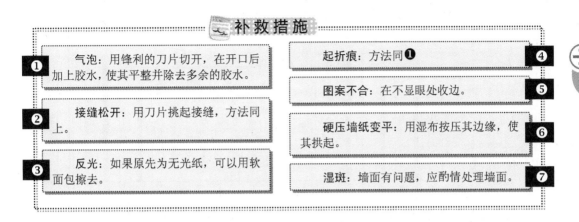

图8-6 墙纸施工缺陷补救方法

3. 木饰面

木饰面是高级装修工程常用的办法，其装修方法如图8-7所示。

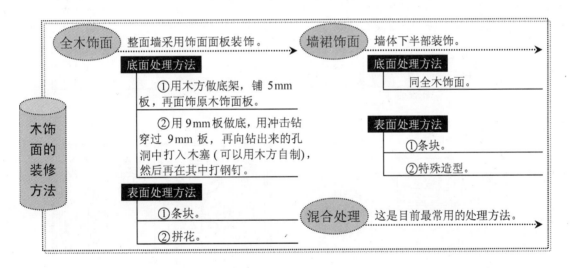

图8-7 木饰面装修方法

 ## 8.1.5 办公室的人体尺度

在进行办公室装修设计时，除了要考虑装饰的材料、灯光、注意事项外，还应该注意办公室人体活动的人体尺度要求，这样才能使所设计出的办公室更加灵活和人性化。如图8-8所示为开放式办公室的人体尺度。

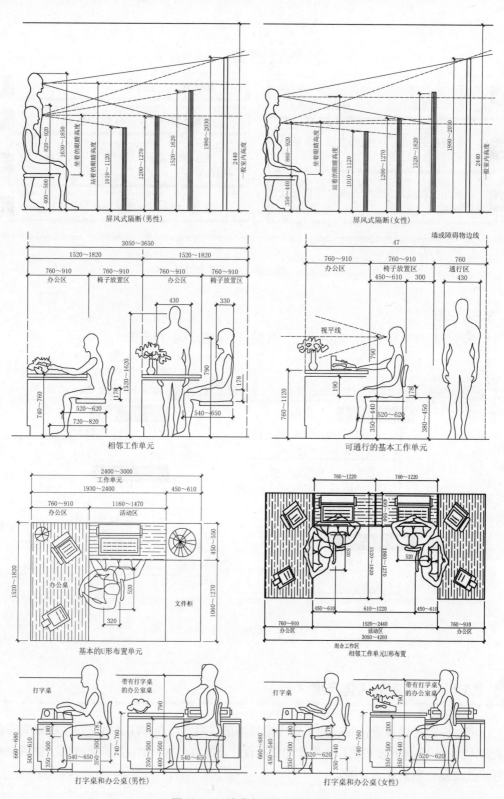

图 8-8 开放式办公室人体尺度

8.2　办公室建筑平面图的绘制

素
材
视频\08\办公室建筑平面图的绘制.avi
案例\08\办公室建筑平面图.dwg

　　在绘制（办公室建筑平面图）之前，通过"设计中心"将前面第 4 章绘制的住宅室内装潢平面图中的绘图环境（如标注样式、文字样式、多段线样式等）调入新建的文件中，然后再依次绘制外墙线、内墙线，开启门窗结构，绘制墙柱及轻质砖砌墙，绘制并插入门窗图块等，再进行尺寸及图名的标注，其绘制的效果如图 8-9 所示。

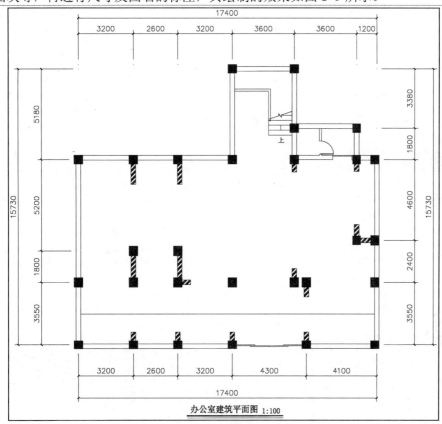

图 8-9　办公室建筑平面图效果

8.2.1　新建文件

　　首先将原有的文件打开，再新建所需要的文件，从而使用"设计中心"来调用绘图环境。

　　1）启动 AutoCAD 2012 软件，选择"文件"→"打开"菜单命令，将"案例\04\住宅室内装潢平面图.dwg"文件打开。

　　2）执行"文件"→"新建"菜单命令，将打开"选择样板"对话框，选择"acadiso.dwt"文件后单击"打开"按钮，将新建一个空白文件。

3）执行"文件"→"另存为"菜单命令，将其空白文件存为"案例\08\办公室建筑平面图.dwg"文件。

 ## 8.2.2 调用绘图环境

在绘制建筑平面图之前，首先应设置图层、文字样式、标注样式等，这在前面第 4 章中已经详细讲解过了，在此不再重复。在绘制本图之前，通过"设计中心"功能将"案例\04\住宅室内装潢平面图.dwg"文件中设置的图层、文字样式、标注样式等调入"案例\08\办公室建筑平面图.dwg"文件中，可以大大地提高绘图效率，只需在个别的地方进行适当修改即可。

在"CAD 标准"工具栏中单击"设计中心"按钮 或使用〈Ctrl+2〉组合键，打开"设计中心"面板，在"文件夹"选项下展开"住宅室内装潢平面图.dwg"文件，然后分别将"标注样式""文字样式""图层""多重引线样式"中的指定对象拖曳到当前文件视图中，如图 8-10 所示。

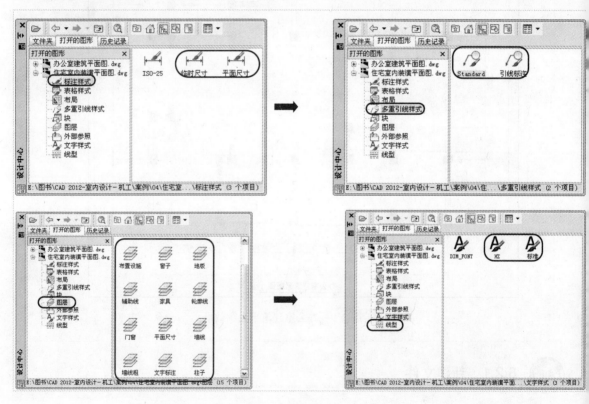

图 8-10　调用绘图环境

 ## 8.2.3 墙线和墙柱的绘制

已经新建了绘图文件，并调用了相应的绘图环境，即可直接开始绘制墙线和墙柱对象。

1）将"墙"图层置为当前图层。使用"多段线"命令（PL），按照图 8-11 所示绘制墙线，且设置多段线的宽度为 10mm；再使用"偏移（O）"命令，将多段线向外偏移 270mm。

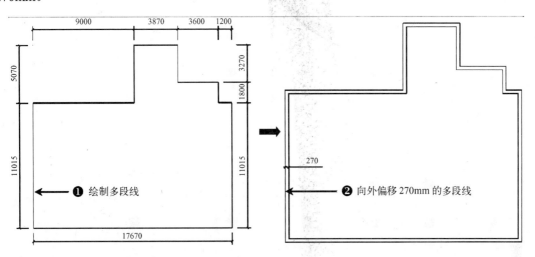

图 8-11　绘制墙线

2）切换到"内墙线"图层。使用"直线"命令（L），按照图 8-12 所示绘制内墙线，其宽度为 270mm。

3）将"内墙线"图层隐藏，然后切换到"墙柱"图层。使用"矩形"命令（REC），如图 8-13 所示，在相应的位置绘制 495mm×540mm 的矩形表示墙柱。

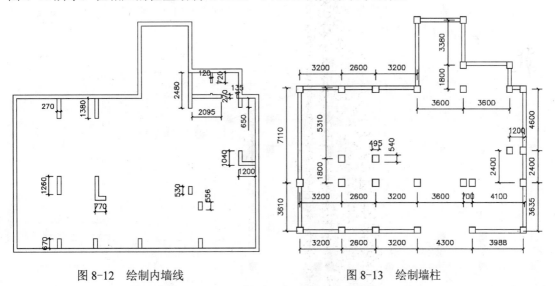

图 8-12　绘制内墙线　　　　　　　　　图 8-13　绘制墙柱

4）打开"内墙线"图层。使用"图案填充"命令（H），对墙柱进行"SOLID"样例，比例为 1；对内墙进行"ANSI 34"样例，比例为 10 的图案填充操作，如图 8-14 所示。

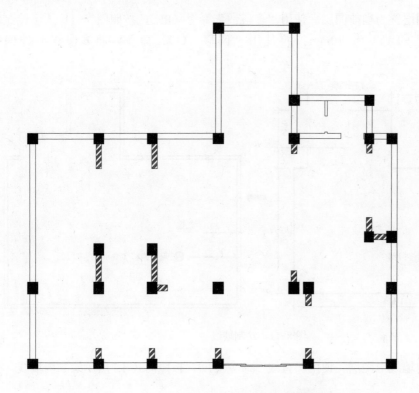

图 8-14　填充墙柱和内墙线

5）切换到"门窗"图层。使用"矩形"命令（REC），绘制办公室的大门；再使用"直线"命令（L）绘制上、下楼梯间结构；再使用"插入"命令（I），将"案例\08\门.dwg"图块，插入到指定的位置，效果如图 8-15 所示。

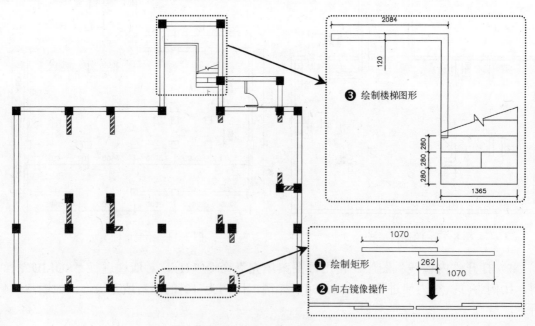

图 8-15　绘制大门和楼梯间

8.2.4　进行尺寸和图名标注

办公室平面图的内外墙线、墙柱已经绘制完成后，即可开始进行尺寸和图名标注。

1）将"尺寸标注"图层置为当前图层。使用"标注样式"命令（D），在打开"标注样式管理器"对话框，将原有的"平面尺寸"样式更改为"平面尺寸-100"，然后按照图 8-16 所示修改标注样式。

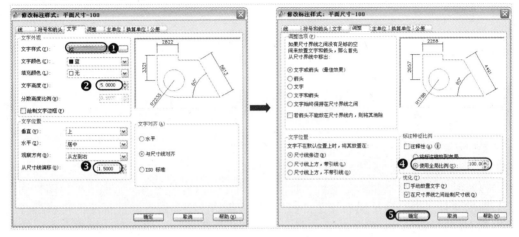

图 8-16　修改标注样式

2）在"标注"工具栏中分别单击"线性"$\vdash$和"连续标注"$\sqcap$按钮，然后按照图 8-17 所示对图形进行尺寸标注。

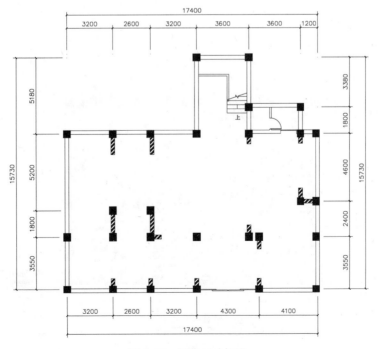

图 8-17　进行尺寸标注

3）将"文字标注"图层置为当前图层。使用"多行文字"命令（MT），在视图下侧输入"办公室建筑平面图 1∶100"，且选择"SIMPLEX"文字样式，文字大小为 600 和 300；再使用"多段线"命令（PL），绘制两条多段线，如图 8-18 所示。

办公室建筑平面图 1:100

图 8-18　进行图名标注

软件技能　8.3　办公室平面布置图的绘制

素材　视频\08\办公室平面布置图的绘制.avi
案例\08\办公室平面布置图.dwg

在绘制（办公室平面布置图）之前，将上一步绘制好的"办公室建筑平面图"文件另存为新的文件"办公室平面布置图.dwg"，对其各功能空间进行功能标注；再将准备好的"案例\08\各种图块.dwg"图块文件打开，将其不同的图块对象复制并摆放在不同的房间位置；然后对其进行不同的文字标注，以及门窗规格、图例、图名的标注。其绘制的效果如图 8-19 所示。

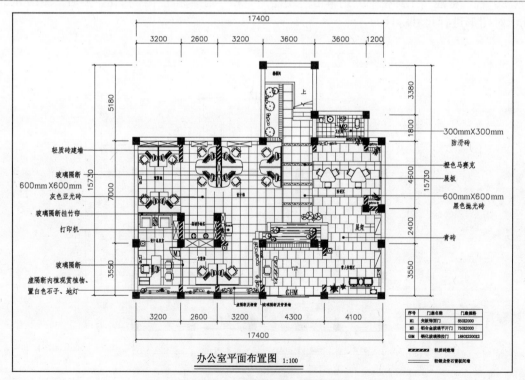

办公室平面布置图 1:100

图 8-19　办公室平面布置图效果

8.3.1　新建文件

在绘制办公室的平面布置图时，首先在前面所绘制的建筑平面图的基础上来进行绘制。

1）启动 AutoCAD 2012 软件，选择"文件"→"打开"菜单命令，将"案例\08\办公室建筑平面图.dwg"文件打开。

2）执行"文件"→"另存为"菜单命令，将其另存为"案例\08\办公室平面布置图.dwg"文件。

3）在进行办公室平面图布置时，可将所需要的各种图块组合在一个文件中，以方便调用。选择"文件"→"打开"菜单命令，将"案例\08\各种图块.dwg"文件打开，如图 8-20 所示。

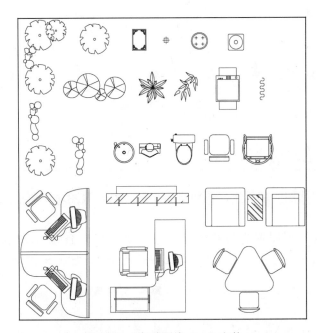

图 8-20　"各种图块.dwg"文件

4）使用鼠标将所有的图块对象选中，按〈Ctrl+C〉组合键将其复制到剪贴板中，再选择"窗口"菜单下的"办公平面布置图.dwg"文件，使之成为当前文件，然后按〈Ctrl+V〉组合键将图层对象粘贴到当前文件的空白位置，以便调用复制。

 ### 8.3.2　标注各功能空间

在进行平面图的布置之前，首先使用文字功能对其各功能空间进行文字标注。

1）将"尺寸标注"图层关闭，再将"文字标注"图层置为当前图层。

2）使用"文字样式"命令（ST），选择"SIMPLEX"文字样式，并修改该文字样式的大小为 300；然后使用"文字"命令（T）分别对各个功能空间进行文字说明标注，如图 8-21 所示。

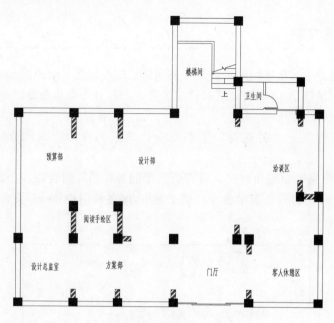

图 8-21 标注各功能空间

 8.3.3 布置各功能空间的对象

在原有的建筑平面图的基础上，再将准备好的各种配景图块对象插入、复制到相应的位置，并进行适当调整即可。

1）将"辅助线"图层置为当前图层。使用"矩形"命令（REC）和"直线"命令（L），在相应的位置绘制文件柜、展架、玻璃隔断及橱窗，如图 8-22 所示。

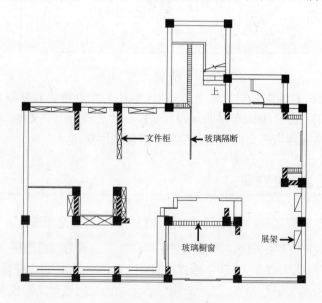

图 8-22 绘制辅助线

2）用鼠标将所有的图块对象全部选中，然后在"图层控制"下拉列表框中，选择"布置设施"图层，使所有的图层被设置为"布置设施"图层。

3）将"布置设施"图层置为当前图层。使用"复制"命令（CO）、"旋转"命令（RO）和"比例缩放"命令（SC）等命令，将"前台柜""藤椅""茶几""平面花卉""工作椅""饮水机""盆景"等图块，插入到相应的位置，并按要求进行摆放，如图 8-23 所示。

4）同样，将"休闲桌椅""盆景""坐便器""洗脸盆""洗手槽""楼梯盆景""装饰石"等图块插入到相应的位置，并按要求进行摆放，如图 8-24 所示。

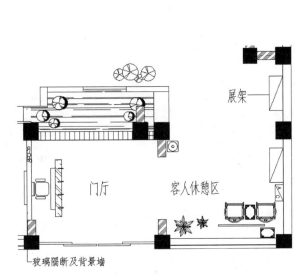

图 8-23　布置门厅和客人休憩区

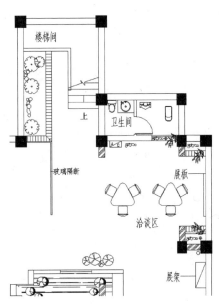

图 8-24　布置洽谈区、楼梯间、卫生间

5）同样，将"总监办公桌""盆景""装饰石""组合电脑桌 2""饮水机""双人沙发""打印机"等图块，插入到相应的位置，并按要求进行摆放，如图 8-25 所示。

6）同样，将"组合电脑桌 1""组合电脑桌 2""工作台灯"等图块插入到相应的位置，并按要求进行摆放，如图 8-26 所示。

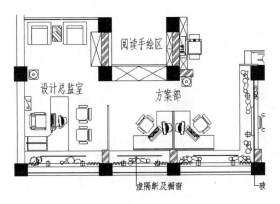

图 8-25　布置总监室、方案部

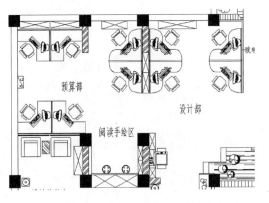

图 8-26　布置预算部和设计部

8.3.4 进行尺寸和图名标注

平面图中的各种配景对象布置好后，还应对其相应的功能空间进行地材的铺设，并对其进行文字及尺寸的标注。

1）选择"格式"→"多重引线样式"命令，弹出"多重引线管理器"对话框，在样式列表框中将之前调入的多重引线样式名"引线标注"更名为"引线标注-100"，再单击"修改"按钮，如图 8-27 所示修改其样式。

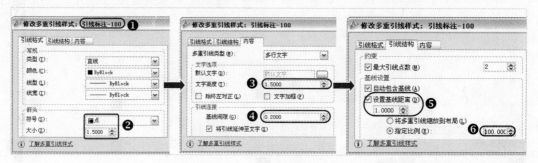

图 8-27 修改多重引线样式

2）将"地板"图层置为当前图层。使用"图案填充"命令（H），选择相应的样例和比例，在指定的位置进行图案填充操作，如图 8-28 所示。

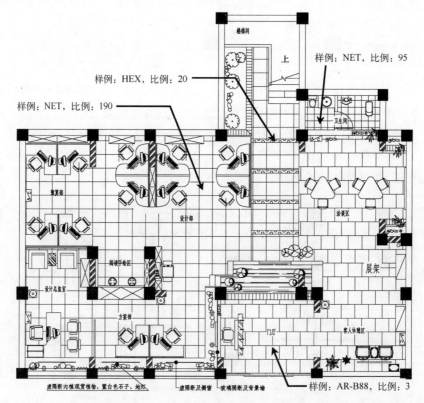

图 8-28 图案填充

3）将"文字标注"图层置为当前图层，打开"尺寸标注"图层。在"多重引线"工具栏的列表框中选择"引线标注-100"，使之成为当前多重引线样式，然后再单击"多重引线"按钮，按照图8-29所示进行对地砖和装饰物进行多重引线标注。

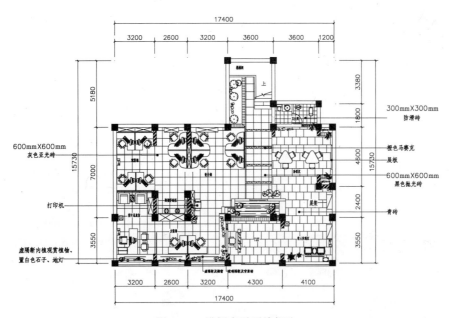

图8-29　进行多重引线标注

4）同样，使用"多行文字"命令（MT），进行门号、门窗规格、图名、图例标注，如图8-30所示。

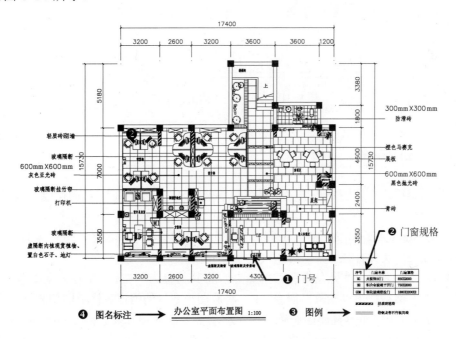

图8-30　标注门号、门窗规格、图例和图名

软件技能　8.4　办公室电器插座布置图的绘制

素材
DVD

视频\08\办公室电器插座布置图的绘制.avi
案例\08\办公室电器插座布置图.dwg

在绘制"办公室电器插座布置图"之前，将上一步绘制好的"办公室平面布置图"文件另存为新的文件"办公室电器插座布置图.dwg"；再将其部分标注置为新的图层中并隐藏，再将"案例\08\各种插座符号.dwg"图块文件打开，并复制到"办公室电器插座布置图.dwg"中，然后将其不同的图块对象复制并摆放在不同的房间位置，其绘制的效果如图8-29所示。

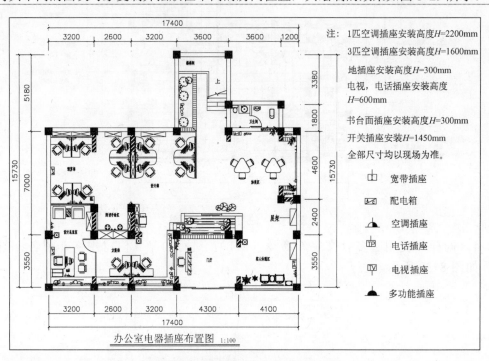

图 8-31　办公室电器插座布置图效果

8.4.1　新建文件

办公室电器插座布置图是在平面布置图的基础上来进行布置的，从而可以大大地提高绘制的速度。

1）启动 AutoCAD 2012 软件，选择"文件"→"打开"菜单命令，将"案例\08\办公室平面布置图.dwg"文件打开。

2）执行"文件"→"另存为"菜单命令，将其另存为"案例\08\办公室电器插座布置图.dwg"文件，然后使用"删除"命令（E）将原图形右侧的门窗表格及图例删除。

3）在进行办公室电器插座图布置时，可将所需要的各种开关、插座符号图块组合在一个文件中，以方便调用。选择"文件"→"打开"菜单命令，将"案例\08\各种插座符号.dwg"文件打开，如图8-32所示。

宽带插座

配电箱

空调插座

电话插座

电视插座

多功能插座

图 8-32　"各种插座符号.dwg" 文件

4）使用鼠标将所有的插座图块对象选中，按〈Ctrl+C〉组合键将其复制到剪贴板中，再选择"窗口"菜单下的"办公电器插座布置图.dwg"文件，使之成为当前文件，然后按〈Ctrl+V〉组合键将图层对象粘贴到当前文件的空白位置，以便调用复制。

 8.4.2　布置多功能插座

在布置插座对象时，只需将所复制的插座对象分别复制到相应功能间靠墙体的位置，并进行适当的旋转调整操作即可。

1）使用"图层"命令（LA），新建一"临时图层"图层，将图形中的部分文字标注置为"临时图层"图层中，然后将"临时图层"图层隐藏起来，如图 8-33 所示。

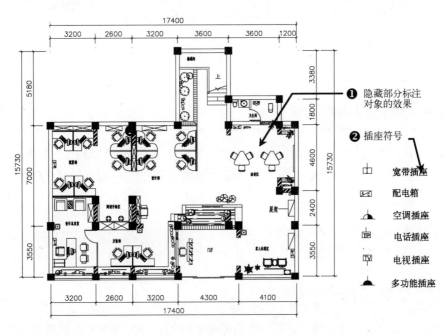

图 8-33　隐藏部分文字标注

2）使用"复制"命令（CO），将电器符号复制到每个房间的不同位置，如图 8-34 所示。

专业技能： 办公室电器插座的布置

在布置电器插座时，每台计算机办公桌都应包含宽带插座、电话插座、多功能插座，每个房间都应布置空调插座、多功能插座，在接待区和总监（经理）办公室等应配有电视插座，部分房间配置配电箱。

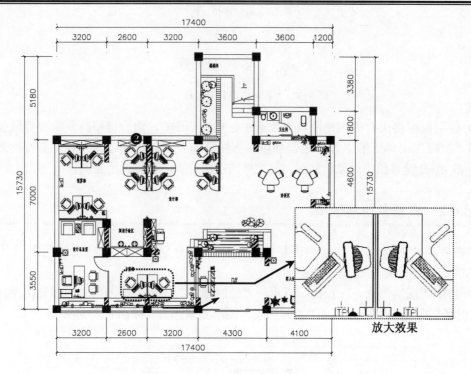

图 8-34　布置电器插座

8.4.3　进行文字和图名标注

将"文字标注"图层置为当前图层。使用"多行文字"命令（MT），在图形的右上侧输入电器插座的配置说明，然后在图形下侧标注出图名和比例，绘制的最终效果如图 8-19 所示。

软件技能

8.5　办公室 A 立面图的绘制

素材　视频\08\办公室 A 立面图的绘制.avi
案例\08\办公室 A 立面图.dwg

在绘制（办公室 A 立面图）之前，将前面绘制好的"办公室平面布置图"文件另存为新的文件"办公室 A 立面图.dwg"；再用"直线"命令从其平面布置图中引出 A 立面墙的轮廓结构，再根据要求对其 A 立面墙进行局部的绘制，以及进行尺寸标注、文字标注和图名标注，其绘制的效果如图 8-35 所示。

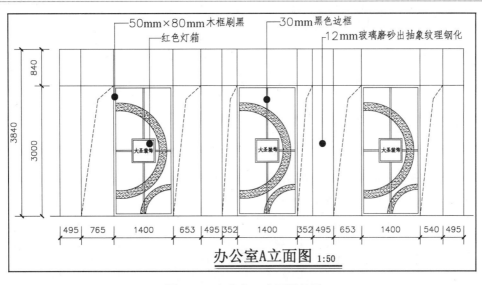

图 8-35　办公室 A 立面图效果

1）启动 AutoCAD 2012 软件，选择"文件"→"打开"菜单命令，将"案例\08\办公室平面布置图.dwg"文件打开。

2）执行"文件"→"另存为"菜单命令，将其另存为"案例\08\办公室 A 立面图.dwg"文件；然后使用"删除"命令（E）将原图形右侧的门窗表格及图例进行删除。

3）将"墙"图层置为当前图层，使用"直线"命令（L），在图形的下侧，根据墙柱绘制 8 条垂直线段，在空白区域绘制一水平线段，如图 8-36 所示。

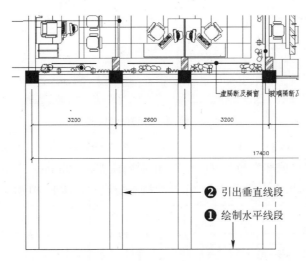

图 8-36　引出垂直线段

4）使用"偏移"命令（O），将上一步绘制的水平线段向下偏移 3840mm；再使用"拉长"命令（S），将偏移的水平线段向左、各端各拉伸 230mm，如图 8-37 所示。

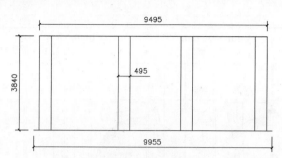

图 8-37　偏移线段

5）使用"偏移"命令（O），将左侧的垂直线段向右分别偏移 1260mm、1400mm、1500mm、1400mm、1500mm 和 1400mm，如图 8-38 所示。

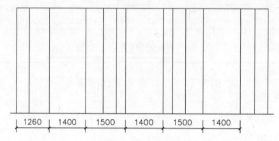

图 8-38　偏移线段

6）使用"矩形"命令（REC），在相应的位置绘制 1400mm×3000mm 的 3 个矩形；再使用"偏移"命令（O），将矩形向内偏移 50mm，将顶侧的水平线段向下偏移 840mm 和 320mm，如图 8-39 所示。

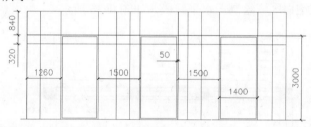

图 8-39　绘制矩形和偏移线段

7）使用"矩形"命令（REC），在上一步绘制矩形的中心位置分别绘制 550mm×550mm 的矩形；使用"偏移"命令（O），将矩形向内偏移 30mm，在小矩形四周绘制距离为 30mm 的线段；再使用"直线"命令（L）绘制斜线段，如图 8-40 所示。

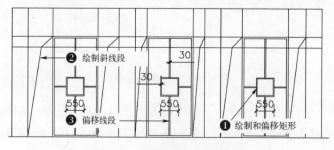

图 8-40　绘制矩形和偏移线段

8）使用"偏移"命令（O），将左侧的垂直线段向右偏移 1410mm 和 1190mm；再使用"圆"命令（C），分别绘制半径为 600mm、720mm、920mm 和 1100mm 的圆，如图 8-41 所示。

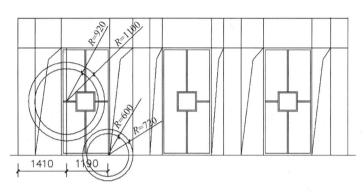

图 8-41　绘制圆

9）使用"修剪"命令（TR），修剪掉多余的线段；再使用"复制"命令（CO），将左侧修剪的圆弧图形对象向右进行复制操作，如图 8-42 所示。

图 8-42　修剪和复制操作

10）使用"图案填充"命令（H），对圆弧对象进行样例为"AR－SAND"，比例为 1 的图案填充操作，如图 8-43 所示。

图 8-43　图案填充

11）将"文字标注"图层置为当前图层。按照前面的方法，分别对图形进行尺寸标注、多重引线和图例标注，绘制的最终效果如图 8-44 所示。

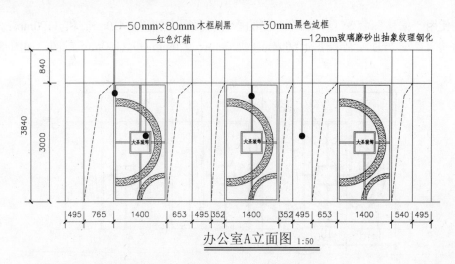

图 8-44 进行尺寸、文字和图名标注

软件技能： 办公室设计图练习

为了让读者对办公室设计与绘制要点加深学习，可以根据本章所学的内容，自行完成"案例\08\办公室设计练习.dwg"文件中办公室的原始建筑平面图、办公室平面布置图和办公室 A 立面图的绘制，效果如图 8-45～图 8-48 所示。

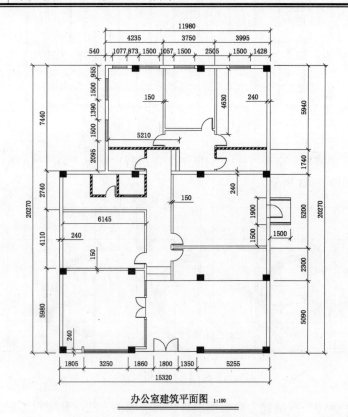

办公室建筑平面图 1:100

图 8-45 办公室建筑平面图

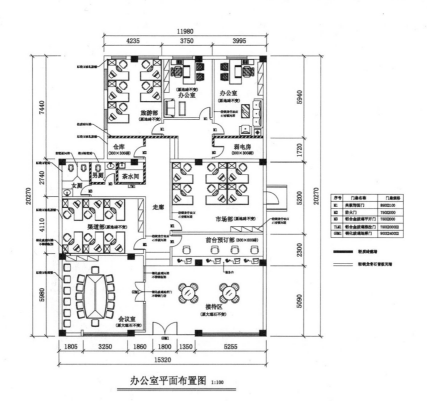

办公室平面布置图 1:100

图 8-46 办公室平面布置图

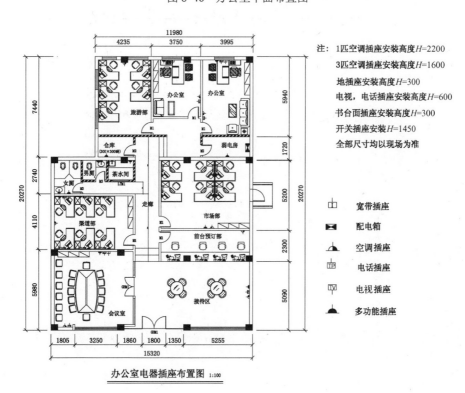

办公室电器插座布置图 1:100

图 8-47 办公室电器插座布置图

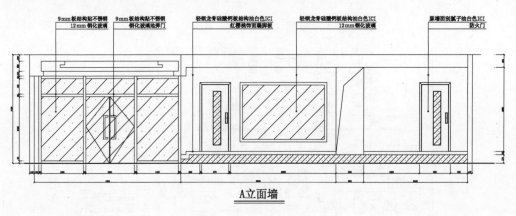

A立面墙

图 8-48　办公室 A 立面图

第9章 火锅餐厅装修设计要点及绘制

本章导读

　　餐厅的装修布置包括餐厅的出入口、餐厅的空间、坐席空间、光线、色调、空气调节、音响、餐桌椅标准以及餐厅中顾客与员工流线设计等内容。

　　在本章中，首先讲解了餐厅装修的设计要点，包括餐厅设计的总体环境布置、餐厅的人体尺度、餐厅常用餐具尺度、餐厅座位布置尺度和餐厅照明灯具等。然后以某一火锅店的装修为例，通过 AutoCAD 软件来详细绘制其装修施工图，包括原始建筑平面图、平面布置图、顶棚布置图和门窗墙面立面图等。最后给出另一套火锅店的装修图例，让读者自行演练，从而达到举一反三、牢固掌握的目的。

主要内容

◆ 了解餐厅的总体布置和人体尺度。

◆ 了解餐具、桌椅布置的常规尺度。

◆ 熟练绘制火锅餐厅一层平面图和布置图。

◆ 熟练绘制火锅餐厅一层顶棚布置图和门窗墙面图。

效果预览

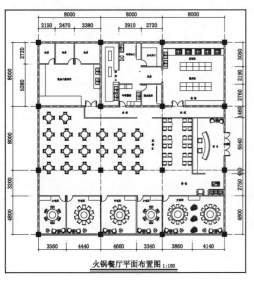

火锅餐厅平面布置图 1:100

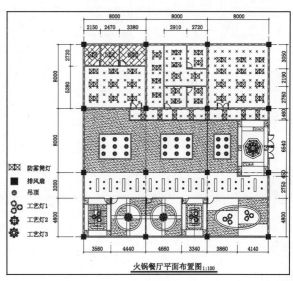

火锅餐厅平面布置图 1:100

专业讲解 9.1 餐厅室内装修的设计要点

随着人们生活水平的提高，餐饮行业逐渐被大众所关注。消费者除了菜品外，更加重视用餐的环境及品味，良好的就餐环境成了餐饮企业成功的必要因素。在餐厅的设计与布局上，应体现出独有的格调，使就餐者回味无穷，留下深刻的印象。

9.1.1 餐厅装修设计总体环境布局

餐厅的总体布局是通过交通空间、使用空间、工作空间等要素的组织所共同创造的一个整体。作为一个整体，餐厅的空间设计首先必须合乎接待顾客和使顾客方便用餐这一基本要求，同时还要追求更高的审美和艺术价值，如图9-1所示。

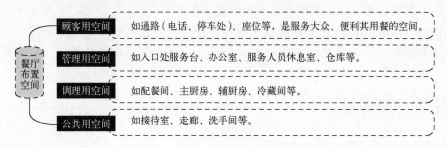

图9-1 餐厅布置空间

餐厅的功能分析布局如图9-2所示，各部分的面积比例如图9-3所示。

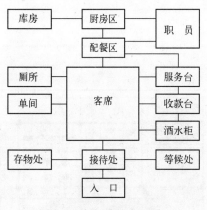

图9-2 餐厅功能布局图

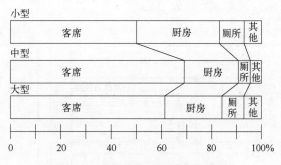

图9-3 餐厅各部分的面积比例图

9.1.2 餐厅的人体尺度

在进行餐厅的装修设计时，应考虑到不同顾客的人体活动尺度，如图9-4~图9-5所示。

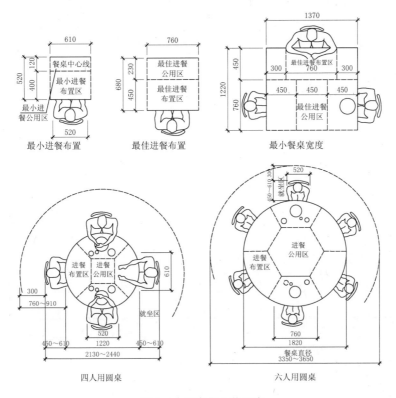

图 9-4　餐桌与人体尺度

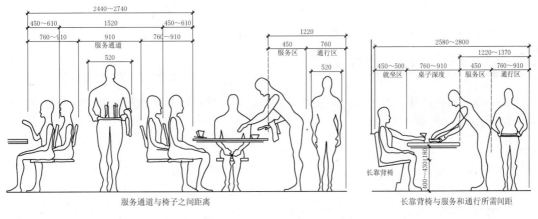

图 9-5　餐饮、餐厅人体尺度

 9.1.3　餐厅的常用餐具尺度

　　人们在进餐时，会根据不同的就餐方式和环境选择不同的用餐餐具，如图 9-6 所示为中餐餐具尺度，如图 9-7 所示为西餐餐具尺度。

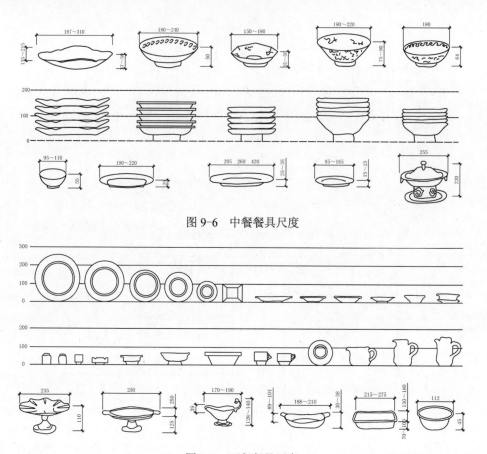

图 9-6 中餐餐具尺度

图 9-7 西餐餐具尺度

9.1.4 餐厅的座位布置与尺度

餐厅的空间与尺度设计，首先必须符合接待顾客和使顾客方便就餐这两个基本要求，如图 9-8 所示。

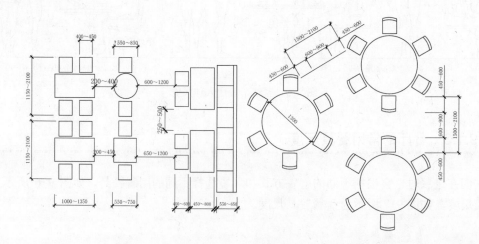

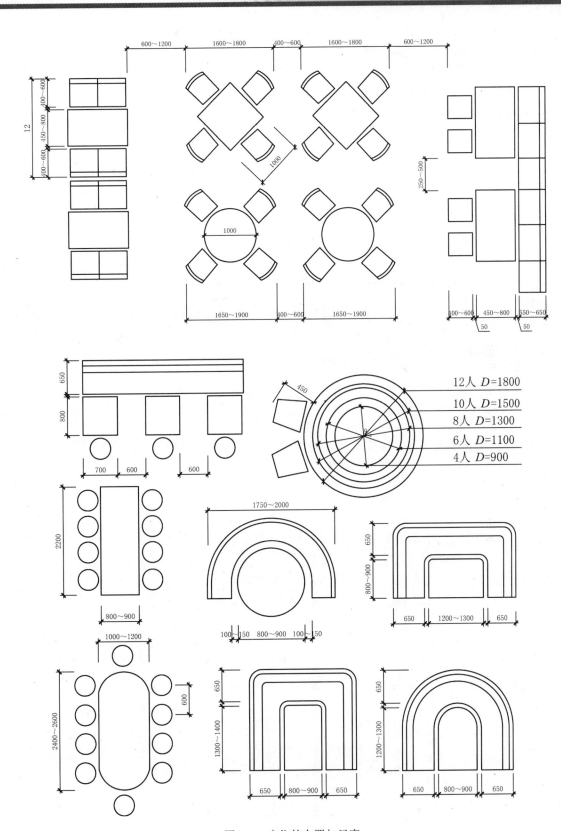

图 9-8 座位的布置与尺度

9.1.5 餐厅的照明灯具

餐厅中安装和设计各种照明灯具，一定要根据餐厅内部装修的具体情况，选择适合本餐厅需要来设计各种类型的照明设备。照明的色彩、亮度以及动感效果均对就餐环境、就餐气氛以及顾客在用餐中的感觉起着很重要的作用，如表 9-1 所示。

表 9-1 照度标准 （单位：lx）

1000	500	200	100
菜样陈列橱	集会厅 饭桌 管理处 帐房 存物	进口大门 等候室 就餐室 厨房 盥洗室 厕所	走廊 楼梯

 软件技能

9.2 火锅餐厅原始平面图的绘制

素材 视频\09\火锅餐厅原始平面图的绘制.avi
案例\09\火锅餐厅原始平面图.dwg

在绘制火锅餐厅一层原始平面图之前，通过"设计中心"将第 8 章绘制的办公室平面布置中的绘图环境（如标注样式、文字样式、多段线样式等）调入新建的文件中；使用"直线"和"偏移"命令绘制轴网线，使用"多线"和"直线"等命令绘制墙线，使用"矩形""图案填充"和"复制"等命令绘制墙柱，再使用"插入"命令将门窗图块插入；最后对其进行尺寸标注和图名的标注，绘制的效果如图 9-9 所示。

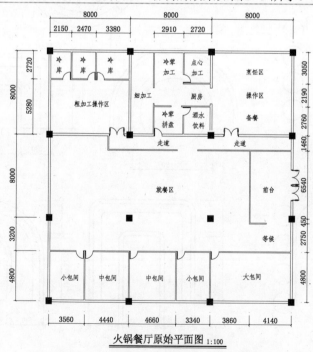

图 9-9 火锅餐厅一层原始平面图效果

9.2.1　新建文件

1）启动 AutoCAD 2012 软件，选择"文件"→"打开"菜单命令，将"案例\08\办公室平面布置图.dwg"文件打开。

2）执行"文件"→"新建"菜单命令，打开"选择样板"对话框，选择"acadiso.dwt"文件后单击"打开"按钮，将新建一个空白文件。

3）执行"文件"→"另存为"菜单命令，将其空白文件存为"案例\09\火锅餐厅原始平面图.dwg"文件。

9.2.2　调用绘图环境

软件技能：　　调用绘图环境

在绘制火锅餐厅原始平面图时，同样可以借助第 8 章绘制的"办公室平面布置图.dwg"文件的绘图环境来进行绘制，这样将大大提高绘图效率，只需在个别的地方进行适当修改即可。

在"CAD 标准"工具栏中单击"设计中心"按钮 或使用〈Ctrl+2〉组合键，打开"设计中心"面板，在"文件夹"选项下展开"办公室平面布置图.dwg"文件，然后分别将"标注样式""文字样式""图层"和"多重引线样式"中的指定对象等插入到当前文件视图中，如图 9-10 所示。

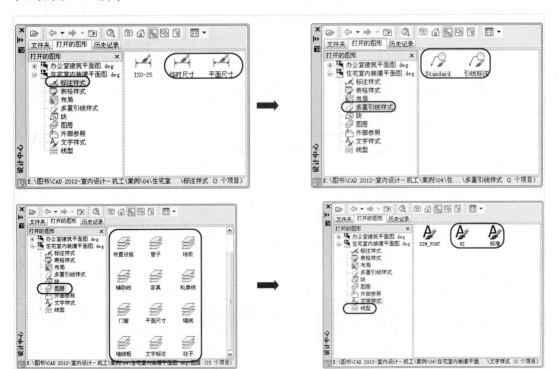

图 9-10　调用绘图环境

9.2.3 建筑墙线、墙柱及门窗的绘制

1）将"辅助线"图层置为当前图层。使用"直线"命令（L）绘制一条 26000mm 的水平线段和一条高 26000mm 的垂直线段；再使用"偏移"命令（O），将垂直线段向右偏移 8000mm、8000mm 和 8000mm，将水平线段向下偏移 8000mm、8000mm 和 8000mm，如图 9-11 所示。

2）使用"多线"命令（ML），首先依次捕捉 1～4 处，然后选择"闭合"选项（C）使绘制的外墙闭合，并使多线的对正方式为"无"，比例为 200；然后再绘制其他外墙线，如图 9-12 所示。

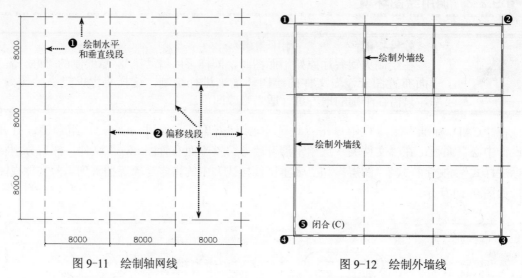

图 9-11 绘制轴网线　　　　　　　图 9-12 绘制外墙线

3）使用"多线"命令（ML），多线的对正方式为"无"，比例为 90；绘制内墙线，如图 9-13 所示。

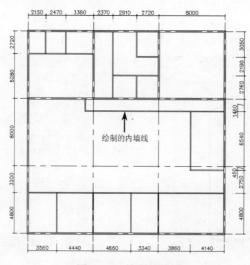

图 9-13 绘制内墙线

软件技能：	设置线型比例因子

　　在绘制辅助线时，可以设置"辅助线"图层的线型为"CENTER"，然后使用"格式"→"线型"菜单命令，在打开的"线型管理器"对话框中设置"全局比例因子"为 100。

　　4）将"墙柱"图层置为当前图层。使用"矩形"命令（REC），绘制 600mm×600mm 的矩形，使用"图案填充"命令（H），选择样例"SOLID"，比例为 1，进行填充操作；再使用"复制"命令（CO），将绘制好的墙柱复制到相应的位置，如图 9-14 所示。

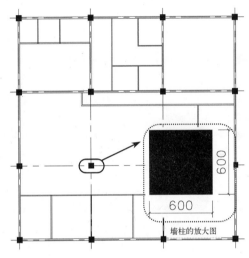

图 9-14　绘制墙柱

　　5）使用"修改"→"对象"→"多线"菜单命令（或者在多线的墙线上双击），打开"多线编辑工具"对话框，选择"T 形打开"和"角点结合"选项，分别对墙线进行修改；然后再结合使用"修剪"命令（TR），进行相应门洞尺寸的修改，如图 9-15 所示。

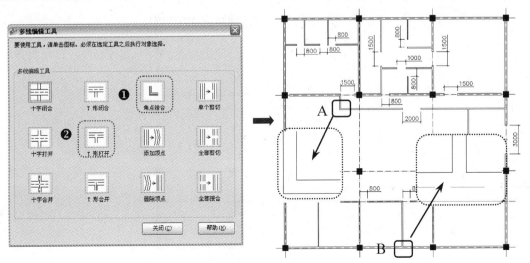

图 9-15　修剪墙线

专业技能： 单、双开门的常规尺寸

一般单开门宽度为 800mm，双开门宽度为 1500mm；大厅为两扇双开门，宽度为 3000mm。

6）将"门窗"图层置为当前图层。使用"插入"命令（I），将"案例\09"文件下的"单开门"和"双开门"图块插入到相应的位置；再使用"旋转"命令（RO）和"复制"命令（CO），将门图块进行摆放，如图 9-16 所示。

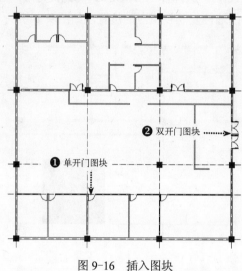

图 9-16　插入图块

9.2.4　尺寸及图名的标注

1）将"文字标注"图层置为当前图层。使用"文字"命令（T），对各个功能空间进行文字说明，如图 9-17 所示。

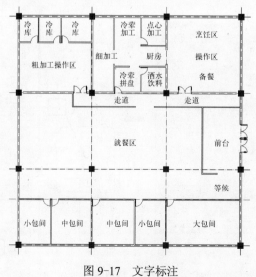

图 9-17　文字标注

2）继续使用"文字"命令（T），在图形下侧进行图名和比例标注。

3）将"尺寸标注"置为当前图层。在"标注"工具栏的"标注样式控制"下拉列表框中选择"平面尺寸-90"样式，再使用"线性标注"和"连续标注"等对图形进行尺寸标注；最后将"辅助线"图层关闭，最终效果如图 9-18 所示。

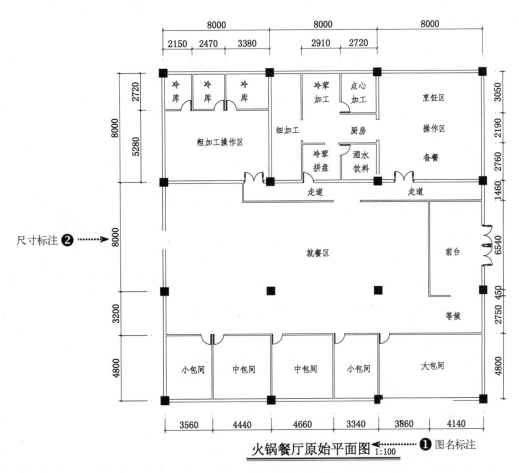

图 9-18　图名和尺寸标注

4）至此，火锅餐厅一层原始平面图已经绘制完成，按〈Ctrl+S〉键进行保存。

9.3　火锅餐厅平面布置图的绘制

素材　视频\09\火锅餐厅平面布置图的绘制.avi
　　　案例\09\火锅餐厅平面布置图.dwg

在绘制火锅餐厅一层平面布置图时，可将前面绘制的一层原始平面图作为基础进行绘制。使用"直线"和"矩形"等命令绘制各功能空间的设施柜，再使用"复制"、"旋转"命令将图块粘贴摆放到相应的位置，从而布置各个功能空间；打开隐藏的尺寸标注，进行图名标注，绘制的效果如图 9-19 所示。

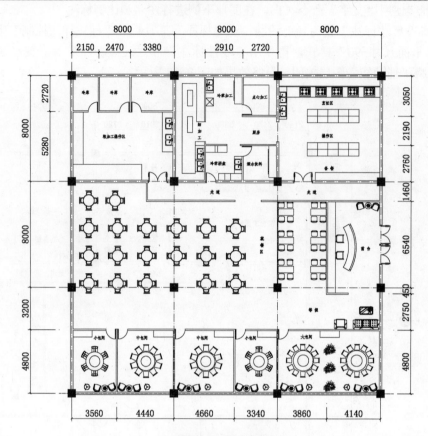

火锅餐厅平面布置图 1:100

图 9-19　火锅餐厅一层平面布置图效果

 9.3.1　新建文件

1）启动 AutoCAD　2012 软件，选择"文件"→"打开"菜单命令，将"案例\09\火锅餐厅原始平面图.dwg"文件打开。

2）执行"文件"→"另存为"菜单命令，将其另存为"案例\09\火锅餐厅平面布置图.dwg"文件。

 9.3.2　布置各功能空间平面轮廓

1）打开"案例\09\平面图块.dwg"文件，里面有很多可调用的餐厅图块；使用"复制"命令（CO），框选所有的图块对象，将其粘贴到"案例\09\火锅餐厅平面布置图.dwg"文件中，以备调用。

2）将"布置设施"图层置为当前图层。使用"直线"命令（L）、"圆"命令（C）、"修剪"命令（TR）和"复制"命令（CO），布置前台大厅入口区域，如图 9-20 所示。

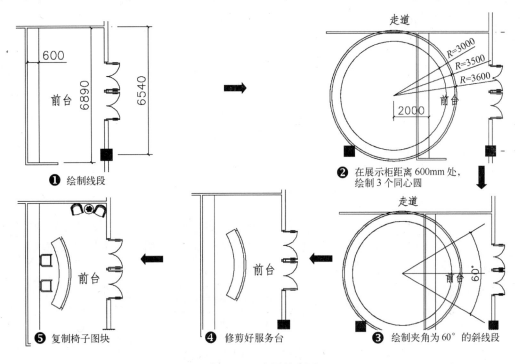

❶ 绘制线段

❷ 在展示柜距离 600mm 处，绘制 3 个同心圆

❸ 绘制夹角为 60° 的斜线段

❹ 修剪好服务台

❺ 复制椅子图块

图 9-20　布置前台区

3）使用"复制"命令（CO），将组合沙发布置在此处，方便客人等待和休息，如图 9-21 所示。

4）使用"圆"命令（C），绘制直径为 48mm、80mm、400mm 和 432mm 的同心圆；再使用"直线"命令（L），绘制 3 条斜线段，以表示衣帽架，如图 9-22 所示。

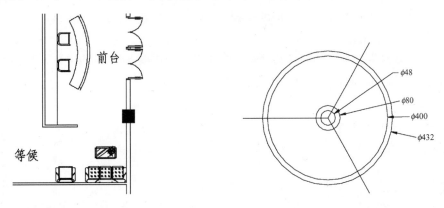

图 9-21　布置等待区

图 9-22　绘制衣帽架

5）使用"复制"命令（CO），将"12 人圆桌""双人休闲椅"和"盆景"等图块粘贴到相应的位置，在两个圆桌之间布置盆景，对空间起到软分割的作用；再使用"矩形"命令（REC），绘制 1500mm×500mm 的矩形，表示小餐具桌。如图 9-23 所示。

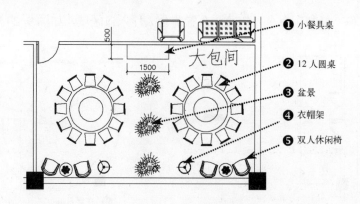

图 9-23　布置大包间

6）按照大包间的布置方法，完成对中包间和小包间的设施布置。使用"复制"命令（CO），将"9 人圆桌""6 人圆桌""小餐具桌""双人休闲椅"和"衣帽架"等图块复制到中包间和小包间，如图 9-24 所示。

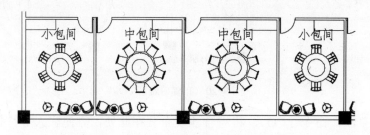

图 9-24　布置中、小包间

7）使用"多线"命令（ML），在就餐区右侧用 50mm 的玻璃隔断；再使用"复制"命令（CO），将"4 人方桌"粘贴到相应的位置，每桌前后相距 600mm，方便行人来往，布置 6 个方桌，如图 9-25 所示。

8）使用"复制"命令（CO），将"4 人圆桌"图块粘贴到相应的位置，每桌前后相距 600mm，左右距离 800mm，布置 19 个圆桌，如图 9-26 所示。

图 9-25　布置公共就餐区右侧

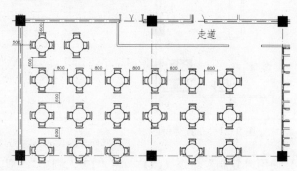

图 9-26　布置公共主就餐区

专业技能：	墙角桌椅的布置
在布置火锅桌及坐椅时，若遇到墙柱，则应去掉相应的桌椅。	

9）接下来布置厨房部分。使用"直线"命令（L），按照图 9-27 所示绘制线段表示粗加工平台；再使用"复制"命令（CO），将"洗涤池"图块粘贴到相应的位置。

10）使用"矩形"命令（REC）和"直线"命令（L），按照图 9-28 所示绘制细加工区的操作平台；再使用"复制"命令（CO），将"洗涤池"图块粘贴到相应的位置。

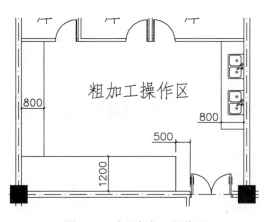

图 9-27　布置粗加工操作区

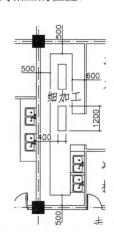

图 9-28　布置细加工区

11）使用"矩形"命令（REC）和"直线"命令（L），按照图 9-29 所示绘制细加工区的操作平台和酒水饮料柜；再使用"复制"命令（CO），将"洗涤池"图块粘贴到相应的位置。

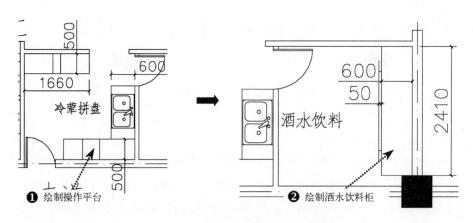

图 9-29　布置冷荤拼盘和酒水饮料区

12）使用"矩形"命令（REC）和"直线"命令（L），按照图 9-30 所示布置冷荤加工和点心加工区；再使用"复制"命令（CO），将洗涤池粘贴到相应的位置。

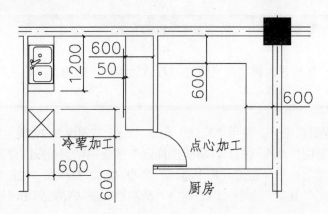

图 9-30　布置冷荤加工和点心加工区

13）使用"矩形"命令（REC）和"直线"命令（L），按照如图 9-31 所示布置烹饪区、操作区；再使用"复制"命令（CO），将"燃气灶"和"洗涤池"等图块粘贴摆放到相应的位置。

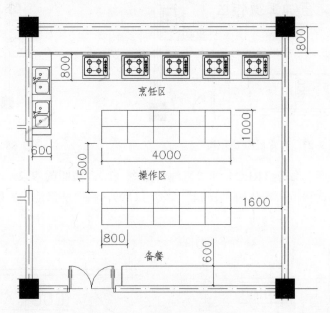

图 9-31　布置烹饪区、操作区

 ### 9.3.3　尺寸及图名标注

1）将"文字标注"图层置为当前图层，将各功能空间的文字标注大小更改为 300；再进行图名、比例标注；

2）将隐藏的"尺寸标注"图层打开。

3）至此，火锅餐厅一层平面布置图已经绘制完毕，按〈Ctrl+S〉组合键进行保存，效果如图 9-19 所示。

9.4 火锅餐厅顶棚布置图的绘制

素材
视频\09\火锅餐厅天棚布置图的绘制.avi
案例\09\火锅餐厅天棚布置图.dwg

在绘制"火锅餐厅一层顶棚布置图"之前，打开前面绘制的"火锅餐厅一层平面布置图.dwg"，另存为新的文件。再使用"直线""矩形"和"修剪"等命令对顶棚的结构进行适当修改，并绘制吊顶装潢结构。然后将准备好的"灯饰图块.dwg"文件中的图形对象复制到当前文件中，使用"复制"命令将相应的灯饰图块对象复制到相应的位置，然后打开隐藏的"尺寸标注"和"文字标注"图层，进行尺寸和图名标注，绘制的效果如图 9-32 所示。

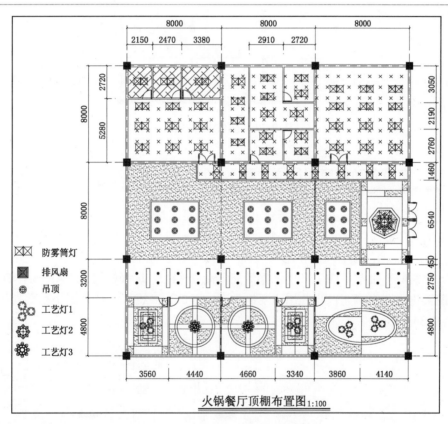

图 9-32 火锅餐厅一层顶棚布置图效果

9.4.1 新建文件

1）启动 AutoCAD 2012 软件，选择"文件"→"打开"菜单命令，将"案例\09\火锅餐厅平面布置图.dwg"文件打开。

2）执行"文件"→"另存为"菜单命令，将其另存为"案例\09\火锅餐厅顶棚布置图.dwg"文件。

3）使用"图层"命令（LA），打开"图层特性管理器"面板，对"布置设施"图层进行隐藏和冻结，对"尺寸标注"和"文字标注"图层进行隐藏操作，隐藏效果如图 9-33 所示。

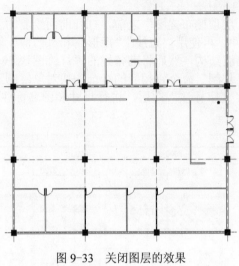

图 9-33　关闭图层的效果

9.4.2　布置各功能空间吊顶轮廓

1）使用"图层"命令（LA），新建"顶棚"图层，并置为当前图层。

2）使用"多边形"命令（POL）和"偏移"命令（O），绘制半径为 900mm 的正七边形作为前台大厅入口的吊顶造型；使用"直线"命令（L），绘制连接对角线；再使用"直线"命令（L）、"修剪"命令（TR）和"图案填充"命令（H），选择样例为"AR-SAND"，比例为 5 的图案进行图案填充；再使用"复制"命令（CO），将工艺灯具图块粘贴到相应的位置，如图 9-34 所示。

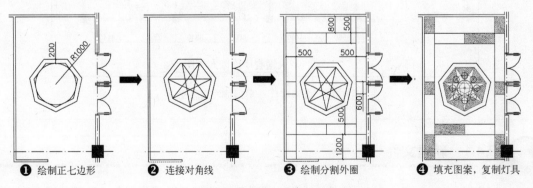

❶ 绘制正七边形　　❷ 连接对角线　　❸ 绘制分割外圈　　❹ 填充图案，复制灯具

图 9-34　布置前台大厅吊顶

3）使用"直线"命令（L）、"椭圆"命令（EL）、"偏移"命令（O）和"图案填充"命令（H），首先绘制线段，再捕捉交点，绘制长轴 2800mm、短轴 1300mm 的椭圆；然后选择

样例"AR-SAND",比例为5,进行图案填充操作,如图9-35所示。

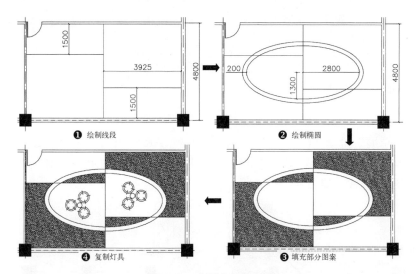

图9-35 布置大包间吊顶

4)使用"直线"命令(L)、"矩形"命令(REC)、"偏移"命令(O),绘制小包间的分割吊顶线;再使用"复制"命令(CO)和"图案填充"命令(H),选择样例"AR-SAND",比例为5,进行图案填充操作,再将灯具粘贴到相应的位置,如图9-36所示。

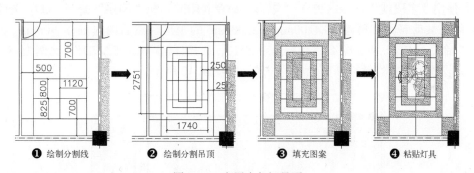

图9-36 布置小包间吊顶

5)使用"直线"命令(L)和"圆"命令(C),分别绘制中包间的分割吊顶线;再使用"复制"命令(CO)和"图案填充"命令(H),选择样例"AR-SAND",比例为5,进行图案填充操作,再将灯具粘贴到相应的位置,如图9-37所示。

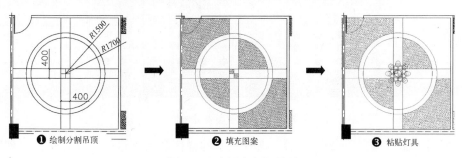

图9-37 布置中包间吊顶

6）另外两个中、小包间的吊顶造型同样按上述方法进行绘制，如图9-38所示。

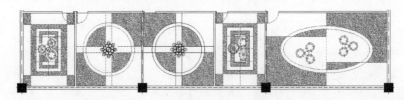

图9-38 布置另外两个中、小包间的吊顶

7）使用"矩形"命令（REC）和"阵列"命令（AR），先绘制 300mm×1600mm 的矩形，然后进行间距为1400mm，数目为13的矩形阵列操作；再使用"复制"命令（CO），将灯具粘贴到相应的位置，如图9-39所示。

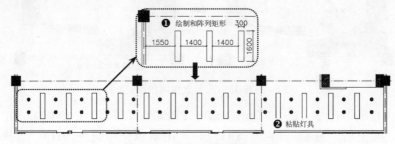

图9-39 布置公共就餐区走道

8）使用"多段线"命令（PL）、"矩形"命令（REC）和"偏移"命令（O），先绘制多段线封闭公共就餐区，再绘制 4200mm×3200mm 的矩形，然后向内偏移 90mm；再使用"复制"命令（CO）和"图案填充"命令（H），选择样例"AR-SAND"，比例为 5，进行图案填充操作，再将灯具粘贴到相应的位置，如图9-40所示。

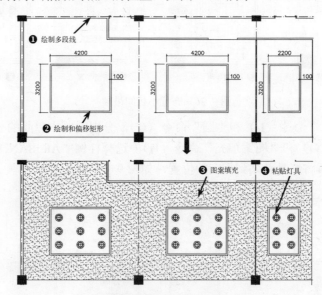

图9-40 布置公共就餐区

9）使用"图案填充"命令（H），选择相应的样例和比例进行填充操作；再使用"复制"命令（CO），将灯具粘贴到相应的位置，如图9-41所示。

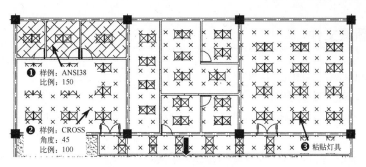

图 9-41 布置厨房操作区及走道

10）最后，将所有灯具移动到"灯具布置"图层。

9.4.3 尺寸及图名的标注

1）将"文字标注"图层置为当前图层，进行图名、比例标注；

2）将隐藏的"尺寸标注"图层打开。

3）至此，火锅餐厅一层顶棚平面布置图已经绘制完毕，按〈Ctrl+S〉组合键进行保存，结果如图 9-32 所示。

9.5 火锅餐厅门面墙的绘制

视频\09\火锅餐厅天棚布置图的绘制.avi
案例\09\火锅餐厅天棚布置图.dwg

在绘制"火锅餐厅一层顶棚布置图"之前，打开前面绘制的"火锅餐厅一层平面布置图.dwg"，另存为新的文件。再使用"直线""矩形"和"修剪"等命令来绘制门面墙轮廓，并绘制相应的细节，再对其进行图案填充，以及安装立面门等对象，最后对其进行文字标注说明和尺寸标注等，绘制的效果如图 9-42 所示。

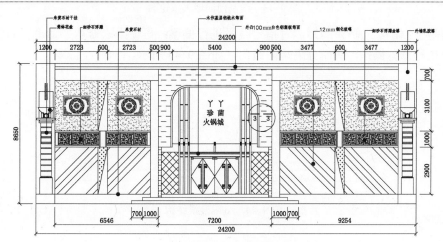

图 9-42 火锅餐厅门面装潢图效果

9.5.1　新建文件

1）启动 AutoCAD 2012 软件，选择"文件"→"打开"菜单命令，将"案例\09\火锅餐厅平面布置图.dwg"文件打开。

2）执行"文件"→"另存为"菜单命令，将其另存为"案例\09\火锅餐厅门面装潢图.dwg"文件。

3）使用"删除"命令（E），用鼠标框选中所有的对象，然后进行删除。

软件技能：　　　删除原有图形对象

将原有的平面布置图删除的作用，是为了方便调用它的图层、文字样式、标注样式等。

 9.5.2　绘制门面墙轮廓

1）将"墙"图层置为当前图层。使用"矩形"命令（REC），绘制 24200mm×8650mm 的矩形；然后将矩形进行"分解"操作（X）；再使用"偏移"命令（O），将左侧的垂直线段向右各偏移 1200mm、6546mm、7200mm 和 8054mm，上侧的水平线段向下偏移 200mm、150mm 和 700mm，如图 9-43 所示。

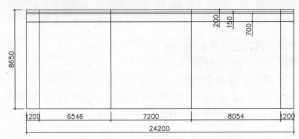

图 9-43　绘制门面墙大致轮廓

2）使用"偏移"命令（O），对指定线段进行偏移；再使用"修剪"命令（TR），对多余的线段进行修剪操作，从而分隔装潢结构，如图 9-44 所示。

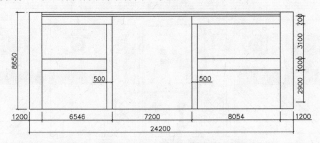

图 9-44　分隔装潢结构

 9.5.3　绘制立面墙细节轮廓

1）使用"偏移"命令（O）和"直线"命令（L），对门面左右两侧进行绘制；再使用

"插入块"命令（I），将"案例\09"文件夹下的"装潢图案1""装潢图案2"和"装潢柱"等图块插入到指定的位置；再使用"图案填充"命令（H），选择相应的样例和比例，进行图案填充操作，如图9-45所示。

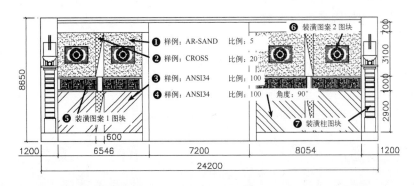

图9-45 填充图案及插入块

2）同样，使用"偏移"命令（O）、"直线"命令（L）和"修剪"命令（TR）绘制门面的中间部分，如图9-46所示。

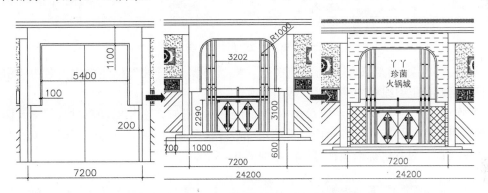

图9-46 对门面墙中间部分进行装潢

3）同样，使用"偏移"命令（O）、"直线"命令（L）和"修剪"命令（TR），效果如图9-47所示。

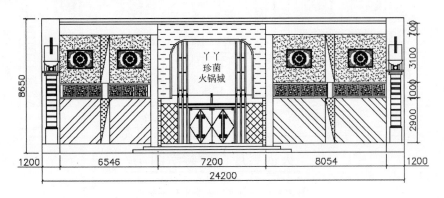

图9-47 装潢完毕的门面墙效果

9.5.4 尺寸、文字及剖面符号的标注

1）将"尺寸标注"图层置为当前图层。将"平面标注-90"标注样式更名为"平面标注-75"，并将全局比例因子更改为75。

2）在"标注"工具栏中分别使用"线性标注"和"连续标注"等对图形进行尺寸标注，如图9-48所示。

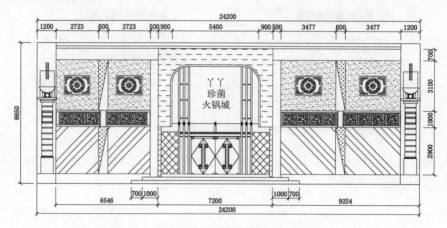

图 9-48 进行尺寸标注

3）将"文字标注"图层置为当前图层。将"引线标注-90"标注样式更名为"引线标注-75"，再对指定引线标注样式进行适当修改。

4）在"多重引线"工具栏中单击"多重引线"按钮，分别对图形进行尺寸及图名标注，然后对其进行相应的对齐操作，再使用"多段线"命令（PL）、"圆"命令（C）和"文字"命令（T），对其进行剖图符号标注，如图9-49所示。

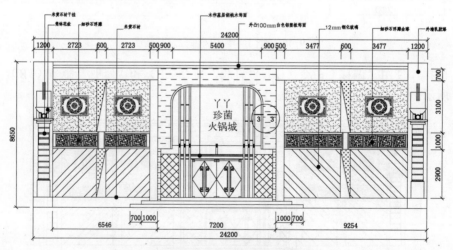

火锅餐厅门面装潢图 1:75

图 9-49 进行文字及剖面符号标注

5）至此，该门面墙立面图已经绘制完成，按〈Ctrl+S〉组合键进行保存。

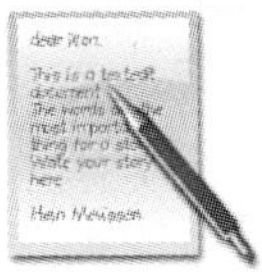

软件技能： 餐厅装修图的练习

为了让读者对火锅餐厅设计与绘制要点加深学习，可以根据本章所学的内容，自行完成对“案例\09\餐厅练习.dwg”文件的绘制，包括餐厅的原始平面图、餐厅的平面布置图、餐厅顶棚布置图及餐厅门面装潢图，效果如图 9-50～图 9-53 所示。

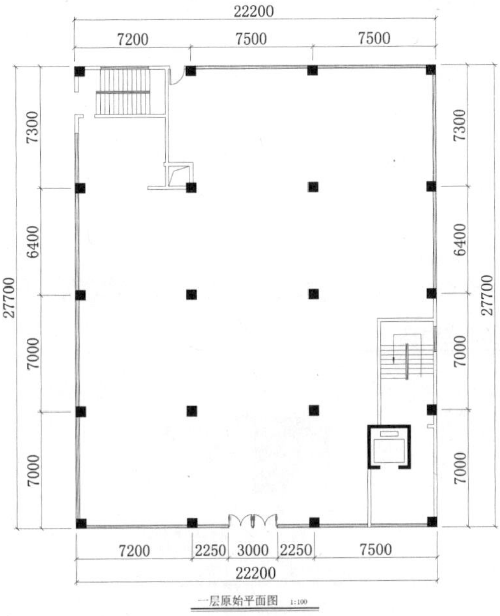

图 9-50 餐厅原始平面图

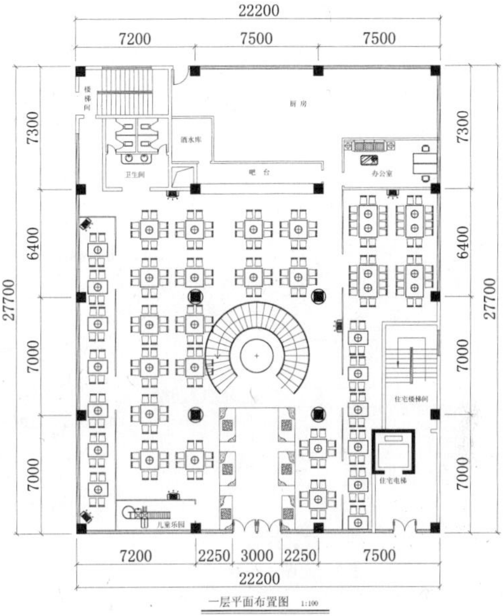

图 9-51 餐厅平面布置图

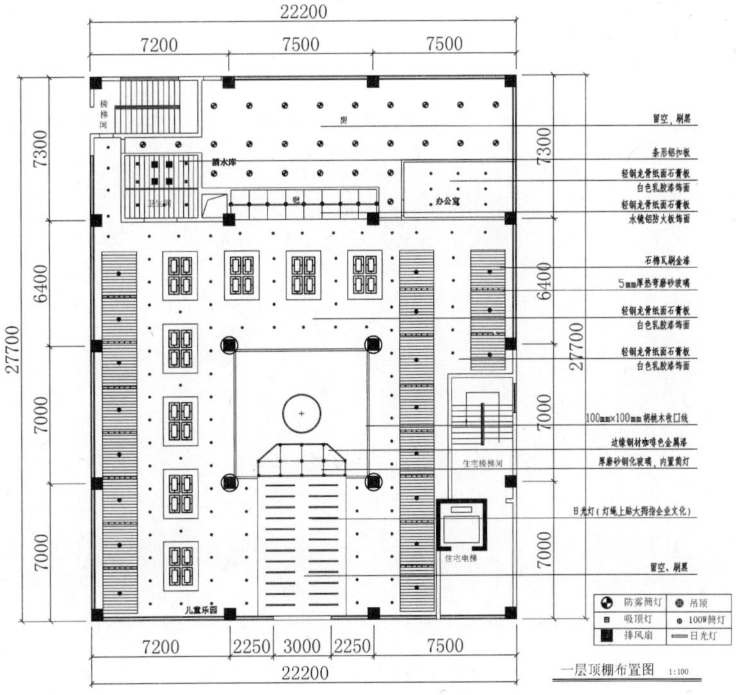

图 9-52 餐厅顶棚布置图

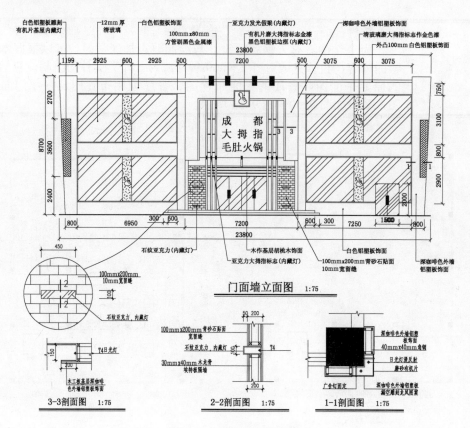

图 9-53　餐厅门面装潢图

第 10 章 KTV 娱乐会所装修设计要点及绘制

本章导读

个性的风格是 KTV 设计的灵魂。将酒吧与 KTV 的功能融合在一起，是当下娱乐方式的新方向。KTV 的空间应具有封闭、隐密性，还要具备酒吧的浪漫和温馨，因此在进行 KTV 装饰设计时，要适当把握两者的特点，将其更好地整合在环境设计中。

本章首先讲解了 KTV 的设计要点概述，包括 KTV 包厢空间的确定、KTV 的气氛设计、KTV 的装修重点、KTV 的案例规范和隔声方法、KTV 室内通风设计及其各空间设计注意要点；然后以某 KTV 娱乐会所为实例，通过 AutoCAD 辅助绘制软件详细讲解了相关装修施工图样的绘制方法和技巧，包括 KTV 娱乐会所建筑平面图、平面布置图、地面材质图、顶棚布置图、门厅立面图等。

主要内容

◆ 了解 KTV 包厢的分类与空间的确定。
◆ 掌握 KTV 包厢的装修重点和安全规范。
◆ 掌握 KTV 包厢装修对声音的要求和装修技巧。
◆ 熟练掌握 KTV 建筑平面图和包厢平面布置图的绘制。
◆ 熟练掌握 KTV 地面布置图和顶棚布置图的绘制。
◆ 熟练掌握 KTV 门厅立面图和其他立面图的绘制。

效果预览

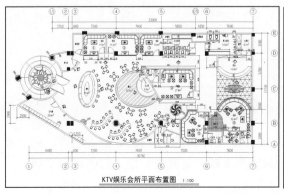

KTV娱乐会所平面布置图 1:100

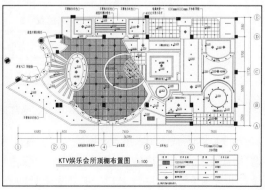

KTV娱乐会所顶棚布置图 1:100

10.1 KTV 的设计要点概述

10.1.1 KTV 包厢的空间确定

KTV 包厢是为了满足顾客团体的需要，提供相对独立、无拘无束、畅饮畅叙的环境。KTV 包厢的布置相对封闭，应为客人提供一个以围为主、围中有透的空间，KTV 包厢的空间布置应以 KTV 的经营内容为基础。

1. 根据经营内容和设施确定 KTV 空间

（1）酒吧式 KTV 的空间确定。酒吧 KTV 包厢在提供视听娱乐的同时，还要向顾客提供各类饮料，其空间的确定应考虑的因素如图 10-1 所示。

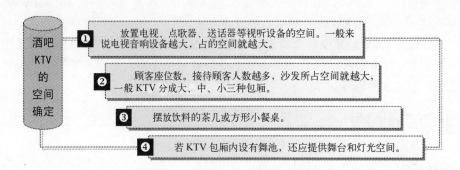

图 10-1　酒吧式 KTV 的空间确定

（2）餐厅式 KTV 的空间确定。餐厅式 KTV 包厢以提供餐饮为主，卡拉 OK 等娱乐项目为辅，就包厢的空间而言，应根据如图 10-2 所示的内容来确定。

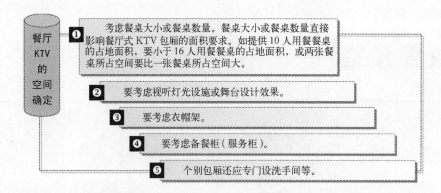

图 10-2　餐厅式 KTV 的空间确定

（3）休闲式 KTV 的空间确定。休闲式 KTV 除必须具备酒吧式 KTV 的设施外，还要考虑休闲娱乐设施的内容，这类 KTV 一般占用较大房间或者是套房。由于休闲项目不同，其设计也不相同，在进行 KTV 空间设计时应充分考虑。

2．根据接待人数确定 KTV 包厢空间

无论是酒吧、歌舞厅，还是餐厅的 KTV 包厢，在确定空间时都可根据接待人数，将空间面积分为小型、中型、大型 KTV 包厢，如图 10-3 所示。

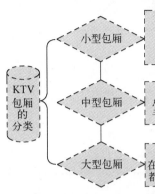

KTV 包厢的分类

小型包厢：　酒吧、歌舞厅的小型 KTV 包厢面积一般在 9m² 左右，能接待 6 人以下的团体顾客。小型 KTV 包厢配备的设施与大、中型 KTV 包厢并无两样，只是电视、音响与空间协调时要小一些，要表现出紧凑温馨的环境。

中型包厢：　面积在 11~15m²，能接待 8~12 人，除配备基本的电视、计算机点歌、沙发、茶几、电话等设施外，还应根据实际情况配备吧台、洗手间、舞池等，要表现出舒适的特点。

大型包厢：　面积一般在 25m² 左右。能同时接待 20 人左右的大型 KTV 包厢在酒吧、歌舞厅中所占的比重较小，一般只有 1～2 个，设施、功能都比较齐全，要表现出豪华宽敞的特点。

图 10-3　不同 KTV 包厢面积和人数的确定

10.1.2　KTV 气氛的设计

KTV 的气氛包括两个主要部分，即有形气氛和无形气氛，如图 10-4 所示。

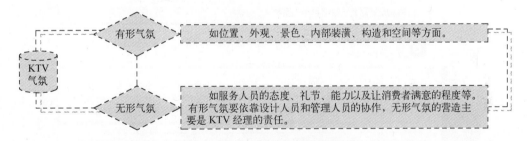

KTV 气氛

有形气氛：　如位置、外观、景色、内部装潢、构造和空间等方面。

无形气氛：　如服务人员的态度、礼节、能力以及让消费者满意的程度等。有形气氛要依靠设计人员和管理人员的协作，无形气氛的营造主要是 KTV 经理的责任。

图 10-4　KTV 的气氛

专业技能：　　KTV 气氛的重点性

KTV 的气氛是 KTV 设计的一项重要内容，气氛设计的优劣直接影响着 KTV 对消费者的吸引力。KTV 经营经验证明，很多 KTV 之所以倒闭，就是因为没有进行气氛的最优化设计。认真地研究 KTV 气氛的设计及其相关的因素，对做好经营有很重要的指导意义。

10.1.3　KTV 的装修重点

KTV 装修是 KTV 经营投资中的重要环节，主要包括 KTV 包厢装修、大厅装修以及门面装修等，如图 10-5 所示。

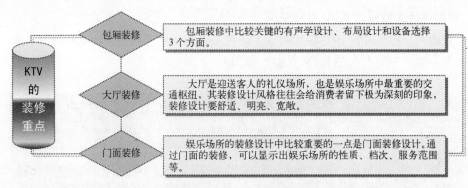

图 10-5　KTV 的装修重点

 ### 10.1.4　KTV 设计安全规范

KTV 装修首要考虑的是场所的安全因素，在 KTV 装修的时候一定要把消防工作做好。KTV 场所的位置设置不当、不按规范进行装潢装修、消防安全疏散通道堵塞、安全出口锁闭、经营业主忽视消防安全管理等都可能是导致灾难发生的原因。KTV 设计时的安全规范应按图 10-6 所示的要求进行。

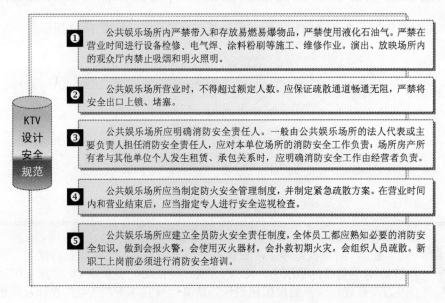

图 10-6　KTV 设计安全规范

 ### 10.1.5　KTV 包厢的隔声方法

KTV 中包厢隔声的难点是低音炮的低频率声音强度非常大，而低频率声音的穿透力非常强，这方面一直是娱乐场所隔声工程的难点。为了使 KTV 包厢的隔声效果达到最佳状态，应按照图 10-7 所示的要求来进行操作。

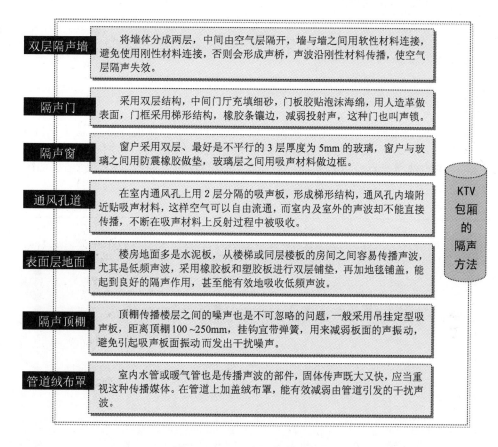

图 10-7　KTV 包厢的隔声方法

10.1.6　KTV 室内通风及其空调的设计

　　KTV 室外设计参数（夏季）为：空调干球温度 35.7℃，湿球温度 28.5℃，通风温度 33℃，室外平均风速 2.2m/s。而室内的通风及其空调设计参数的计算则应按照表 10-1 所示的要求来进行设计。

表 10-1　舒适性空调室内设计参数

人体活动	房间用途	夏　季		冬　季		运行控制条件	
		温度/（℃）	温度/（%）	温度/（℃）	温度/（%）	温度/（℃）	温度/（%）
静坐、轻度活动	会场、宴会厅、礼堂、剧院	24～25	50～70	22～24	30～50	22～25	30～70
坐、轻度活动	办公室、银行、旅馆、餐厅、学校、住宅	27～28	50～70	18～20	30～50	18～28	30～70
中等活动	百货公司、商店、快餐、打字	25～26	50～70	16.5～18.5	30～50	16.5～26	30～70
观览场所	体育馆、展览馆	27～28	50～70	15～18	30～50	15～28	30～70

软件
技能 ## 10.2 KTV 娱乐会所建筑平面图的绘制

素
材 视频\10\KTV 娱乐会所建筑平面图.avi
案例\10\KTV 娱乐会所建筑平面图.dwg

在绘制建筑平面图时，首先绘制构造线并进行偏移，从而形成建筑平面图的轴网结构，再对其进行轴网及轴号的标注，然后根据图形的要求，绘制不同的墙柱对象，并安装在相应的轴网交点位置，从而完成框架结构的建筑平面图，绘制的结果如图 10-8 所示。

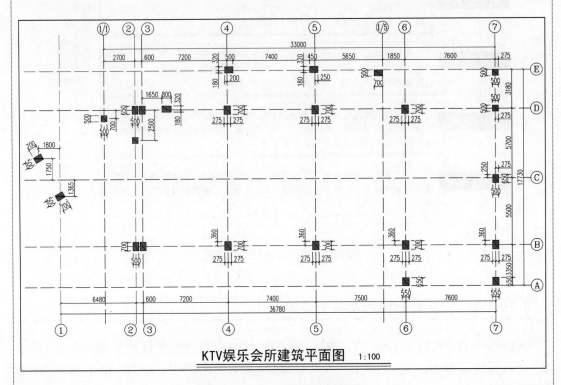

图 10-8 KTV 建筑平面图效果

 ### 10.2.1 绘图前的准备工作

由于该 KTV 娱乐会所地处建筑楼的第一层楼，全是框架结构，只有几根柱子支撑，而在装修 KTV 娱乐会所时，只需使用 180mm 厚的空心砖砌墙进行分隔即可，所以其建筑平面图结构较为简单。

1）启动 AutoCAD 2012 软件，选择"文件"→"打开"菜单命令，将"案例\10\建筑样板.dwt"文件打开，即可看到该样板文件已有的图层对象、文字样式和标注样式等，如图 10-9～图 10-11 所示。

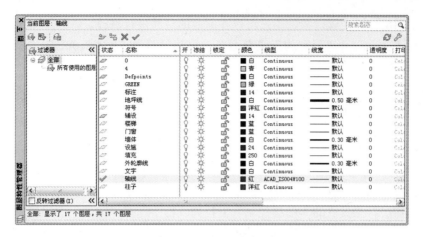

图 10-9　已有的图层对象

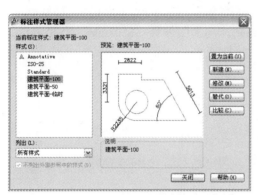

图 10-10　已有的标注样式

图 10-11　已有的文字样式

 软件技能：　　修改绘图环境

　　根据该图形的需要，需要对其相应的图层、标注样式、文字样式等进行适当修改。

　　2）选择"格式"→"文字样式"菜单命令，在弹出的"文字样式"对话框中，分别修改原有文字样式、字高大小和宽度因子等，其修改的效果如表 10-2 所示。

表 10-2　修改的文字样式

序号	文字样式名称	修 改 前			修 改 后		
		字体	字高	宽度因子	字体	字高	宽度因子
1	标高文字	gbeitc.shx+gbcbig.shx	175	0.7	tssdeng.shx+tssdchn.shx	350	0.7
2	尺寸文字	gbeitc.shx+gbcbig.shx	0	1	tssdeng.shx+tssdchn.shx	0	0.7
3	剖切及轴线符号	gbeitc.shx+gbcbig.shx	350	0.7	complex	500	1
4	图名	tssdeng.shx+tssdchn.shx	800	1	黑体	800	1
5	图内说明	tssdeng.shx+tssdchn.shx	250	0.7	宋体	350	1
6	图纸说明	tssdeng.shx	250	0.7	宋体	350	1

3）对于图层、标注等对象，用户可以在需要的时候进行修改。

4）执行"文件"→"另存为"菜单命令，将其另存为"案例\10\KTV 娱乐会所建筑平面图.dwg"文件。

10.2.2 绘制轴线并标注轴网

用户在绘制轴线时，首先绘制一条水平和垂直的构造线，再对其进行偏移，从而形成轴网的开间和进深，且对多余的轴线进行修剪，然后绘制轴标号对象，并保存为属性图块，插入到相应的位置，最后进行轴网的标注。

1）在"图层"工具栏的"图层控制"下拉列表框中选择"轴线"图层作为当前图层。

2）使用"构造线"命令（XL），根据命令行提示选择"垂直"选项（V）来绘制一条垂直构造线；同样，再选择"水平"选项（H）来绘制一条水平构造线。

3）使用"偏移"命令（O），将垂直构造线依次向右侧偏移 6480 mm、600 mm、7200 mm、7400 mm、7500 mm、7600 mm，再将水平构造线依次向上侧偏移 3350 mm、5500 mm、5700 mm、3180 mm，如图 10-12 所示。

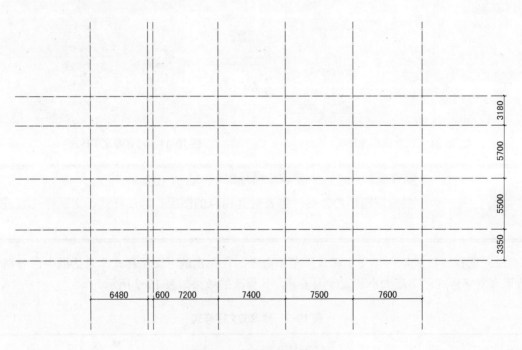

图 10-12　绘制并偏移构造线

4）使用"矩形"命令（REC），根据命令行提示，首先捕捉轴线左下角的交点，再捕捉右上角的交点，从而绘制一个矩形对象；再使用"偏移"命令（O），将所绘制的矩形对象向外侧偏移 3000mm，如图 10-13 所示。

5）使用"修剪"命令（TR），对与外侧矩形相关的轴线对象进行修剪，然后删除这两个矩形对象，如图 10-14 所示。

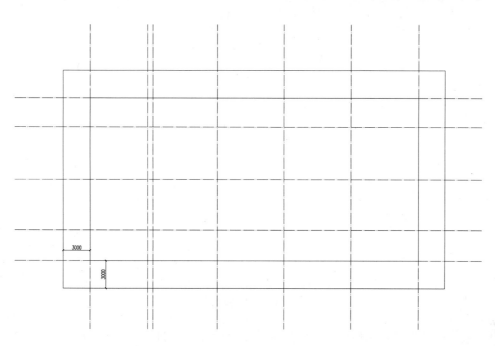

图 10-13　绘制并偏移矩形

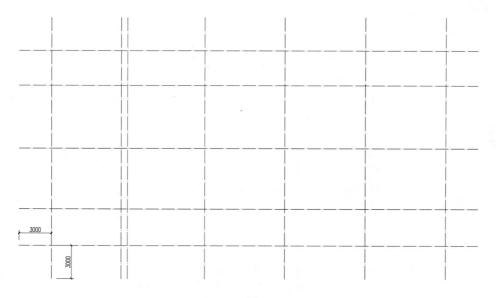

图 10-14　修剪轴线并删除矩形

6）使用"偏移"命令（O），将从左往右数的第 2 条垂直轴线向左侧偏移 2700mm，再将右侧往左数的第 2 条垂直轴线向左侧偏移 1850mm，如图 10-15 所示。

7）在"图层"工具栏的"图层控制"下拉列表框中选择"标注"图层作为当前图层。

8）在"标注"工具栏中单击"快速标注"按钮，首先使用鼠标选择下侧（从左向右数）第 1、3、4、5、6、7、9 条轴线，按〈Enter〉键确认，再指定相应的位置并单击，从而对其下侧的轴网进行第二道尺寸的标注。

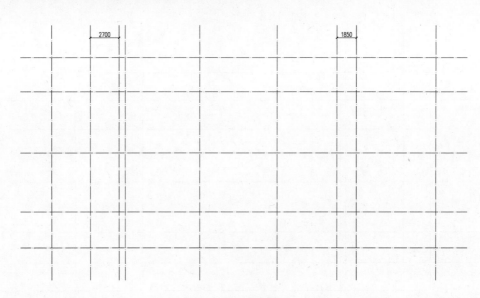

图 10-15　偏移轴线

9）同样，单击"快速标注"按钮 ，使用鼠标选择上侧（从左向右数）第 2、3、4、5、6、7、8、9 条轴线，按〈Enter〉键确认，再指定相应的位置并单击，从而对其上侧的轴网进行第二道尺寸的标注。如图 10-16 所示。

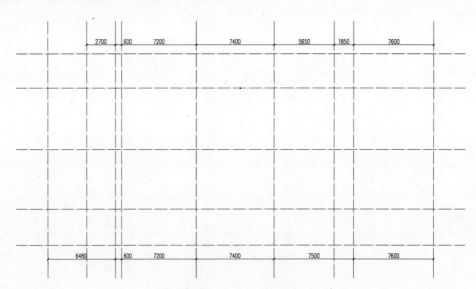

图 10-16　快速标注

10）在"标注"工具栏中单击"线性标注"按钮，使用鼠标捕捉左下侧和右下侧轴交点，再指定标注文字的位置，从而完成下侧第三道尺寸的标注。

11）同样，使用鼠标捕捉左上侧（从左往右数第二个轴网交点）和右下侧轴交点，再指定标注文字的位置，从而完成上侧第三道尺寸的标注。

12）在"标注"工具栏中单击"线性标注"按钮 和"连续标注"按钮 ，按照相同的方法在图形的右侧进行第二、三道尺寸的标注。如图 10-17 所示。

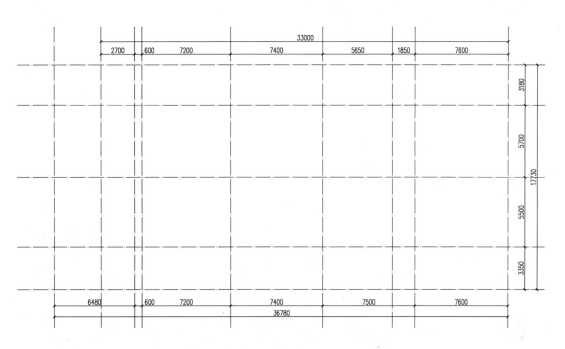

图 10-17 轴网标注效果

13）选择"格式"→"图层"菜单命令，新建"轴标号"图层，并置为当前图层，如图 10-18 所示。

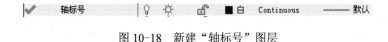

图 10-18 新建"轴标号"图层

14）使用"圆"命令（C），在视图的空白位置绘制半径为 500mm 的圆对象。

15）在"特性"工具栏中选择当前文字样式为"剖切及轴线符号"，在"文字"工具栏中单击"单行文字"按钮 AI，根据命令行提示选择"对正"选项（J），再选择"正中"选项（MC），且捕捉半径为 500mm 的圆心点，然后输入文字内容为"1"。如图 10-19 所示。

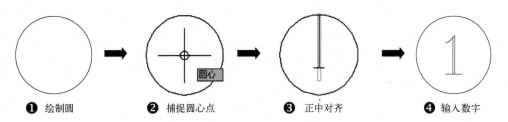

❶ 绘制圆　　　　❷ 捕捉圆心点　　　　❸ 正中对齐　　　　❹ 输入数字

图 10-19 轴标号效果

16）使用"复制"命令（CO），框选轴标号对象，并选择圆的上侧象限点作为基点，再依次捕捉轴网下侧相应的端点；同样，将其轴标号对象复制到轴线上侧端及右端的相应位置。如图 10-20 所示。

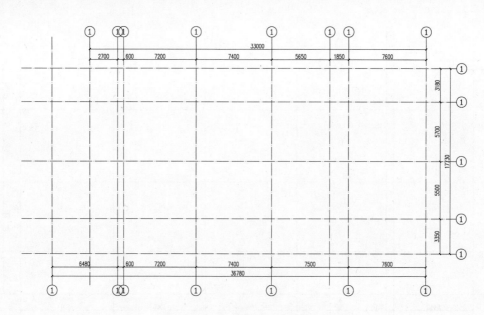

图 10-20　复制的轴标号效果

17）使用鼠标分别双击轴标号中的文字对象，然后根据图形的要求输入相应的轴号，如图 10-21 所示。

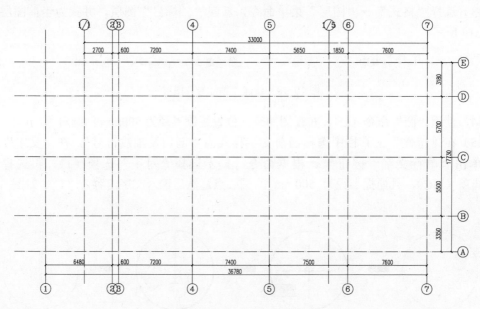

图 10-21　修改轴标号效果

18）由于轴号 2 与 3 距离较近，所以用户可以通过移动的方式来进行调整。使用"构造线"命令（XL），分别通过相应轴号圆圈上侧象限点来绘制角度为 45°或-45°的斜线段；使用"移动"命令（M），再选择轴号圆圈及数值对象，捕捉圆心点作为基点，水平向左或向右移动到圆的左或右侧的象限点位置；然后使用"修剪"命令（TR），对多余的构造线进行修剪，如图 10-22 所示。

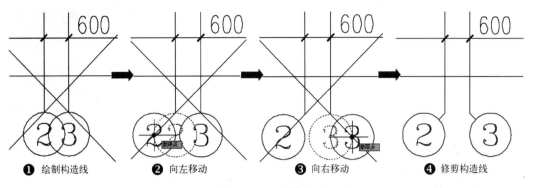

图 10-22　调整轴标号

19）同样，将上侧轴标号为 2、3 的轴线也进行相应的调整。

20）标有"1/1"之类的附加轴标号，用户可使用鼠标选择该文字对象，按〈Ctrl+1〉组合键打开"特性"面板，在"宽度"栏中设置比例为 0.6，从而调整该轴标号文字效果，如图 10-23 所示。

21）使用鼠标选择修改后的轴标号文字对象"1/1"，在"标准"工具栏中单击"特性匹配"按钮 ，再在图形的上侧将轴标号文字对象"1/5"进行特性匹配，其特性匹配后的效果如图 10-24 所示。

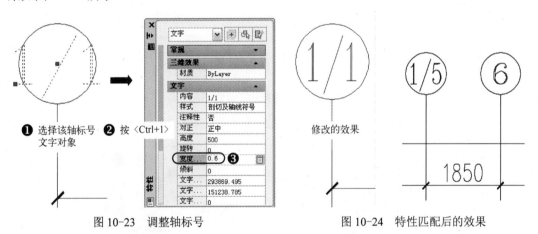

图 10-23　调整轴标号　　　　　图 10-24　特性匹配后的效果

10.2.3　绘制框架柱子对象

根据建筑平面图的分析，该框架柱子的尺寸分别有 800mm×500mm、700mm×500mm、500mm×500mm、500mm×650mm、550mm×700mm、550mm×650mm 等，用户使用"矩形"命令（REC）绘制相应的矩形对象，并填充 "SOLID"样例来作为柱子对象即可。

1）在"图层"工具栏的"图层控制"下拉列表框中选择"柱子"图层作为当前图层。

2）使用"矩形"命令（REC），在视图的空白位置绘制 500mm×700mm 的矩形对象；再使用"直线"命令（L），绘制一条矩形的对角斜线段；然后使用"图案填充"命令（H），选择矩形对象作为填充对象，再选择"SOLID"样例填充矩形对象，从而完成 500mm×700mm 的柱子对象，如图 10-25 所示。

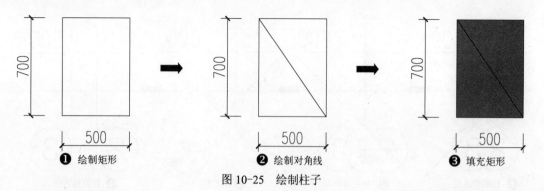

图 10-25 绘制柱子

3）使用"复制"命令（CO），选择上一步所绘制的柱子对象，再选择对角线的中点作为基点，将其分别复制到 2、3 号轴线与 B 号轴线的交点处，然后将柱子的对角线删除，如图 10-26 所示。

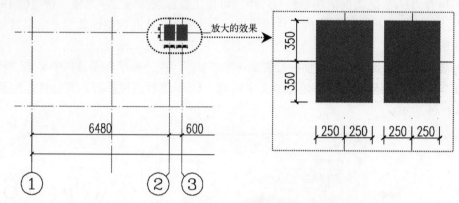

图 10-26 布置柱子对象

4）按照相同的方法，分别布置图形左侧的柱子对象，如图 10-27 所示。

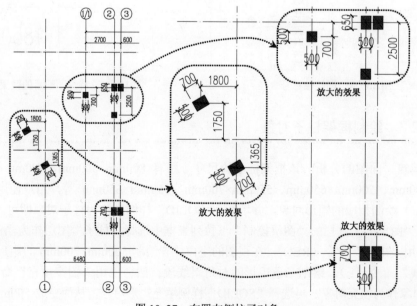

图 10-27 布置左侧柱子对象

5）按照相同的方法，分别布置图形中间的柱子对象，如图 10-28 所示。

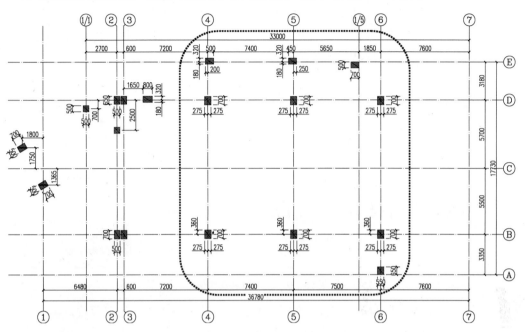

图 10-28　布置中间柱子对象

6）按照相同的方法，分别布置图形右侧的柱子对象，如图 10-29 所示。

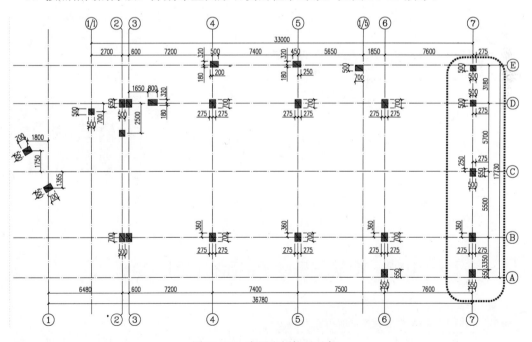

图 10-29　布置右侧柱子对象

7）在"图层"工具栏的"图层控制"下拉列表框中选择"文字"图层作为当前图层。

8）在"特性"工具栏的"文字样式"下拉组合框中选择"图名"文字样式作为当前样式。

9）在"文字"工具栏中单击"单行文字"按钮 ，分别在图形的正下方输入图名内容为"KTV娱乐会所建筑平面图"，以及输入比例为"1：100"对象。

10）选择文字"1：100"单行文字对象，按〈Ctrl+1〉组合键打开"特性"面板，在"高度"栏设置为500，如图10-30所示。

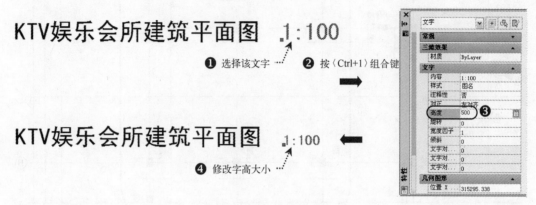

图10-30　输入图名及比例

11）使用"多段线"命令（PL），在图名的正下方绘制两条等长的多段线，再执行上方的多段线，按〈Ctrl+1〉组合键打开"特性"面板，设置全局宽度为50，如图10-31所示。

12）至此，该娱乐会所的建筑结构平面图已经绘制完成，按〈Ctrl+S〉组合键对其进行保存。

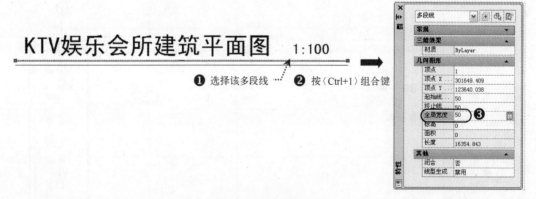

图10-31　绘制多段线

 软件技能

10.3　KTV娱乐会所平面布置图的绘制

素材　视频\10\ KTV 娱乐会所平面布置图.avi
　　　案例\10\ KTV 娱乐会所平面布置图.dwg

在前面 10.2 小节中已经绘制好 KTV 娱乐会所的建筑平面图，在绘制平面布置图时可调用建筑平面图，然后在此基础上进行墙体结构的绘制、墙角及柱子包边处理、门厅、大厅、各包间区域的绘制及布置，其最终的效果如图 10-32 所示。

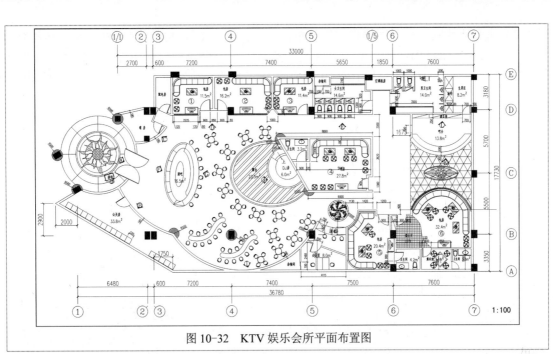

图 10-32   KTV 娱乐会所平面布置图

 ### 10.3.1   布置墙体结构

本实例娱乐会所的墙体采用 180mm 的空心砖砌分隔，用户可使用"多线"命令的方式来绘制相应的墙体来分隔各个功能结构。在前面 10.2 节中已经绘制好了该娱乐会所的原始建筑平面图，在进行平面布置图时，可以借助该建筑平面图来进行绘制。

1）在 AutoCAD 环境中，打开前面所绘制好的"案例\10\KTV 娱乐会所建筑平面图.dwg"文件；再执行"文件"→"另存为"菜单命令，将该文件另存为"案例\10\KTV 娱乐会所平面布置图.dwg"文件。

2）使用"删除"命令（E），将图形中所有柱子对象删除，并修改其图名为"KTV 娱乐会所平面布置图"，如图 10-33 所示。

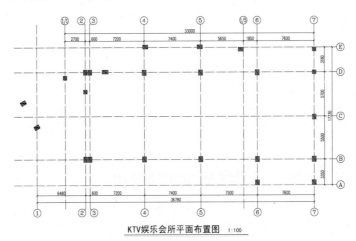

KTV娱乐会所平面布置图   1:100

图 10-33   删除标注并修改图名

3）执行"格式"→"多线样式"菜单命令，打开"多线样式"对话框，在"样式"列表中选择"STANDARD"，并单击"修改"按钮，在弹出的对话框中分别勾选"直线"的"起点"和"端点"复选框，然后依次单击"确定""置为当前"和"确定"按钮，如图 10-34 所示。

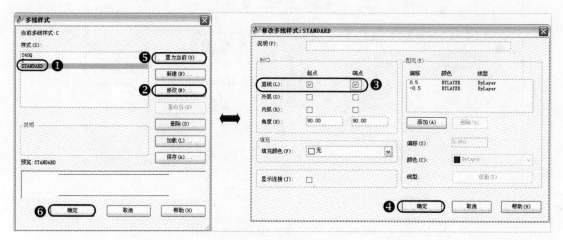

图 10-34 修改多线样式

4）在"图层"工具栏的"图层控制"下拉列表框中选择"墙体"图层作为当前图层。

5）使用"多线"命令（ML），根据命令行提示设置为"对正 = 上，比例 = 180.00，样式 = STANDARD"，其墙体以柱子边对齐，分别来绘制相应的外围墙体对象，如图 10-35 所示。

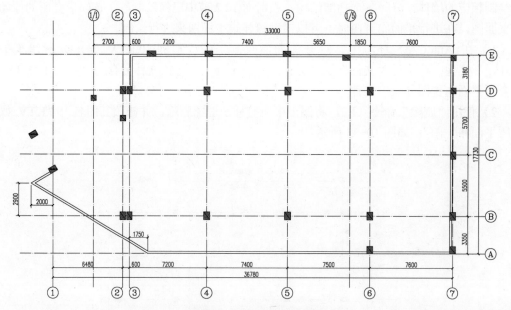

图 10-35 绘制的外围墙体

6）使用"偏移"命令（O），将 B 号轴线向上偏移 2190mm，E 号轴线向下偏移 3580mm，4 号轴线向左偏移 1500mm，5 号轴线向左偏移 3485mm，6 号轴线向右偏移 1675mm，如图 10-36 所示。

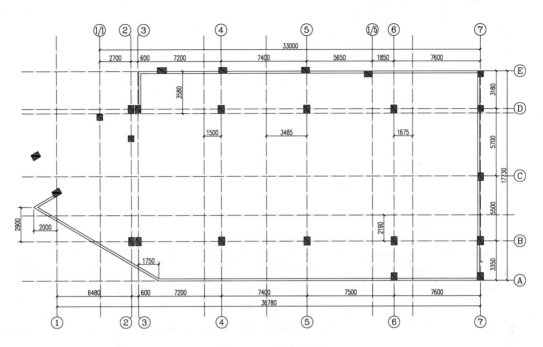

图 10-36　偏移轴线

7）使用"多线"命令（ML），根据命令行提示设置为"比例=180.00，样式=STANDARD"，在图形的上侧绘制相应的墙体对象，如图 10-37 所示。

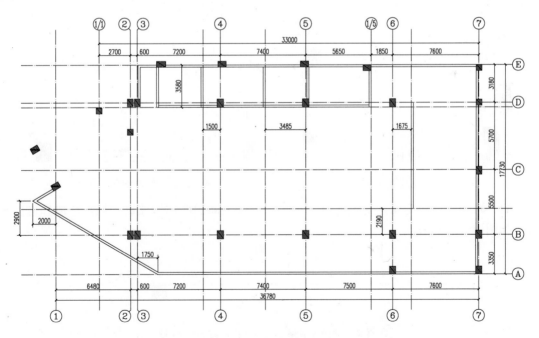

图 10-37　绘制上侧部分墙体

8）使用"直线""构造线""偏移"和"修剪"等命令，在图形的左上侧绘制相应的墙体对象，如图 10-38 所示。

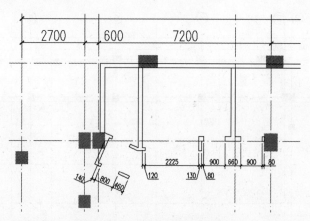

图 10-38　绘制左上侧细部墙体

软件技能：　　　**分解多线墙体对象**

　　用户在对墙体细节进行绘制和修剪的时候，可以使用"分解"命令（**X**）将之前所绘制的多线对象进行打散操作。

　　9）按照相同的方法，对其上侧 4～5 号轴线之间的墙体对象进行局部绘制和修剪操作，如图 10-39 所示。

　　10）按照相同的方法，对其上侧 5～6 号轴线之间的墙体对象进行局部绘制和修剪操作，如图 10-40 所示。

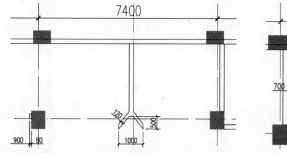

图 10-39　绘制细部墙体 1

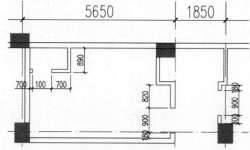

图 10-40　绘制细部墙体 2

　　11）按照相同的方法，对其上侧 6～7 号轴线之间的墙体对象进行局部绘制和修剪操作，如图 10-41 所示。

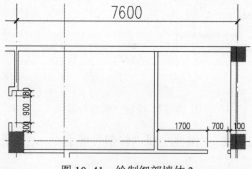

图 10-41　绘制细部墙体 3

12）按照相同的方法，对下侧 6～7 号轴线之间的墙体对象进行局部绘制和修剪操作，如图 10-42 所示。

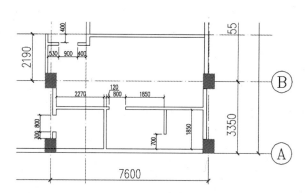

图 10-42　绘制细部墙体 4

13）使用"偏移"命令（O），将"1/5"号轴线向左侧依次偏移 1420mm 和 1130mm，再将 B 号轴线向上偏移 670mm，如图 10-43 所示。

14）同样，使用"直线""偏移"和"修剪"等命令，在下侧 6 号轴线的左方绘制相应的 120mm 墙体对象，如图 10-44 所示。

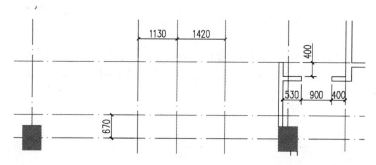

图 10-43　偏移轴线

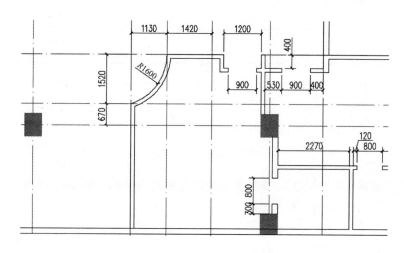

图 10-44　绘制墙体对象 1

15）同样，在"1/5"轴号左侧的中间位置来绘制 180mm 厚的墙体对象，如图 10-45 所示。

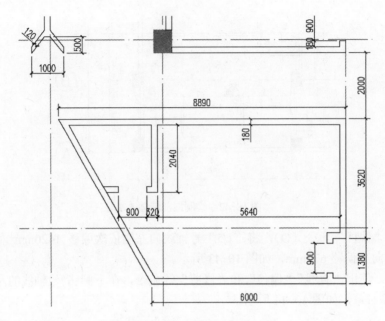

图 10-45　绘制墙体对象 2

16）使用"圆"命令（C），根据命令行提示选择"三点"选项（3P），首先在视图中捕捉指定的前面两点，再输入"TAN"，来捕捉下侧墙体的外墙轮廓线，从而绘制一个圆对象，如图 10-46 所示。

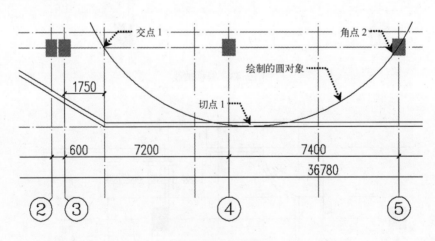

图 10-46　绘制圆

17）使用"偏移"命令（O），将所绘制的圆对象向内偏移 180mm，再使用"修剪"命令（TR），对多余的圆弧对象进行修剪。

18）使用"直线""偏移"和"修剪"等命令，在圆弧墙体对象的左侧绘制 120mm 厚的墙体对象，如图 10-47 所示。

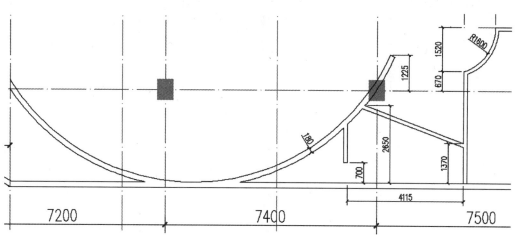

图 10-47 绘制墙体对象

19）使用"圆"命令（C），根据命令行提示选择"三点"选项（3P），在图形的左侧分别捕捉三个柱子的角点来绘制一个圆对象；再使用"偏移"命令（O），将此圆对象向外侧偏移 120mm 和 180mm，如图 10-48 所示。

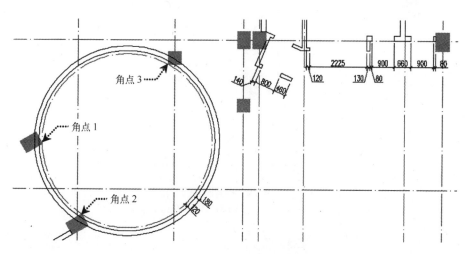

图 10-48 绘制并偏移的圆

20）使用"绘图"→"圆弧"→"起点、端点、半径"菜单命令，在绘制圆的右上侧捕捉两点，再输入半径为 3365mm，从而来绘制一段圆弧对象；然后使用"偏移"命令（O），将该圆弧对象向内侧偏移 180mm；最后使用"修剪"命令（TR），将多余的线段及弧线段删除，如图 10-49 所示。

21）按照与上一步相同的方法，绘制半径为 8200mm 的圆弧墙对象，如图 10-50 所示。

22）使用"构造线"命令（XL），在命令行选择"角度（A）"选项，输入角度为-25°，然后捕捉相应的轴线交点来绘制一构造线；再使用"偏移"命令（O），将该构造线向右偏移 2400mm；然后使用"修剪"命令（TR），对相应的圆弧和构造线进行修剪，从而形成大门洞口，如图 10-51 所示。

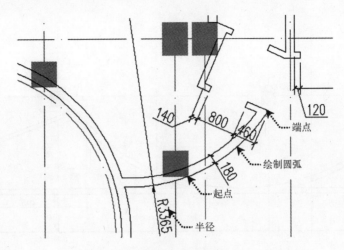

图 10-49　绘制弧墙 1

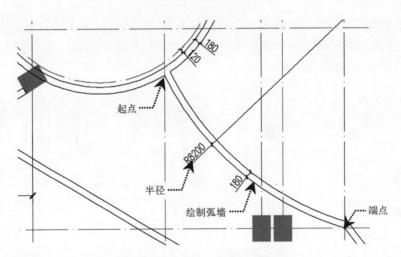

图 10-50　绘制弧墙 2

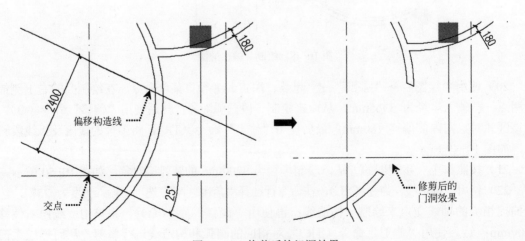

图 10-51　修剪后的门洞效果

10.3.2 墙角和柱子的包边处理

在图形左侧大门和大厅处，应对其直角柱子和拐角墙进行包边处理，这样既美观，又能起到保护墙角的效果。

1）使用"格式"→"图层"菜单命令，新建"包边"图层，其颜色为"红色"，并将其置为当前图层，如图 10-52 所示。

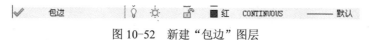

图 10-52 新建"包边"图层

2）使用"圆"命令（C），根据命令行提示选择"三点"选项（3P），捕捉柱子的三角点来绘制圆对象；再使用"偏移"命令（O），将该圆向外偏移 70mm，使包边后的柱子半径为 500mm。

3）使用"图案填充"命令（H），选择"ANSI 31"样例，比例为 20，对柱子进行填充处理，如图 10-53 所示。

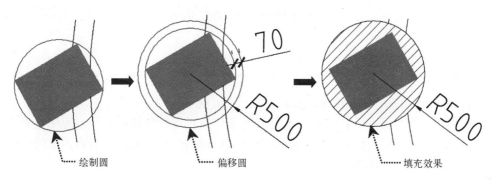

图 10-53 包边处理

4）按照相同的方法，对左侧其他柱子进行包边处理，如图 10-54 所示。

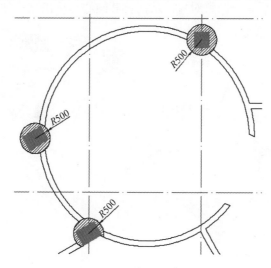

图 10-54 包边其他两个柱子

5）同样，对大厅的其他几个柱子和拐角墙对象进行包边处理，如图 10-55 所示。

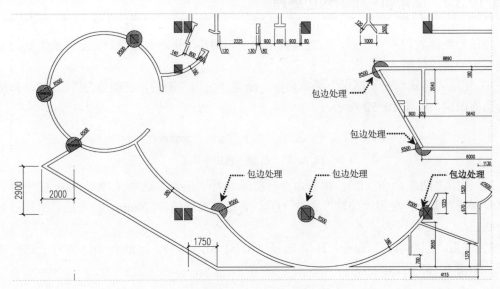

图 10-55　包边处理

 ### 10.3.3　布置门厅

在门厅地面上布置有磨石暗花，安装有 2400mm 的双开门，并搭放有迎宾台。

1）使用"直线"命令（L），以左上侧墙角点作为起点，包边柱的切点为端点来绘制一斜线段；再使用"偏移"命令（O），将该斜线段向下偏移 180mm；然后将多余的线段进行修剪，从而形成 180mm 的墙体对象。

2）将门厅多余的圆弧对象删除，且将指定的圆弧对象颜色设置为浅红色。

3）在"标注"工具栏的"标注样式"下拉组合框中选择"ISO-25"标注样式，并单击"圆心标记"按钮⊕，然后单击圆弧对象，从而将其圆心点标出来，如图 10-56 所示。

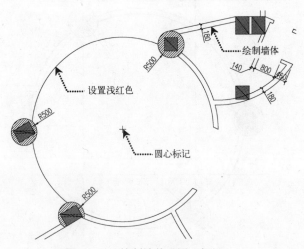

图 10-56　绘制墙体及圆心标记

4）使用"格式"→"图层"菜单命令，新建"地面"图层，其颜色为"浅红"，并将其置为当前图层，如图 10-57 所示。

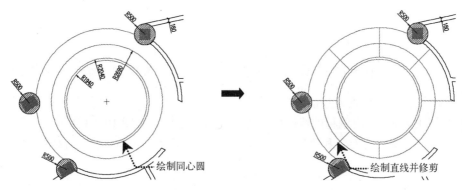

图 10-57 新建"地面"图层

5）使用"圆"命令（C），以圆心标记作为圆心点，分别绘制半径为 1940mm、2040mm、2690mm 的三个同心圆对象；再使用"直线"命令（L），过圆心点来绘制一条水平线段；然后使用"旋转"命令（O），将其水平线段按照 45°进行旋转复制 3 次，最后对多余的线段进行修剪，如图 10-58 所示。

图 10-58 绘制圆和直线

6）使用"插入块"命令（I），将"案例\10"文件夹下的"门厅暗花.dwg""迎宾台.dwg"和"人物 1.dwg"图块插入到相应的位置，如图 10-59 所示。

7）同样，再插入"M2400"双开门"图块在门厅相应位置，并旋转 65°，然后对多余的线段进行修剪，且将其插入的"M2400"图块对象切换到"门窗"图层，从而布置好门厅，如图 10-60 所示。

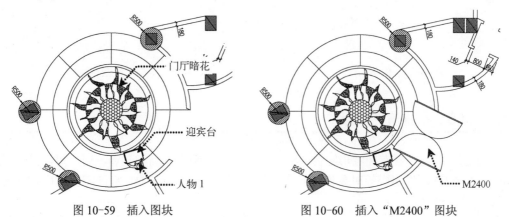

图 10-59 插入图块   图 10-60 插入"M2400"图块

10.3.4 布置公关房

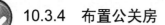

在门厅门口的下侧为公关房，在其室内布置了相应的座椅，座椅的宽度为 520mm。

1）使用"构造线"命令，绘制与水平角度成 32°的构造线对象；再使用"偏移"命令（O），将该构造线偏移 900mm；然后使用"修剪"命令（TR），将多余的线段进行修剪，从而确定公关房的门洞，如图 10-61 所示。

2）使用"插入块"命令（I），将"案例\10\M900.dwg"图块插入到公关房的门洞口位置，并旋转-58°，且将其插入的"M2400"图块对象切换到"门窗"图层，如图 10-62 所示。

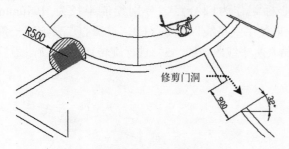

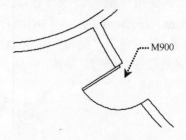

图 10-61　修剪门洞　　　　　　　图 10-62　插入"M900"图块

3）将"设施"图层置为当前图层，使用"偏移"命令（O），将左下侧的内墙线向上偏移 30mm 和 500mm，且将偏移的线段转换为"设施"图层，如图 10-63 所示。

4）使用"直线""偏移"和"修剪"等命令，绘制宽度为 520mm 的座椅对象，如图 10-64 所示。

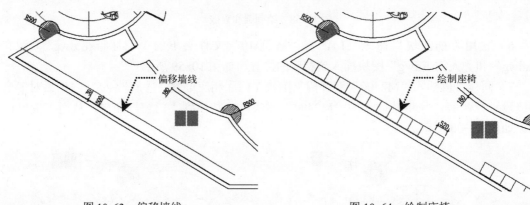

图 10-63　偏移墙线　　　　　　　　图 10-64　绘制座椅

10.3.5　布置演艺大厅

在演艺大厅内布置有椭圆形吧台、S 形吧台、圆桌吧台、高脚凳等，用户可以执行"插入块"命令的方式将相应的对象插入到相应的位置即可，舞台、DJ 室则需要使用相应的工具命令来进行绘制。

1）使用"构造线"命令（XL），根据命令行提示选择"角度"选项（A），再选择"参照"选项（R），然后选择参照的对象为墙线，并输入角度为 90°，最后捕捉墙线的中点，从而绘制一构造线对象。

2）使用"偏移"命令（O），将指定的墙线偏移 530mm，从而与构造线有一交点，这一交点即是后面所要绘制同心圆的圆心点，如图 10-65 所示。

3）使用"圆"命令（C），以指定的交点作为圆心点，绘制半径为 1060mm、1127mm、1310mm、1727mm、1847mm 的 5 个同心圆，如图 10-66 所示。

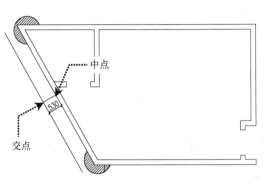

图 10-65 绘制辅助线

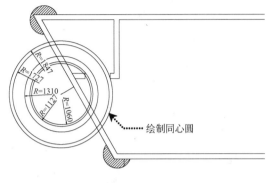

图 10-66 绘制同心圆

4）使用"直线"和"修剪"等命令，将指定的对象进行修剪，从而形成 DJ 室、门洞（洞宽为 700mm）及梯步效果，如图 10-67 所示。

5）使用"插入块"命令（I），在 DJ 室门洞口位置插入"案例\10\M900.dwg"图块对象，并进行缩放 0.78（即 700÷900=0.78），并旋转该门对象，从而布置好 DJ 室的门对象；再使用"直线"命令（L），在梯步位置绘制一箭头对象，从而形成梯步效果，如图 10-68 所示。

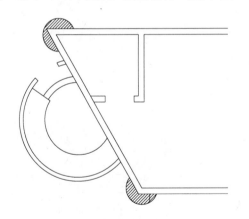

图 10-67 修剪后的效果

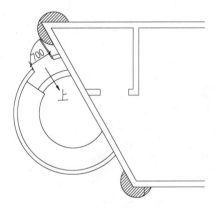

图 10-68 布置门和梯步的效果

6）在"图层"工具栏的"图层控制"下拉列表框中选择"地面"图层作为当前图层。

7）使用"椭圆"命令（EL），捕捉相应轴线交点作为椭圆的两个端点，再输入半径为 2900mm，从而绘制一个椭圆对象，然后使用"偏移"命令（O），将该椭圆向外偏移 100mm、向内偏移 200mm，如图 10-69 所示。

8）使用"修剪"命令（TR），将多余的圆弧对象进行修剪；再使用"图案填充"命令（H），选择"ANSI 32"样例，填充比例为 50，从而对舞台进行图案填充，如图 10-70 所示。

9）在"图层"工具栏的"图层控制"下拉列表框中选择"设施"图层作为当前图层。

10）使用"插入块"命令（I），将"案例\10"文件夹下的"椭圆吧台"和"高脚独凳"

图块插入到大厅的相应位置，如图 10-71 所示。

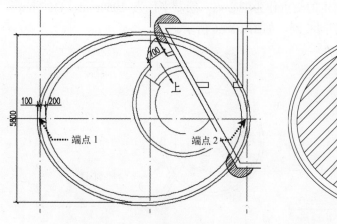

图 10-69 绘制并偏移椭圆

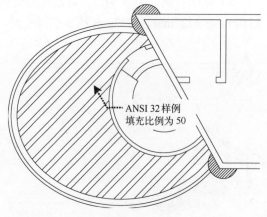

图 10-70 填充图案

11）在"修改"工具栏中单击"路径阵列"按钮，选择"高脚独凳"图块作为阵列的对象，再选择一椭圆弧对象作为路径，然后在指定的位置确定终点，其路径阵列的效果如图 10-72 所示。

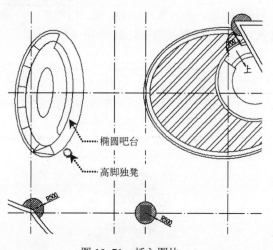

图 10-71 插入图块

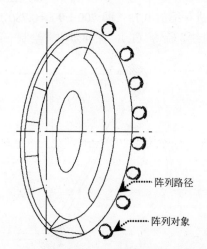

图 10-72 路径阵列

12）同样，使用"插入块"命令（I），将"案例\10"文件夹下的"S 形吧台"和"高脚独凳"图块插入到大厅的左下侧相应位置；再使用"样条曲线"命令（SPL），绘制相应的样条曲线对象，如图 10-73 所示。

13）在"修改"工具栏中单击"路径阵列"按钮，选择"高脚独凳"图块作为阵列的对象，再选择绘制的样条曲线作为路径，再在指定的位置确定终点，其路径阵列的效果如图 10-74 所示。

14）再按照相同的方法，在"S 形吧台"的上侧来布置高脚独凳，如图 10-75 所示。

15）使用鼠标双击上侧路径阵列的效果，在弹出的面板中设置项目数量为 6，从而改变阵列的数量，如图 10-76 所示。

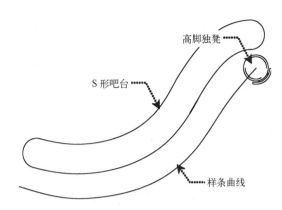

图 10-73　插入图块和绘制样条曲线

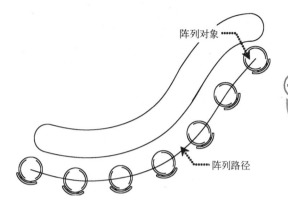

图 10-74　路径阵列

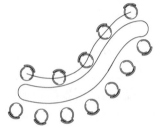

图 10-75　布置上侧独凳

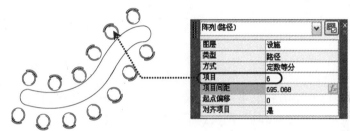

图 10-76　设置阵列数量

软件技能：　　爆开阵列的对象

　　执行路径阵列过后，应使用"分解"命令（X）将阵列的对象进行打散操作，然后将绘制的样条曲线删除。

　　16）使用"复制"命令（CO），将"S 形吧台"及阵列的"高脚独凳"对象复制到右下侧相应位置，如图 10-77 所示。

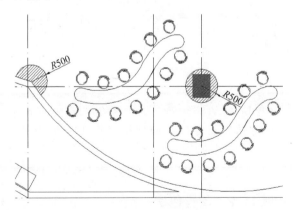

图 10-77　复制后的效果

　　17）按照前面相同的方法，将"圆形吧台"图块插入到大厅相应位置，并进行路径阵列操作，如图 10-78 所示。

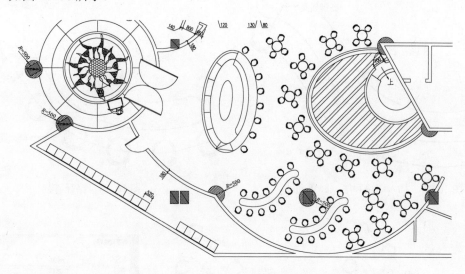

图 10-78　大厅布置的效果

18）碟房和配电房只安装了两个门对象，其门的宽度均为 800mm，所以用户应插入"案例\10\M900.dwg"图块到相应的位置，进行缩放 0.89（即 800÷900=0.89 倍），并进行适当旋转，然后将其转换为"门窗"图层，如图 10-79 所示。

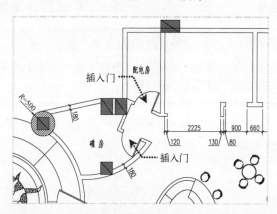

图 10-79　插入门

软件技能：　　　　绘制开门线条

　　用户在安装门对象后，应使用"直线"命令（L）来绘制相应的开门线条。

10.3.6　布置上侧 1、2、3 号包房

　　在大厅左上侧的 1、2、3 号包房内各布置有 L 形沙发、矮凳、玻璃案台、电视机和门对象，都可以通过插入图块的方式来布置。

1）使用"多线"命令（ML），根据命令行设置为"对正 = 无，比例 = 0.48，样式 = C"，然后捕捉相应的中点绘制一条多线来作为落地玻璃墙对象，如图 10-80 所示。

软件技能：　　多线比例的确定

因为事先已经有建立好的多线样式"C"，其宽度为 250mm，而此处落地玻璃墙的厚度为 120mm，所以应设置其比例为 0.48（即 120÷250=0.48），如图 10-81 所示。

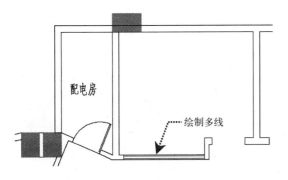

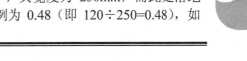

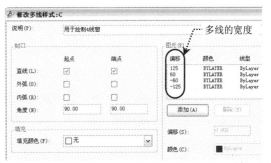

图 10-80　绘制多线　　　　　　　　　　图 10-81　多线的宽度

2）在"图层"工具栏的"图层控制"下拉列表框中选择"设施"图层作为当前图层。

3）使用"插入块"命令（I），将"案例\10"文件夹下的"L 沙发""矮凳""电视 A""玻璃案台"和"M900"图块对象布置到 1 号包房的相应位置，并进行适当调整及旋转，如图 10-82 所示。

4）设置"图内说明"文字样式为当前文字，设置"文字"图层为当前图层。

5）在"文字"工具栏中单击"多行文字"按钮 **A**，在 1 号包房内进行文字说明，以及进行面积的标注，如图 10-83 所示。

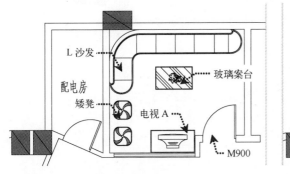

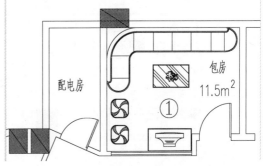

图 10-82　插入图块　　　　　　　　　　图 10-83　文字标注

软件技能：　　上标的手工输入

用户在输入平方上标时，应先输入"11.5m2^"内容，再使用鼠标选中"2^"，然后单击"叠放"按钮即可，如图 10-84 所示。

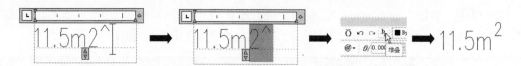

图 10-84　输入上标的方法

6）再按照相同的方法，对 2、3 号包房进行布置和标注，如图 10-85 所示。

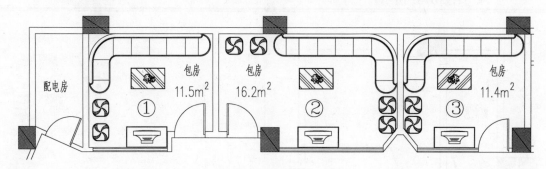

图 10-85　布置 2、3 号包房

 ### 10.3.7　布置公共卫生间

在 3 号包房的右侧为男、女公共卫生间，其中女卫生间内布置有一杂物间，有洗手案台和便槽间，男卫生间内布置有便槽间、小便器和洗手案台。

1）使用"直线""偏移"和"修剪"等命令，绘制女卫生间的便槽间和洗手案台，如图 10-86 所示。

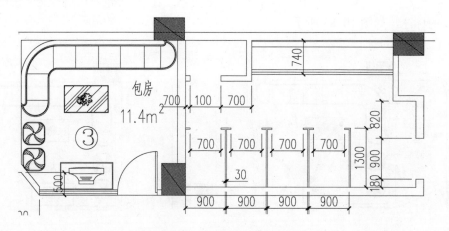

图 10-86　绘制便槽间和洗手案台

2）使用"插入块"命令（I），将"案例\10"文件夹下的"座便器""M900"和"M700"图块对象布置到女卫生间的相应位置，并进行适当调整及旋转，如图 10-87 所示。

3）同样，使用"直线""偏移"和"修剪"等命令布置右侧的男卫生间，其布置效果如图 10-88 所示。

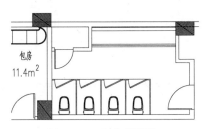

图 10-87　插入的图块 1

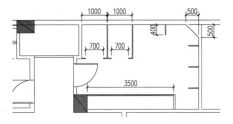

图 10-88　绘制男卫生间结构

4）同样，使用"插入块"命令（I），将"案例\10"文件夹下的"座便器""M700"和"小便斗"图块对象布置到男卫生间的相应位置，并进行适当调整及旋转，如图 10-89 所示。

5）在"文字"工具栏中单击"多行文字"按钮 $\mathbf{A}$，在男、女卫生间内进行文字说明，以及面积标注，且将其转换为"文字"图层，如图 10-90 所示。

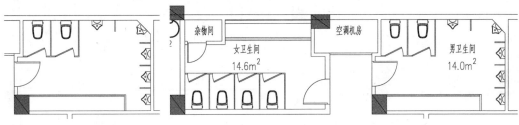

图 10-89　插入图块 2　　　　　　　　　　　　　　图 10-90　文字标注

 10.3.8　布置酒品/生果区

在图形的右侧为酒品/生果区，布置有摆放酒品/生果的柜台，有一弧形吧台，其后有一冰柜屋等。

1）使用"偏移"命令（O），将 C 号水平轴线向上偏移 1600mm 和 1400mm；再使用"圆弧"命令（ARC），分别捕捉起点、第二点（中点）和端点来绘制一段圆弧，如图 10-91 所示。

2）使用"偏移"命令（O），将圆弧向内偏移 300mm 和 500mm，且进行修剪操作，然后开启宽度为 700mm 的门洞，如图 10-92 所示。

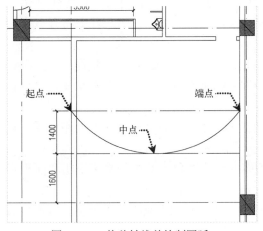

图 10-91　偏移轴线并绘制圆弧

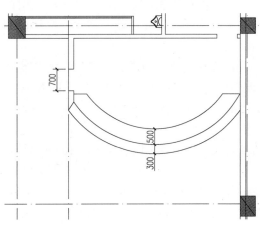

图 10-92　偏移弧线并开启门洞

3）使用"直线""偏移"和"修剪"等命令，绘制宽度为 350mm 的酒品架，再绘制宽度为 800mm 的冰柜，以及绘制矮墙门盖板，并插入"M900"图块对象（缩小至原先的 78%，即门宽为 700mm），如图 10-93 所示。

软件技能：	等分线段

用户在绘制酒品架和冰柜时，将指定的线段偏移 350mm 和 800mm 时，可以执行"绘图"→"点"→"定数等分"菜单命令，从而将偏移的线段等分出来。

4）在"文字"工具栏中单击"多行文字"按钮 **A**，在男、女卫生间内进行文字说明以及面积标注，且将其转换为"文字"图层，如图 10-94 所示。

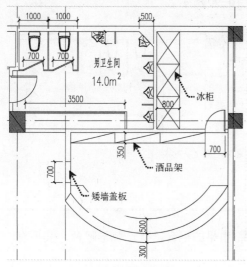

图 10-93　布置相应设施

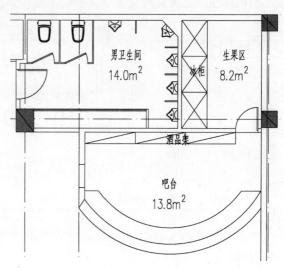

图 10-94　文字标注

10.3.9　布置 4、5、6 号包房

在大厅右侧有一房间为 4 号包房，大厅右下角为 5、6 号包房，在包房内布置有 U 形沙发、定制沙发、矮凳、玻璃案台、电视机和门等对象，包房内有卫生间，其中布置有座便器、洗脸台等。

1）使用"插入块"命令（I），将"案例\10"文件夹下的"U 形沙发""矮凳""电视 A""玻璃案台""座便器""洗脸盆"和"M900"图块对象布置到 4 号包房的相应位置，并进行适当的调整及旋转操作，如图 10-95 所示。

2）在"文字"工具栏中单击"多行文字"按钮 **A**，对其进行文字说明及面积标注，且将其转换为"文字"图层，如图 10-96 所示。

3）同样，在大厅右下侧的 5 号房内插入相应的图块对象，并进行文字说明和面积标注，其效果如图 10-97 所示。

4）使用"偏移"命令（O），将右侧指定的墙线向上偏移 2000mm，再使用"圆弧"命令（ARC），来绘制相应的圆弧对象，如图 10-98 所示。

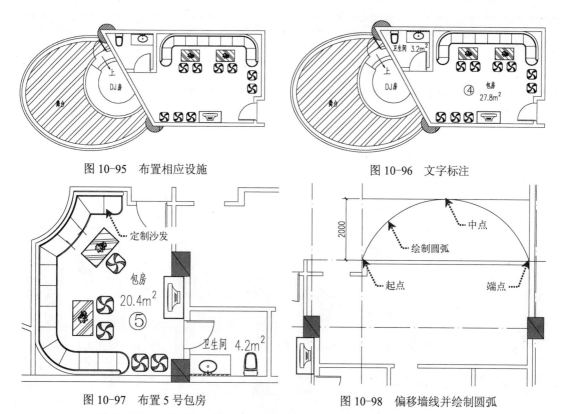

图 10-95　布置相应设施　　　　　　　　　　图 10-96　文字标注

图 10-97　布置 5 号包房　　　　　　　　　图 10-98　偏移墙线并绘制圆弧

5）使用"偏移"命令（O），将圆弧向内偏移 40mm，偏移的次数为 3 次，且将偏移的弧线转换为"门窗"图层，使之成为弧形玻璃墙；然后使用"修剪"命令（TR），对多余的弧线及墙线进行修剪，如图 10-99 所示。

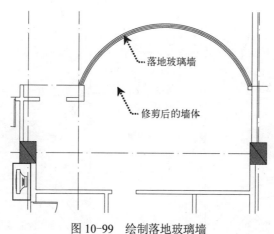

图 10-99　绘制落地玻璃墙

6）使用"插入块"命令（I），将"案例\10"文件夹下的"定制沙发 2""矮凳""电视 A""玻璃案台""座便器""洗脸盆""方桌"和"M900"图块对象布置到 6 号包房的相应位置，并进行适当的调整及旋转操作，如图 10-100 所示。

7）使用"样条曲线"命令（SPL），过相应的墙角点来绘制样条曲线；再使用"图案填充"命令（H），对其填充样例"NET"，填充比例为 50，从而规划出自由舞区。

软件技能：	填充基点的确定

在填充样例"NET"时，应选择该区域左下角点作为填充的基点。

8）在"文字"工具栏中单击"多行文字"按钮 **A**，对其进行文字说明以及面积标注，并将其转换为"文字"图层，如图 10-101 所示。

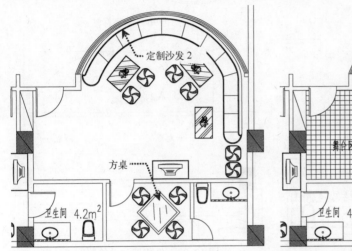

图 10-100　布置设施　　　　　　　　图 10-101　布置自由舞区并标注文字

9）同样，在 6 号包房上侧区域插入"暗花"图块，并填充样例"NET3"，填充比例为 200，如图 10-102 所示。

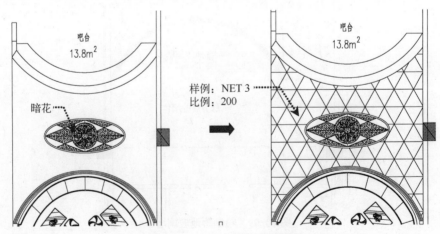

图 10-102　插入图块并填充图案

 10.3.10　布置办公室和收银台

在 5 号包房的左侧布置有收银台和办公室，并布置有高脚凳，收银台后面为办公室，内布置有两套办公桌。

　　1）使用"圆弧"命令（ARC），在指定位置绘制一圆弧；再使用"偏移"命令（O），将该圆弧向外偏移 650mm，并绘制门盖效果，然后在其后开启宽度为 800mm 的门洞，如图 10-103 所示。

　　2）使用"插入块"命令（I），将"案例\10"文件夹下的"高脚凳"、"暗花 2"和"M900"图块对象布置到收银台和办公室的相应位置，进行适当调整及旋转，并进行文字标注，如图 10-104 所示。

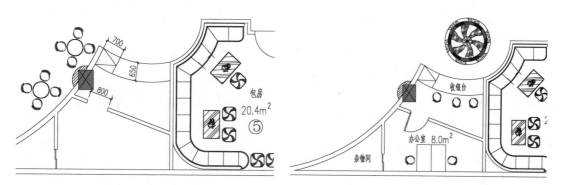

图 10-103　绘制收银台轮廓　　　　　　图 10-104　布置收银台及办公室

　　3）至此，KTV 娱乐会所平面布置图已经大致绘制完成，使用"直线"和"修剪"等命令，对其相应的对象轮廓进行完善，如图 10-105 所示。

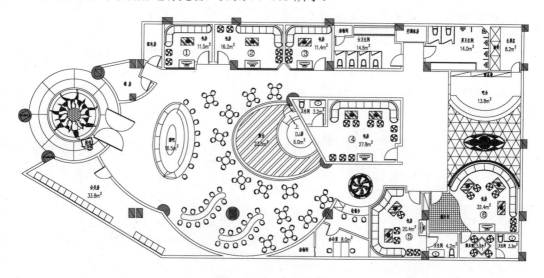

图 10-105　完善结构

　　4）使用"插入块"命令（I），将"案例\10\立视符号.dwg"图块对象插入相应的位置，对其立视符号图块进行适当旋转，并修改其符号字母。

　　5）在"图层"工具栏的"图层控制"下拉列表框中，将"轴标号"图层显示出来，并将上侧的尺寸标注及轴标号对象删除，从而完成整个娱乐会所地面布置图的绘制，如图 10-106所示。

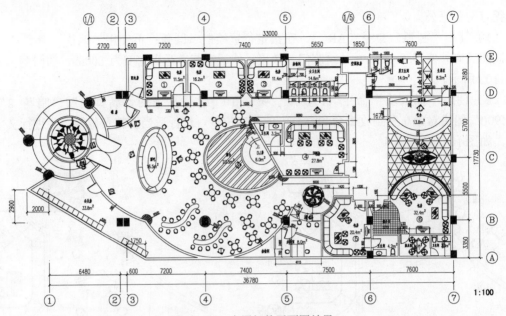

图 10-106 布置好的平面图效果

6）至此，该娱乐会所平面布置图已经绘制完成，按〈Ctrl+S〉组合键进行保存。

10.4 KTV 娱乐会所地面布置图的绘制

 素材
视频\10\ KTV 娱乐会所地面布置图.avi
案例\10\ KTV 娱乐会所地面布置图.dwg

在前面 10.3 小节中已经绘制好娱乐会所平面布置图，要绘制相应的地面布置图，首先应将其绘制好的平面布置图复制一份到新的空白位置，将多余的对象删除，只保留墙体和各房间的结构，然后对各功能区进行地砖的铺设，再对其铺设的地砖进行文字及标高标注，从而完成整个娱乐会所地面布置图效果，如图 10-107 所示。

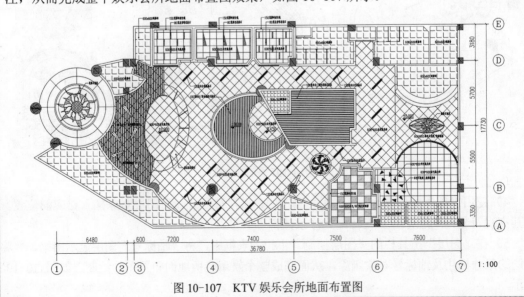

图 10-107 KTV 娱乐会所地面布置图

10.4.1 地面布置图的准备

在进行地面布置图绘制之前，借用前面所绘制好的平面布置图，并将多余的对象删除，再绘制相应的看门线等来完善其结构，从而可以大大提高绘制的速度。

1）在 AutoCAD 环境中，打开前面所绘制好的"案例\10\KTV 娱乐会所平面布置图.dwg"文件；再执行"文件"→"另存为"菜单命令，将该文件另存为"案例\10\KTV 娱乐会所地面布置图.dwg"文件。

2）使用"删除"命令（E），将图形中相应的门窗、插入的图块、文字标注对象删除，并修改其图名为"KTV 娱乐会所地面布置图"，如图 10-108 所示。

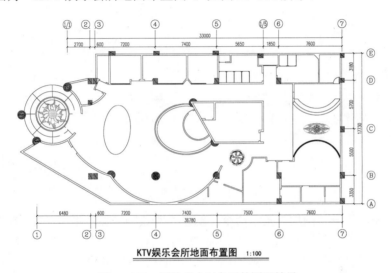

KTV娱乐会所地面布置图 1:100

图 10-108　删除多余对象后的图形效果

3）使用"直线""延伸"和"修剪"等命令，将指定的对象轮廓进行完善，并绘制相应的开门线，从而封闭各房间结构，如图 10-109 所示。

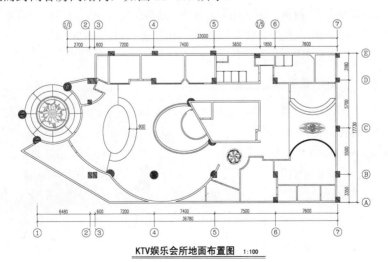

KTV娱乐会所地面布置图 1:100

图 10-109　完善后的图形效果

10.4.2 布置各功能区的地砖

地面布置图，可借用前面所绘制好的平面布置图来进行绘制，从而大大提高绘制的速度。

1）将"地面"图层置为当前图层，使用"图案填充"命令（H），选择"ANGLE"样例，填充比例为 86 或 43，对指定的房间进行图案填充，从而完成"600mm×600mm 耐磨砖"和"300mm×300mm 耐磨砖"的铺设，如图 10-110 所示。

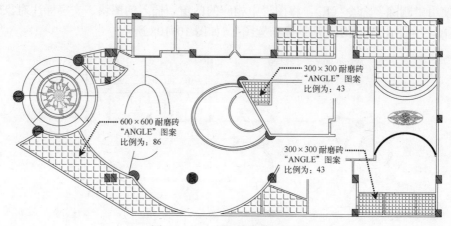

图 10-110　布置的耐磨地板砖

2）使用"格式"→"图层"菜单命令，新建"地灯"图层，并且置为当前图层。

3）使用"插入块"命令（I），将"案例\10\钢化夹板.dwg"图块插入到大厅左侧的相应位置；再使用"直线"、"偏移"及"修剪"等命令，绘制相应的构造轮廓，如图 10-111 所示。

4）将"地面"图层置为当前图层，使用"图案填充"命令（H），选择"PLAST"样例，填充比例为 25，旋转角度为 90°，对指定的区域进行填充，从而完成"100mm 宽黑/白色花岗石拼花"的铺设。

5）同样，选择"NET"样例，填充比例为 190，旋转角度为 45°，对指定的区域进行填充，从而完成"600mm×600mm 灰色抛光砖"的铺设；再选择"AR-SAND"样例，填充比例为 5，旋转角度为 0°，对指定的区域进行填充，从而完成"拼灰麻岗石"的铺设。如图 10-112 所示。

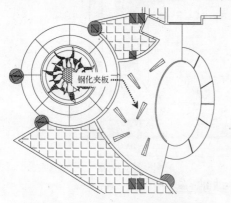

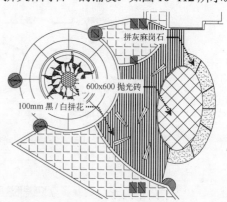

图 10-111　插入钢化夹板图块　　　　　图 10-112　填充图案

6）同样，在舞台区域插入"钢化平板"图块对象，使用"图案填充"命令（H），选择"PLAST"样例，填充比例为25，旋转角度为90°或0°，对舞台及4号包房的区域进行填充，从而完成"100mm宽黑/白色花岗石拼花"的铺设。

7）在DJ室内，选择"NET"样例，填充比例为190，旋转角度为45°，对指定的区域进行填充，从而完成"600mm×600mm灰色抛光砖"的铺设。如图10-113所示。

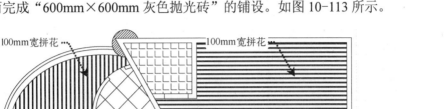

图 10-113　布置舞台、DJ室及4号包房

7）在大厅内，选择"NET"样例，填充比例为190，旋转角度为45°，对大厅区域进行填充，从而完成"600mm×600mm灰色抛光砖"的铺设。

8）使用"插入块"命令（I），将"案例\10\聚晶石.dwg"图块插入到大厅相应的位置，从而完成"120mm宽米白色聚晶石"的布置，如图10-114所示。

	软件技能：　　　　**图案填充技巧**
	对于复杂轮廓或者大面积区域的图案填充，用户可以使用"直线"命令将填充区域分割成多块小的区域后进行填充。

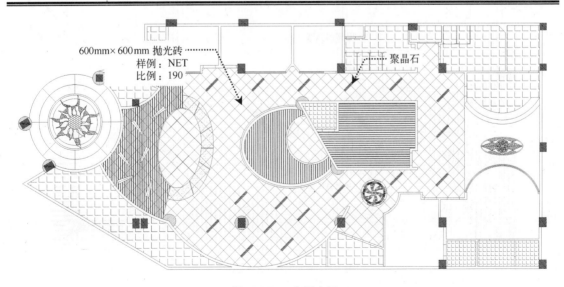

图 10-114　布置大厅

9）使用"绘图"→"边界"菜单命令，弹出"边界创建"对话框，在"对象类型"下拉列表框中选择"多段线"项，单击"拾取点"按钮🖳，使用鼠标分别在图形上侧的 1、2、3 号包房内单击，从而创建多段线轮廓，如图 10-115 所示。

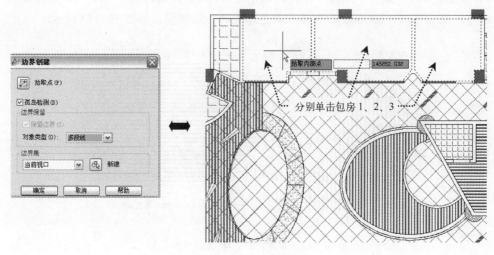

图 10-115　创建多段线

10）使用"偏移"命令（O），将所创建的多段线对象向内偏移 150mm，以此来作为波打线轮廓，然后将原有的多段线对象删除。

11）使用"图案填充"命令（H），选择"AR-SAND"样例，填充比例为 5，旋转角度为 0°，对波打线区域内进行填充，如图 10-116 所示。

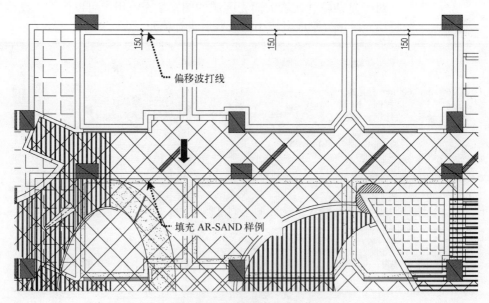

图 10-116　创建波打线效果

12）在大厅内，选择"NET"样例，填充比例为 190，旋转角度为 0°，对上侧 1、2、3

号包房区域进行填充，从而完成"600mm×600mm 灰色抛光砖"的铺设。

13）使用"插入块"命令（I），将"案例\10"文件夹下的"80mm 宽皇室啡花岗石"和"80mm 宽黑色花岗石"图块插入到包房相应的位置，如图 10-117 所示。

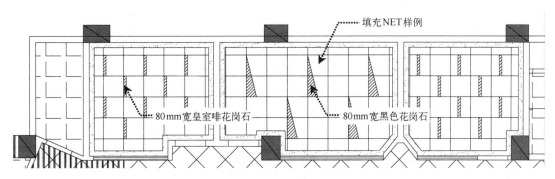

图 10-117　上侧包房布置效果

14）使用"图案填充"命令（H），选择"NET"样例，填充比例为 190，旋转角度为 45°，对酒品/生果区下侧进行图案填充。

15）使用"分解"命令（X），将上一步所填充的样例进行打散处理。

16）使用"图案填充"命令（H），选择"AR-SAND"样例，填充比例为 1，旋转角度为 0°，对指定的区域进行填充，从而完成"600mm×600mm 黑色石光面/烧面错拼"的铺设，如图 10-118 所示。

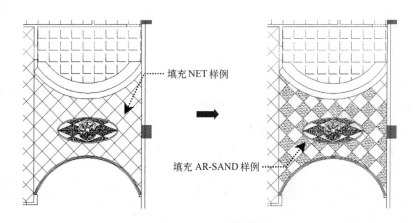

图 10-118　图案填充

17）使用"图案填充"命令（H），选择"NET"样例，填充比例为190，旋转角度为0°，对6 号包房的指定区域进行图案填充，从而完成"600mm×600mm 黑色抛光砖"的铺设。

18）同样，使用"图案填充"命令（H），选择"AR-SAND"样例，填充比例为 5，旋转角度为 0°，对 6 号包房的自由舞区域进行图案填充；再选择"NET"样例，填充比例为190，旋转角度为 0°，对 6 号包房的指定区域进行图案填充，从而完成"600mm×600mm 啡色抛光砖"的铺设。

19）使用"插入块"命令（I），插入"案例\10\三角形抛光砖.dwg"插入到自由舞区，并进行复制，从而完成"米色不规则三角形抛光砖"的铺设，如图 10-119 所示。

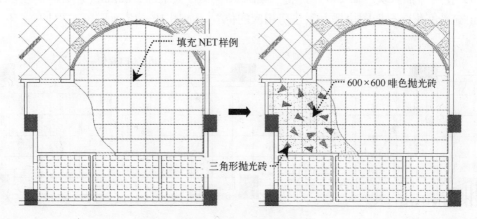

图 10-119　6 号包房地面的铺设

20）使用"绘图"→"边界"菜单命令，弹出"创建边界"对话框，在"对象类型"下拉列表框中选择"多段线"项，单击"拾取点"按钮，使用鼠标在 5 号包房内单击，从而创建多段线轮廓；使用"偏移"命令（O），将创建的多段线对象向内偏移 150mm，从而形成波打线效果。

21）使用"图案填充"命令（H），选择"AR-SAND"样例，填充比例为 2，旋转角度为 0°，对波打区域进行图案填充，如图 10-120 所示。

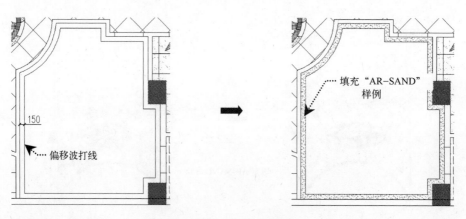

图 10-120　创建波打轮廓

22）使用"图案填充"命令（H），选择"NET"样例，填充比例为 190，旋转角度为 0°，对 6 号包房的指定区域进行图案填充。

23）使用"分解"命令（X），将上一步所填充的样例进行打散处理。

24）再使用"图案填充"命令（H），选择"DASH"样例，填充比例为 25，旋转角度为 45°，对指定的区域进行填充，从而完成"600mm×600mm 灰色/黑色抛光砖错拼"的铺设，如图 10-121 所示。

24）至此，整个地面布置图已经布置完成，其整体效果如图 10-122 所示。

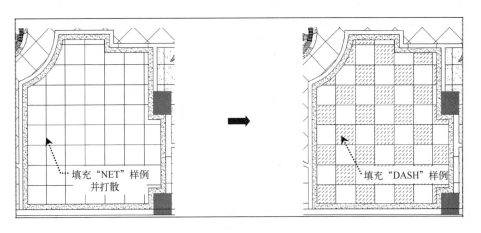

图 10-121 5 号包房地面的铺设

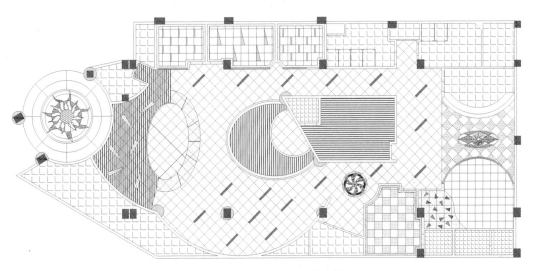

图 10-122 地面布置图效果

 10.4.3 地面布置图文字的标注

在前面 10.4.2 小节中已经完成了娱乐会所地面布置图的绘制，但还应该清楚地标明地面布置的相关材料及标高。

1）在"图层"工具栏的"图层控制"下拉列表框中，选择"文字"图层作为当前图层；在"特性"工具栏的"颜色"下拉列表框中选择当前颜色为"蓝色"；在"样式"工具栏的"文字样式"下拉列表框中选择"图内说明"样式作为当前样式，如图 10-123 所示。

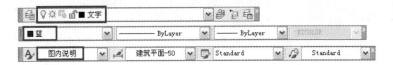

图 10-123 设置当前图层及文字样式

2）在"标注"工具栏中单击"引线标注"按钮 ，根据命令行提示选择"设置（S）"选项，将弹出"引线设置"对话框，设置"注释类型"为"多行文字"，并选择"直线"引线和"点"箭头，如图 10-124 所示。

图 10-124　设置引线

3）根据图形的要求，在图形的上侧对 1、2、3 号包房地面材料进行文字标注说明，如图 10-125 所示。

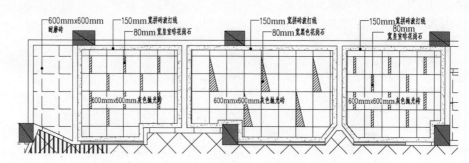

图 10-125　对 1、2、3 号包房地面材料进行文字标注说明

4）同样，再对其他地面布置图进行标注说明，如图 10-126 所示。

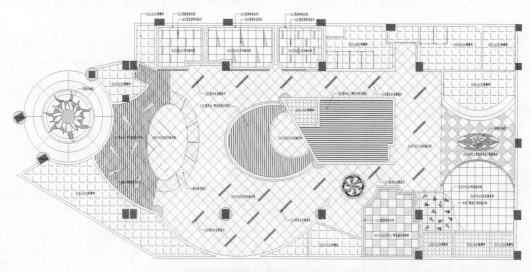

图 10-126　对其他地面材料进行文字标注说明

5）使用"插入块"命令（I），将"案例\10\标高.dwg"图块对象插入到大厅相应位置，双击 DJ 室的标高对象，然后设置该标高值为 0.450，如图 10-127 所示。

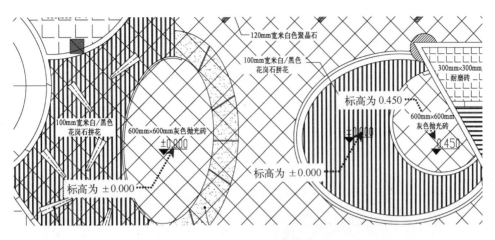

图 10-127 插入标高符号

6）在"图层"工具栏的"图层控制"下拉列表框中，将"轴标号"图层显示出来，并将上侧的尺寸标注及轴标号对象删除，从而完成整个娱乐会所地面布置图的绘制，如图 10-128 所示。

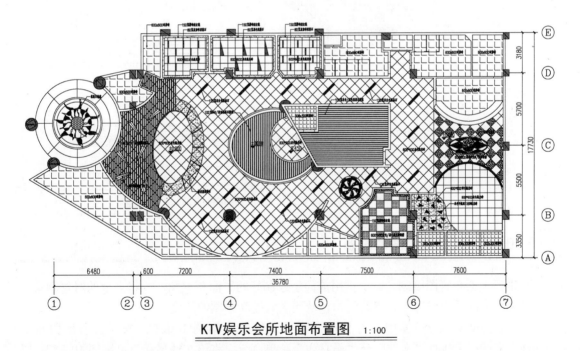

KTV娱乐会所地面布置图 1:100

图 10-128 地面布置图效果

7）至此，该娱乐会所地面布置图已经绘制完成，按〈Ctrl+S〉组合键进行保存。

软件
技能

10.5　KTV 娱乐会所顶棚布置图的绘制

素
材　视频\10\ KTV 娱乐会所顶棚布置图.avi
　　案例\10\ KTV 娱乐会所顶棚布置图.dwg

还是借助前面所绘制的地面布置图来进行顶棚布置图的绘制，再对应地面布置图的结构来绘制顶棚吊顶轮廓对象，然后在各个功能区进行灯具的安装，最后对其吊顶高度进行标高标注，以及对吊顶材料进行标注说明，从而完成整个娱乐会所顶棚布置图效果，如图 10-129 所示。

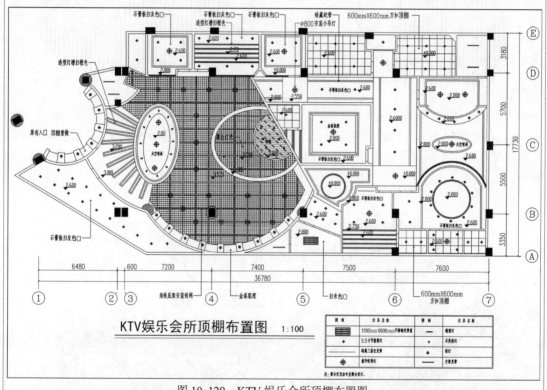

图 10-129　KTV 娱乐会所顶棚布置图

 ## 10.5.1　顶棚布置图的准备

在进行顶棚布置图绘制之前，借用前面所绘制好的平面布置图，并将多余的对象删除，以及绘制相应的看门线等来完善其结构，从而大大提高绘制的速度。

1）在 AutoCAD 环境中，打开前面所绘制好的"案例\10\KTV 娱乐会所地面布置图.dwg"文件；再执行"文件"→"另存为"菜单命令，将该文件另存为"案例\10\KTV 娱乐会所天花布置图.dwg"文件。

2）使用"删除"命令（E），将图形中的地面布置地砖、轮廓及部分文字标注对外删除，并修改其图名为"KTV 娱乐会所顶棚布置图"，如图 10-130 所示。

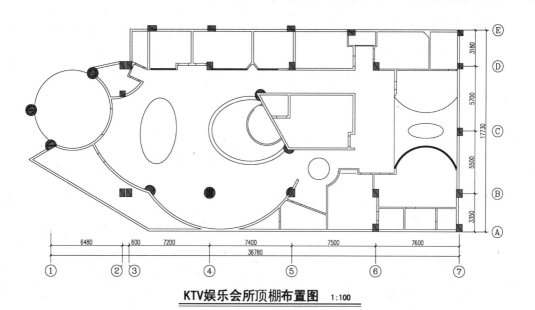

KTV娱乐会所顶棚布置图 1:100

图 10-130 保留的效果

 10.5.2 布置各功能区吊顶轮廓

　　顶棚吊顶轮廓应根据地面布置对应来造型，先从左侧入门厅、大厅、4 号包房等来进行布置吊顶造型，再布置上侧 1、2、3 号包房、卫生间、酒品/生果区吊顶造型，最后布置右下侧 5、6 号包房吊顶造型。

　　1）新建"吊顶"图层，设置颜色为"洋红色"，并将其置为当前图层。

　　2）使用"偏移"命令（O），将左侧门厅指定的圆弧向内偏 700mm 和 100mm；再使用"直线"命令（L），过圆心点至上侧圆柱与圆弧的交点来绘制一条斜线段，如图 10-131 所示。

　　3）使用"选择"命令（RO），根据命令行选择上一步所绘制斜线段，再捕捉圆心点作为旋转的基点，再选择"复制（C）"选项，然后输入旋转角度为-5°。

　　4）同样，依次将旋转的斜线段偏移为-11°和-16°，如图 10-132 所示。

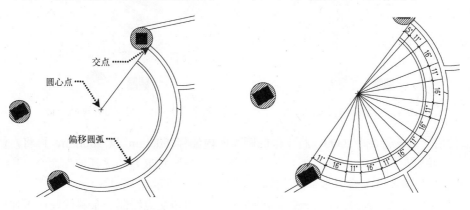

图 10-131　偏移圆弧并绘制斜线段　　　　图 10-132　旋转复制斜线段

5）使用"修剪"命令（TR），将多余的斜线段进行修剪，从而完成门厅吊顶造型效果，如图 10-133 所示。

6）使用"偏移"命令（O），将大厅中的椭圆对象向内偏移 500mm，再将其向外偏移 100mm 和 200mm，如图 10-134 所示。

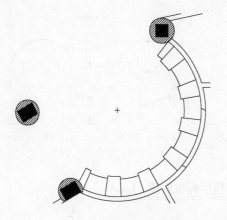 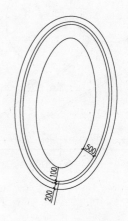

图 10-133 门厅吊顶造型效果   图 10-134 偏移椭圆

7）使用"矩形"命令（REC），绘制 5000mm×300mm 的矩形对象；再使用"偏移"命令（O），将其矩形向内侧偏移 75mm，然后将其矩形移至指定的位置，如图 10-135 所示。

8）在"修改"工具栏中单击"环形阵列"按钮，选择上一步所绘制和偏移的矩形对象，再选择右侧矩形的中点作为环形阵列的中点，设置阵列的数目为 10 个，填充角度为 100°；然后使用"修剪"命令（TR），将其环形阵列的对象进行修剪操作，从而形成灯槽的造型效果，如图 10-136 所示。

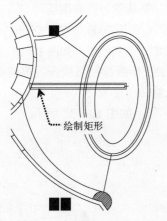 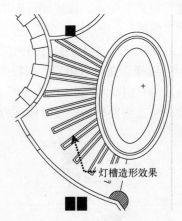

图 10-135 绘制弧线及斜线段   图 10-136 绘制灯槽造型效果

9）使用"偏移"命令（O），将下侧的圆弧向内偏移 600mm 和 100mm，再将右侧的外墙线延伸，并向左偏移 600mm，然后使用"修剪"命令（TR）和"延伸"命令（EX），将圆弧对象进行延伸，以及修剪多余的线段，如图 10-137 所示。

10）使用"直线"命令（L），过圆弧中心点至包边角交点绘制一条斜线段；再使用"旋转"命令（RO）和"复制"命令（CO），将该斜线段旋转 4°和 8°，如图 10-138 所示。

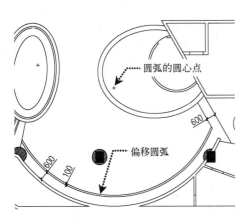

圆弧的圆心点

偏移圆弧

图 10-137　偏移圆弧和斜线

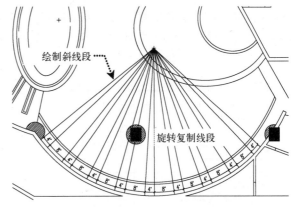

绘制斜线段

旋转复制线段

图 10-138　旋转复制线段

11）使用"修剪"命令（TR），对多余的斜线段和圆弧进行修剪，如图 10-139 所示。

12）使用"直线"命令（L），过上侧指定柱角点向下绘制一条垂直线段；再使用"偏移"命令（O），将其向左侧偏移 50mm；同样，再绘制一条水平线段，离上侧线段的距离为 1000mm，如图 10-140 所示。

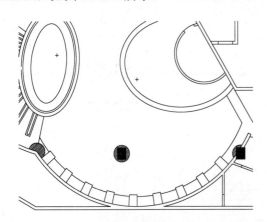

图 10-139　修剪后的效果

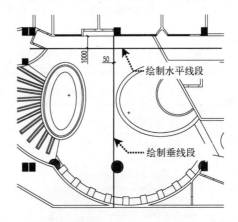

绘制水平线段

绘制垂线段

图 10-140　绘制水平和垂直线段

13）使用"复制"命令（CO），将绘制的水平和垂线段进行复制，使其相隔间距为 1000mm，如图 10-141 所示。

14）使用"修剪"命令（TR），对多余的线段进行修剪，从而形成吊顶龙骨架，如图 10-142 所示。

15）使用"图案填充"命令（H），选择"NET"样例，填充比例为 50，对其龙骨架之内的区域进行填充，从而完成吊顶板的绘制；再选择"ANSI 38"样例来填充 DJ 室，填充比例为 50，如图 10-143 所示。

16）使用"矩形"命令（REC），在 4 号包房内绘制 4040mm×3440mm 的矩形，并摆放在中心位置；再使用"偏移"命令（O），将其矩形向内偏移 100mm 和 150mm，并连接偏移矩形的对角线，如图 10-144 所示。

17）使用"直线"命令（L）和"偏移"命令（O），在 4 号包房卫生间下侧绘制相应的直线段；再使用"图案填充"命令（H），选择"NET"样例填充卫生间，其比例为190，填充基点为右下角点；选择"AR-SAND"样例填充矩形内的区域，填充比例为5，从而完成4号包房吊顶造型的绘制，如图10-145所示。

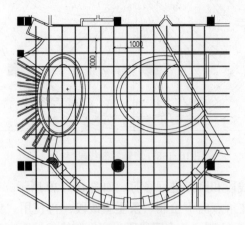

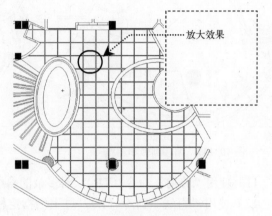

图 10-141　复制线段　　　　　　　图 10-142　修剪后的龙骨架

软件技能： 　　　　绘制顶棚龙骨架

用户在绘制龙骨架时，可以使用系统默认的"STANDARD"多线样式来进行绘制，其多线的比例为50。

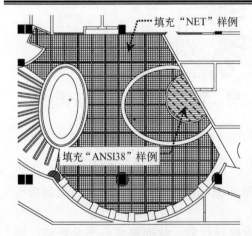

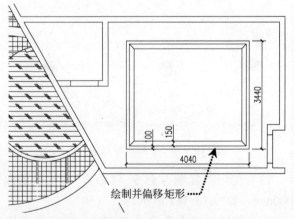

图 10-143　填充吊顶材料　　　　　　图 10-144　绘制并偏移矩形

软件技能： 　　　　填充比例的确定

选择"NET"样例时，若比例选择为1，则网格的宽度为3.18mm，若填充网格的宽度为600mm，即应设置190倍的比例（即600÷3.18≈190）。

18）使用"直线""偏移""延伸"和"修剪"等命令，对4号包房外面上侧、右侧和下侧来绘制相应的轮廓线，如图10-146所示。

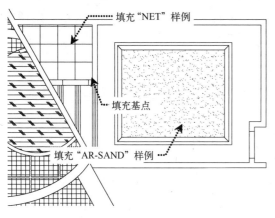

图 10-145　4 号包房吊顶效果

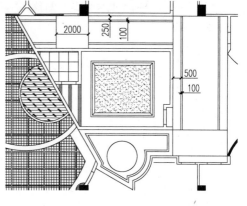

图 10-146　绘制其他吊顶轮廓

19）使用"矩形"命令（REC），绘制 3000mm×2500mm 的矩形；再使用"偏移"命令（O），将矩形向内偏移 100mm；然后使用"复制"命令（CO），将其矩形吊顶造型布置在 1、3 号包房内。

20）再使用"直线"命令（L）和"偏移"命令（O），在 2 号包房内绘制宽度为 100mm 的灯槽造型效果，如图 10-147 所示。

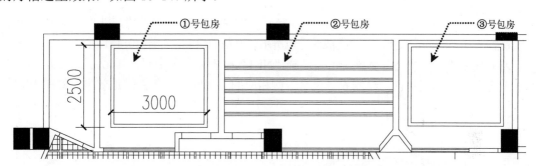

图 10-147　布置 1、2、3 号包房吊顶效果

21）使用"图案填充"命令（H），选择"NET"样例填充卫生间，其比例为 190，分别选择不同的填充基点，从而完成公共卫生间吊顶造型的绘制，如图 10-148 所示。

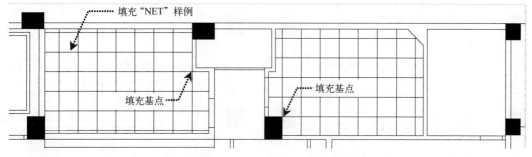

图 10-148　卫生间吊顶造型效果

22）同样，使用"直线""偏移""延伸"和"修剪"等命令，在酒品/生果区来绘制吊顶造型效果，如图 10-149 所示。

23）同样，使用"直线""偏移""延伸"和"修剪"等命令，在过廊区来绘制吊顶造型效果，如图 10-150 所示。

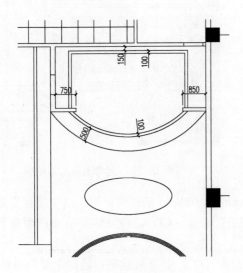

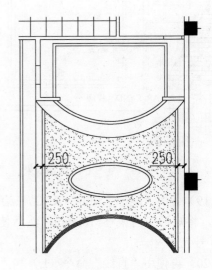

图 10-149　绘制酒品区吊顶　　　　　　图 10-150　绘制过廊区吊顶

24）将下侧 6 号包房的弧线向内偏移 250mm，再绘制相应的垂直线段，以及过圆弧的中心点来绘制半径为 1500mm 的圆，从而完成 6 号包房吊顶造型的绘制，如图 10-151 所示。

25）使用"图案填充"命令（H），选择"NET"样例填充卫生间，其比例为 190，分别选择左上角点作为填充基点，绘制 6 号包房下侧相应的卫生间及娱乐室吊顶效果，如图 10-152 所示。

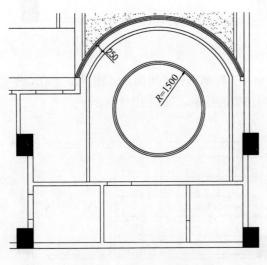

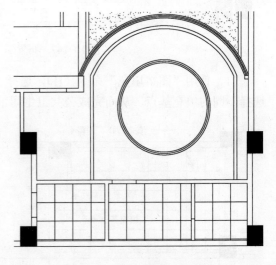

图 10-151　绘制 6 号包房吊顶　　　　　　图 10-152　卫生间及娱乐室吊顶

26）再使用"直线"命令（L）和"偏移"命令（O），在 5 号包房内绘制宽度为 100mm 的灯槽造型效果，如图 10-153 所示。

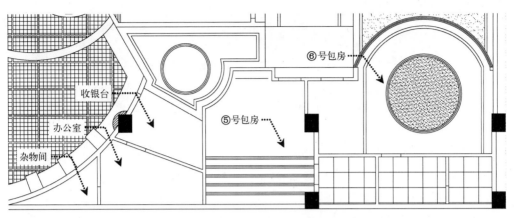

图 10-153　绘制 5 号包房吊顶

专业技能：	非主要区域的装修

　　由于办公室和杂物间为非娱乐场所，所以没有必要对其进行过多的装修吊顶，到时只需在其上布置灯具即可。

10.5.3　安装各功能区灯具对象

　　吊顶造型已经绘制完成之后，即可布置相应的灯具对象。用户可以将事先准备好的"灯具图例"对象插入到图形的右下角，然后将每个灯具对象进行编组，然后将其灯具对象分别复制到相应的功能即位置即可。

　　1）新建"顶灯"图层，设置颜色为"红色"，并将其置为当前图层。

　　2）使用"插入块"命令（I），将"案例\10\灯具图例表.dwg"图块对象布置图形的右下侧处，如图 10-154 所示。

　　提示：当用户插入"灯具图例表"过后，应使用"编组"命令（G），将图例表中的相应灯具对象单独进行编组，使之成为一个单独的整体。

图　例	灯具名称	图　例	灯具名称
	1200mm×600mm不锈钢光管盘		镜前灯
	5.5寸节能筒灯		石英射灯
	暗藏三基色光管		雨灯
	豪华吸顶灯		支架光管

注：舞台灯光由专业舞台设计.

图 10-154　插入"灯具图例表"对象

　　3）使用"复制"命令（CO），在灯具图例表中选择"雨灯"对象，将其分别复制到门厅吊顶造型的相应位置上，并进行适当旋转。同样，将"豪华吸顶灯"对象和"石英射灯"对象分别布置在大厅椭圆的相应位置上，如图 10-155 所示。

　　4）同样，将"支架光管"对象布置在门厅上侧的碟房，将"5.5 寸节能筒灯"对象布置在下侧的公关房的相应位置，如图 10-156 所示。

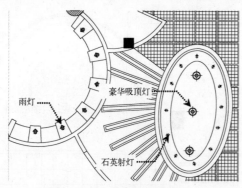
图 10-155　安装门厅等灯具

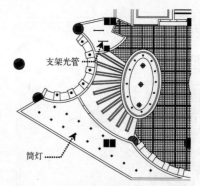
图 10-156　安装碟房和公关房灯具

5）同样，将"豪华吸顶灯"对象⊕布置在大厅的相应位置，将"雨灯"对象布置在大厅右下侧，将"5.5 寸节能筒灯"对象布置在 DJ 室相应位置，如图 10-157 所示。

6）同样，将"支架光管"对象布置在杂物间，将"不锈钢光管盘"对象布置在办公室，将"5.5 寸节能筒灯"对象布置在吧台，如图 10-158 所示。

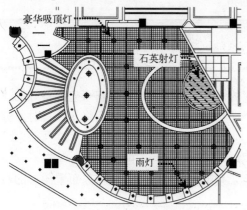
图 10-157　安装大厅等灯具

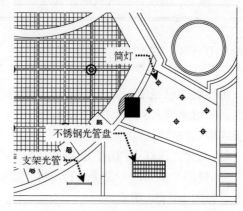
图 10-158　安装办公室和杂物间灯具

7）按照前面相同的方法，分别在各个功能区布置相应的灯具对象，如图 10-159 所示。

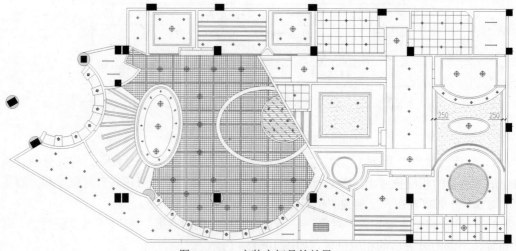
图 10-159　安装完灯具的效果

10.5.4　吊顶标高及文字标注

不同位置的吊顶，其高度也不相同，所以应对其进行标高标注，再对其吊顶对象进行文字说明。

1）在"图层"工具栏的"图层控制"下拉列表框中，选择"文字"图层作为当前图层；在"特性"工具栏的"颜色"下拉列表框中选择当前颜色为"蓝色"；在"样式"工具栏的"文字样式"下拉列表框中选择"图内说明"样式作为当前样式。

2）在"标注"工具栏中单击"引线标注"按钮 ，对图形对象中的吊顶对象进行文字标注说明，如图 10-160 所示

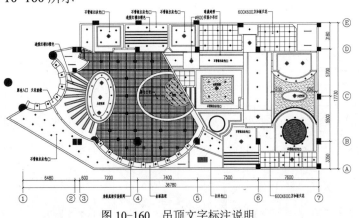

图 10-160　吊顶文字标注说明

软件技能：	箭头参数设置

此所的引线箭头样式设置为"直角"，箭头大小设置为2.5。

3）使用"插入块"命令（I），将"案例\10\标高.dwg"图块对象插入各个功能区相应的位置，并双击标高对象，分别设置不同的标高值，如图 10-161 所示。

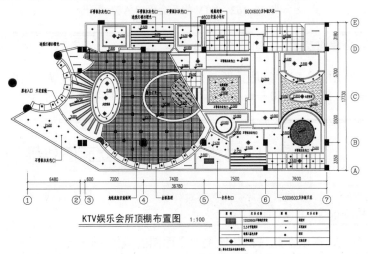

KTV娱乐会所顶棚布置图　1:100

图 10-161　吊顶标高说明

4）至此，该娱乐会所顶棚布置图已经绘制完成，按〈Ctrl+S〉组合键进行保存。

软件技能

10.6　KTV 娱乐会所入口立面图效果

素材　案例\10\娱乐会所入口 A 立面图.dwg

在绘制入口 A 立面图时，首先测量出入口门厅的宽度为 11225mm，再确定其高度为 3450mm，中间开启 2400mm×2550mm 的门洞，然后安装 2000mm×2400mm 的双开地弹门；地弹门左右两侧安装金色工艺玻璃，对其按照 5mm 宽凹线扫黑色胶；入口立面图的下侧安装黑色铝壳落地射灯，上侧安装雨灯，其入口 A 立面图效果如图 10-162 所示。

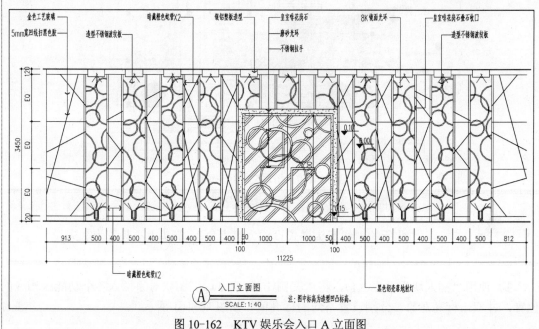

图 10-162　KTV 娱乐会入口 A 立面图

专业技能：　　弧长的计算

由于入口厅门是弧形，那么用户在计算弧长的时候，应按照公式 $L=n\pi r \div 180$ 或 $L=n/180\cdot\pi r$（n 是圆心角度数，r 是半径）进行计算。

软件技能

10.7　KTV 娱乐会所其他立面图效果

素材　案例\10\娱乐会所其他立面图.dwg

由于篇幅有限，所以在此只将其他主要立面图的效果展现出来，用户可以按照其施工图样自行绘制练习，从而达到牢固掌握、举一反三的效果，如图 10-163～图 10-166 所示。

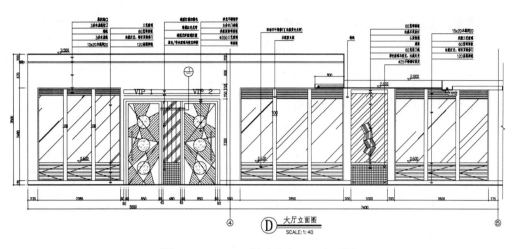

图 10-163 KTV 娱乐会大厅 D 立面图

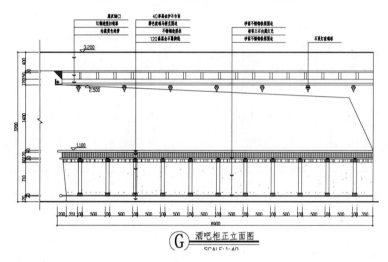

图 10-164 KTV 娱乐会大厅 G 立面图

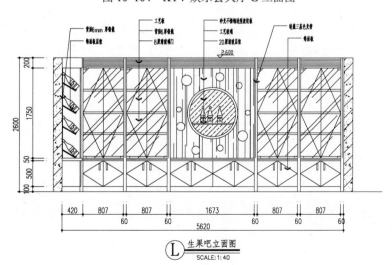

图 10-165 KTV 娱乐会生果吧 L 立面图

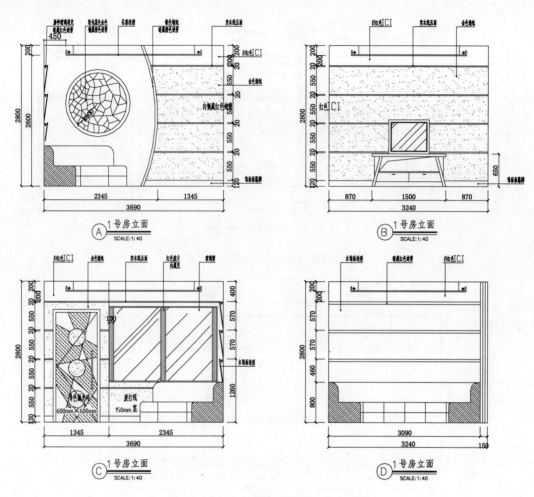

图 10-166　KTV 娱乐会①号包房立面图

第 11 章 酒楼餐厅装修设计要点及绘制

随着经济的快速发展，商务、旅游、度假及宴请活动越来越频繁，社会对酒店的需求量在不断加大，客人对酒店的环境要求也越来越高。在酒店室内装修中，无论是新建项目，还是更新改造项目，怎样做到投入小，收效大，一直是酒店面临的难题。

在本章中首先讲解了酒楼餐厅的设计要点，包括空间的处理要点、区域布局、面积比例、照明设计、餐桌尺寸等；然后通过某酒楼一层装潢施工图为实例，通过 AutoCAD 软件来详细讲解其设计与绘制方法，包括酒楼平面布置图、地材铺设图、顶面布置图、强电布置图、开关线路控制图、大厅 D 立面图等，并穿插讲解了一些装修的专业技能；最后将该酒楼二、三层装修施工图平面效果展现出来，让读者自行演练，从而达到熟练掌握的效果。

◆ 了解餐厅空间的处理要点及区域布局。
◆ 了解餐厅区域面积比例及照明设计。
◆ 掌握酒楼平面布置图和地材铺设图的绘制。
◆ 掌握酒楼顶面布置图和强电布置图的绘制。
◆ 掌握酒楼开关控制图和大厅 D 立面图的绘制。
◆ 练习酒楼二、三层装潢施工图的绘制。

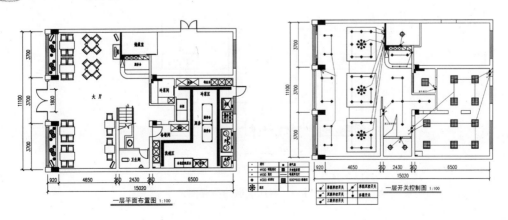

专业
讲解

11.1 餐厅的设计概述

中小餐厅服务的对象一般以广大工薪阶层为主。所以，它的装修从表至里，既要有文化品位，能突出自身经营的主题，又要符合消费群体的定位。

11.1.1 餐厅空间处理要点

在进行餐厅的处理时，应按照如图 11-1 所示的五个要点来进行处理。

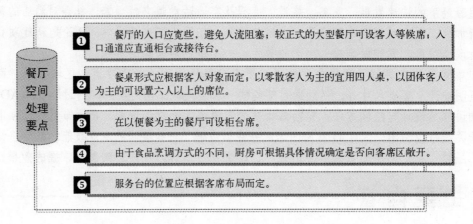

餐厅空间处理要点

① 餐厅的入口应宽些，避免人流阻塞；较正式的大型餐厅可设客人等候席；入口通道应直通柜台或接待台。

② 餐桌形式应根据客人对象而定；以零散客人为主的宜用四人桌，以团体客人为主的可设置六人以上的席位。

③ 在以便餐为主的餐厅可设柜台席。

④ 由于食品烹调方式的不同，厨房可根据具体情况确定是否向客席区敞开。

⑤ 服务台的位置应根据客席布局而定。

图 11-1 餐厅空间处理要点

11.1.2 餐厅功能区域的布局

在对餐厅的功能区域进行设计时，用户可以按照如图 11-2 所示的格局来进行布局。

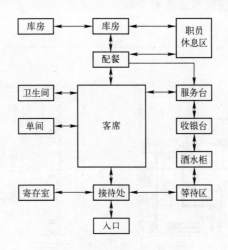

图 11-2 餐厅区域的布局图

11.1.3　餐厅照明的设计

用餐气氛的好坏，除了与餐厅空间的设计和陈设有关之外，灯光更是不容忽视的重要一环。造型较为简单、温馨和素雅的吊灯最适合用在餐厅的设计上。在选择餐厅吊灯时，除了个人品位和喜好之外，还需注意如图11-3所示的几个要点。

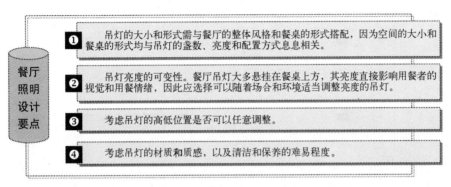

图11-3　餐厅照明设计要点

 软件技能

11.2　酒楼一层平面布置图的绘制

> 素材　视频\11\酒楼一层平面布置图.avi
> 　　　案例\11\酒楼一层平面布置图.dwg

在绘制酒楼一层平面布置图之前，将事先准备好的"酒楼一层建筑平面图"打开，然后在此基础上来绘制平面布置图。首先布置门窗对象，再绘制厨房的地沟，以及布置厨房的设施，然后绘制楼梯和服务吧台对象，再布置大厅对象，然后对其进行文字和尺寸的标注，从而完成整个酒楼一层平面布置图效果如图11-4所示。

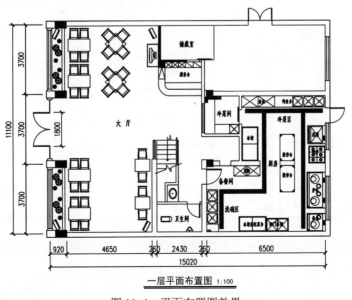

图11-4　平面布置图效果

11.2.1 绘图前的准备工作

在对酒楼一层平面布置图进行绘制时，可以借助事先准备好的建筑平面图来开始绘制，从而加快绘制的速度。

1）启动 AutoCAD 2012 软件，选择"文件"→"打开"菜单命令，将"案例\11\酒楼一层建筑平面图.dwg"文件打开，如图 11-5 所示。

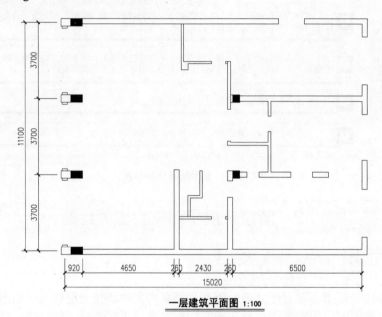

一层建筑平面图 1:100

图 11-5　打开的"酒楼一层建筑平面图"文件

2）使用鼠标双击下侧的图名，将其图名更名改为"一层平面布置图"，如图 11-6 所示。

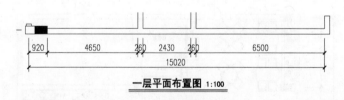

一层平面布置图 1:100

图 11-6　修改的图名

3）再执行"文件"→"另存为"菜单命令，将其另存为"案例\11\酒楼一层平面布置图.dwg"文件。

11.2.2 布置门窗对象

该酒楼的左侧为正面，中间开启有玻璃式双开地弹门，两侧为 1200mm 的矮墙，矮墙上安装整块透明玻璃，在各个房间入口位置安装有相应的推拉门对象。

1）将"墙体"图层置为当前图层，使用"直线"命令（L），在图形左侧相应的墙体上来绘制相应的直线段，从而形成 1200mm 的矮墙效果，如图 11-7 所示。

2）使用"偏移"命令（O），将绘制的墙体均向内偏移 80mm，然后将偏移的线段转换为"门窗"图层，从而形成透明玻璃墙对象，如图 11-8 所示。

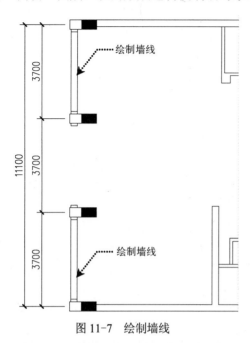

图 11-7 绘制墙线

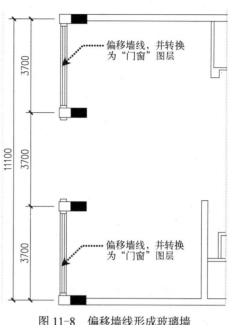

图 11-8 偏移墙线形成玻璃墙

3）再使用"直线"命令（L），在中间墙体上绘制宽度为 20mm 的地弹玻璃墙线，如图 11-9 所示。

4）将"门窗"图层置为当前图层，使用"插入块"命令（I），将"案例\11\M1.dwg"图块插入到地弹玻璃墙线的中间位置，然后修剪多余的线段，从而形成地弹门效果，如图 11-10 所示。

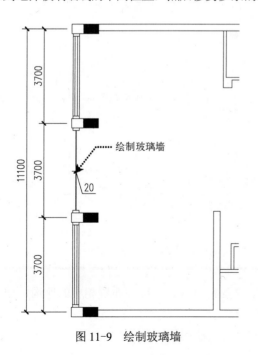

图 11-9 绘制玻璃墙

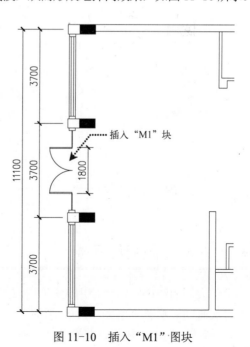

图 11-10 插入"M1"图块

5）同样，使用"插入块"命令（I），将"案例\11"文件夹中的"M1"和"M2"图块插入到相应的门洞口位置，并进行旋转及缩放操作，如图 11-11 所示。

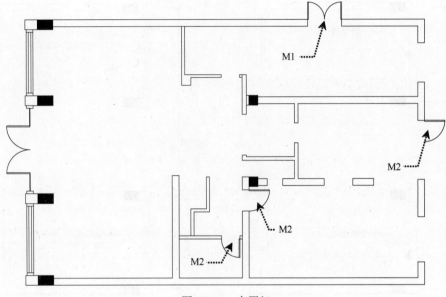

图 11-11　布置门

6）使用"偏移""直线"和"修剪"等命令，绘制相应的玻璃窗效果，如图 11-12 所示。

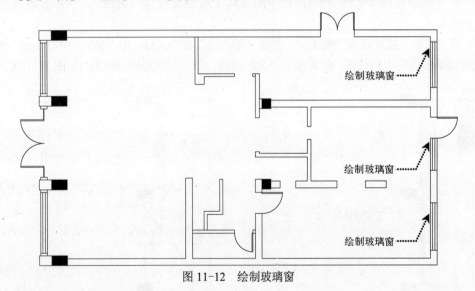

图 11-12　绘制玻璃窗

 ### 11.2.3　绘制厨房地沟

由于大型的酒楼厨房要使用大量的水来清洁菜及餐具等，一般应布置相应的地沟，使产生的污水通过下水道流出去，从而使厨房清洁干燥。

1）新建"地沟"图层，颜色为"红色"，并置为当前图层。

2）使用"矩形"命令（REC），在图形的相应位置绘制不同的矩形对象，从而完成宽度为 200mm 的地沟轮廓，如图 11-13 所示。

3）使用"图层填充"命令（H），选择"LINE"样例，填充比例为 10，旋转角度分别为 0°或 90°，填充的对象为上一步所绘制的矩形对象，从而完成宽度为 200mm 的地沟对象，如图 11-14 所示。

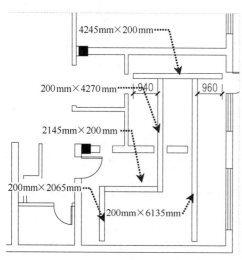

图 11-13　绘制地沟轮廓

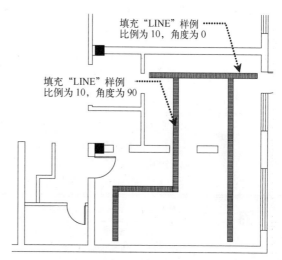

图 11-14　填充图案

专业技能：　　厨房的用水和明沟

　　有许多厨房在设计水槽（水池）时，由于配备的太少、太小，使得厨师要跑很远才能找到水池，于是忙起来时就很难顾及清洗，使得厨房的卫生很难令人信服。厨房的明沟是厨房污水排放的重要通道。可有些厨房明沟太浅，或太毛糙，或无高低落差，使得厨房或水地相连，或臭气熏人，很难做到干爽、清净。因此，在进行厨房设计时要充分考虑原料化冻、冲洗，厨师取用清水和清洁用水的各种需要，尽可能在合适的位置使用单槽或双槽水池，切实保证食品生产环境的整洁卫生。

11.2.4　布置厨房

　　在酒楼的厨房分为洗菜区、冷菜间、备餐间、洗碗区，然后在每个区分别布置有冰柜、鱼缸、蒸箱、炉灶、菜架等。

　　1）使用"直线""偏移"和"修剪"等命令，绘制冷菜间的操作台和推拉门，并插入"洗碗槽"图块对象至相应的位置，并缩放 0.95 倍，如图 11-15 所示。

　　2）同样，在冷菜间右侧的生鱼区绘制鱼缸、钓鱼台，并布置多个洗碗槽对象，从而绘制好生鱼区轮廓，如图 11-16 所示。

　　3）再按照相同的方法，在厨房的相应区域分别布置不同的厨房用具，包括操作台、冰柜、洗碗槽、蒸箱、煲仔、炉灶、备灶等，如图 11-17 所示。

　　4）同样，在其厨房的左侧卫生间处布置小便斗和座便器，以及在门口处布置洗手盆对象，如图 11-18 所示。

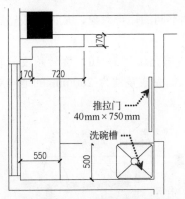

图 11-15　绘制玻璃墙

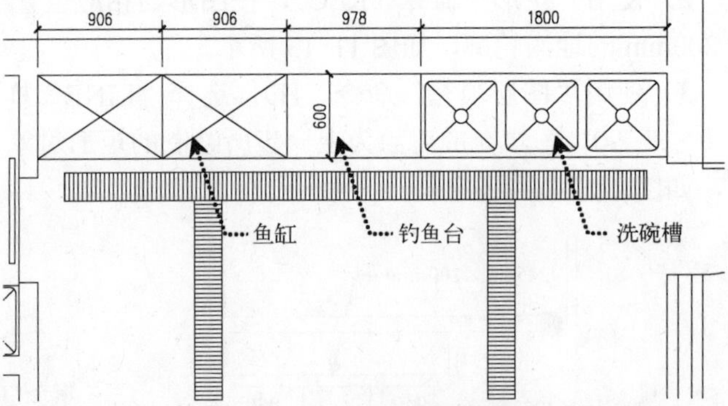

图 11-16　绘制生鱼区轮廓

专业技能：　　　餐厅备餐间的设计

　　传统的餐饮管理大多对备餐间的设计和设备配备没有足够的重视。因此，出现了许多餐厅污烟浊气弥漫，出菜服务丢三落四的现象。备餐间的设计要注意如图 11-19 所示的几个方面。

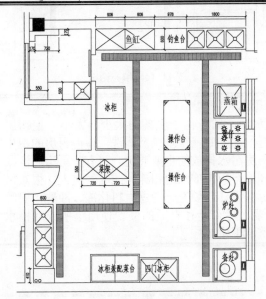

图 11-17　布置厨具

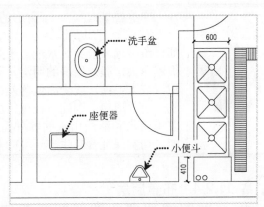

图 11-18　布置卫生间

一是	备餐间应处于餐厅、厨房过渡地带。以便于夹、放传菜夹，便于通知划单员，要方便起菜、停菜等信息的沟通。	备餐间设计注意点
二是	厨房与餐厅之间采用双门双道。厨房与餐厅之间真正起隔油烟、隔噪声、隔温度作用的是两道门的设置。同向两道门的重叠设置不仅起到"三隔"的作用，还遮挡了客人直接透视厨房的视线，有效解决了若干饭店陈设屏风的问题。	
三是	备餐间要有足够的空间和设备。洗碗间的设计与配备合理，在餐饮经营中可有效减少餐具破损，保证餐具洗涤及卫生质量等。	

图 11-19　备餐间设计注意点

11.2.5　绘制楼梯和服务台

在卫生间的上侧为楼梯对象，在冷菜间的左上侧为服务台，用户可使用"直线""偏移"和"修剪"等命令来进行绘制。

1）新建"楼梯"图层，颜色为"洋红色"，并置为当前图层；再使用"直线""偏移"和"修剪"等命令，绘制梯步宽度为252mm的楼梯对象，如图11-20所示。

2）将"0"图层置为当前图层，使用"直线""偏移""圆角"和"修剪"等命令，绘制宽度为350mm的服务台轮廓对象，并在其内绘制货柜，如图11-21所示。

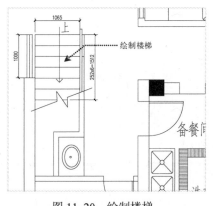

图11-20　绘制楼梯

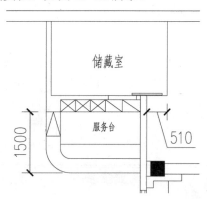

图11-21　绘制服务台

11.2.6　布置大厅

酒楼的大厅布置有四人方桌、双人条桌、四人条桌，并在四角处布置有空调。

1）新建"绿化"图层，其颜色设置为"绿色"，并置为当前图层。

2）使用"偏移"命令（O），将左侧的墙线向右侧偏移550mm和140mm，并进行适当的延伸，从而形成绿化台，如图11-22所示。

3）使用"插入块"命令（I），将"案例\11\盆栽.dwg"图块插入到绿化台上，并进行适当缩放和复制，如图11-23所示。

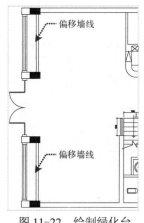

图11-22　绘制绿化台

图11-23　布置盆栽

4）同样，使用"插入块"命令（I），将"案例\11"文件夹下的"四人条桌""四人方桌""双人条桌""空调"和"电视"图块分别布置在大厅的相应位置，并进行适当旋转和缩放，如图 11-24 所示。

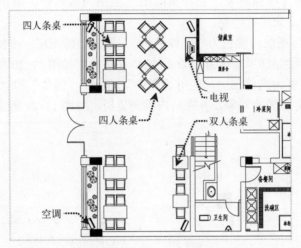

图 11-24　布置的大厅

专业技能：　　餐桌椅布置与尺寸

在布置酒楼大厅餐桌时，应考虑到餐桌椅的尺寸及其规格大小，并考虑到餐桌之间的间距大小以及人体活动的常规尺寸，如图 11-25 所示。

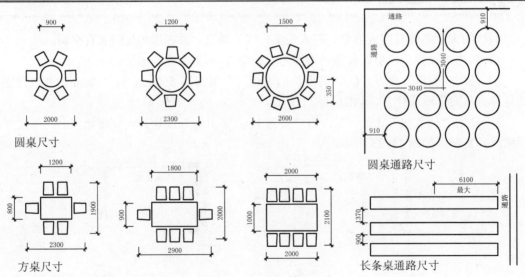

图 11-25　餐桌椅布置与尺寸

11.2.7　平面布置图的标注

通过前面的操作步骤，已经对酒楼一层平面图进行了布置。而完整的平面布置图还应该有文字和尺寸的标注，以及相关立视符号。

1）将"文字"图层置为当前图层，使用"单行文字"命令（DT），对相关的空间布置进行文字标注，其文字大小为 350 或 250，如图 11-26 所示。

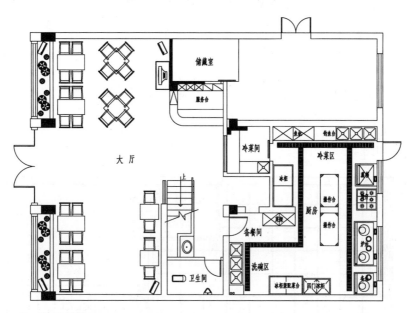

图 11-26 文字标注

2）在"图层"工具栏的"图层控制"下拉列表框中，选择显示"尺寸"图层，从而完成整个一层平面布置图的绘制，如图 11-27 所示。

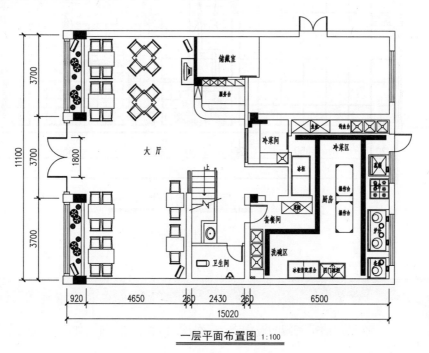

一层平面布置图 1:100

图 11-27 显示尺寸标注

3）至此，该酒楼一层平面布置图已经绘制完成，按〈Ctrl+S〉组合键对其进行保存。

软件技能

11.3 酒楼一层地材铺设图的绘制

素材　视频\11\酒楼一层地材铺设图.avi
　　　案例\11\酒楼一层地材铺设图.dwg

首先将前面 11.2 节中所绘制的平面布置图文件打开，并另存为"酒楼一层地材铺设图"文件，再将其布置的相关设施删除，以及绘制相应的门口线，然后对大厅填充800mm×800mm 的抛光砖，以及对其厨房、卫生间、凉菜间、存储间等填充300mm×300mm 的防滑砖，最后对其铺设的地材进行文字标注说明，其酒楼一层地材铺设图的最终效果如图 11-28 所示。

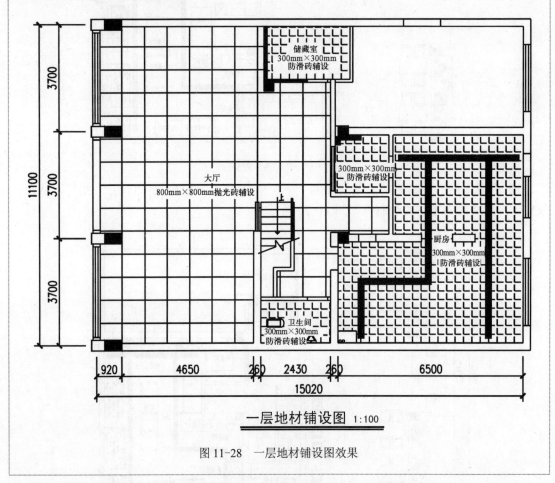

图 11-28　一层地材铺设图效果

专业技能：	**酒楼装修的五大陷阱**

在进行酒楼装修的过程中，特别要注意五大陷阱，如图 11-29 所示。

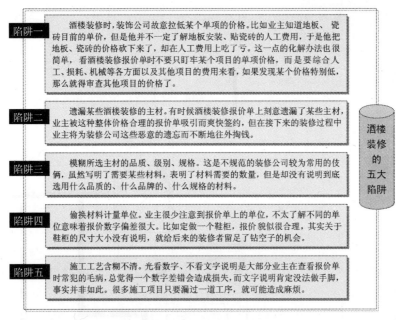

图 11-29 酒楼装修的五大陷阱

 ## 11.3.1 绘图前的准备工作

在绘制地材铺设图时,借助前面 11.2 节中所绘制好的平面布置图来进行绘制,从而提高绘制的速度。

1)启动 AutoCAD 2012 软件,选择"文件 | 打开"菜单命令,将"案例\11\酒楼一层平面布置图.dwg"文件打开;再执行"文件 | 另存为"菜单命令,将其另存为"案例\11\酒楼一层地材铺设图.dwg"。

2)使用"删除"和"修剪"等命令,将布置图中的相应对象删除,使之只保留原有的建筑墙体结构,并且修改下侧的图名为"一层地材铺设图",如图 11-30 所示。

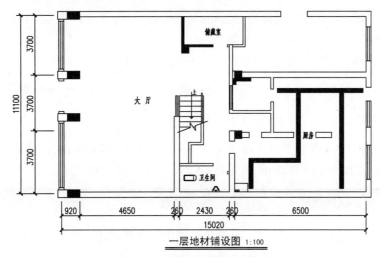

图 11-30 删除布置图中的对象

3）将"0"图层置为当前图层，设置颜色为"红色"，使用"直线"命令（L），将门洞口进行连接，如图 11-31 所示。

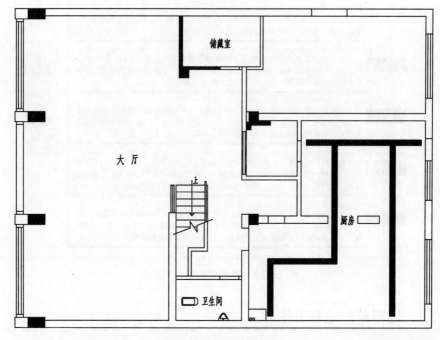

图 11-31　连接门洞口线

软件技能：	图层的隐藏

用户可以将"尺寸"标注图层暂时隐藏，以便图形的绘制。

11.3.2　铺设地砖

根据图形的要求，在大厅铺设为 800mm×800mm 的抛光砖，卫生间、厨房、凉菜间、储藏间等铺设的是 300mm×300mm 的防滑地砖。

1）新建"地材"图层，颜色代号为 14，并且置为当前图层，如图 11-32 所示。

✔ 地材	♀ ☼ 🔓 ■ 14 Continuous —— 默认

图 11-32　新建"地材"图层

2）使用"图案填充"命令（H），选择"NET"样例，填充比例为 251，对大厅进行图案填充，从而完成 800mm×800mm 抛光砖的铺设，如图 11-33 所示。

软件技能：	填充基点的选择

在填充抛光砖时，应选择左侧中间墙体的中点作为填充的基点。

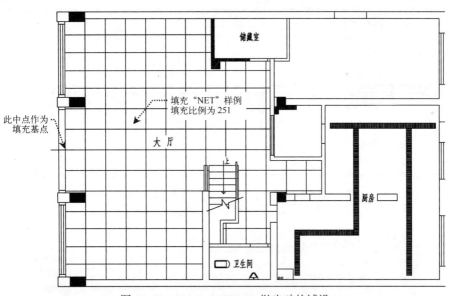

图 11-33　800mm×800mm 抛光砖的铺设

软件技能： **填充比例的确定**
　　在选择"NET"样例来作为地砖填充时，若填充比例为 1，则填充的方格大小为 3.18×3.18，而如果填充宽度为 800mm×800mm，则其填充比例约为 251（即 800÷3.18≈251）。

　　3）同样，使用"图案填充"命令（H），选择"ANGLE"样例，填充比例为 43，分别选择卫生间、厨房、凉菜间、储藏间区域进行填充，并且选择不同的填充基点，从而完成 300mm×300mm 防滑地砖的铺设，如图 11-34 所示。

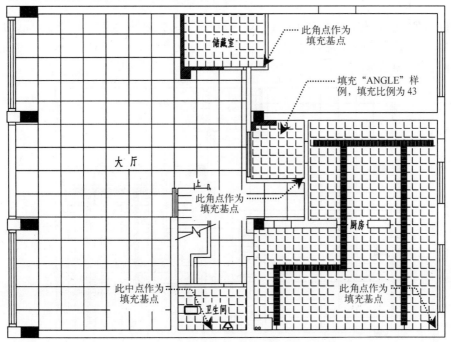

图 11-34　300mm×300mm 防滑砖的铺设

软件技能：　　　填充比例的确定

在选择"ANGLE"样例来为地砖填充时，若填充比例为 1，则填充的方格大小为 6.99×6.99，而如果填充宽度为 300×300，则其填充比例约为 43（即 300÷6.99≈43）。

专业技能：　　　厨房地砖的选择

关于地砖好坏的鉴别问题，有很多的介绍，但有些资料有很多的疏漏之处。地砖主要为抛光砖，主要通过"看、掂、敲、拼、试"几个简单的方法来加以选择，如图 11-35 所示。

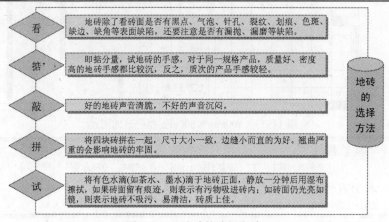

图 11-35　地砖的选择方法

11.3.3　地材铺设图的标注

在铺设地材后，应对其铺设的材料进行文字标注说明，才能使所绘制的地材铺设图更加完善。

1）将"文字"图层置为当前图层，使用"单行文字"命令（DT），对铺设的地材进行文字标注说明，其文字大小为 250，如图 11-36 所示。

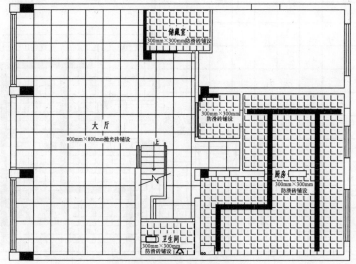

图 11-36　地材文字的标注

2）在"图层"工具栏中将"标注"图层显示出来，从而完成整个地材铺设图的绘制。

3）至此，该酒楼一层地材铺设图已经绘制完成，按〈Ctrl+S〉组合键对其进行保存。

11.4　酒楼一层顶面布置图的绘制

素材　视频\11\酒楼一层顶面布置图.avi
　　　案例\11\酒楼一层顶面布置图.dwg

首先将前面 11.2 节中所绘制的平面布置图文件打开，并另存为"酒楼一层顶面布置图"文件，再将其布置的相关设施删除，绘制相应的门口线，然后使用"直线"命令（L）绘制主龙骨架，布置窗帘轮廓和吊顶轮廓，再绘制塑扣板和铝扣板，然后将准备好的灯具图例调入，并分别将灯具对象布置在相应的位置，然后进行标高及文字的标注说明，从而完成酒楼一层顶面布置图，效果如图 11-37 所示。

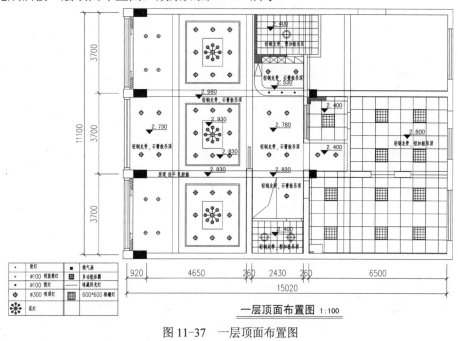

图 11-37　一层顶面布置图

11.4.1　绘图前的准备工作

在绘制顶棚布置图时，借助前面 11.2 节中所绘制好的平面布置图来进行绘制，使绘制的顶面布置图能够对正平面布置图。

1）启动 AutoCAD 2012 软件，选择"文件"→"打开"菜单命令，将"案例\11\酒一层平面布置图.dwg"文件打开；再执行"文件"→"另存为"菜单命令，将其另存为"案例\11\酒楼一层顶面布置图.dwg"。

2）使用"删除"和"修剪"等命令，将布置图中的相应对象删除，使之只保留原有的建筑墙体结构，并且修改下侧的图名为"一层顶面布置图"，如图 11-38 所示。

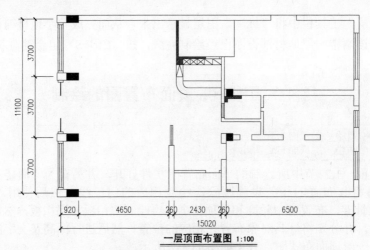

一层顶面布置图 1:100

图 11-38　删除布置的对象

3）将"0"图层置为当前图层，设置颜色为"红色"，使用"直线"命令（L），将门洞口连接起来，以及绘制左侧入门口的轮廓线，如图 11-39 所示。

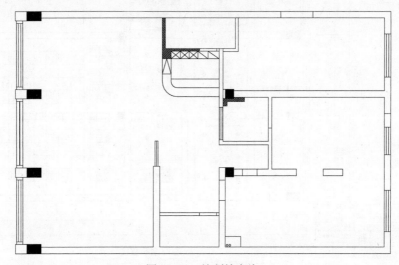

图 11-39　绘制轮廓线

 11.4.2　绘制顶面吊顶轮廓

整个一层顶面的布置，首先使用轻钢龙骨架作为支撑，再使用石膏板、塑料扣板、铝扣板进行吊顶。

1）新建"吊顶"图层，颜色为"红色"，并且置为当前图层，如图 11-40 所示。

✔ 吊顶　　🔆 ☼ 🔓 ■红　Continuous ——— 默认

图 11-40　新建"吊顶"图层

2）使用"直线""偏移"和"修剪"等命令，绘制宽度为 300mm 的轻钢龙骨主架，如图 11-41 所示。

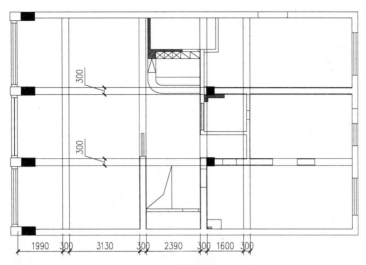

图 11-41　绘制轻钢龙骨主架

3）使用"偏移"命令（O），将左侧的墙线向右侧偏移 150mm，再使用"延伸"命令（EX）将其偏移直线的两端延伸至墙体，且将其偏移的线段转换为"吊顶"图层，从而形成窗帘轮廓。

4）使用"插入块"命令（I），将"案例\11\窗帘.dwg"图块插入至玻璃窗的相应位置，并进行复制和镜像操作，如图 11-42 所示。

5）使用"矩形"命令（REC），捕捉龙骨架角点来绘制矩形，再使用"偏移"命令（O），将其矩形向内偏移 300mm、50mm 和 750mm，然后将原有的矩形对象删除，从而形成大厅吊顶轮廓，如图 11-43 所示。

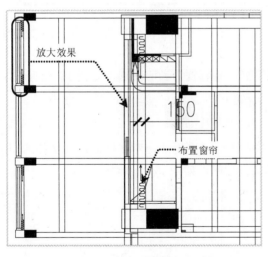

图 11-42　布置窗帘

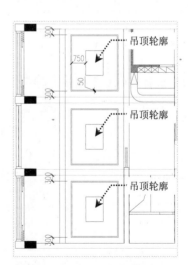

图 11-43　绘制吊顶轮廓

6）将"0"图层置为当前图层，颜色为灰色（颜色代号为 8），再使用"图案填充"命令（H），选择"NET"样例，填充比例为 94，对其卫生间及储藏室区域进行 300mm×300mm 的塑料扣板吊顶图案填充。

7）使用"图案填充"命令（H），选择"NET"样例，填充比例为 188，对其厨房区域进行 600mm×600mm 的铝扣板吊顶图案填充，如图 11-44 所示。

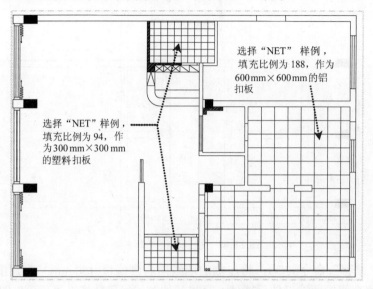

选择"NET"样例，填充比例为 188，作为 600mm×600mm 的铝扣板

选择"NET"样例，填充比例为 94，作为 300mm×300mm 的塑料扣板

图 11-44　安装塑料扣板和铝扣板

软件技能：	图层的隐藏

在进行塑料扣板及铝扣板吊顶图案填充之前，用户可将"吊顶"图层隐藏，待填充完成之后，再将吊顶图层显示出来。

 11.4.3　顶面灯具的布置

在布置顶面灯具时，首先将准备好的灯具图例调入图中，然后将指定的灯具布置在相应的位置。

1）选择"灯具"图层，颜色为"洋红色"，并且置为当前图层，如图 11-45 所示。

✓ 灯具　　　♀ ☼ ☐ ■ 洋红 Continuous ── 默认

图 11-45　新建"灯具"图层

2）使用"插入块"命令（I），将"案例\11\灯具图例.dwg"文件插入到文件的左下角位置；再使用"分解"命令（X），将插入的文件分解，如图 11-46 所示。

◆	射灯	▦	换气扇
○	φ100 明装筒灯	▦	多功能浴霸
⊕	φ100 筒灯	──	暗藏回光灯
⊕	φ300 吸顶灯	▦	600mm×600mm 格栅灯
✳	花灯		

图 11-46　插入的"灯具图例"文件

3）使用"复制"命令（CO），将"花灯"图例复制到相应的位置，并使用"缩放"命令（SC），将此图例缩放 1.5 倍。

　　4）同样，将"吸顶灯"和"筒灯"图例复制到大厅的相应位置，如图 11-47 所示。

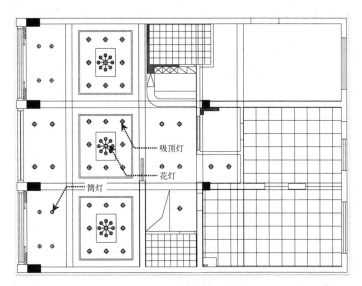

图 11-47　布置大厅灯具

　　5）同样，在卫生间、储藏室布置吸顶灯，缩放比例为 2 倍；将 600mm×600mm 的栅格灯布置在厨房和冷菜间的相应位置，缩放比例为 1.67，如图 11-48 所示。

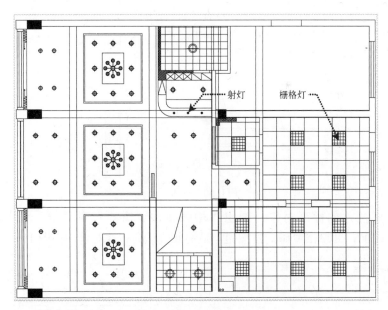

图 11-48　布置栅格灯

专业技能：	厨房的灯光设计

　　餐厅的灯光重文化，厨房的灯光重实用。这里的实用，主要从图 11-49 所示的几个方面来考虑。

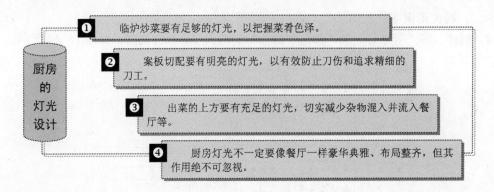

图 11-49 厨房的灯光设计

  11.4.4 顶棚图标高及文字的标注

顶棚造型及灯具布置好后，应对其吊顶及灯具的高度进行标注说明，并标注吊顶材料名称。

1）将"文字"图层置为当前图层，使用"插入块"命令（I），将"案例\11\标高.dwg"图块插入到顶棚图的相应位置，并输入标高值为 2.830，如图 11-50 所示。

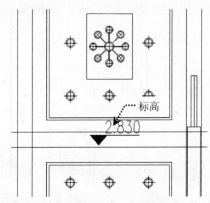

图 11-50 插入标高

2）双击所插入的标高对象，弹出"增强属性编辑器"对话框，设置文字样式为"H1"，字高为 200，并单击"确定"按钮，从而修改标高属性对象，如图 11-51 所示。

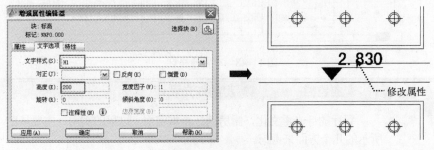

图 11-51 修改图块属性

3）使用"复制"命令（CO），将标高对象分别复制到所需要的位置，并双击修改标高值，从而完成灯具、吊顶等对象的高度标注，如图 11-52 所示。

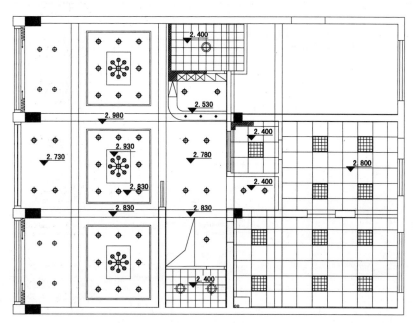

图 11-52　标高标注效果

4）选择"尺寸"文字样式，使用"单行文字"命令（DT），对吊顶轮廓对象进行文字标注说明，其文字大小为 250，宽度因子为 0.75，如图 11-53 所示。

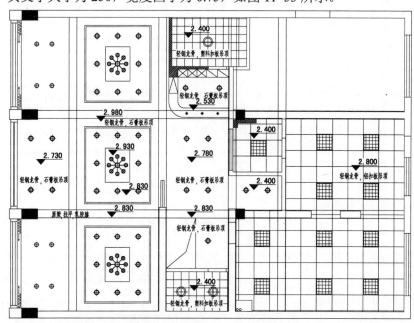

图 11-53　文字标注

5）在"图层"工具栏的"图层控制"下拉列表框中，将"尺寸"图层显示出来。

6）至此，该酒楼一层顶面布置图已经绘制完成，按〈Ctrl+S〉组合键对其进行保存。

软件
技能

11.5　酒楼一层强电布置图的绘制

素
材　视频\11\酒楼一层强电布置图.avi
　　案例\11\酒楼一层强电布置图.dwg

　　首先将前面 11.2 节中所绘制的平面布置图文件打开，并另存为"酒楼一层强电布置图"文件，再将其准备好的"插座图例"文件调入其中，然后将相应的图例对象分别复制到相应的位置，并进行适当的旋转，从而完成一层强电插座布置图的绘制，如图 11-54 所示。

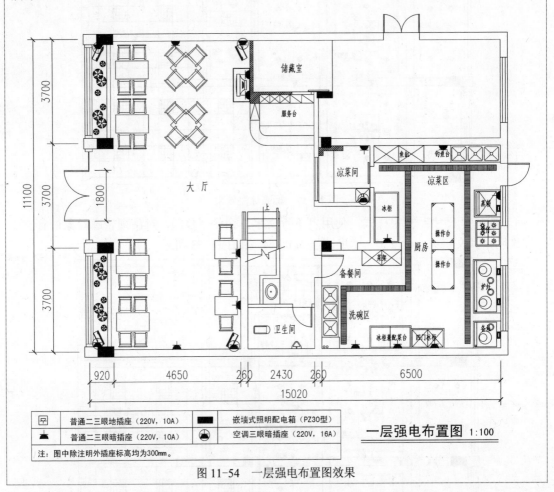

图 11-54　一层强电布置图效果

　　1）启动 AutoCAD 2012 软件，选择"文件"→"打开"菜单命令，将"案例\11\酒一层平面布置图.dwg"文件打开；再执行"文件"→"另存为"菜单命令，将其另存为"案例\11\酒楼一层强电布置图.dwg"。

　　2）双击下侧的图名，将其图名修改为"一层强电布置图"。

　　3）新建"强电"图层，颜色为"洋红色"，并且置为当前图层。

　　4）使用"插入块"命令（I），将"案例\11\插座图例.dwg"文件插入到当前图形文件的下侧，并进行适当调整，如图 11-55 所示。

图 11-55　插入"插座图例"

5）使用"分解"命令（X），将插入的对象进行打散操作。

6）使用"复制"命令（CO），将"空调插座"图例复制到大厅空调的相应位置，将"普通二三眼插座"插座图例复制到大厅的适当位置，从而布置好大厅的插座图例，如图 11-56 所示。

7）同样，在厨房区域布置相应的插座对象，以及在储藏室位置布置照明配电箱，如图 11-57 所示。

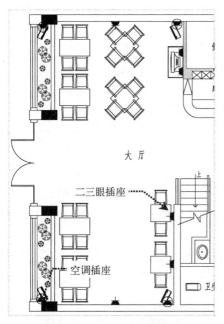

图 11-56　布置大厅插座对象

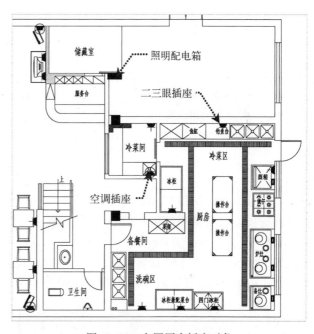

图 11-57　布置厨房插座对象

专业技能：　　插座图例的复制

在复制插座图例对象时，将所复制的图例应根据图形的需要进行适当的旋转。

8）至此，该酒楼一层强电布置图已经绘制完成，按〈Ctrl+S〉组合键对其进行保存。

11.6　酒楼一层开关控制图的绘制

素材　视频\11酒楼一层开关控制图.avi
　　　案例\11酒楼一层开关控制图.dwg

首先将前面 11.4 节中所绘制的顶面布置图文件打开，并另存为"酒楼一层开关控制图"文件，再将吊顶轮廓及扣板对象删除，保留墙体及灯具对象，然后插入准备好的"开关图例"文件，然后在相应的位置布置开关，以及绘制相应的多段线来连接开关和灯具对象，从而完成开关控制图的绘制，如图 11-58 所示。

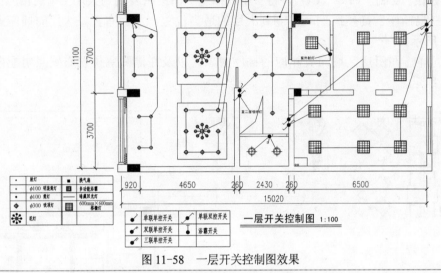

图 11-58　一层开关控制图效果

1）启动 AutoCAD 2012 软件，选择"文件"→"打开"菜单命令，将"案例\11\酒一层顶面布置图.dwg"文件打开；再执行"文件"→"另存为"菜单命令，将其另存为"案例\11\酒楼一层开关控制图.dwg"。

2）使用"删除"和"修剪"等命令，将布置图中的相应对象删除，使之只保留原有的建筑墙体结构和布置的灯具对象，并且修改下侧的图名为"一层开关控制图"，如图 11-59 所示。

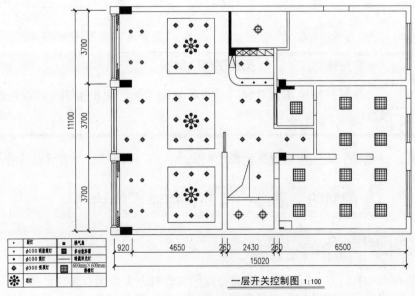

图 11-59　保留后的图形对象

3）新建"开关控制"图层，颜色为"洋蓝色"，并且置为当前图层。

4）使用"插入"命令（I），将"案例\11\开关图例.dwg"文件插入到当前图形文件的下侧，并进行适当调整，如图 11-60 所示。

⌁	单联单控开关	⌁	单联双控开关
⌁	双联单控开关	⌁	浴霸开关
⌁	三联单控开关		

一层开关控制图 1：100

图 11-60　插入"开关图例"

5）使用"复制"命令（CO），将"双联单控开关"图例⌁复制到大厅左侧的柱子上，并进行适当的旋转。

6）使用"多段线"命令（PL），按照图形的要求来绘制两条控制线路，并设置多段线宽为 10，从而控制两组筒灯对象，如图 11-61 所示。

7）同样，在大厅右上侧布置两个"三联单控开关"⌁和一个"单联单控开关"⌁图例，并进行适当的旋转。

8）再使用"多段线"命令（PL），以单联开关来控制暗藏回光灯，其中一个三联开关分别控制三组吸顶灯，另一个三联开关分别控制三个花灯，如图 11-62 所示。

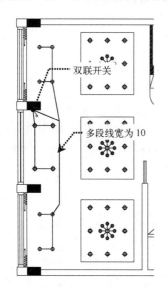

图 11-61　布置大厅左侧开关线路

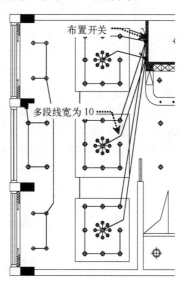

图 11-62　布置大厅中间开关线路

9）按照相同的方法，在门口旁边布置开关，再绘制相应的多段线，连接开关所绘制的灯具对象，最终布置好的开关控制图效果如图 11-63 所示。

10）至此，该酒楼一层开关控制图已经绘制完成，按〈Ctrl+S〉组合键对其进行保存。

专业技能：　　栅格灯的控制

　　厨房的栅格灯采用单联双控开关来进行控制，分为两组，一组控制 4 盏，另一组控制 6 盏。

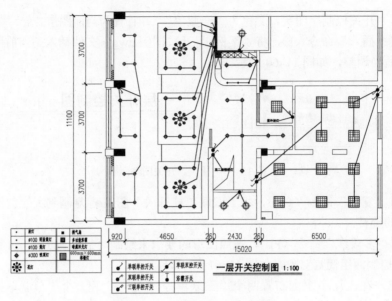

图 11-63　布置好的开关控制图

软件
技能

11.7　酒楼一层大厅 D 立面图的绘制

素　视频\11\酒楼一层大厅 D 立面图.avi
材　案例\11\酒楼一层大厅 D 立面图.dwg

　　首先将前面 11.2 节中所绘制的平面布置图文件打开，并另存为"酒楼一层大厅 D 立面图"文件，将原有图形旋转-90°，以及过相应墙体绘制一条水平线段，然后对多余的对象进行修剪和删除；过相应的墙角点引出多条构造线，然后绘制水平线段，从而确定大厅 D 立面图的宽度和高度；根据立面图的细节要求来绘制饰面砖、玻璃墙和地弹门对象，再绘制石膏吊顶轮廓对象；最后对其进行文字、尺寸及图名的标注等，如图 11-64 所示。

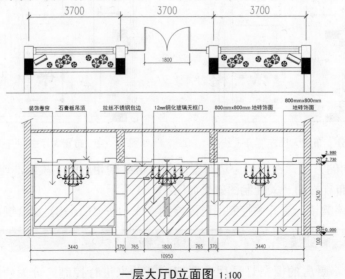

一层大厅D立面图 1:100

图 11-64　一层大厅 D 立面图效果

1）启动 AutoCAD 2012 软件，选择"文件"→"打开"菜单命令，将"案例\11\酒一层平面布置图.dwg"文件打开；再执行"文件"→"另存为"菜单命令，将其另存为"案例\11\酒楼一层大厅 D 立面图.dwg"。

2）使用"旋转"命令（RO），将其图形对象旋转-90°，再使用"直线"命令（L），过相应的墙体绘制一条水平线段，然后使用"删除"和"修剪"等命令，对多余的对象进行修剪和删除操作，如图 11-65 所示。

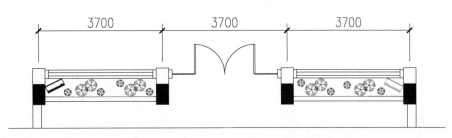

图 11-65   旋转并修剪后的图形

软件技能：	图层的转换

用户所绘制的水平直线段，应转换为"0"图层。

3）将"立面"图层转换为当前图层，使用"构造线"命令（XL），选择"垂直"选项（V），然后捕捉相应的交点来绘制多条垂直构造线。

4）使用"复制"命令（CO），将前面所绘制的水平线段向下进行复制；再使用"修剪"命令（TR），对多余的构造线进行修剪，如图 11-66 所示。

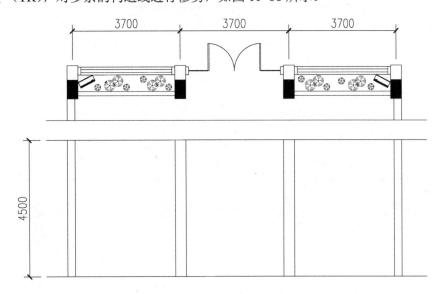

图 11-66   绘制构造线并修剪后的效果

5）使用"偏移"命令（O），将下侧的水平线分别向上偏移 2830mm、1170mm 和 100mm，再将最下侧的水平线向上偏移 2730mm，然后使用"修剪"命令（TR），对多余的线段进行修剪，如图 11-67 所示。

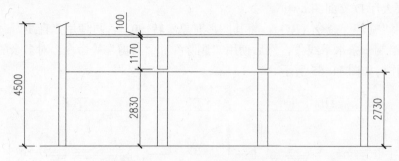

图 11-67　偏移线段并进行修剪

6）使用"直线"和"偏移"等命令，将中间的两轮廓线的宽度修改为 300mm。

7）将"填充"图层置为当前图层，使用"图案填充"命令（H），选择"ANSI 31"样例对其左、右两侧的墙体进行填充，填充的比例为 30。

8）同样，选择"AR_CONC"和"ANSI 31"样例，填充比例分别为 1 和 30，对其上侧的梁进行图案填充，如图 11-68 所示。

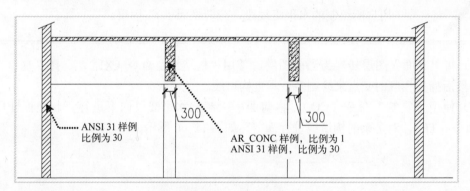

图 11-68　填充图案

9）将"立面"图层置为当前图层，使用"偏移"命令（O），将下侧的水平线分别向上偏移 100mm 和 200mm，将相应的垂直墙线向内偏移 100mm，然后使用"修剪"命令（TR）对多余的线段进行修剪，如图 11-69 所示。

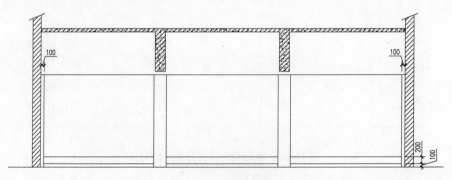

图 11-69　绘制轮廓线

10）新建"饰砖"图层，并设置颜色为"红色"。

11）使用"偏移"命令（O），将下侧的水平线向上分别偏移 800mm，将指定的垂直线段向左或右向偏移 800mm，将偏移的线段转换为多段线，线宽为 10，并将其转换为"饰砖"图层，然后使用"修剪"命令（TR），对多余的多段线进行修剪，从而完成 800mm×800mm 的地砖饰面，如图 11-70 所示。

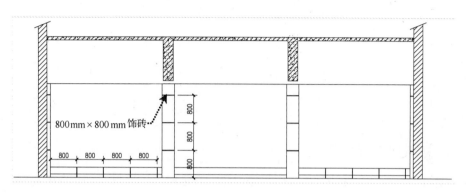

图 11-70　绘制地面饰砖

12）将"立面"图层置为当前图层，使用"多段线"命令（PL），捕捉相应的交点来绘制"凵"形轮廓；再使用"偏移"命令（O），将该轮廓向内偏移 60mm，然后将原有的轮廓删除。

13）使用"矩形"命令（REC），绘制两个大小不等的矩形对象来作为装饰卷帘，再使用"图案填充"命令（H），选择"SACNCR"样例，填充比例为 100，从而完成玻璃墙的绘制，如图 11-71 所示。

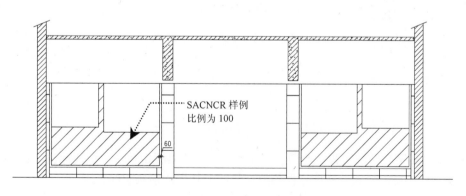

图 11-71　绘制玻璃墙

14）使用"多段线"命令（PL），捕捉相应的交点来绘制"凵"形轮廓；再使用"偏移"命令（O），将该轮廓向内偏移 60mm，然后将原有的轮廓删除，从而形成玻璃墙。

15）再使用"偏移""直线"和"修剪"等命令，绘制宽度为 1800mm、高度为 2200mm 的双开地弹门轮廓，如图 11-72 所示。

16）使用"矩形"命令（REC），绘制多个矩形对象来作为地弹门的拉手、地角和顶角；再使用"图案填充"命令（H），选择"SACNCR"样例，填充比例为 100，从而完成玻璃墙和地弹门的绘制，如图 11-73 所示。

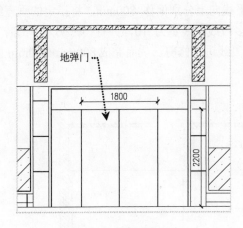

图 11-72　绘制玻璃墙

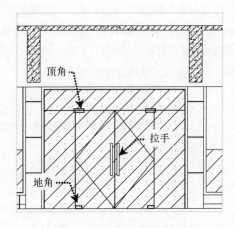

图 11-73　绘制地弹门

17）使用"直线"、"偏移"、"修剪"等命令，在玻璃墙的上侧绘制相应的石膏板吊顶轮廓。

18）使用"插入块"命令（I），将"案例\11\立面花灯.dwg"图块布置在相应的位置，如图 11-74 所示。

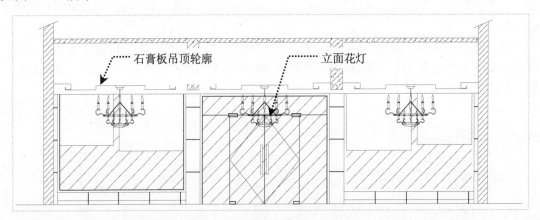

图 11-74　绘制吊顶轮廓并布置灯具

19）将"文字"图层置为当前图层，在"标注"工具栏中单击"引线标注"按钮，按 F8 键切换到"正交"模式，在图形的相应位置绘制相应的箭头引线。

	软件技能：　　　　**设置引线的箭头**
	用户在绘制好引线箭头后，可以按〈Ctrl+1〉键打开"特性"面板来设置箭头的样式为"直角"，设置大小为 5。

20）在"特性"工具栏中选择"H1"文字样式，使用"单行文字"命令（DT），在引线的相应位置输入标注的文字内容，如图 11-75 所示。

21）将"尺寸"图层置为当前图层，在"标注"工具栏中单击"线性标注"和"连续标注"  按钮,在图形的下侧及右侧对其进行尺寸标注。

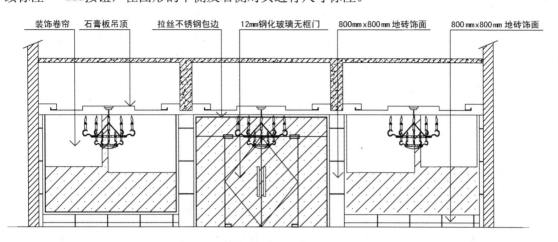

图 11-75 文字标注

 软件技能: 设置全局比例

　　用户可以设置此处"建筑"标注样式的全局比例为 50,如图 11-76 所示。

图 11-76 设置全局比例

　　22)使用"插入块"命令(I),将"案例\11\标高.dwg"图块插入到相应的位置,并修改标高值;再在图形的下侧进行图名及比例的标注,如图 11-77 所示。

　　23)至此,该酒楼一层大厅 D 立面图已经绘制完成,按〈Ctrl+S〉组合键对其进行保存。

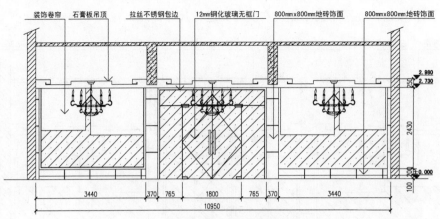

一层大厅D立面图 1:100

图 11-77　尺寸及标注标记

11.8　酒楼二层装潢施工图效果

案例\11\酒楼二层装潢施工图.dwg

　　酒楼的二楼布置了几个大的包房，在包房内分别布置了 10 人座的餐桌，且每个包房内布置有卫生间，如图 11-78 所示；二层楼整体铺设复合地板，卫生间铺设 300mm×300mm 的防滑地砖，如图 11-79 所示；每个房间顶部使用石膏吊板，并安装有花灯以及直径为 100mm 的筒灯，如图 11-80 所示；在每个包房内布置有普通二三眼暗插座（220V，10A）和空调三眼暗插座（220V，16A），如图 11-81 所示；在每个包房内安装有三联单控开关、双联单控开关、单联单控开关，分别用于控制筒灯、花灯和换气扇等，如图 11-82 所示。

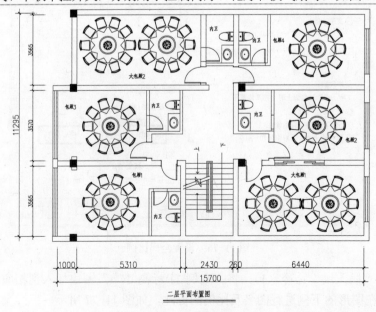

图 11-78　二层平面布置图

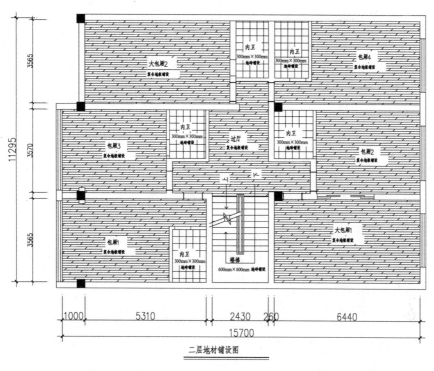

图 11-79　二层地材铺设图

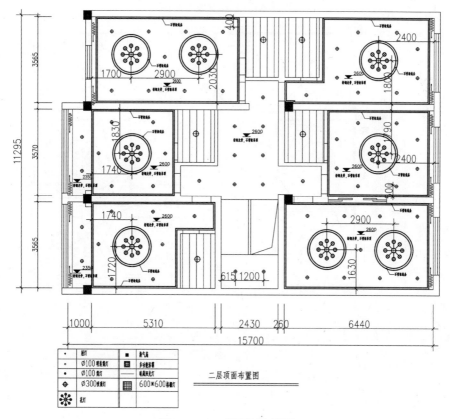

图 11-80　二层顶面布置图

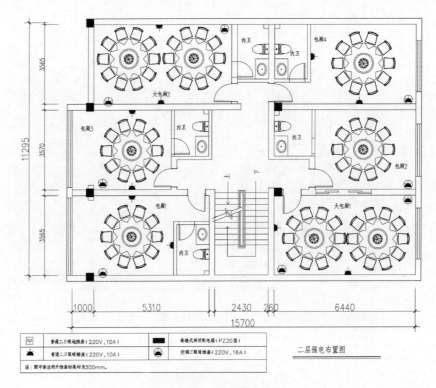

图 11-81 二层强电布置图

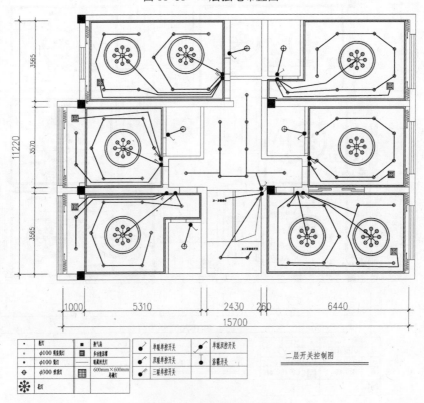

图 11-82 二层开关控制图

软件
技能

11.9 酒楼三层装潢施工图效果

素材 案例\11\酒楼三层装潢施工图.dwg

　　酒楼的三楼是客房，布置有 6 个客房，每个客房内布置有床、电视、双人茶几、床头灯等，且每个包房内布置有卫生间，如图 11-83 所示；三层楼整体铺设复合地板，卫生间铺设 300mm×300mm 的防滑地砖；每个房间顶部进行石膏吊板，并安装有吸顶灯以及直径为 100mm 的筒灯，如图 11-84 所示；在每个包房内布置有普通二三眼暗插座（220V，10A）和空调三眼暗插座（220V，16A），如图 11-85 所示；在每个包房内安装有双联单控开关，用于控制筒灯和吸顶灯，如图 11-86 所示。

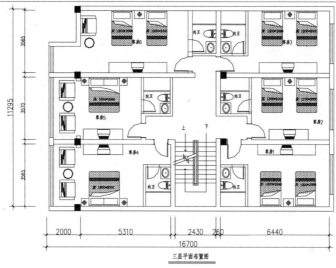

图 11-83　三层平面布置图

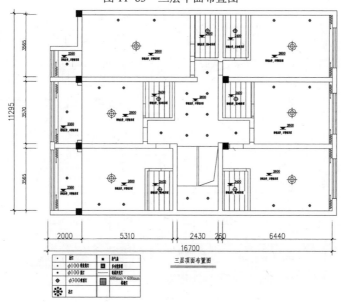

图 11-84　三层顶面布置图

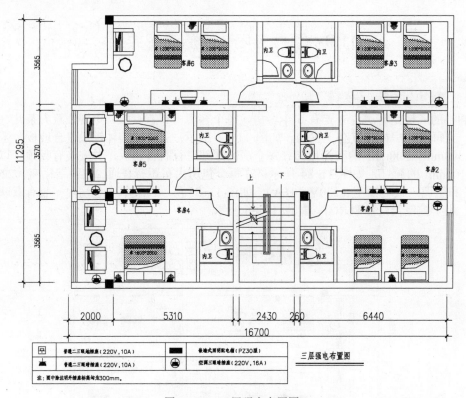

图 11-85　三层强电布置图

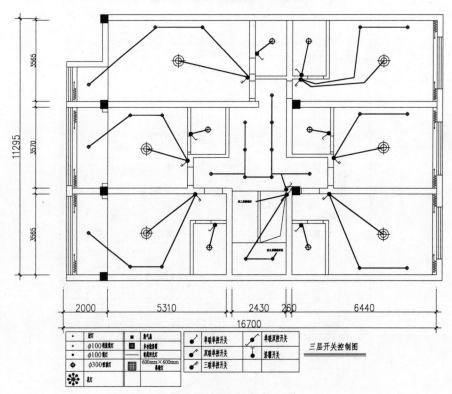

图 11-86　三层开关控制图

第12章　服装专卖店装修
设计要点及绘制

本章导读

　　专卖店是以专门经营或授权经营某一主要品牌商品（制造商品牌和中间商品牌）为主的零售业态，其设计具体包括店面与商标设计、招牌与标志设计、橱窗设计、店面的布置及商品陈列等。

　　在本章中，首先讲解了专卖店的设计要点，包括专卖店空间的设计内容、专卖店空间布置形态、服装专卖店陈设及衣服尺寸等；然后以某一服装专卖店的装饰施工图为例，通过AutoCAD 辅助绘图软件来详细讲解其施工图的绘制方法和技巧，包括建筑平面图、平面布置图、地材图、顶棚图、各立面图等；最后让读者自行练习绘制其他相关的立面图。

主要内容

- ◆ 了解专卖店空间的设计内容和布局形态。
- ◆ 掌握服装专卖店各种陈设和常用衣服尺寸。
- ◆ 熟练绘制服装专卖店平面布置图和墙体改造图。
- ◆ 熟练绘制服装专卖店地材图和顶棚图。
- ◆ 熟练绘制服装专卖店各立面图。

效果预览

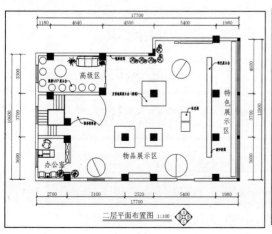

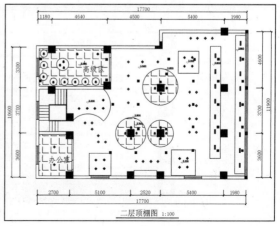

12.1 专卖店的设计概述

专卖店是专门经营某一种品牌的商品及提供相应服务的商店，它是满足消费者对某种商品多样性需求及零售要求的商业场所，是集形象展示、沟通交流、产品销售、售后服务为一体的服务营销模式。

12.1.1 专卖店空间设计内容

1）门面、招牌。专卖店给人的第一视觉就是门面，门面的装饰直接显示了专卖店的名称、行业、经营特色及档次，是招揽顾客的重要手段，同时也是形成城市市容的一部分。

2）橱窗。橱窗一般作为专卖店建筑的一部分，既有展示窗口、宣传广告之用，又有装饰店面之用，如图 12-1 所示。

图 12-1　门面效果

图 12-2　橱窗效果

专业技能：　　　橱窗设计注意要点

在设计橱窗时需要考虑如图 12-3 所示的几个因素。

橱窗设计的考虑因素

❶ 橱窗应与店面外观造型相协调。

❷ 不能影响店堂实际使用面积。

❸ 要方便顾客欣赏和选购，橱窗横向中心线最好能与顾客的视平线平行，便于顾客对展示内容的解读。

❹ 必须防尘、防淋、防晒、防风、防眩光、防盗等。

❺ 橱窗的平台高于室内地面不应低于200mm，高于室外地面不应低于500mm。

图 12-3　橱窗设计的考虑因素

3）货柜。货柜是一种满足商品展示及存储行为的封闭或半封闭式商业陈设器具，如图 12-4 所示。

4）货架。货架泛指专卖店营业厅中展示和放置营销商品的橱、柜和箱等各种器具，由立柱片、横梁和斜撑等构件组成，如图 12-5 所示。

图 12-4　货柜效果

图 12-5　货架效果

5）询问台。又称为导购台，是一种主要解决来宾的购物问询，指点顾客所要查找的地方方位等问题的指向性商业陈设。询问台还能提供简单的服务项目，如图 12-6 所示。

6）柜台。柜台是专卖店空间中展示、销售商品的载体，也是货品空间与顾客空间的分隔物，柜台多采用轻质材料以及通透材料制成，如图 12-7 所示。

图 12-6　导购台效果

图 12-7　柜台效果

 ## 12.1.2　专卖店空间布局形态

专卖商店的空间格局复杂多样，经营者可根据自身实际需要进行选择和设计。一般是先确定大致的规划，例如营业员的空间、顾客的空间和商品空间各占多大比例，划分区域，然后再进行修改，具体地陈列商品。

1. 商店的三个空间

专卖商店的种类多种多样，空间格局五花八门，似乎难以找出空间分割的规律性来。实际上，它不过是三个空间组合变化的结果，这三个空间与专卖商店的空间格局关系密切，如

图 12-8 所示。

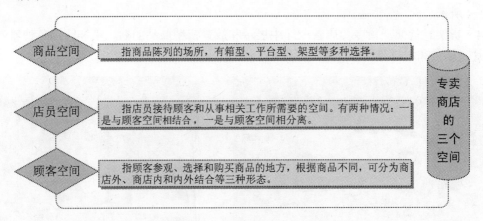

图 12-8　专卖商店的三个空间

2．商店空间格局的四种形态

依据商品数量、种类、销售方式等情况，可将三个空间有机组合，从而形成专卖商店空间格局的四种形态，如图 12-9 所示。

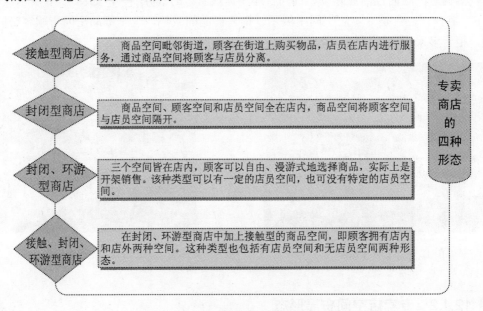

图 12-9　专卖商店空间格局的四种形态

 12.1.3　服装专卖店陈设及衣服尺寸

服装专卖店在进行布置时，应考虑到各种陈设尺度、主要商品尺寸、常用衣架尺寸等。在如图 12-10 所示为女士陈设柜尺度，如图 12-11 所示为女士常用衣物尺寸，如图 12-12 所示为男士陈设柜尺度，如图 12-13 所示为男士常用商品尺寸。

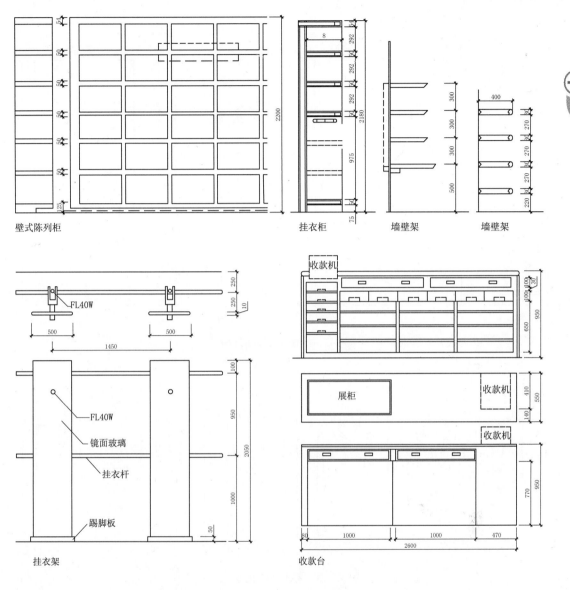

壁式陈列柜　　　　　　挂衣柜　　墙壁架　　墙壁架

FL40W

FL40W

镜面玻璃

挂衣杆

踢脚板

挂衣架

收款机

收款机

展柜

收款机

收款台

图 12-10　女士陈设柜尺度

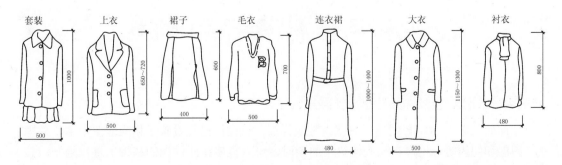

套装　　上衣　　裙子　　毛衣　　连衣裙　　大衣　　衬衣

图 12-11　女士常用衣服尺寸

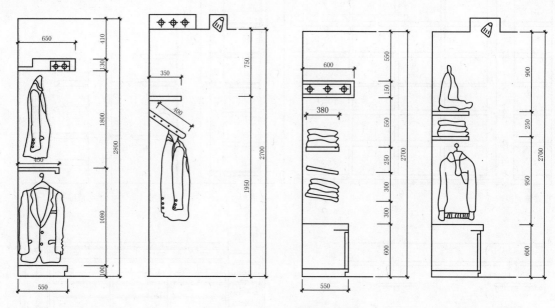

图 12-12　男士陈设柜尺度

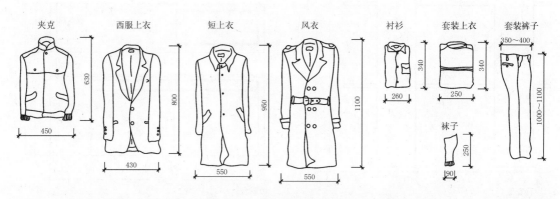

图 12-13　男士常用衣服尺寸

12.2　服装专卖店建筑平面图的绘制

 素
材　案例\12\服装专卖店建筑平面图.dwg

　　在前面的第 3 章中有创建好的室内装潢样板，该样板已经设置了相应的图形单位、样式、图层和图块等，用户在绘制建筑平面图时，可以直接在此样板的基础上进行绘制，其效果如图 12-14、图 12-15 所示。

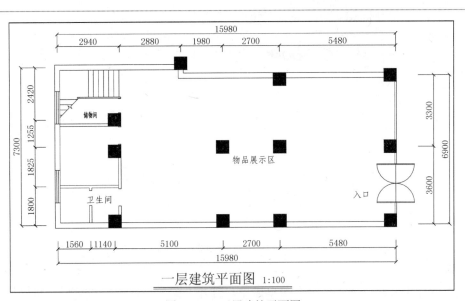

图 12-14　一层建筑平面图

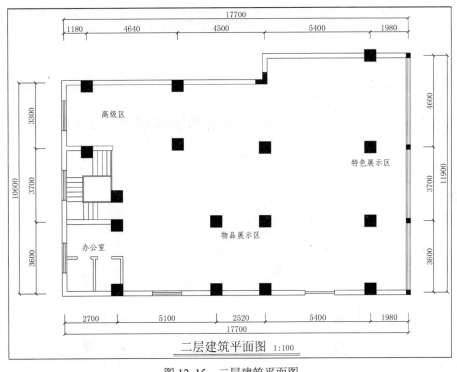

图 12-15　二层建筑平面图

操作步骤

1）启动 AutoCAD 2012 软件，选择"文件"→"新建"菜单命令，将打开"选择样板"对话框，选择"案例\03\室内装潢样板.dwt"文件，如图 12-16 所示。

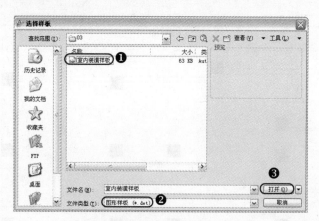

图 12-16 "选择样板文件"对话框

2）单击"打开"按钮，以样板创建图形，新图形中包含了样板中创建的图层、样式和图块等内容。

3）再执行"文件"→"保存"菜单命令，打开"图形另存为"对话框，将该样板文件另存为"案例\12\服装专卖店建筑平面图.dwg"，然后单击"保存"按钮即可。

软件技能： **专卖店平面图的绘制**

由于本案例的"服装专卖店的建筑平面图"与前面第 8 章的办公室建筑平面图的绘制方法基本一致，这里就不再进行详细的讲解，只给出绘制完成后的建筑平面图，让用户按照图形的尺寸要求来自行绘制。

软件技能

12.3 服装专卖店的墙体改造

素材 视频\12\服装专卖店墙体改造.avi
案例\12\服装专卖店墙体改造.dwg

本案例中一层和二层墙体改造的位置都在储物间和卫生间，如图 12-17、图 12-18 所示为服装专卖店一、二层墙体改造后的空间效果。

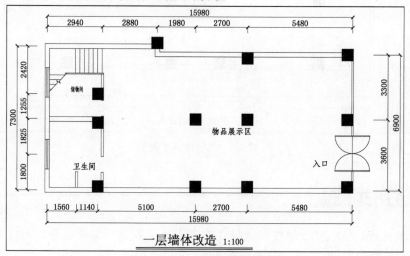

图 12-17 一层墙体改造效果

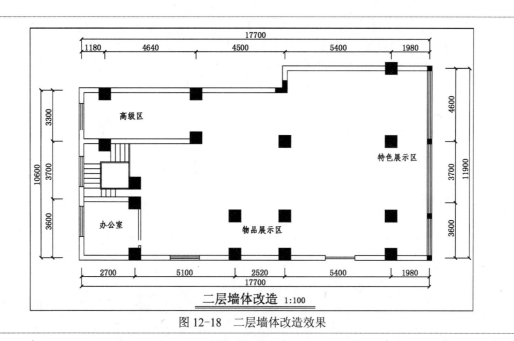

二层墙体改造 1:100

图 12-18 二层墙体改造效果

专业技能：　　墙体改造

　　墙体改造是指把室内的墙体拆除。在进行平面布置之前，很多客户都会对房屋进行一些改造，以便增强房间的功能性和追求设计的艺术性。减少墙体，冲破视觉的阻隔，扩大居室的视觉范围，可以在同等面积内使用更为宽阔的空间体验。

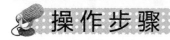操作步骤

　　1）接续前面 12.2 节中绘制好的建筑平面图效果，执行"文件"→"另存为"菜单命令，将其文件另存为"案例\12\服装专卖店墙体改造.dwg"。

　　2）使用鼠标分别双击一、二层平面图的图名，将其图名分别修改为"一层墙体改造"和"二层墙体改造"。

　　3）将"墙"图层置为当前图层。使用"拉伸"命令（S），将选中的墙体线向下拉伸到墙柱；并将多余的墙体线删除掉，如图 12-19 所示。

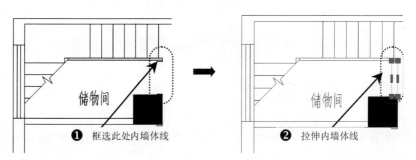

图 12-19 改造储物间

4）使用"删除"命令（E），将储物间多余的水平墙体线删除掉；再使用"直线"命令（L）和"偏移"命令（O），绘制宽度为 240mm 的墙体线，如图 12-20 所示。

5）墙体（储物间和卫生间）改造效果如图 12-21 所示。

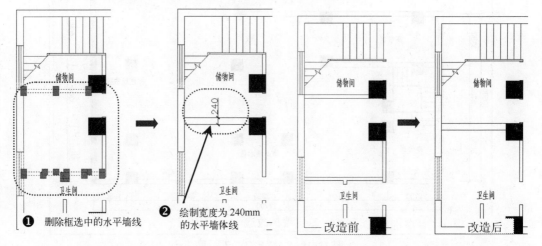

图 12-20　改造卫生间　　　　　　　　图 12-21　一层墙体改造前后对比

6）使用相同的方法，对二层进行墙体改造，改造后的效果如图 12-22 所示。

7）至此，该建筑平面图的墙体改造已经完成，按〈Ctrl+S〉键对其文件进行保存。

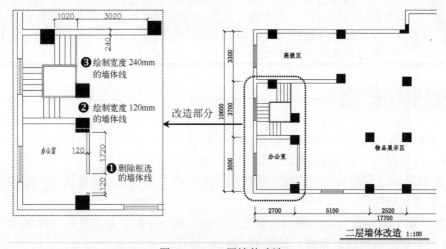

图 12-22　二层墙体改造

 软件技能　　　**12.4　服装专卖店平面布置图的绘制**　　　 DWG

素材　视频\12\服装专卖店平面布置图.avi
　　　案例\12\服装专卖店平面布置图.dwg

本案例中展厅一层为圆弧展区，二层为方形展区，用于展示不同特色的产品。使用"圆""矩形""移动""复制""修剪"和"阵列"等命令，绘制相应展区的图形，并插入相应的设施图块，然后进行尺寸标注、文字标注和图名标注，最终效果如图 12-23、图 12-24 所示。

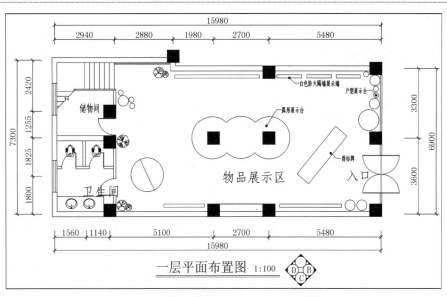

图 12-23 服装专卖店一层平面布置图效果

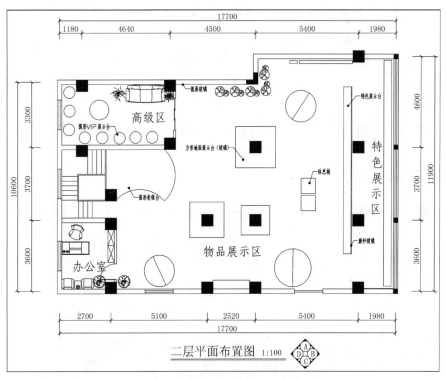

图 12-24 服装专卖店二层平面布置图效果

12.4.1 一层平面布置图的绘制

在布置一层平面图时，首先对其中间的两个墙柱区域进行展台轮廓的绘制，再绘制相应的矩形对象来作为物品展示区，然后在相应的位置布置图块对象。

操作步骤

1）启动 AutoCAD 2012 软件，选择"文件"→"打开"菜单命令，将"案例\12\服装专卖店墙体改造.dwg"文件打开。

2）执行"文件"→"另存为"菜单命令，将其另存为"案例\12\服装专卖店平面布置图.dwg"文件。

3）将"辅助线"图层置为当前图层。使用"圆"命令（C），捕捉墙柱的中点为圆心，绘制半径为 1000mm 的圆，如图 12-25 所示。

4）使用"圆"命令（C），在相应的位置分别绘制半径为 125mm、250mm、500mm 和 800mm 的圆，如图 12-26 所示。

5）使用"矩形"命令（REC），在相应的位置绘制 2709mm×38mm、4243mm×150mm、1200mm×150mm、2925mm×725mm、3000mm×150mm 的矩形，从而布置物品展示区，如图 12-27 所示。

6）使用"直线"命令（L），绘制卫生间的分隔墙体，如图 12-28 所示。

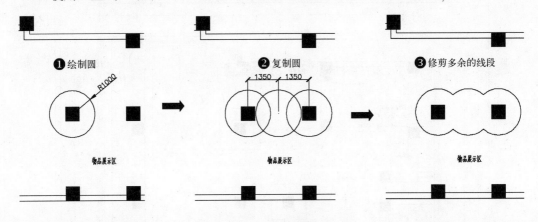

图 12-25　绘制圆

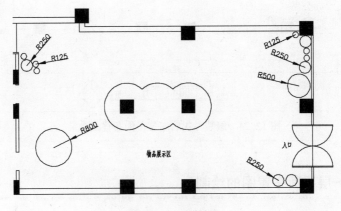

图 12-26　绘制圆

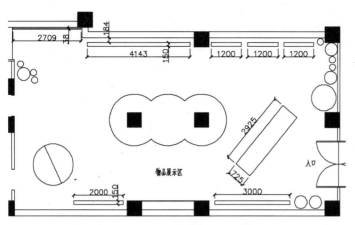

图 12-27　布置物品展示区

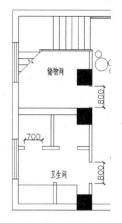

图 12-28　布置卫生间

7）将"布置设施"图层置为当前图层。使用"插入"命令（I），将"案例\12"文件夹下的"门""盆景""平面便池"及"洗漱盆"等图块插入到相应的位置，如图 12-29 所示。

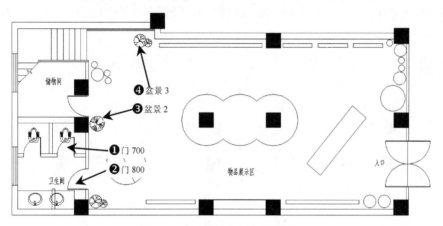

图 12-29　一层平面布置图效果

12.4.2　二层平面布置图的绘制

同样，先绘制一些矩形对象来作为物品展示柜台，并划分区域，然后绘制收银台轮廓以及圆形展示台，最后在相应位置布置图块，并绘制立视符号。

 操作步骤

1）将"辅助线"图层置为当前图层。使用"矩形"命令（REC）和"移动"命令（M），在墙柱中点绘制 1800mm×1800mm、1500mm×1500mm 和 2100mm×2100mm 的矩形，如图 12-30 所示。

2）使用"矩形"命令（REC），在相应位置绘制 400mm×150mm、2800mm×150mm、778mm×758mm、8454mm×407mm、8454mm×35mm、11437mm×407mm 和 1920mm×450mm 的矩形，如图 12-31 所示。

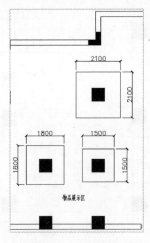

图 12-30　绘制方台

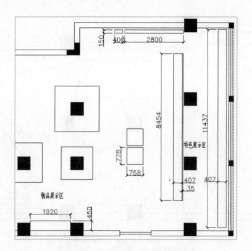

图 12-31　绘制其他方形展示台

3）使用"偏移"命令（O）和"圆"命令（C），捕捉偏移线段得到的交点 A、B，分别绘制半径为 1745mm 的圆；再使用"修剪"命令（TR）和"删除"命令（E），修剪掉多余的线段，如图 12-32 所示。

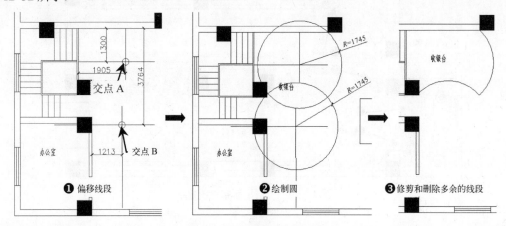

❶ 偏移线段　　　❷ 绘制圆　　　❸ 修剪和删除多余的线段

图 12-32　布置弧形收银台

4）使用"直线"命令（L）和"矩形"命令（REC），绘制高级区的推拉门，如图 12-33 所示。

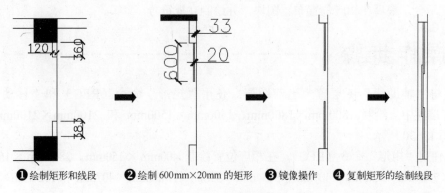

❶ 绘制矩形和线段　　❷ 绘制 600mm×20mm 的矩形　　❸ 镜像操作　　❹ 复制矩形的绘制线段

图 12-33　绘制推拉门

5）使用"圆"命令（C），捕捉距离外墙线 400mm 和 394mm 的交点，绘制半径为 300mm 的圆；再使用"复制"命令（CO），将圆向下进行 940mm 和 1880mm 的复制操作；再使用"阵列"命令（AR），将圆向右进行距离为 900mm 的矩形阵列，如图 12-34 所示。

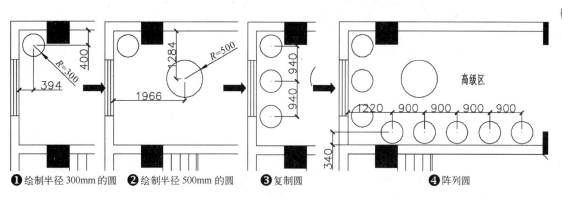

图 12-34　绘制圆形展示台

6）使用"圆"命令（C）、"直线"命令（L）和"矩形"命令（REC），在物品展示区绘制半径为 800mm 和 960mm 的圆形展台；然后在办公室区域绘制 1647mm×340mm 的矩形和斜线段表示柜子，如图 12-35 所示。

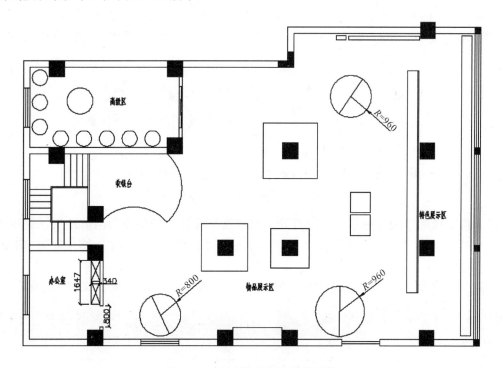

图 12-35　绘制办公柜和圆形展台

7）将"布置设施"图层置为当前图层。使用"插入"命令（I），将"案例\12"文件夹下的"门""盆景""办公桌""组合沙发"和"休闲椅"等图块插入到相应的位置，如图 12-36 所示。

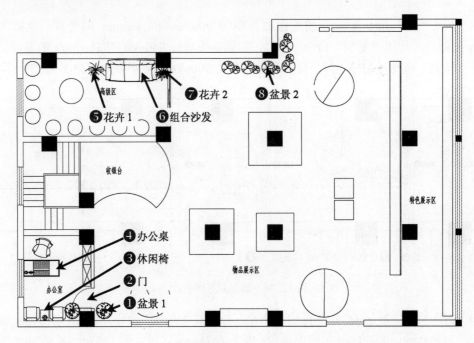

图 12-36 插入图块

8）使用"插入"命令（I），将"案例\12"文件夹下的"立面指向符号"图块插入到相应的位置；然后使用"镜像"命令（MI）和"文字"命令（T），进行操作，如图 12-37 所示。

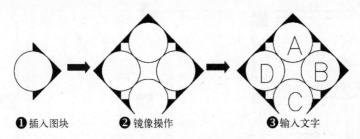

❶ 插入图块   ❷ 镜像操作   ❸ 输入文字

图 12-37 插入立面指向符号

9）将隐藏的"尺寸标注"图层打开，将"文字标注"图层置为当前图层。使用"文字"命令（T）和"多重引线"命令（QL），进行文字和图名的标注，结果如图 12-23、图 12-24 所示。

10）至此，该专卖店平面布置图已经绘制完成，按〈Ctrl+S〉键对其文件进行保存。

12.5 服装专卖店地材图的绘制

视频\12\服装专卖店地材图.avi
案例\12\服装专卖店地材图.dwg

在本案例，首先借用前面所绘制好的平面布置图对象，将多余的对象删除，并绘制相应的门槛对象，以及不同的区域对象，然后对不同的区域进行图案填充，最后再对其进行文字、尺寸及图名的标注，其最终效果如图 12-38、图 12-39 所示。

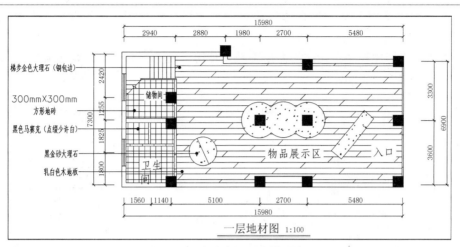

图 12-38 专卖店一层地材图效果

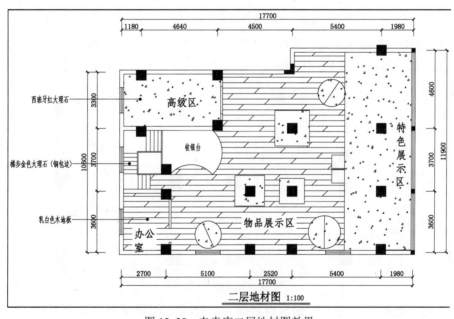

图 12-39 专卖店二层地材图效果

 12.5.1 一层地材图的布置

首先借用前面绘制好的平面布置图，将多余的图形对象删除，整理好地材图所需的对象，再绘制相应的门槛线以示区分，然后分别在相应的区域进行图案填充。

操作步骤

1）启动 AutoCAD 2012 软件，选择"文件"→"打开"菜单命令，将"案例\12\服装专卖店平面布置图.dwg"文件打开。

2）再执行"文件"→"另存为"菜单命令，将其另存为"案例\12\服装专卖店地材图.dwg"文件。

3）将"尺寸标注和文字标注"图层隐藏。使用"删除"命令（E），删除掉室内的部分布置设施，如图 12-40 所示。

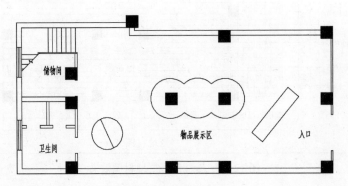

图 12-40　整理图形

4）将"辅助线"图层置为当前图层。使用"直线"命令（L），在 1~3 处绘制门槛线，以封闭填充图案区域，如图 12-41 所示。

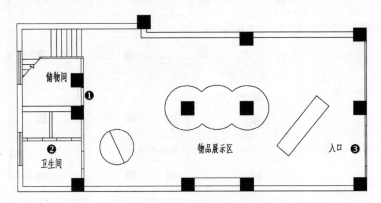

图 12-41　绘制门槛线

5）新建"地板"图层，并置为当前图层。使用"图案填充"命令（H），选择样例"AR-CONC"，比例为 3，进行图案填充操作，如图 12-42 所示。

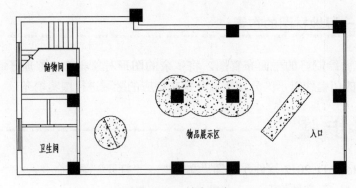

图 12-42　填充展台

6）使用"图案填充"命令（H），选择样例"NET"，比例为100，进行图案填充操作，如图12-43所示。

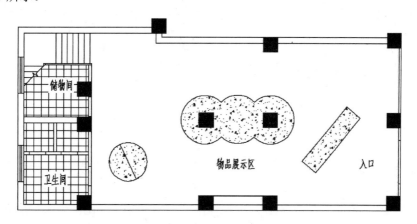

图12-43　填充储物间和卫生间

7）使用"图案填充"命令（H），选择样例"DOLMIT"，比例为50，进行图案填充操作，如图12-44所示。

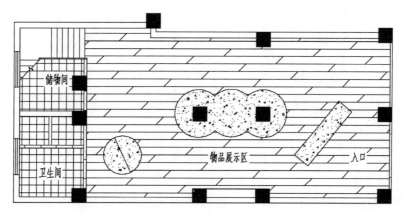

图12-44　填充展示厅

 12.5.2　二层地材图的布置

同样，先整理好地材图所需的对象，再绘制相应的门槛线对象，然后对其进行图案填充，以及进行文字、尺寸及图名的标注。

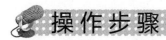 操作步骤

1）使用"删除"命令（E），删除掉室内的部分布置设施。使用"直线"命令（L），在"高级区"位置绘制门槛线，以封闭填充图案区域；在特色展示区位置绘制一垂直线段，进行分隔，如图12-45所示。

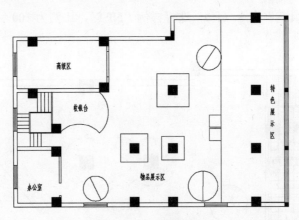

图 12-45 整理图形

2）使用"图案填充"命令（H），选择样例"AR-CONC"，比例为 3，进行图案填充操作，如图 12-46 所示。

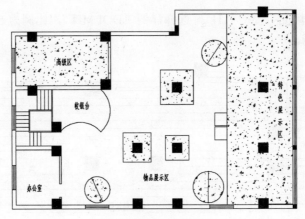

图 12-46 填充图案

3）使用"图案填充"命令（H），选择样例"DOLMIT"，比例为 50，进行图案填充操作，如图 12-47 所示。

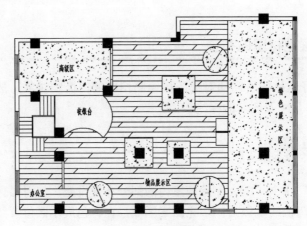

图 12-47 填充图案

4）将"尺寸标注"图层打开，并将"文字标注"图层置为当前图层。使用"文字"命令（T）和"多重引线"命令（QL），对一层和二层地材图进行文字、图名标注，效果如图 12-38、图 12-39 所示。

5）至此，该专卖店地材图已经绘制完成，按〈Ctrl+S〉键对其文件进行保存。

12.6　服装专卖店顶棚图的绘制

> 素材　视频\12\服装专卖店顶棚图.avi
> 　　　案例\12\服装专卖店顶棚图.dwg

首先借助前面所绘制好的地面布置图，并对多余的对象进行隐藏和整理，再分别绘制相应的吊顶轮廓对象，以及分别布置不同的灯具对象，然后进行文字、标高、尺寸及图名的标注，其最终效果如图 12-48、图 12-49 所示。

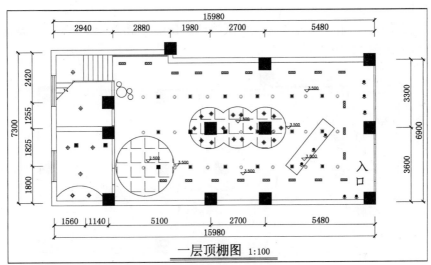

图 12-48　专卖店一层顶棚图效果

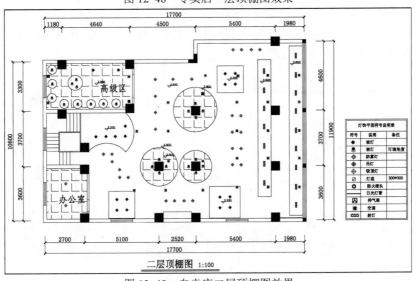

图 12-49　专卖店二层顶棚图效果

12.6.1 一层顶棚图的布置

同样，先借用前面的绘制好的平面布置图，将尺寸及文字标注暂时隐藏，并将多余的图形对象删除，从而整理好顶棚图所需的对象，然后布置顶棚吊顶轮廓对象，最后分别在相应的位置布置灯具图例对象。

操作步骤

1）启动 AutoCAD 2012 软件，选择"文件"→"打开"菜单命令，将"案例\12\服装专卖店平面布置图.dwg"文件打开。

2）再执行"文件"→"另存为"菜单命令，将其另存为"案例\12\服装专卖店顶棚图.dwg"文件。

3）将"尺寸标注"和"文字标注"图层隐藏。使用"删除"命令（E），删除掉室内的部分布置设施，如图 12-50 所示。

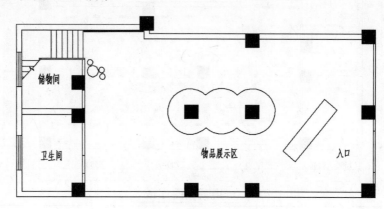

图 12-50　整理图形

4）将"辅助线"图层置为当前图层。使用"直线"命令（L），在 1～3 处绘制门槛线，以封闭填充图案区域，如图 12-51 所示。

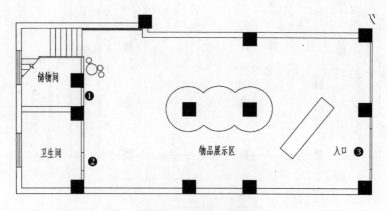

图 12-51　绘制门槛线

5）使用"圆"命令（C）和"圆弧"命令（A），绘制半径为 1456mm 和 1515mm 的圆和圆弧，如图 12-52 所示。

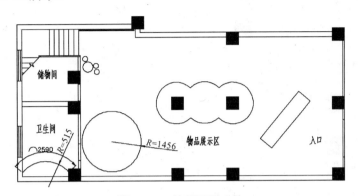

图 12-52　绘制吊顶对象

6）将"灯饰"图层置为当前图层。使用"图案填充"命令（H），选择样例"ANGLE"，比例为 100，如图 12-53 所示。

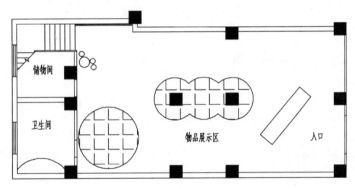

图 12-53　图案填充

7）使用"复制"命令（CO），将"案例\12\各种灯饰.dwg"文件打开，将里面的灯饰图块复制到当前文件中，以便调用。

8）使用"复制"命令（CO），将相应的灯饰图块粘贴到相应的位置，如图 12-54 所示。

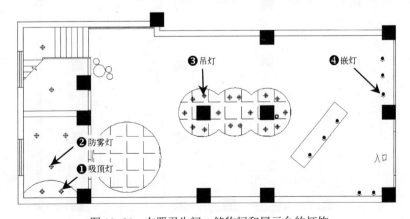

图 12-54　布置卫生间、储物间和展示台的灯饰

9）继续使用"复制"命令（CO），对灯饰图块进行粘贴；再使用"插入"命令（I），将标高符号插入到相应的位置，如图 12-55 所示。

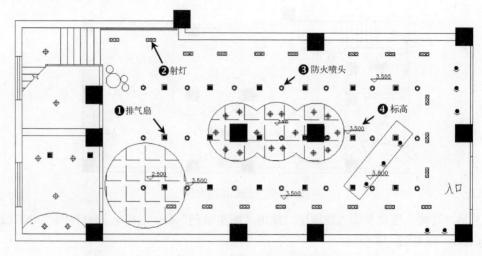

图 12-55 布置一层顶棚图

12.6.2 二层顶棚图的布置

同样，对相应的顶棚位置处绘制相应的对象来进行顶棚吊顶造型的绘制，然后将灯具图例对象复制到相应的位置，最后对其进行文字、尺寸和图名标注。

 操作步骤

1）将"辅助线"图层置为当前图层。使用"圆"命令（C）和"矩形"命令（REC），绘制二层顶棚的吊顶对象，如图 12-56 所示。

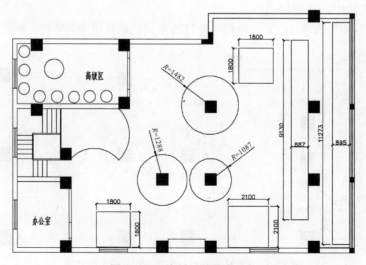

图 12-56 绘制二层吊顶对象

2）将"灯饰"图层置为当前图层。使用"图案填充"命令（H），选择样例"ANGLE"，比例为100，如图 12-57 所示。

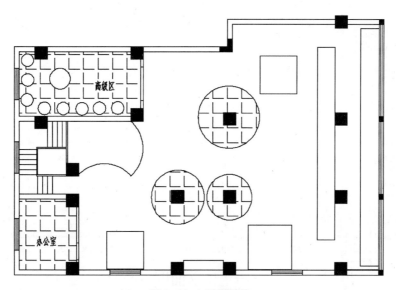

图 12-57　图案填充

3）使用"复制"命令（CO）和"插入"命令（I），对二层顶棚进行灯饰布置，如图 12-58 所示。

4）将"尺寸标注"图层打开，并将"文字标注"图层置为当前图层。使用"文字"命令（T）和"多重引线"命令（QL），对一层和二层顶棚图进行文字和图名标注，效果如图 12-48、图 12-49 所示。

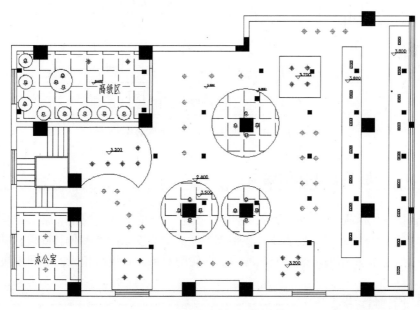

图 12-58　布置二层顶棚灯饰

5）至此，该专卖店顶棚布置图已经绘制完成，按〈Ctrl+S〉键对其文件进行保存。

软件技能

12.7 服装专卖店立面图的绘制

素材 视频\12\服装专卖店立面图.avi
案例\12\服装专卖店立面图.dwg

　　将前面的服装专卖店平面布置图进行复制、旋转操作，绘制一层 C 立面图和二层 D 立面图，使用"矩形""直线""圆""偏移""修剪"和"复制"等命令，最后进行尺寸标注、多重引线标注、图名标注，最终效果如图 12-59、图 12-60 所示。

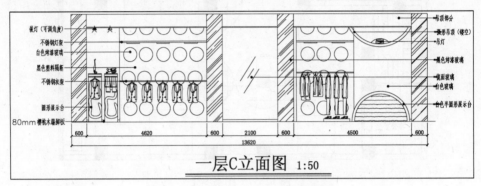

图 12-59　专卖店一层 C 立面图效果

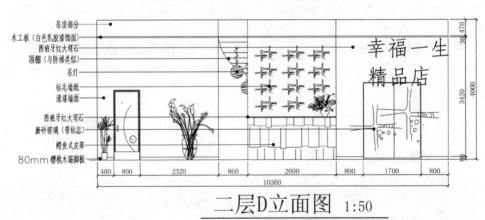

图 12-60　专卖店二层 D 立面图效果

12.7.1　一层 C 立面图的绘制

　　首先调用前面绘制好的平面布置图文件，并另存为新的文件，根据一层 C 立面图的相应墙、柱轮廓位置向下绘制多条投影线，再根据专卖店的高度来绘制和偏移线段，并对多余的线段进行修剪，然后根据要求来绘制相应的立面轮廓对象，并调用相应的立面图块。

操作步骤

　　1）启动 AutoCAD 2012 软件，选择"文件"→"打开"菜单命令，将"案例\12\服装专卖店平面布置图.dwg"文件打开。

2）再执行"文件"→"另存为"菜单命令，将其另存为"案例\12\服装专卖店立面图.dwg"文件。

3）将"辅助线"图层置为当前图层。使用"复制"命令（CO）、"旋转"命令（RO）、"修剪"命令（TR）和"直线"命令（L），对一层平面布置图上的 C 立面图进行操作，在墙柱处绘制投影线段，如图 12-61 所示。

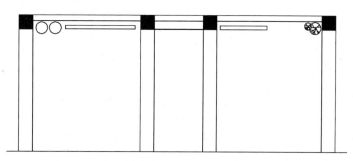

图 12-61　绘制投影线

4）使用"偏移"命令（O），将地面的水平线段向上偏移 4000mm（参考顶棚图标高）；再使用"修剪"命令（TR），修剪掉多余的线段，如图 12-62 所示。

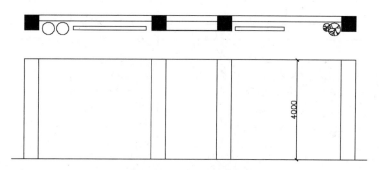

图 12-62　绘制立面轮廓

5）使用"图案填充"命令（H），选择样例"AR-ROOF"，比例为 15，角度为 45°，进行图案填充操作，如图 12-63 所示。

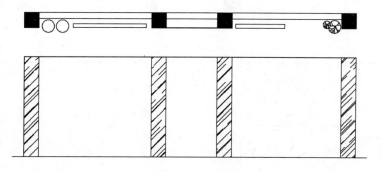

图 12-63　填充墙柱

6）使用"矩形"命令（REC）、"直线"命令（L）和"偏移"命令（O），绘制灯架和衣架，如图 12-64 所示。

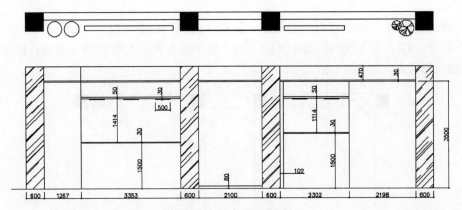

图 12-64　绘制灯架和衣架

7）使用"圆"命令（C）、"复制"命令（CO）和"修剪"命令（TR），绘制圆形墙面造型，如图 12-65 所示。

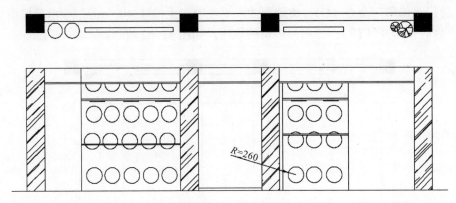

图 12-65　绘制圆形造型

8）使用"圆"命令（C）和"修剪"命令（TR），分别绘制半径为 1000mm、1100mm、1241mm 和 1341mm 的圆；然后修剪掉多余的线段，如图 12-66 所示。

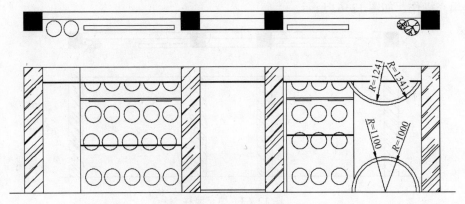

图 12-66　绘制弧形造型

9）使用"图案填充"命令（H），选择样例"AR-RSHKE"，比例为 0.5，对弧形进行图案填充，如图 12-67 所示。

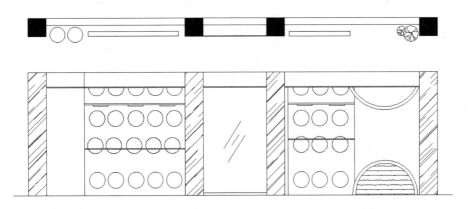

图 12-67　填充图案

10）使用"复制"命令（CO），将"案例\12\立面图块.dwg"文件打开，将里面的立面图块复制到当前文件中，以便调用，再将其粘贴到相应的位置，如图 12-68 所示。

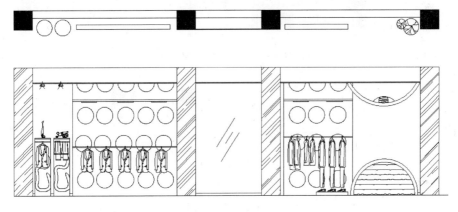

图 12-68　插入图块

12.7.2　二层 D 立面图的绘制

在绘制专卖店二层 D 立面图时，首先将原有的平面布置图旋转-90°，绘制多条投影线，从而确定 D 立面图的主要轮廓对象，再绘制相应的立面轮廓，以及调用相应的立面图块，然后进行标高、文字、尺寸和图名的标注。

操作步骤

1）使用"复制"命令（CO）和"旋转"命令（RO），将二层平面布置图 D 面旋转-90°，如图 12-69 所示。

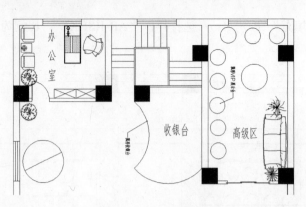

图 12-69　调整图形

2）将"辅助线"图层置为当前图层。使用"直线"命令（L），绘制投影线段；再使用"矩形"命令（REC），绘制 10360mm×30mm 的矩形表示顶面材料，如图 12-70 所示。

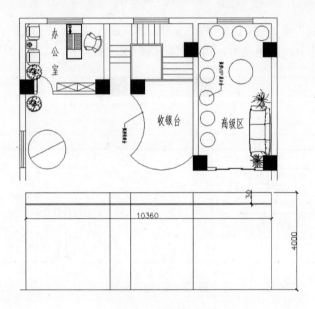

图 12-70　绘制立面轮廓

3）使用"矩形"命令（REC）、"直线"命令（L）、"偏移"命令（O）和"修剪"命令（TR），绘制踢脚板及门洞，如图 12-71 所示。

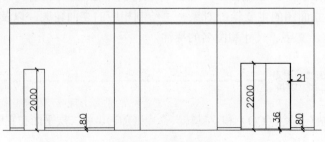

图 12-71　绘制门洞

4）使用"矩形"命令（REC）、"圆"命令（C）和"修剪"命令（TR），绘制收银台和墙面；再使用"图案填充"命令（H），选择相应的样例和比例，进行图案填充操作，如图 12-72 所示。

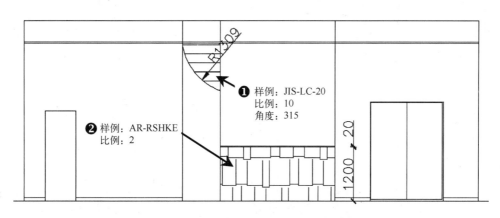

❶ 样例：JIS-LC-20
比例：10
角度：315

❷ 样例：AR-RSHKE
比例：2

图 12-72 图案填充

5）使用"复制"命令（CO），将"案例\12\立面图块.dwg"文件打开，将里面的立面图块复制到当前文件中，以便调用，再将其粘贴到相应的位置，如图 12-73 所示。

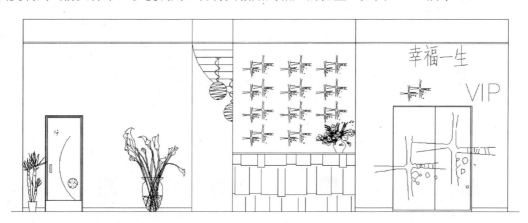

图 12-73 粘贴图块

6）切换"尺寸标注"和"文字标注"图层。使用"文字"命令（T）和"多重引线"命令（QL），分别对一层 C 立面和二层 D 立面进行文字和图名标注，效果如图 12-59、图 12-60 所示。

7）至此，服装专卖店的立面图已经绘制完毕，按〈Ctrl+S〉组合键进行保存。

软件技能：	墙体改造

用户可打开"案例\12\立面图练习.dwg"文件进行参照练习，按照前面案例的操作步骤的讲解来绘制其他的立面图，效果如图 12-74～图 12-76 所示。

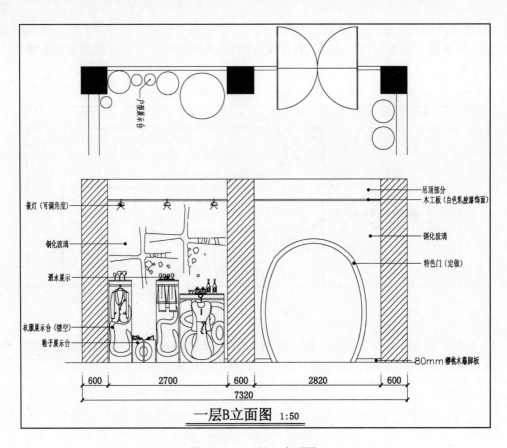

图 12-74 一层 B 立面图

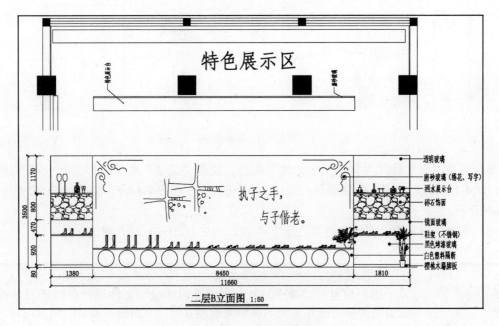

图 12-75 二层 B 立面图

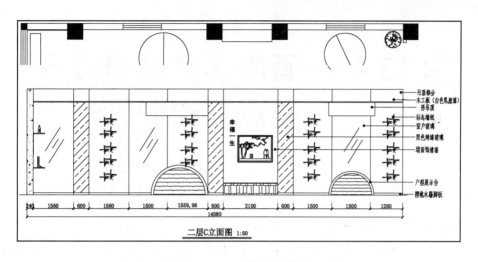

图 12-76 二层 C 立面图

第13章 酒店客房装修设计
要点及绘制

本章导读

    酒店装修一直以来都在装修工程中占据重要的位置，而客房作为酒店服务的根本，也是酒店收入的重要来源之一，所以它的设计也尤为重要。各种名牌酒店的装修设计，虽然设计风格各不相同，但有一点是相同的，那就是以人为本的设计理念。

    本章首先讲解了酒店客房装修设计要点，包括客房开间及面积、客房各空间功能、酒店客房类型、客房平面布局举例、客房家具尺度和装修注意事项等；然后以某一酒店客房为实例，详略得当地讲解了建筑平面图、平面布置图、地材图、顶棚图及各立面图的绘制方法，从而让用户全面地掌握酒店客房的设计思路和方法。

主要内容

◆ 了解客房开间、面积及功能。
◆ 了解客房类型、家具尺度及布局。
◆ 熟练绘制酒店客房建筑平面图和布置图。
◆ 熟练绘制酒店客房地材图和顶棚图。

效果预览

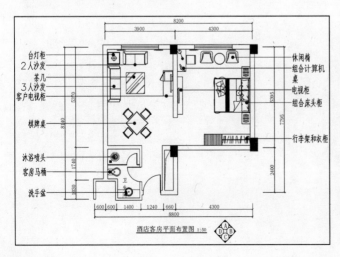

酒店客房平面布置图 1:50

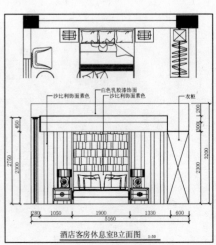

酒店客房休息室B立面图 1:50

13.1 酒店客房装修设计概述

客房是酒店的主体，客房的入住率将直接影响饭店的经济效益。因此，客房的艺术效果、硬件设施、装修材料、家具、艺术品的配置将影响酒店的规模和档次。因而客房最能体现酒店对客人的关照和态度，客人入住以后，这种感觉带给客人的认知度将会留下深刻的印象，决定其是否再次入住该酒店。因此，客房的功能布局十分重要，是酒店设计中设计师重点设计的部位。

13.1.1 客房开间及面积

客房的标准间面积对于整个酒店来讲是一个最重要的指标，甚至可以决定整个酒店的档次等级。客房面积的大小受到建筑的柱网的间距所制约，不同时期的柱网间距不同，如图 13-1 所示。

客房开间以及面积

① 20 世纪 50 年代开始，西方国家（特别是美国）酒店客房开间多采用 3.7m 度。

② 20 世纪 80 年代，我国酒店的建筑大多采用 7.2m～7.5m 的柱网，按照一个柱距摆两间客房的设计来计算，客房的面积约为 26 ㎡～30 ㎡。

③ 到了 20 世纪 90 年代，建筑柱网间距扩大到 8m～8.4m，这时的客房面积也扩大到 36 ㎡左右。

④ 20 世纪末到 21 世纪初多采用 9m 的柱网，客房面积约为 40 ㎡左右，现在的新建高档酒店一般柱网间距为 10m，客房面积加大到了 50 ㎡左右。

图 13-1 不同时期客房柱网间距及面积大小

专业技能：客房的开间

当房间的开间在 3.7m 左右时，性价比（建筑成本与房间功能之比）最佳，这种房间一般可在墙的一边安放两张单人床（Twin Room）或者一张双人床（King Room），在另一面可摆放写字台、行李架、小酒吧，还有较为充裕的通行空间。客人躺在床上观看放在写字台上的电视时，观赏的角度和距离正合适。当时的"标准间"一般是 7.2m～7.5m 柱网，层高为 3m，面积为 26m²，房间内的家具十一件，卫生间的设施是三大件、六小件。这个标准从国外到国内持续了许多年，堪称经典。

酒店客房采用 3.7m 的开间或 7.2m～7.5m 的柱网性价比最高。但从发展趋势看，4.5m～5m 的开间或 9m～10m 的柱网所构成的客房空间，其舒适感较受欢迎。

13.1.2 酒店客房的空间设计功能

酒店客房应该是一个秘密的、放松的、舒适的，浓缩了休息、私人办公、娱乐、商务洽谈等诸多使用要求的功能性空间，其空间设计功能分析如图 13-2 所示。

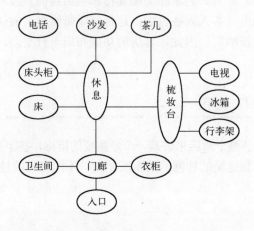

图 13-2　酒店客房空间设计功能分析简图

13.1.3 酒店客房的家具、设备

在酒店客房中除了固定家具（如衣柜、酒水吧、洗手台）之外，更多的是活动家具。

（1）基本的活动家具如下。

1）床（两张床 1.35m×2m 或一张大床 1.8m×2m）。

2）床头柜（1~2 件基本尺寸 500×600×500）。

3）书写台、电视柜、行李架或三个功能连体的书台（长度在 3m 以上）。

4）写字椅（1~2 件）。

5）沙发（1~2 件）或躺椅 1 件。

6）茶几（1 件）。

7）化妆凳（1 件）。

（2）客房的设备。客房的设计中除涉及给水排水、强弱电、空调暖通、消防报警等专业的设备之外，与客人直接使用有关的设备如下。

1）小冰箱（50L 以上）。

2）电视机（最好是 37 寸以上的薄型电视）。

3）保险柜。

4）低音箱。

5）音响。

6）电水壶。

7）可能的条件下可设置一台台式计算机或备用一台可供客人使用的手提式计算机。

（3）卫生间的设备如下。

1）淋浴器，花洒头最好直径大于 25cm，带有水流调节系统和水温调节系统的龙头。

2）浴缸，不小于 1.5m×0.78m，并带有手持花洒头。

3）洗手盆，带有可调节水流、水温的龙头。

4）座便器，最好是低噪声涡旋式连体水箱。

5）毛巾架、浴帘杆、浴巾架、肥皂盒、厕纸盒、漱口杯架、漱口杯、电吹风、晾衣绳。

（4）客房入户门。在过去几十年，许多设计师把标准图集上的门的尺寸奉为经典，这个尺寸一般是 2100mm×1000mm，为门的洞口尺寸，安装了门槛之后，门扇的净尺寸就只剩下 2030mm×850mm。而现在作为五星级酒店客房设计时，进户门的尺寸已经大大改变了，一般情况下的门洞尺寸是 2300mm×1100mm，安装门槛之后，门扇的净尺寸为 2230mm×1000mm。

专业技能：　客房的门

许多情况下，只要现场的层高允许，有时候会把门的高度提高到 2400mm，这样做的主要目的是以投入较少的资金来提高客房的档次。

另外，客房入户门应为厚度不小于 51mm 的实芯木门，隔声效果不低于 43 分贝，以三个以上的 12 寸合页固定。门上端装有暗式或明式闭门器，下端装有自动隔音条，周边贴有隔音毛条，门板上装有猫眼及防盗链。门锁带插卡电控系统。特别要提示的是，靠房间内侧的门扇上一定要有消防疏散指示图，外侧一定要有房门号码。

 ## 13.1.4　酒店客房的类型

按照酒店客房的分类，可分为双套间、组合套间、多套间、高级套间、立体套间，如图 13-3 所示。

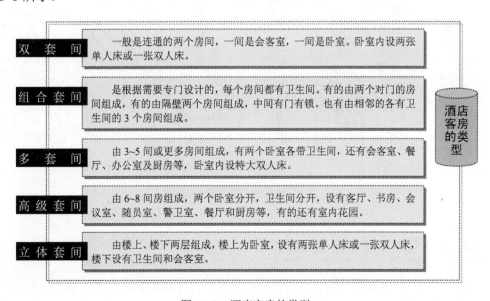

图 13-3　酒店客房的类型

13.1.5　酒店客房平面布局举例

根据酒店客房的大小和规格，有各种不同的布局方式，如图 13-4 所示。

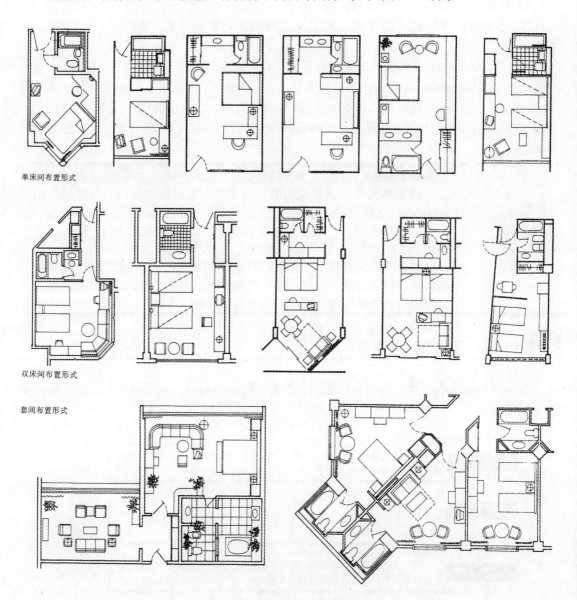

单床间布置形式

双床间布置形式

套间布置形式

图 13-4　酒店客房的平面布局举例

13.1.6　常用酒店客房家具尺度

在酒店客房中，所布置的家具应符合相应的规格尺寸和人体活动尺度要求，如图 13-5 所示。

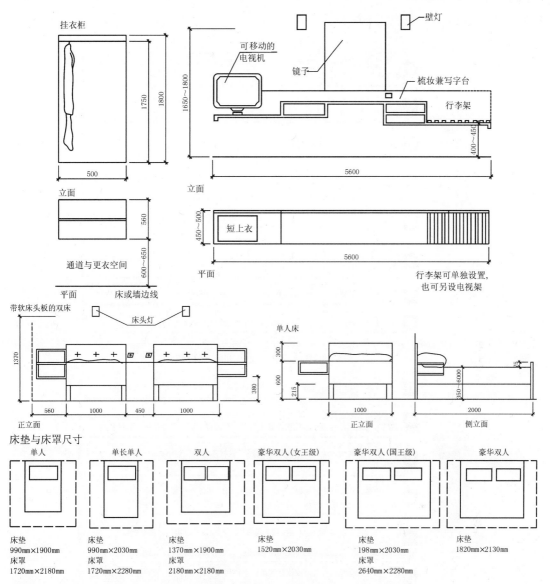

图 13-5　酒店客房家具尺度

 13.1.7　酒店客房装修注意要点

　　酒店客房的装修主要从三个区域着手，即：入口通道、客房、卫生间。下面将对入口通道、客房和卫生间的装修注意要点进行介绍。

1．入口通道的设计

　　一般情况下，入口通道部分设有衣柜、酒柜、穿衣镜等，在进行入口通道设计时要注意图 13-6 所示的几个问题。

2．客房内的设计

　　酒店客房是供顾客休息的地方，客房装修的好坏会直接影响酒店的形象。在进行客房设计时应注意图 13-7 所示的几个问题。

酒店客房的装修要点

❶ 地面最好使用耐水耐脏的石材。因为某些客人会开着卫生间的门冲凉或洗手，水会溅出或由客人的头发等带出。

❷ 衣柜的门不能发出开启或滑动的噪声，轨道要用铝质或钢质的，因为声音往往来自于合页或滑轨的变形。

❸ 目前流行采用一开衣柜门，衣柜内的灯就亮的设计手法，其实这是危险的，衣柜内的灯最好有独立的控制开关，不然会留下火灾或触电的隐患。

❹ 保险箱如在衣柜里，则不宜设计得太高，以客人完全下蹲能使用为宜，千万不要设计在弯腰的地方，不然客人会感到疲累。

❺ 穿衣镜最好不要设在门上，因为镜子会增加门的重量，而使门的开启不够轻巧，时间长了也会导致门的变形，最好设计在卫生间门边的墙上。

❻ 酒柜烧开水的插座不要离台面太近，至少要有 500~600mm 距离，不然，插入插座时，会因插头的尾线是硬质的不能弯曲而不能使用。

❼ 酒柜后的镜子要选用防雾镜，因为烧开水的水会产生雾气。

❽ 顶棚上的灯最好选用带磨砂玻璃罩的节能筒灯，不会产生眩光。

图 13-6 酒店客房入口通道的装修要点

酒店客房的装修要点

❶ 床离卫生间的门的距离不得小于 2000mm，因为服务员需要一定的操作空间。

❷ 客房的地毯要耐用、防污甚至防火，尽可能不要用浅色或纯色的。现今，有很多的客房地面使用复合木地板，既实用卫生又温馨舒适，是值得推广的材料。

❸ 客房家具的角最好都是钝角或圆角的，这样不会给年龄小或个子不高的客人带来伤害。

❹ 窗帘的轨道一定要选耐用的材料，要选用较厚的遮光布，帘布的皱折要适当，而且要选用能水洗的材料，若窗帘只能干洗，运营成本会增加，得不偿失。

❺ 电视机下设可旋转的隔板，因为很多客人在沙发上看电视时需要调整电视的角度。

❻ 房间的灯光控制当前较流行的是分别使用按钮控制，而不是从前的触摸式电子控制板。

❼ 插座的设计要考虑手机的充电使用，这往往是很多酒店客房设计所忽略的。

❽ 要精心选择床头灯，既要防眩光，也要耐用。

❾ 行李台的设计往往不受重视，很多的酒店客房的行李台的木质台边的漆被撞得凹凸不平。行李台其软包部分最好能由平面转到立面上来，并且有 500mm 左右的厚度，可防止行李箱的碰撞；也可采用活动式的行李架，但墙壁上要做好防撞的设计。有的酒店的防撞板使用18mm 的厚玻璃，既新颖有个性又实用。

❿ 艺术品(如挂画)最好选用原创的国画或油画，可以从侧面体现酒店管理者的品味。

⑾ 计算机上网线路的布置要考虑周到，其插座的位置不要离写字台太远，拖得太长的连接线也显得不雅观。

图 13-7 酒店客房的装修要点

3. 卫生间的设计

在酒店这种高级的公共场所，特别是星级酒店，要特别注意卫生间的设计，在进行卫生间设计时应注意图 13-8 所示的几个问题。

酒店卫生间的装修要点

❶ 卫生间顶棚选用铝板或其他表面防锈防水的金属材料，但不要使用 600mm×600mm 或 300mm×300mm 的暗龙骨铝板顶棚，因为设备维修时会因为人为拆装而变形。

❷ 进入卫生间的门下地面设一防水石材板，以免卫生间的水流入房间通道。

❸ 应选用抽水力大的静音马桶，淋浴的设施不要选用太复杂的，而要选用客人常用的和易于操作的设备，有的设备因为太复杂或太新奇，客人会因不会使用或使用不当而造伤害。

❹ 设淋浴玻璃房的卫生间一定要选用安全玻璃，玻璃门边最好设有胶条，既防止水渗出，也能使玻璃门开启时更轻柔舒适。

❺ 水龙头出水冲力不要太大，要选用出水轻柔、出水面较宽的水龙头，如果水流太猛可能，会溅到客人的裤子上，造成客人的不便和不悦。

❻ 镜子要防雾，并且镜面要大，因为卫生间一般较小，镜面反射可使空间在视觉上和心理上显得宽敞。卫生间巧用镜子可以起到意想不到的效果。

❼ 卫生间的地砖要防滑耐污，地砖与墙砖的收边外可以打上白色或别的颜色的防水胶，而让污物无处藏身。

❽ 卫生间的电话要安放在马桶与洗手台之间，以免被淋浴的水弄湿。

❾ 镜前灯要有防眩光的装置，顶棚中间的筒灯最好选用有磨砂玻璃罩的。

❿ 卫生间的门及门套离地 200mm 左右的地方要做防水设计，可以设计为石材或砂钢饰面等。

图 13-8 酒店客房卫生间的装修要点

 软件技能

13.2 绘制酒店客房建筑平面图

 素材 案例\13\豪华套房建筑平面图.dwg

首先调用前面第 3 章中创建好的"室内装潢样板"文件，该样板已经设置了相应的图形单位、样式、图层和图块等，用户在绘制建筑平面图时，可以直接在此样板的基础上进行绘制，其效果如图 13-9 所示。

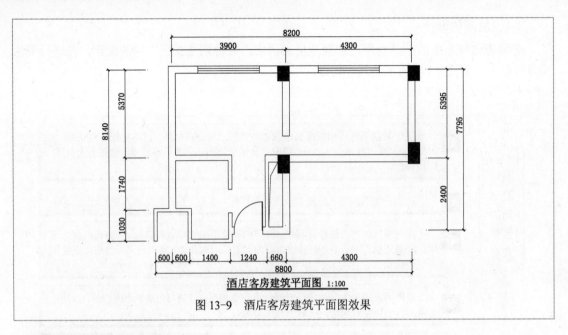

图 13-9 酒店客房建筑平面图效果

 操作步骤

1）启动 AutoCAD 2012 软件，选择"文件"→"打开"菜单命令，将"案例\03\室内装潢样板.dwt"文件打开，如图 13-10 所示。

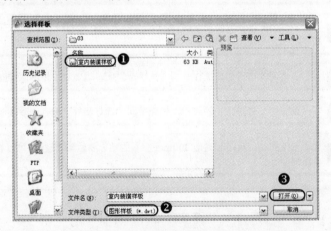

图 13-10 "选择样板文件"对话框

2）再执行"文件"→"另存为"菜单命令，将该文件另存为"案例\13\酒店客房建筑平面图.dwg"。

软件技能：	**豪华套房建筑平面图的绘制**
	本例酒店客房的建筑平面图与前面第 8 章的办公室建筑平面图绘制方法一致，这里就不再进行详细的讲解，用户按照如图 13-11 所示的酒店客房建筑平面图效果进行绘制即可。

软件技能 13.3 绘制酒店客房平面布置图

素材 视频\13 酒店客房平面布置图.avi
案例\13 酒店客房平面布置图.dwg

在绘制酒店客房布置图时，首先借助已有的建筑平面图对象，再此基础上来绘制卫生间、会客厅、衣柜、卧室等轮廓对象，并插入相应的图块，然后对其进行尺寸及图名的标注，最终效果如图 13-11 所示。

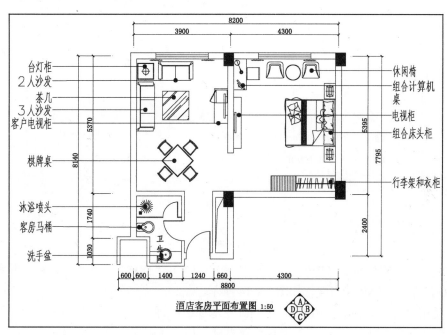

图 13-11 酒店客房平面布置图效果

操作步骤

1）启动 AutoCAD 2012 软件，选择"文件"→"打开"菜单命令，将"案例\13\酒店客房建筑平面图.dwg"文件打开。

2）再执行"文件"→"另存为"菜单命令，将其另存为"案例\13\酒店客房平面布置图.dwg"文件。

3）隐藏"尺寸标注"图层，将"辅助线"图层置为当前图层。

4）使用"直线"命令（L），绘制卫生间的沐浴隔断、洗漱平台及地漏；然后使用"插入"命令（I），将"案例\13"文件夹下的"洗手盆""客房马桶"和"喷头"图块插入到相应的位置，如图 13-12 所示。

5）使用"矩形"命令（REC）和"图案填充"命令（H），绘制方形茶几；再使用"插入"命令（I），将"案例\13"文件夹下的"台灯柜""沙发""窗帘""电视柜"和"棋牌桌"等图块插入到相应的位置，如图 13-13 所示。

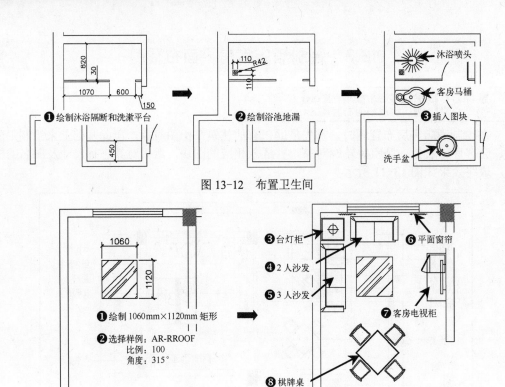

图 13-12　布置卫生间

图 13-13　布置会客室

6）使用"矩形"命令（REC）、"分解"命令（X）、"偏移"命令（O）和"图案填充"命令（H），绘制衣柜和行李架，如图 13-14 所示。

7）使用"矩形"命令（REC），绘制卧室电视柜；再使用"插入"命令（I），将"案例\13"文件夹下的"组合床头柜""组合计算机桌"和"休闲椅"等图块插入到相应的位置，如图 13-15 所示。

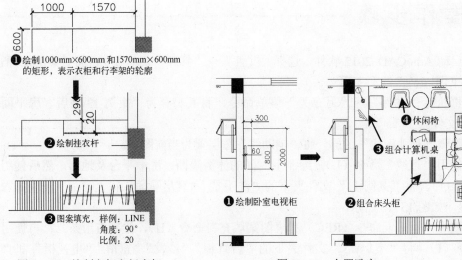

图 13-14　绘制衣柜和行李架　　　　图 13-15　布置卧室

8）将所有插入的图块置为"布置设施"图层，并将隐藏的"尺寸标注"图层打开。

9）将"文字标注"图层置为当前图层。使用"文字"命令（T）和"多重引线"命令（QL），进行文字和图名的标注，结果如图 13-11 所示。

10）至此，酒店客房的平面布置图已经绘制完毕，按〈Ctrl+S〉组合键进行保存。

13.4 绘制酒店客房地材图

素材　视频\13\酒店客房地材图.avi
案例\13\酒店客房地材图.dwg

首先打开前面所绘制好的平面布置图，隐藏多余的图层及删除多余的对象，绘制各功能区域的门槛线，再布置会客厅和卧室的地毯、绘制过道轮廓及填充卫生间地砖，然后对其进行文字、尺寸及图名的标注，其最终效果如图 13-16 所示。

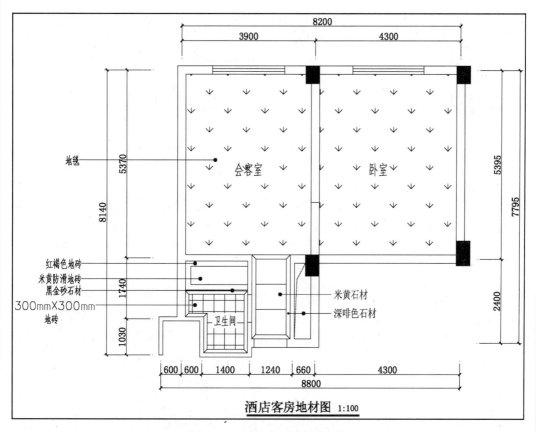

图 13-16　酒店客房地材图效果

操作步骤

1）启动 AutoCAD 2012 软件，选择"文件"→"打开"菜单命令，将"案例\13\酒店客房平面布置图.dwg"文件打开。

2）再执行"文件"→"另存为"菜单命令，将其另存为"案例\13\酒店客房地材图.dwg"文件。

3）将"门窗"、"尺寸标注"和"文字标注"图层隐藏；再使用"删除"命令（E），删除掉室内的布置设施，如图 13-17 所示。

4）新建"地板"图层，并置为当前图层。使用"直线"命令（L），在 1~3 处绘制门槛线，以封闭填充图案区域，如图 13-18 所示。

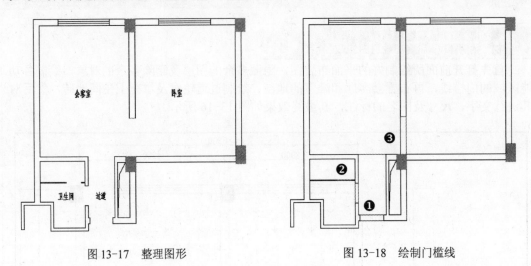

图 13-17　整理图形　　　　　　　　　　　图 13-18　绘制门槛线

5）使用"图案填充"命令（H），选择样例"GRASS"，比例为 30，对会客厅和卧室进行图案填充操作，如图 13-19 所示。

6）使用"矩形"命令（REC）和"直线"命令（L），绘制过道和卫生间的吊顶，如图 13-20 所示。

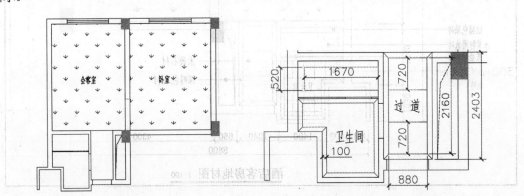

图 13-19　填充会客室和卧室　　　　　　　图 13-20　绘制吊顶

7）使用"图案填充"命令（H），选择样例"NET"，比例为 100，对卫生间进行图案填充操作，如图 13-21 所示。

8）将"尺寸标注"图层打开，将"文字标注"图层置为当前图层。使用"文字"命令（T）和"多重引线"命令（QL），进行文字、图名标注，效果如图 13-22 所示。

9）至此，酒店客房的地材图已经绘制完毕，按〈Ctrl+S〉组合键进行保存。

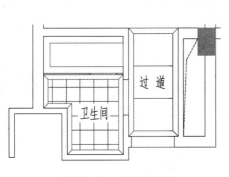

图 13-21　填充卫生间　　　　　　　图 13-22　多重引线标注

 13.5　绘制酒店客房顶棚图

素材　视频\13\酒店客房顶棚图.avi
　　　案例\13\酒店客房顶棚图.dwg

　　首先借助前面所绘制好的平面布置图，再隐藏多余的图层，以及删除多余的对象，再绘制顶棚吊顶轮廓，以及四周布置日光灯带，再插入相应的灯具图例对象，然后进行文字、尺寸及图名的标注，其最终效果如图 13-23 所示。

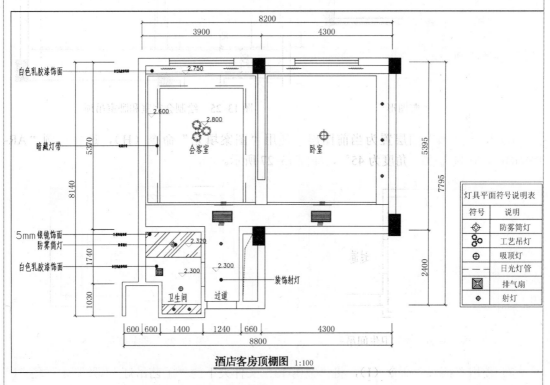

图 13-23　酒店客房顶棚图效果

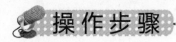

操作步骤 ....

1）启动 AutoCAD 2012 软件，选择"文件"→"打开"菜单命令，将"案例\13\酒店客房平面布置图.dwg"文件打开。

2）再执行"文件"→"另存为"菜单命令，将其另存为"案例\13\酒店客房顶棚图.dwg"文件。

3）将"门窗"、"尺寸标注"和"文字标注"图层隐藏，再使用"删除"命令（E），删除掉室内的布置设施，如图 13-24 所示。

4）将"辅助线"图层置为当前图层。使用"矩形"命令（REC）和"直线"命令（L），在会客室和卧室分别绘制 2720mm×3660mm、3520mm×4060mm、3590mm×4060mm 的矩形，以及其他的吊顶对象，如图 13-25 所示。

5）使用"直线"命令（L），绘制门槛线和吊顶线，如图 13-26 所示。

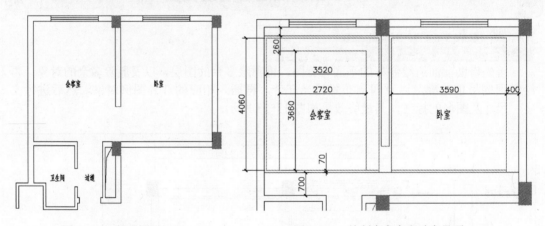

图 13-24　整理图形　　　　　　　　　图 13-25　绘制会客室和卧室吊顶

6）将"灯饰"图层置为当前图层。使用"图案填充"命令（H），选择样例"AR-RROOF"，比例为 20，角度为 45°，如图 13-27 所示。

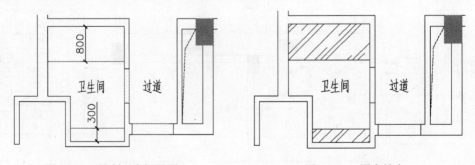

图 13-26　绘制卫生间吊顶　　　　　　　图 13-27　图案填充

7）使用"插入"命令（I），将"案例\13"文件夹下的"工艺吊灯""吸顶灯""筒灯""射灯"和"标高"等图块，插入到相应的位置，如图 13-28 所示。

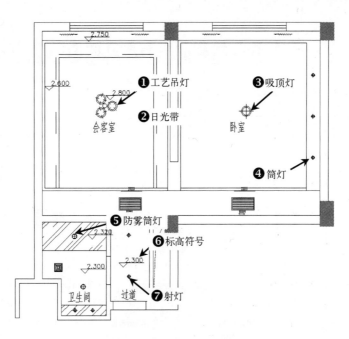

图 13-28　插入灯饰图块

8）将"文字标注"图层置为当前图层，使用"多重引线"命令（QL），对顶棚图进行多重引线标注，效果如图 13-29 所示。

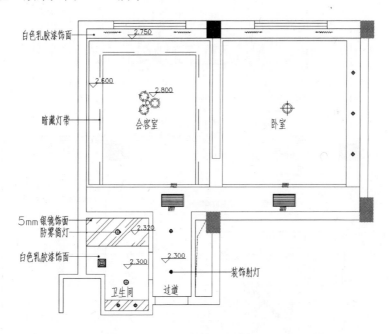

图 13-29　多重引线标注

9）将"尺寸标注"图层打开，使用"文字"命令（T），进行文字、图名标注，效果如图 13-23 所示。

10）至此，酒店客房的顶棚图已经绘制完毕，按〈Ctrl+S〉组合键进行保存。

13.6 绘制酒店客房立面图

视频\13酒店客房立面图.avi
案例\13酒店客房立面图.dwg

首先打开前面所绘制的平面布置图,将其旋转 90°,使用"删除"和"修剪"等命令对多余的对象进行修剪,从而整理出卧室和会客厅 B 立面图的轮廓,再绘制相应的立面投影线段和轮廓,然后依次绘制次要的立面轮廓对象,以及布置相应的立面图块和填充图案,然后进行文字、尺寸、图名等标注,其最终效果如图 13-30 所示。

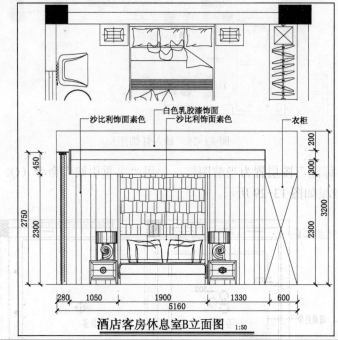

酒店客房休息室B立面图 1:50

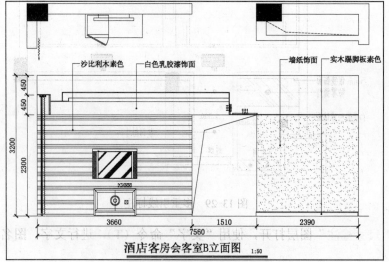

酒店客房会客室B立面图 1:50

图 13-30 酒店客房立面图效果

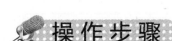

操作步骤 ----------------------

1）启动 AutoCAD 2012 软件，选择"文件"→"打开"菜单命令，将"案例\13\酒店客房平面布置图.dwg"文件打开。

2）再执行"文件"→"另存为"菜单命令，将其另存为"案例\13\酒店客房立面图.dwg"文件。

3）使用"旋转"命令（RO），将图形旋转 90°，再使用"修剪"和"删除"等命令，对旋转后的图形进行修剪、删除等操作，使之只保留卧室的相应轮廓，如图 13-31 所示。

4）将"辅助线"图层置为当前图层。使用"偏移"命令（O）和"修剪"命令（TR），将墙线内侧向内偏移 400mm 和 36mm，如图 13-32 所示。

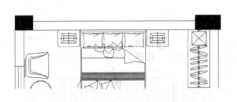

图 13-31　旋转图形

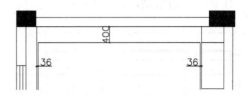

图 13-32　偏移线段

5）使用"直线"命令（L），绘制投影线段，如图 13-33 所示。

6）使用"偏移"命令（O）和"修剪"命令（TR），偏移和修剪线段，如图 13-34 所示。

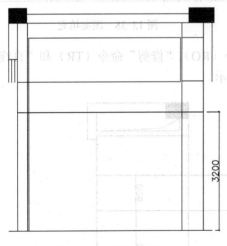

图 13-33　绘制投影线

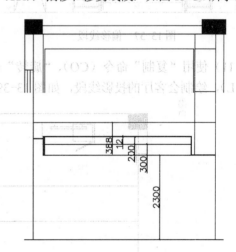

图 13-34　偏移和修剪线段

7）使用"直线"命令（L）和"修剪"命令（TR），对图形进行编辑，从而形成卧室 B 立面图轮廓，如图 13-35 所示。

8）使用"插入"命令（I），将"案例\13"文件夹下的"立面组合床头柜"和"立面窗帘"等图块插入到相应的位置，如图 13-36 所示。

9）使用"偏移"命令（O），将右侧立面衣柜处的垂直线段向左各偏移 1229mm、50mm、1800mm 和 50mm，如图 13-37 所示。

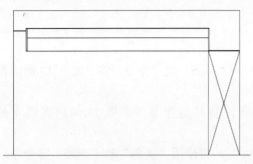

图 13-35　绘制和修剪线段

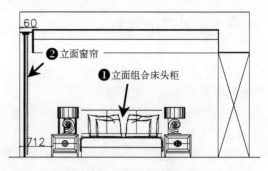

图 13-36　插入图块

10）使用"图案填充"命令（H），选择相应的样例和比例，进行图案填充，从而完成卧室 B 立面图的绘制，如图 13-38 所示。

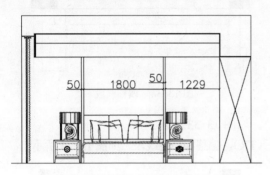

图 13-37　偏移线段

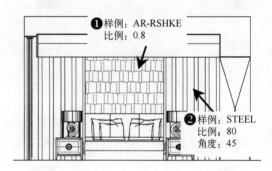

图 13-38　图案填充

11）使用"复制"命令（CO）、"旋转"命令（RO）、"修剪"命令（TR）和"直线"命令（L），绘制会客厅的投影线段，如图 13-39 所示。

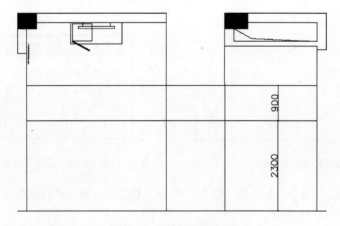

图 13-39　绘制投影线段

12）使用"偏移"命令（O）和"修剪"命令（TR），进行偏移并修剪掉多余的线段，如图 13-40 所示。

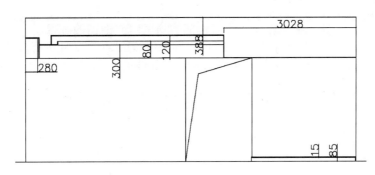

图 13-40 绘制轮廓

13）使用"插入"命令（I），将"案例\13"文件夹下的"立面电视柜""电视机""电器插座孔""立面风口"和"立面窗帘"等图块插入到相应的位置，如图 13-41 所示。

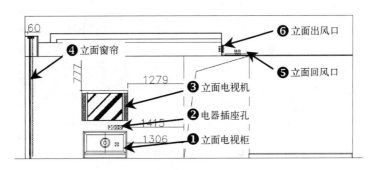

图 13-41 插入图块

14）使用"图案填充"命令（H），选择相应的样例和比例，进行图案填充，从而完成会客厅 B 立面图的绘制，如图 13-42 所示。

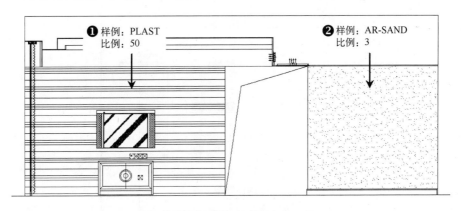

图 13-42 填充图案

15）将"尺寸标注"图层置为当前图层，对立面图进行尺寸标注。

16）后将"文字标注"图层置为当前图层，使用"文字"命令（T）和"多重引线"命令（QL），进行文字、图名标注，效果如图 13-30 所示。

17）至此，豪华套房的立面图已经绘制完毕，按〈Ctrl+S〉组合键进行保存。

| 软件技能： | 酒店客房建筑立面图的练习 |

　　用户可打开"案例\13\立面图练习.dwg"文件进行参照练习，按照前面案例的操作步骤的讲解绘制其他的立面图，如图 13-43、图 13-44 所示。

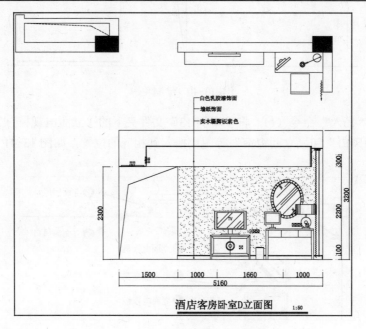

图 13-43　酒店客房卧室 D 立面图

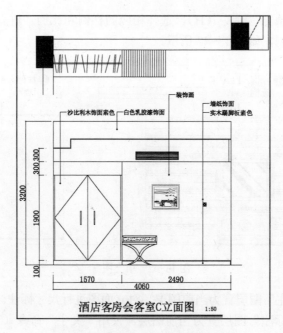

图 13-44　酒店客房会客室 C 立面图